普通高等教育"十二五"规划教材

水文学原理

主　编　范世香　刁艳芳　刘　冀

副主编　王　刚　韩娜娜　谭秀翠　陈学群

中国水利水电出版社
www.waterpub.com.cn

内 容 提 要

本书以水文循环为主线、以流域产汇流和河道洪水演算为重点，系统地介绍了水文现象的基本概念、原理和计算方法。全书共分 13 章，主要内容有：绪论，河流与流域，水文循环与水量平衡，降水，土壤水，下渗，蒸散发，径流，产流机制，流域产流，流域汇流，河道洪水演算，专题水文。各章节都配有思考题或习题。

本书可作为水文与水资源工程专业本科教学用书，也可作为相关专业的教学参考书，还可供其他涉水专业的工程技术人员参考。

图书在版编目（CIP）数据

水文学原理 / 范世香，刁艳芳，刘冀主编. -- 北京：中国水利水电出版社，2014.5(2022.8重印)
普通高等教育“十二五”规划教材
ISBN 978-7-5170-2044-8

Ⅰ. ①水… Ⅱ. ①范… ②刁… ③刘… Ⅲ. ①水文学－高等学校－教材 Ⅳ. ①P33

中国版本图书馆CIP数据核字(2014)第104881号

书　　名	普通高等教育“十二五”规划教材 **水文学原理**
作　　者	主编　范世香　刁艳芳　刘冀 副主编　王刚　韩娜娜　谭秀翠　陈学群
出版发行	中国水利水电出版社 （北京市海淀区玉渊潭南路 1 号 D 座　100038） 网址：www. waterpub. com. cn E-mail：sales@mwr. gov. cn 电话：（010）68545888（营销中心）
经　　售	北京科水图书销售有限公司 电话：（010）68545874、63202643 全国各地新华书店和相关出版物销售网点
排　　版	中国水利水电出版社微机排版中心
印　　刷	北京印匠彩色印刷有限公司
规　　格	184mm×260mm　16 开本　17.75 印张　421 千字
版　　次	2014 年 5 月第 1 版　2022 年 8 月第 2 次印刷
印　　数	3001—5000 册
定　　价	**50.00** 元

前言

水文学原理是水文与水资源工程专业的一门重要专业基础课，其主要任务是阐明各种水文现象的基本概念，分析其产生的原因和机理，介绍流域产、汇流及河道洪水演算的基本方法。目的是使学生能够具备比较系统的水文学基础知识，为后续课程学习创造条件。

教材改革是教学改革的重要组成部分，其宗旨就是要遵循“传承与创新”的精神和“有所为有所不为”的原则。因此，本教材结合近年来的教学实际和各校学时安排等现状，特别是针对二本应用型的教学特点，书中淡化了某些复杂的、甚至不成熟的理论描述，弱化了一些定性的理论内容，重点加强了一些实用方法。例如，将流域产汇流的计算方法作为基本知识列入本书更为合理。

本教材注重理论联系实际，结构合理，特色鲜明。首先，按照实际水文过程，将流域汇流计算方法安排在河道洪水演算之前，将河流与流域安排在水文循环与水量平衡之前。其次，按照推求单位线的方法，将经验单位线法改为直接法推求单位线，将瞬时单位线法改为间接法推求单位线。第三，将森林水文、城市水文等也编入本书，以扩大水文学的知识面，各校可根据实际情况选用。本书另一个特点是配有一定数量的例题，并且每章都附有思考题或习题，弥补了以前各种版本的缺陷。

本书在传承经典内容的基础上，还编入了近年来包括编者在内的最新研究成果，如把汇流曲线的概念引入线性汇流系统，提出并诠释了汇流曲线的定义与因次，增加了计算特征河长的新公式，在植物截留中提出了林冠截留能力的概念等内容。

本书由4个单位的相关教学、科研人员编写。具体分工是：山东农业大学范世香编写第一、第二、第三章；山东农业大学刁艳芳编写第六、第十一章；三峡大学刘冀编写第五、第九章；山东农业大学王刚编写第七、第八章；天津农学院韩娜娜编写第四、第十二章；山东水利科学研究院陈学群编写第十章；山东农业大学谭秀翠编写第十三章；研究生宋丹丹参加了部分内容和附录的编写。各章节的审核及定稿工作，由范世香、刁艳芳负责完成。

在编写过程中，我们参考了已出版的许多相关教材和论著，力求在参考文献中详尽地列出，但也可能有所遗漏，在新版《水文学原理》教材即将面世之际，谨向相关作者，特别是向参考文献中没有列出的作者表示诚挚的谢意。

我们力求做到精益求精，但由于水平所限，教材中不当之处在所难免，恳请读者对书中的缺点和错误提出批评意见，以便今后进一步修改完善。

编 者

2014 年 1 月

目录

第一章 绪 论

第一节 水文学概念及其分类

一、水文学概念

水是地球上一切生命赖以生存的基础，更是人类社会生活和各项生产活动绝对不可缺少、而且无任何物质可以替代的重要资源。为了开发利用、管理和保护这一资源，有效地防止和减少水旱灾害，迫使人们从各个方面对水进行深入地系统研究，经过长期的观测、实验、分析和归纳总结，从而逐渐地形成了水文学（hydrology）。一般而言，水文学是研究地球系统中各种水体的科学，因而它是地球科学的一个重要分支，它既有理论科学的特征，也具有应用科学的性质。由于在生产实践中需要不断地解决新问题，拓展研究范围，增强它的科学基础，以便更好地为人类社会经济的发展服务，所以在对水的认识过程中，水文学也在不断地得到发展和完善。

地球上的总水量基本上是不变的，以气态、液态和固态形式存在于地球的表面、土壤岩石以及大气层中。以一定方式存在于某一环境中，且具有一定特征和变化规律的水称为水体，例如江河水、湖泊水、沼泽水、海洋水、地下水以及大气中的水汽等。有许多自然现象与水的三态变化及水流运动有关，例如降水、蒸发、径流、下渗等，这些称为水文现象。地球是人类生存的家园，约有70%的表面积被水覆盖，水在地球的表面构成了一个庞大的水圈系统，其中包括生物圈、岩石圈和大气圈。在太阳辐射和地球引力的作用下，水通过蒸发、降水、下渗、径流等各种（水文现象）方式，在地球的水圈系统中周而复始地循环运动着。

水文学是研究地球上各种水体的形成、分布规律、运动过程、相互联系、理化性质以及与环境的相互作用和影响的一门科学，也可以说是研究各种水文现象的一门科学。现代水文学还注重研究各种水体与生物，特别是与人类的相互作用和影响。

水是能流的重要载体。运动的水流蕴藏着巨大的能量，一方面会冲刷地表、河床、冲毁堤坝和桥梁，给人类带来难以估计的损失；另一方面人类可以利用水流的能量驱动机械加以利用，或把水的能量集中起来发电。

水还是物流的重要载体。许多物质都可以被水流所携带，或溶解在水中随水流运动，例如土壤的侵蚀与搬动，河流泥沙的输移，肥料、农药及其他污染物的溶解和迁移，都是在水流的作用下进行的。还如，大气中的许多物质被溶解后随雨水而降落到地面。另外，人们还可以利用浮力原理进行水上运输等。

二、水文学的分类

随着水文学的不断发展，逐渐形成了研究重点和研究对象各有侧重的许多分支，主要有以下几种分类。

1. 按研究水体的对象分类

(1) 水文气象学。主要研究大气中水分的形成、水汽的运动和输送及分布规律，它是水文学与气象学形成的交叉学科。

(2) 陆地水文学。主要研究大陆地表各种水体的水文现象，如蒸发、下渗、径流等。按研究水体的不同，又可分为河流水文学（流域水文学）、湖泊（水库）水文学、沼泽（湿地）水文学、冰川水文学、河口水文学等。河流水文学，也称为河川水文学或流域水文学，是陆地水文学的重点研究内容，也是本课程的主要内容。

(3) 海洋水文学。主要研究海水的理化性质、海水的运动和各种海洋现象的发生、发展规律及内在联系。

(4) 地下水水文学。主要研究近地表层内的地下水形成、分布、运动规律及理化性质。

2. 按基础理论和应用分类

(1) 水文学原理（principle of hydrology）。水文学原理也称为理论水文学（theoretical hydrology），是水文科学的基础，主要研究水文循环中的各种水文现象，重点研究流域产流、流域汇流、河道洪水运动等。

(2) 应用水文学（applied hydrology）。主要研究工程中需要解决的水文问题，如设计洪水、设计年径流、水文预报、水库的径流调节计算等，是工程水文学的进一步拓展。

3. 其他分类

(1) 按研究方法分类，则有动力水文学、系统水文学、数值（计算）水文学、数字水文学、确定性水文学、随机水文学、水文统计学、水文地理学、实验水文学、同位素水文学等，这些分类主要是以研究手段为依据的。

(2) 按服务对象分类，则有工程水文学、水文测验学、农业水文学、森林水文学、城市水文学、生态水文学、环境水文学等。除了工程水文学和水文测验学外，其他都是与相关学科交叉而形成的边缘科学。

第二节 水文学发展概况

一、水文学发展简况

水文学的发展如同其他自然科学一样，是在人们的生活需要和生产实践中逐步发展起来的。根据各个时期的特点，水文学的发展可分为诞生、发展和现代时期3个阶段。

1. 诞生时期

在古代，人们为了利用河流灌溉、掌握河水的消涨规律，开始了原始的水位、雨量和水流特性的观察。如公元前3000多年埃及人对尼罗河水位的观测，公元前2000多年我国劳动人民为了与黄河水患作斗争，就开始注意对水位涨落变化和天气状况的观察。但水文学逐渐形成一门科学是在1600年以后。随着各种水文仪器的出现，以及水力学、气象学的发展，才逐步奠定了水文学的稳固基础，从而成为一门系统的科学。如毕托管、瓦尔德曼流速仪的出现；水力学中的伯努利定理、谢才公式、达西定律及曼宁公式的提出等。这些都为研究水流运动提供了观测数据和计算公式。1674年法国人佩劳特（P. Perrault,

1608～1680）第一次根据赛纳河观测到的降雨和径流资料，计算出赛纳河在伯格底以上流域的年径流量是年降水量的1/6，这是人们第一次建立的年降雨径流之间的定量关系。这一结论的公布，是有史以来人们对水文规律所作的第一次定量描述，被认为是水文学研究的开始。

2. 发展时期

在1800～1950年，随着人们对水文规律全面深入的研究，水文学在生产实践中逐渐得到更广泛的应用和极大的发展。这一时期，水文学才开始真正成为一门较为完善、较为系统的科学。如，在1856年提出了描述渗流运动的达西（Darcy）定律，为研究土壤水运动、地下水动力学以及地下水资源的形成和变化规律奠定了基础。1871年提出了描写明渠缓变不稳定流运动的圣维南（St. Venant）方程组，为研究河道洪水运动、坡面流运动以及流域汇流奠定了基础。

20世纪初到50年代，由于水利、交通事业的发展，遇到了许多水文问题。人们期望能了解和科学地掌握河流洪水与枯水的变化，以便能预测预报洪水与枯水的发生和大小，通过建造水利工程达到控制洪水、调节枯水的目的，这种与水旱灾害作斗争的客观需要，导致了工程水文学的兴起，大大推动了水文学的发展。1914年海森（Hazen）提出了水文频率计算方法，1932年谢尔曼（Sherman）提出了单位线的概念用于流域汇流计算，1935年霍顿（Horton）提出了均质包气带的产流理论，1935年麦卡锡（MaCarthy）提出了马斯京根（Muskingum）河道洪水演算方法。以上这些理论和方法的提出，不仅为许多水利工程的建造与运行管理提供了合理的水文计算和水文预报方法，而且奠定了工程水文学的基本内容，确立了工程水文学的发展方向。在这一时期，为了满足对水文资料的需要，水文站网也得到了快速发展。

3. 现代时期

20世纪50年代以来，由于水文科学理论的深入发展以及与其他学科之间的相互渗透，水文学的内容得到进一步充实和完善，出现了许多新理论、新方法。如概率论与数理统计学、计算数学、系统工程学、气象学等，都应用到水文学中来。特别是，随着电子计算机的发明和应用，3S系统（地理信息系统GIS、全球定位系统GPS以及遥感系统RS）的出现和快速发展所引发的信息革命，带来了现代水文科学的突飞猛进，如大尺度水文模型的开发、分布式流域水文模型研制、数字流域、实时洪水预报与调度系统、防洪会商决策支持系统的开发与应用，以满足社会经济发展中遇到的实际问题，为防洪、生态环境的保护、水资源评价、水资源配置与管理提供了有力支撑。

到了21世纪，水文科学事业进入了一个新的发展时期。全球气候变化，大气、海洋与陆地之间相互作用过程的研究，引起了水文学家们的广泛兴趣，并认为波及许多国家和地区的水旱灾害，都与全球气候变化异常有关，而全球气候变化与温室气体的排放有关。太阳辐射能在地球上的再分布是气候学研究的核心问题，而水分循环在这种再分布中起着关键性作用，因为蒸散发、大气中水汽的输送和降水过程都与太阳辐射紧密相关，这就是全球尺度水文学或大尺度水文学研究的基本问题。

二、我国水文事业的发展

早在东汉时期，我国著名的《水经》就已经问世，经后人加工完善，发展成为一部

40卷本的《水经注》，这是一部首次系统地描述黄河、长江、淮河等水系的水文和水利开发情况的著作。清代傅泽洪等人综合历代水利文献，编纂了《行水金鉴》，记述了我国主要河道的沿革、水利兴废及河道变迁等情况。在水文观测方面，公元前250年李冰在四川都江堰设立石人测量水位，用以了解灌溉引水量，后来为各地仿效。公元764年，四川涪陵白鹤梁刻制"石鱼"图案，上面刻有水标及枯水标记，作为长江枯水程度的标志。到了19世纪中叶，如1841年在北京开始观测雨量，1865年在汉口开始观测水位。1898年开始观测松花江水位，1912年开始观测淮河水位、流量和泥沙，华北各河流于1919年才开始设站，其他地区大多在1930年左右设站，多数测站后来因战乱遭到破坏而停止工作。由于封建制度的长期统治，加之新中国成立前的水文工作由于设备简陋、技术条件薄弱，资料残缺，处于比较落后的状态，我国水文事业的发展一直都比较缓慢。到1949年，全国仅有148个水文站，203个水位站，1470个雨量站。

新中国成立以来，我国的水文事业才真正起步，并得到了快速发展。1978年，全国水文站发展到2922个，水位站1320个，雨量站13309个，水质站800个，各种水文实验站33个。到2008年，全国已有水文测站37436个，水位站1244个，雨量站14602个，水质站5668个，地下水监测站12683个，蒸发实验站17个，径流实验站51个。在测站现代化建设方面也取得新成就，如建成测流缆道2162座，水文测船849艘，专用测车近300辆，配备多普勒测流仪341台，全站仪481个，卫星全球定位系统486套，水文自动测报系统300余处，自记水位站2000余处（其中能够遥测的水位站有1000多处），固态储存雨量设备有7000多个。目前，全国已建成了覆盖主要江河水系、布局合理、功能比较完善、项目比较齐全的水文站网体系。

水文观测资料也已按流域进行了整编刊印，到1989年共计刊印水文年鉴2277册。调查整理了6000多个河段的历史特大洪水资料并由各省汇编成册出版，较好地满足了水利建设和经济社会发展对水文信息的需求。

多年来，水文、规划设计及科学研究等多部门共同协作，进行了大量的水文统计分析工作，全国各地都编制出了水文特征值统计表、水文手册和水文图集等。1975年8月河南驻马店大暴雨（简称75.8大暴雨）发生后，全国范围内开展了可能最大暴雨的普查研究，编制了《全国24h可能最大暴雨等值线图》及《暴水洪水查算图表》等。1980年开始，开展了全国水资源综合评价与合理利用研究，分别于1987年和1989年出版了《中国水资源评价》及《中国水资源利用》。在此基础上，2000年又开始了第二次全国范围的水资源调查与评价工作。

新中国成立以来，水文预报工作从无到有，也已经逐步发展起来。目前，全国建立了水情中心125个、自动测报站6385个，占报汛站总数的80%。全国7大流域机构和各省市的水雨情信息均可通过宽带传达到国家防办，极大地提高了水文信息的时效性，实现了防洪抗旱异地会商、洪水预报的自动测报和优化决策。水文预报理论和方法也有很大发展，基本形成了符合我国国情的一整套水文预报方法，1985年颁发、2000年修订的《水文情报预报规范》，促进了我国水文预报工作向着国际先进水平发展。

2011年中共中央、国务院颁发《关于加快水利改革发展的决定》，称中央一号文件。文件指出"水是生命之源、生产之要、生态之基。兴水利、除水害，事关人类生存、经济发展、社会进步，历来是治国安邦的大事，”由此可见，我国的水文事业和水利建设事业在未来将会有一个较大的发展，这将有力地促进水文科学研究水平的提升。

第三节 水文现象的基本特点与研究方法

一、水文现象的基本特点

水文现象受气候和自然地理因素的综合影响，而这些因素的不同组合和变化就决定了水文现象的基本特点。

1. 时程上的周期性与随机性

（1）周期性。所谓周期性是指水文现象的变化过程大致以某一时段为循环周期。例如河流的水量，在一年中有丰水期和枯水期，尽管各年的总水量有大有小，但各年水量的变化是丰枯交替的，每年是相似的，一般河流均有以年为时段的周期性。河流水量的年周期变化规律，在水文分析计算和水利计算中有广泛的应用，例如一般以年为时段研究各种水文特征值（年降雨量、年径流量、年最大洪峰流量等）的变化规律。水文现象的周期性还表现出日周期、月周期和多年周期性。例如，由冰雪补给水源的河流则具有以日为周期的流量变化规律，这是因为受气温的日变化的影响；海洋的潮汐也存在日变化和月变化；另外，有些水文现象还具有多年变化的周期，不过它不像年变化周期那样明显。产生这些周期现象的根本原因是地球公转、自转和月球绕地球运动以及太阳黑子活动周期性变化。

水文现象的周期性，不像数学上的周期函数那样严格，各周期的变化过程和相应数值不完全重复地出现，这种周期性只是表现在不同周期内，其数量在时程上的变化趋势大致相似。水文现象的这种周期性通常认为是确定性。

另外，水文现象还表现出另一种确定性。例如，在流域上降落一场暴雨，相应地就会出现一次洪水。如果暴雨强度大、历时长、笼罩面积广，产生的洪水就大；反之，则小。显然，暴雨与洪水之间存在着因果关系。由此说明水文现象都具有客观发生的原因和具体的形成条件，从而存在确定性的规律，也称为成因规律。

（2）随机性。影响水文现象的因素错综复杂，其周期性规律常常不能完全用严密的数理方程表达出来，各周期相应时程上的数值及各水文特征值的出现具有偶发性，于是，在一定程度上又表现出随机性，也称偶然性。例如一条河流在不同年份的流量过程，虽然都有相似的丰枯交替变化现象，但不会完全相同。河流每年都有一个最大流量，其数值及出现时间各年不同。造成水文现象这种随机性的根本原因就是影响因素太多，尤其是气候因素是多变的。对于具有随机性特点的各种水文特征值（如年最大洪峰流量、年降雨量、年径流量等）主要应用数理统计和概率理论来研究它们的变化规律。

2. 地区上的相似性与特殊性

（1）相似性。不同流域如果所处的地理位置（纬度或距海洋远近等）相近，那么气候条件也相似，则由这些相似条件产生的水文现象在某些方面具有一定的相似性。如湿润地区的河流，径流年内分配较均匀；而干旱地区的河流，径流的年内分配不均匀。

（2）特殊性。有些流域所处的地理位置和气候条件虽然相似，但流域的下垫面条件存在差异，水文变化规律在某些方面则表现出各自的特殊性，即水文现象的特殊性。例如，同一气候区，山区河流的洪水过程陡涨陡落，洪水历时较短。而平原河流的洪水过程涨落缓慢，洪水历时较长。植被好的流域洪水过程较平缓，年径流分配较均匀，河流泥沙较少；而植被较差的流域则相反。

另外，水文现象还存在地区性规律。某些水文现象受分区性的气候因素影响，如降水、蒸发、气温等，而这些气候因素是具有地区性规律的，所以某些水文现象也在一定程度上呈现出地区性规律。例如我国的多年平均降水量自东南沿海向西北内陆逐渐减少，从而使多年平均河川径流深也呈现出同样的地区性变化，它综合地反映了确定性规律和统计规律。

二、水文现象研究方法

根据水文现象的基本规律，其研究方法分为以下 3 种。

1. 成因分析法

由于水文现象与其影响因素之间存在着成因上的确定性关系，通过对实测资料和实验资料加以研究，分析各种水文现象的发生和形成过程，揭示各物理环节之间的内在联系，就可以从水文过程形成的机理上建立某一水文现象与其影响因素之间确定性的定量关系，寻求各种水文现象的成因规律。这样，就可以根据过去和当前影响因素的状况，预测未来的水文现象。这种利用水文现象确定性规律来解决水文问题的方法，称为成因分析法，它在水文分析计算中得到广泛应用。

由于水文学原理的主要任务是阐明各水体的水文特征和水文现象的物理机制，所以一般均采用成因分析法。

2. 统计分析法

根据水文现象的随机性，以概率理论为基础，运用频率计算方法，可以求得某水文要素的概率分布，从而得出工程规划设计所需要的水文特征值。利用两个或多个变量之间的统计关系（相关关系），进行相关分析，以展延水文系列使其更具有代表性。统计分析法还可用于水文现象之间、水文现象与影响因素之间的相关分析，据以建立经验相关关系，这在水文分析计算和水文预报中经常使用。

例如，根据暴雨洪水的成因规律进行洪水预报，尽管能取得较好的效果，但由于计算中忽略了一些次要的偶然因素的干扰，从而使预报成果表现出某种程度的随机误差。河流某断面每年出现最大洪峰流量的大小和它们出现的具体时间各不相同，也具有随机性，即未来的某一年份到底出现多大洪水是不确定的。但通过长期观测可以发现，特大洪水和特小洪水出现的机会很少，中等洪水出现的机会多，多年平均值则是一个趋于稳定的数值，洪水大小和出现机会形成一个确定的概率分布，这就是所说的随机性规律，因为要掌握这种规律，常常需要统计学的知识，由大量的资料分析出来，故又称统计规律。

3. 地区综合法

地区综合法也称为地理综合法。根据气候要素和其他地理要素的地区性规律，可以按地区研究受其影响的某些水文特征值的地区变化规律。这些研究成果可以用等值线图或地区经验公式表示出来，如多年平均径流深等值线图、洪水地区经验公式等，称为地区综合法。利用这些等值线图或经验公式，可以求出资料短缺地区的水文特征值。例如，可用各测站的水文特征值，与所在流域的自然地理特征值（如流域面积、长度、河道平均坡度等）之间建立地区经验公式，以便推求无资料地区的相似流域的水文特征值。有时，如果甲、乙两流域的气候条件和自然地理条件都相似，则水文现象也相似，因此可将两地区的水文特征值相互移用，这种方法称为水文比拟法，实际上也属于地理综合法。

地理综合法特别适用于无资料或资料不完整流域的各种水文计算和水资源评价中。另外，在站网规划布设时，如果能充分考虑到水文现象的地区性规律及特点，则可以用最少的测站资料，去解决各种流域不同自然地理特点的水文计算问题。

以上三种研究方法，在实际工作中经常结合使用，相辅相成，互为补充，以期计算成果合理可靠。例如，水文预报主要应用成因分析法，但同时也应用统计相关分析法，而在区域预报中，还采用地理综合法。水文分析计算常以统计法为主，但成果的合理性、可靠性检查及在某些计算中又必须采用成因分析法和地理综合法。

第四节　本课程的性质与主要内容

一、本课程的性质

本课程是水文与水资源专业的一门专业基础课，论述的是水文学的基础知识。主要阐明各种水文现象、水文过程形成的原因和机理。它的任务，一方面为后续课程定量研究水文过程奠定基础理论知识和基本技能；另一方面，通过本课程的学习，对各种水文现象及其物理机制有一个系统的、完整的认识，以便在未来从事的实际工作中，能够遵循水文现象的基本规律和水文成因机制，去寻求正确的分析计算方法，科学地解决实际问题。

为了更好地学习这门课，要求具有扎实的数学物理基础，同时要熟悉水力学中的相关内容。另外，还要对水文现象有较好的感性认识，善于观察，勤于思考，扩展知识面。

二、主要内容

本课程的核心内容是以水文循环为主线、以流域产汇流为重点的知识体系。具体地说，就是全面阐述四大水文现象（即降水、蒸发、下渗及径流）的基本概念，在此基础上进一步探讨流域产汇流理论与计算方法，以及河道洪水演算方法。主要内容包括河流与流域、水文循环与水量平衡、降水、蒸发、下渗、径流、产流机制，流域产流、流域汇流及河道汇流。此外，还简要地介绍一下几个专题水文，是近年来与一些交叉学科形成的边缘科学。

思　考　题

1. 水文学的概念是什么？
2. 主要有哪几种水文现象？
3. 水文现象有什么特点？
4. 对水文现象主要采用哪些研究方法？
5. 本课程的主要研究内容是什么？

第二章　河流与流域

第一节　河　　流

一、河流概念

汇集地表水和地下水的天然泄水通道称为河流（river)。将汇集的水流注入海洋或内陆湖泊的河流称为干流，而汇入另一条河流的称为支流。支流可分为多级，直接汇入干流的河流为一级支流，直接汇入一级支流的河流为二级支流，其余依此类推。河流流经的谷底部分称为河谷，河谷底部有水流的部分称为河床或河槽。面向水流方向，左边的河岸称为左岸，右边的河岸称为右岸。弯曲河段沿流向的平面水流形态呈凹形的河岸称为凹岸，呈凸形的河岸称为凸岸。在河流的凹岸附近，水较深，称为深槽。而反向河湾之间的顺直段，水深相对较浅，称为浅槽。深槽与浅槽沿水流方向通常交替出现，具有一定的规律。

一条发育良好的河流沿水流方向，自高向低一般可分为河源、上游、中游、下游和河口5段：①河源是河流的发源地，可以是冰川、泉水、沼泽、湖泊等；②上游紧接河源，多处于深山峡谷中，落差大，水流急，冲刷剧烈，常有急滩或瀑布；③中游河段的比降变缓，河槽变宽，两岸有滩地，冲淤变化不明显，河床较稳定；④下游一般处于平原区，河槽较宽，比降较小，水流缓慢，淤积较明显，浅滩和河湾较多，且河槽多具有游荡性；⑤河口是河流的终点，即河流汇入海洋或内陆湖泊的地方。由于河口段流速骤减，泥沙大量淤积，常常形成河口三角洲，如长江三角洲、黄河三角洲等。

最终汇入海洋的河流称为外河流，如长江、黄河等；汇入内陆湖泊或消失于沙漠的河流，称为内流河或内陆河，如新疆的塔里木河、青海的格尔木河、甘肃的石羊河等。

河流各横断面最低点的连线称为中泓线或溪线。一条河流自河源沿主河道至河口的长度称为河流长度，简称河长，用 L 表示，km。河流实际长度 L 与河流两端直线距离 l 的比值，称为河流弯曲系数 φ，即

$$\varphi=L/l \tag{2-1}$$

二、河流断面

1. 河流横断面

垂直于水流方向的断面称为横断面，简称断面，如图2-1所示。在枯水期，有水流的部分称为基本河床或主槽；在洪水期，能被水淹没部分称为洪水河床或滩地。断面内有水流流经的部分称为过水断面，过水断面的大小随水位和断面形状而变化。从上游至下游，一条河流有无数多个横断面，各个横断面的形状各异，且受冲淤变化影响。

河流的横断面是河流平面形态与水流长期相互作用、相互影响的结果，在顺直河段、弯曲河段与河流上下游河段，都有其特定的横断面形态。按照水力特性的不同，常将河流横断面分为单式断面与复式断面两类。

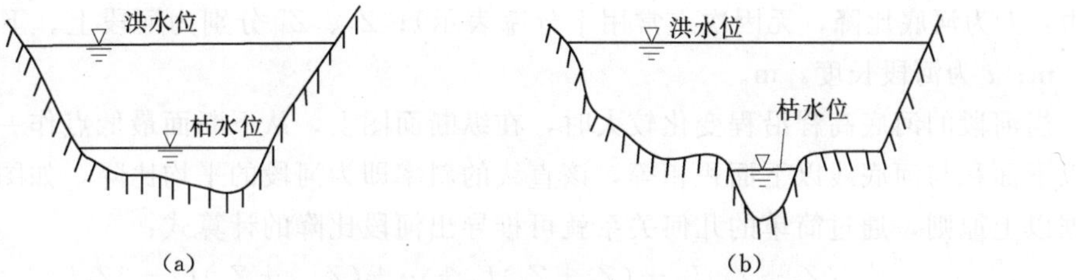

图 2-1 河流横断面示意

(a) 单式断面；(b) 复式断面

(1) 单式断面。只有主槽而无滩地的断面称为单式断面，单式断面的水面宽度随水位的变化是连续的或渐变的，如图 2-1 (a) 所示。单式断面的河床相对比较稳定，河槽为单一的冲淤变化，水位与断面各项要素（水面宽度、过水断面面积、水力半径等）之间为单一、连续变化的关系。

(2) 复式断面。既有主槽又有滩地的断面称为复式断面，复式断面的水面宽度随水位的变化发生突变，如图 2-1 (b) 所示。复式断面的洪枯水位相差悬殊，河床处于不稳定状态。水位与各项断面要素之间的关系呈不连续变化，特别是主槽与滩地部分的水力条件差别较大。滩地又称河漫滩，是由河流横向迁移和洪水漫溢的沉积作用形成，一般平原河流的滩地比较发育。有的河流只在一侧有滩地，而有些河流在两侧都有滩地。由于横向环流作用，V 形河谷展宽，冲积物组成浅滩，浅滩加宽，枯水期大片浅滩露出水面成为雏形滩地，之后洪水携带的物质不断沉积，形成滩地。滩地沉积大多具有二元结构，下部是河床相沉积，上部为滩地相沉积。滩地的主要类型有：①河曲型滩地，发育于弯曲型河段，常在凸岸堆积为滨河床沙坝、迂回扇等；②汊道型滩地，为在汊道型河段中形成的浅滩及其附属的沙坝、沙嘴等；③堰堤型滩地，发育于较顺直河段，形成天然堤；④平行鬃岗型滩地，为堰堤型滩地与河曲型或汊道型滩地的过渡类型，表现为一系列平行鬃岗系统，鬃岗之间为浅沟、沣地或湖泊。

2. *河流纵断面*

河流纵断面是指从河源到河口之间河床最低点的连线，它表示了河槽纵向坡度或高程沿流向的变化情况。河流的纵断面图可通过实地测绘或在地形图上量算后绘制，如图 2-2 所示。

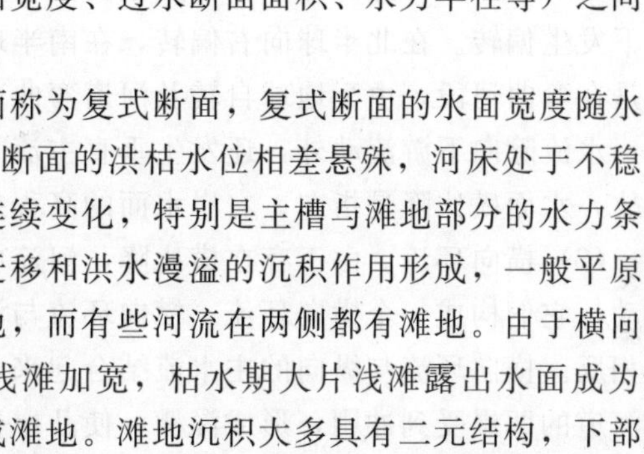

图 2-2 河流纵断面示意

河流纵断面特征可用落差或河底比降表示。任意河段两端的高程差称为落差，单位河长的落差称为比降。河流比降有水面比降与河底比降之分，此处特指河底比降。河流沿程各河段的比降不同，一般从上游向下游逐渐减小。当河段纵断面近于直线时，其河底比降可用下式计算：

$$J=\frac{Z_1-Z_0}{l}=\frac{\Delta Z}{l} \tag{2-2}$$

式中：J 为河底比降，无因次（常用千分率表示）；Z_1、Z_0 分别为河段上、下断面河底高程，m；l 为河段长度，m。

当河段的河底高程沿程变化较大时，在纵断面图上，从下断面最低点作一直线，使直线以下面积与河底线以下面积相等，该直线的斜率即为河段的平均比降，如图 2-2 所示。根据以上原则，通过简单的几何关系就可推导出河段比降的计算式：

$$J=\frac{(Z_0+Z_1)L_1+(Z_1+Z_2)L_2+\cdots+(Z_{n-1}+Z_n)L_n-2Z_0L}{L^2} \tag{2-3}$$

式中：J 为河段的平均河底比降，无因次（常用千分率表示）；Z_0、Z_1、…、Z_n 为各分段两端河底高程，m；L_1、L_2、…、L_n 为各分段河长，m；L 为河段总长，m。

3. 河流水面横比降与横向环流

（1）水面横比降。地球自转产生的偏转力垂直于物体运动的方向，物体的运动在其作用下发生偏转。在北半球向右偏转，在南半球向左偏转，地球上的河道水流也不例外。尤其是在弯曲河段，由于地球自转及河道弯曲离心力的作用，河道横断面的水面并非完全水平，水流除向下游流动外，还发生垂直主流方向的横向流动，这是由于存在水面横比降的缘故，水面横比降是指左、右岸水面的高程差与断面的河宽之比。

（2）横向环流。由于存在横比降，河流中表层的水流将向左岸流动，底层的水向右岸流动，它们构成一个横向环流。横向环流与河轴垂直，表层横向水流与底层横向水流的方向相反。横向环流与纵向的主水流结合起来，成为江河中常见的螺旋流，这种螺旋流使平原河道的凹岸受到冲刷，形成深槽，使凸岸受到淤积，形成浅滩。河流弯道的横向环流如图 2-3 所示，横向环流使水流不仅具有下切的能力，还有侧向侵蚀的能力，这对认识河流地貌的形成与河流治理具有重要的意义。

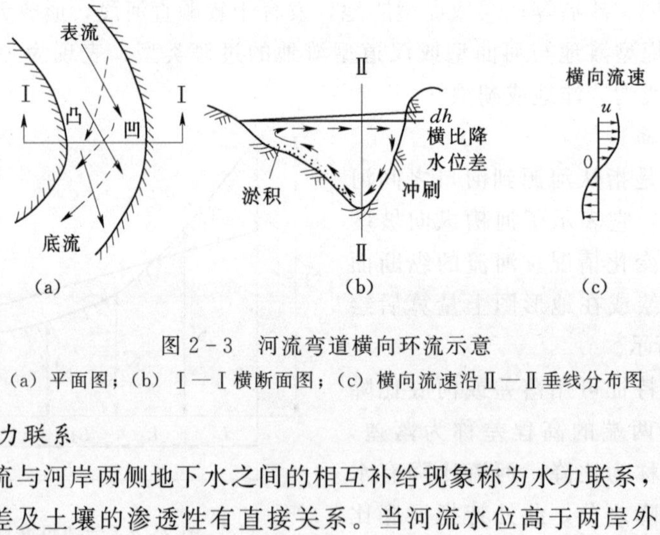

图 2-3 河流弯道横向环流示意

(a) 平面图；(b) Ⅰ—Ⅰ横断面图；(c) 横向流速沿Ⅱ—Ⅱ垂线分布图

4. 河流的水力联系

河流中的水流与河岸两侧地下水之间的相互补给现象称为水力联系，相互补给量的大小与它们的水位差及土壤的渗透性有直接关系。当河流水位高于两岸外侧的地下水位时（如洪水期），则河流就会通过侧渗补给地下水。当河流水位低于两岸外侧的地下水位时（如枯水期），则地下水就会通过侧渗补给河流。枯水期河道中的水量基本靠这种水力联系来维持，当河床高程大于两侧的地下水位时，河流就会得不到有效的地下水补给而发生断流现象，例如某些季节性的河流就属此类。

三、水系

由干流及其全部支流组成的脉络相通的网状系统称为水系，也称河系或河网，自然形成的水系多为树枝状结构。

水系可分为4种类型。①扇形状水系：水系各支流的排列和分布呈扇骨状分布，干支流的汇合点较为集中，②羽形状水系：干流比较长，沿途接纳许多支流，支流从左右两岸相间汇入干流，其排列如同羽毛状；③平行状水系：由几条近似平行排列的支流，于入海口附近汇入干流，或靠近河口处，才很快汇合；④混合状水系，较大的河流多数都包括上述二、三种型式的混合排列型。

水系的类型决定了流域的几何形态，并对流域汇流有一定的影响。如扇形水系汇流时间短，洪水往往表现为陡涨陡落、洪水历时短等特点，而羽形水系则相反。

为了反映流域内河流水系的发育情况，可用河网密度定量表示。河网密度是指流域内干支流总长度与流域面积的比值，即

$$K_b=\frac{\sum L}{F} \tag{2-4}$$

式中：K_b 为河网密度，km/km^2；$\sum L$ 为河流总长度，km；F 为流域面积，km^2。

河网密度越大，则流域切割程度越大，径流汇集越快；河网密度越小，则在一定程度上反映流域排水不畅，径流汇集缓慢。

第二节　流　　域

一、流域概念

1. 地形分水线

若地形向两侧倾斜，中间有一条脊线，使雨水分别汇集到两条不同的河流中去，则这种地形上的脊线起着分水作用，是相邻两条河流集水区的分界线。分隔相邻两条河流集水区的高地称为分水岭，分水岭可以是山地、高原、山丘或是微有起伏的平原。例如，降在秦岭以南的雨水流入长江，而降在秦岭以北的雨水则流入黄河，所以秦岭是长江与黄河的分水岭。

分水岭上最高点的连线称为分水线，河流集水区的周界分水线就是分水岭的延长线。河流集水区的地面分水线（周界），通常是经过出口断面环绕集水区四周的山脊线，可根据地形图勾绘。河流集水区的地下分水线（周界）很难准确确定。

分水岭有对称与不对称两类，对称分水岭的分水线位于分水岭中央；不对称的分水岭，其分水线偏向一侧。产生不对称的原因，主要是由于两坡构造岩性不同或两侧流域的侵蚀基准面不同。

河流水源包括地面水和地下水，因此分水线有地面分水线与地下分水线之分。河流集水区的地面分水线与地下分水线，一般情况下大体上是一致的，但有时受水文地质条件和地貌特征的影响，地面分水线与地下分水线可能不一致，表现在垂直方向上不重合，如图2-4所示。图中的A、B两河地面分水线就是中间的山脊线，但地下不透水层向A河倾斜，其地下分水线在地面分水线的右边，两者在垂直方向不重合。在地面、地下分水线之

间的面积上由降雨产生的地面水流注入 B 河，产生的地下水流则注入 A 河，从而造成两条河流地面、地下集水区不一致。除此之外，如果 A、B 之间没有不透水的地下分水线，枯季时 A 河的水还会渗向 B 河，使地下分水线发生变动。

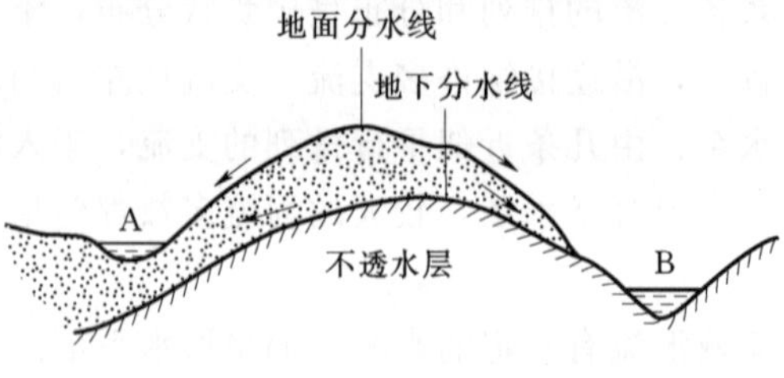

图 2-4　地面分水线与地下分水线示意

一条河流集水区的分水线通常并不是固定不变的，一是由于河流的向源侵蚀而发生的相邻流域的袭夺现象，分水线的位置会发生改变；二是由于人工开挖河道，或跨区引水等会改变集水区实际面积；三是在平原河网地区，由于地势平坦，河沟纵横交错，加之河道闸坝调节，造成水流方向不定，甚至在不同的季节，因水位高低不同而造成流向不一和集水面积的不同。

2. 流域

汇集地面水流和地下水流的区域称为流域（valley or basin），即分水线包围的集水区（catchment）。流域如同集水区那样，也有地面和地下之分，通常情况下所指的流域都是地面集水区。当流域的地面、地下分水线重合，河流下切比较深，流域上降水产生的地面、地下水流能够全部经过流域出口断面时称为闭合流域。一般大中流域，由于地面、地下分水线不重合而造成的地面、地下集水区的差异相对全流域很小，且出口断面下切较深，常常被看作是闭合流域，严格地说，完全闭合的流域是不存在的。

由于地面、地下分水线不一致，或者因河道下切过浅，流域出口断面流出的水流并非完全是由流域上降水产生的水流时，称这种流域为非闭合流域。小流域或岩溶地区的流域，常常是非闭合流域，非闭合流域与周围邻近流域存在水量交换。

对一般的大、中型流域，因地面和地下集水区不一致而产生的相邻流域之间水量交换，比流域总水量小得多，可忽略不计，因此，可用地面集水区代表流域。但是，对于小流域或者流域内有岩溶的石灰岩地区，有时交换水量占流域总水量的比重相当大，如果把地面集水区当作流域，则会造成很大的误差。这就必须通过水文地质调查及枯水调查、泉水调查等，确定地面及地下集水区的范围，估算相邻流域间的水量交换。在实际工作中，除具有石灰岩溶洞等特殊地质情况外，一般的集水区均可近似看作闭合流域。

因地下分水线不易确定，一般用地面集水区面积表示流域的大小，地面分水线所包围区域的平面投影面积，称为流域面积，用 F 表示，km^2。在适当比例尺的地形图上勾绘出流域地面分水线后，量出流域面积。勾绘地面分水线是确定流域面积的关键，一般在较大比例尺的地形图上进行。勾绘时一定要保证其与每条等高线在相交处垂直。因流域形状大多不规则，勾绘出分水线后，采用方格法或求积仪法，定出流域面积。在自然条件相似的地区，一般是流域面积越大，河流的水量就越丰富。

一条河流有许多个断面，每个断面都有各自的集水区，这些集水区（或称为断面以上流域）的面积也是不同的。所以，河流的流域面积可以计算到河流的任一断面，如水文站控制断面、水库坝址断面或任一支流的汇合口处。无论流域面积大小，集水区最低处的河流断面称为流域出口断面。一般来说，流域面积是指河口断面以上地面分水线包围的面积。

二、流域特征

1. 流域形状特征

（1）流域长度。流域长度以 L（km）表示。确定流域长度的常用方法有以下 3 种，可依据研究目的选用：①从流域出口断面沿主河道到流域最远点的距离；②从流域出口断面至分水线的最大直线距离；③用流域平面图形几何中心轴的长度（也称流域轴长）表示，即以流域出口断面为圆心作若干个不同半径的同心圆弧，每个圆弧与流域边界的两个交点连一割线，各割线中点连线的总长度即为流域几何轴长。

（2）流域平均宽度。用流域面积 F 除以流域长度 L 得到流域平均宽度 B，即

$$B=\frac{F}{L} \tag{2-5}$$

流域平均宽度 B 越小，表明流域形状越狭窄，水流越分散，从而形成的洪峰流量小，洪水过程平缓；若 B 接近于 L，则流域形状近于正方形，水流较集中，形成的洪峰流量大，洪水过程较集中。

（3）流域形状系数。流域平均宽度 B 与流域长度 L 之比称为流域形状系数 K，即

$$K=\frac{B}{L}=\frac{F}{L^2} \tag{2-6}$$

流域形状系数 K 越大，表明流域形状近于扇形，洪水过程越集中，从而形成尖瘦的洪水过程线；形状系数 K 越小，流域形状越狭长，洪水过程越平缓，形成矮胖的洪水过程线。

由于羽状水系的支流自上游向下游在不同地点依次汇入干流，相应的流域形状多为狭长形。扇形水系的支流大体呈平行状与干流交汇，相应的流域形状多为扇形。

（4）分水线延长系数。流域分水线长度 L' 与同面积圆的周长之比称为分水线延长系数 K_a，通过简单的代数运算得到计算式为

$$K_a=0.28\frac{L'}{\sqrt{F}} \tag{2-7}$$

2. 流域地形特征

（1）流域平均高程。流域平均高程是指流域地面分水线内的地表平均高程，常用流域内各相邻等高线间的面积与其相应平均高程的乘积之和再与流域面积的比值（面积加权法）计算，即

$$\overline{Z}=\frac{f_1Z_1+f_2Z_2+\cdots+f_nZ_n}{F}=\frac{\sum_{i=1}^{n}f_iZ_i}{F} \tag{2-8}$$

式中：$\overline{Z}$ 为流域平均高程，m；f_i 为相邻两条等高线之间的面积，可从地形图上用求积仪量取，km^2；Z_i 为相邻两条等高线的平均高程（相邻两条等高线的平均值），m；F 为流域面积，即 $F=\sum_{i=1}^{n}f_i$，km^2。

（2）流域平均坡度。流域平均坡度又称地面平均坡度，它是坡地漫流过程的一个重要影响因素，在小流域洪水汇流计算中是一个重要参数。一般用下式计算：

$$\overline{S}=\frac{1}{F}\left[\frac{\Delta Z L_1 f_1}{2f_1}+\frac{\Delta Z(L_1+L_2)f_2}{2f_2}+\cdots+\frac{\Delta Z L_n f_n}{2f_n}\right]=\frac{\Delta Z}{F}(L_1+L_2+L_3+\cdots+L_{n-1}+L_n) \tag{2-9}$$

式中：$\overline{S}$为流域平均坡度，无因次；ΔZ 为相邻两条等高线的高差，m；$L_i(i=1,\cdots,n)$ 为流域内各条等高线的长度，m；其余符合意义同前。

另一种计算流域平均坡度的方法是格点法：将流域划分为若干正方形网格，定出每个网格的格点与等高线正交方向的坡度，所有坡度的算数平均值即为流域的平均坡度。

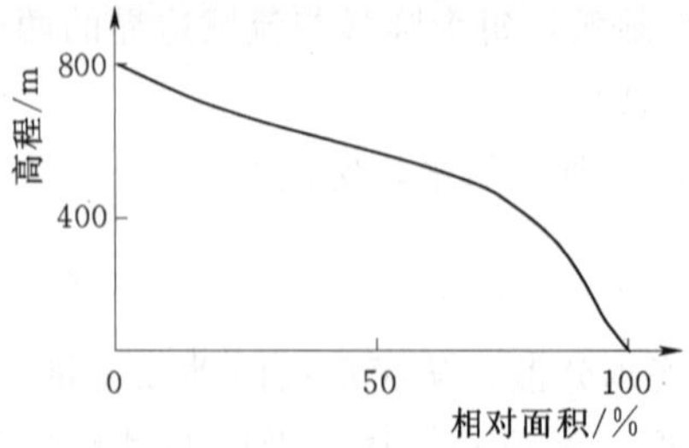

图 2-5 流域面积高程关系曲线

(3) 面积高程曲线。某些水文要素，如降水、蒸发等与高程具有一定的关系，为研究高程对水文特征值的影响，就需要了解流域面积随高程的分布变化情况。具体作法是量算出相邻两条等高线之间的面积，统计出大于等于某一高程的面积与流域面积之比，然后以高程为纵坐标，相对面积为横坐标绘出光滑曲线，如图 2-5 所示。

3. 流域自然地理特征

(1) 地理位置。流域的地理位置一般用流域中心或其边界的经纬度表示，如黄河流域位于北纬 32°～42°和东经 96°～119°。纬度相同地区的气候比较一致，所以东西方向较长的流域，流域上各处水文特征的相似程度较大。另外，还需要说明所研究流域距离海洋的远近以及与其他流域和周围较大山脉的相对位置。流域距离海洋的远近和较大山脉的相对位置，影响水汽的输送条件，直接导致降雨量的大小和时空分布的不同。如我国西北内陆地区与华北地区相比，虽然纬度相同，但前者因距离海洋较远、降水量稀少而形成较干旱气候；由于秦岭山脉的阻隔，水汽输送不畅，致使秦岭南北地区的降水量相差悬殊，河流的水文特征也有显著差异。

(2) 气候条件。流域的气候要素包括降水、蒸发、气温、湿度、气压、风速等。河流的形成和发展主要受气候因素控制，即有"河流是气候的产物"之说。降水量的大小及分布，直接影响河流年径流的多少；蒸发量则对年、月径流有重大影响。气温、湿度、风速、气压等主要通过影响降水和蒸发，从而间接影响流域径流。

(3) 下垫面条件。下垫面是借用了气象学中的术语，特指流域的地面，如地形、植被、河流、湖泊、沼泽等情况，这些要素以及上述河流特征、流域特征都反映了每一水系形成过程的具体条件，并影响径流的变化规律。在天然情况下，水文循环中的水量、水质在时间上和地区上的分布与人类的需求是不相适应的。为了解决这一矛盾，长期以来人类采取了许多措施，如兴修水利、植树造林、水土保持、城市化建设等来改造自然以满足人类的需要。人类的这些活动，在一定程度上改变了流域的下垫面条件从而引起水文特征的变化。因此，研究河流及径流的动态特性时，需对流域的自然地理特征及其变化状况进行专门的分析研究。

流域植被，特别是森林植被对径流具有重要的调节作用，能够改变径流成分的组成比例。为了反映流域植被的多少可用植被率 K_c 表示，即流域的植被面积 A 与总面积 F 的比值：

$$K_c = \frac{A}{F} \tag{2-10}$$

第三节　河　流　水　情

一、水情要素

1. 水位

水位是指某时刻河流自由水面高出基准面以上的高程，即瞬时水位，通常以 m 计。影响水位的因素有：①河流水量的多少；②河流横断面的变化，包括河床冲淤和人工改变；③水利工程的运用；④潮汐及干支流水位的变化等。

不同的河流水位变化特点也不同。山区流河水位变化剧烈，洪水时常表现暴涨暴落；平原河流则相反。小流域水量调节能力差，水位升降快；大流域则相反。为了反映水位变化规律，常将实测水位经过整理，绘成水位过程线、水位历时曲线或统计出各种水位特征值。

水位过程线是将水位按时间顺序点绘成的曲线，通常用日平均水位绘制成年水位过程线，如图 2-6 细实线所示。有时也用逐时水位点绘成瞬时水位过程线。应用水位过程线，可以分析水位随时间的变化规律，还可以分析水位与其影响因素（如降雨、融雪、气温等）之间的对应关系。水位历时曲线是将一年内大于等于某一水位出现的历时（天数）与该水位绘制的曲线，如图 2-6 中的粗实线。图 2-6 纵坐标为水位，横坐标为大于等于该水位的天数。

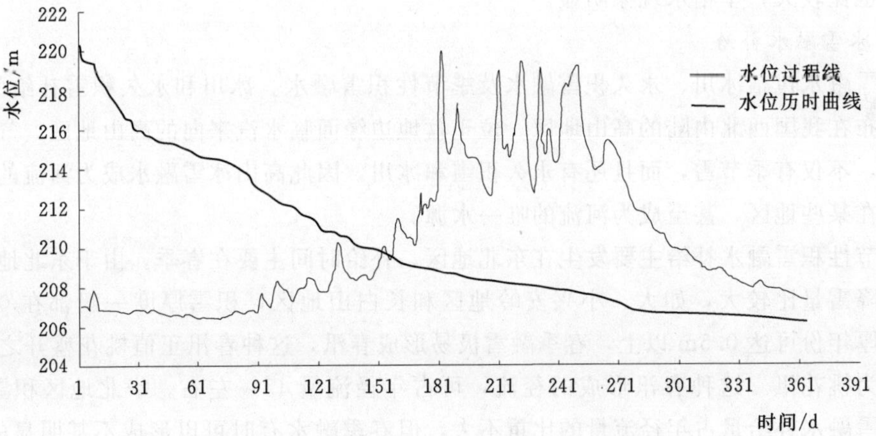

图 2-6　年水位过程线及水位历时曲线

水位特征值包括最高水位、最低水位、时段平均水位等。最高、最低水位是指研究期内出现的瞬时最高、最低值，如年最高水位、月最高水位等。平均水位是指研究期内水位的平均值，如日平均水位、月平均水位及年平均水位等。

2. 流量

流量是指单位时间内通过河流断面的水体积，以 m^3/s 计。流量有瞬时流量、时段平均流量和多年平均流量之分，它是反映河流水量多少的重要指标，一般来说，水位越高，流量越大。在各种水利工程的设计与管理运行中都要用到流量资料，与水位资料一样，有时也需要对流量资料加以整理，如绘出瞬时或日平均流量过程线、流量历时曲线、统计出各种特征值，其意义与方法与水位相同。

二、河流的水源补给

河流的水源补给是指河流中水的来源，河流的水文特性在很大程度上取决于水源补给情况，我国河流的水源补给有以下几种类型。

1. 雨水补给

雨水补给是我国河流补给的主要水源，由于各地气候条件的差异，不同地区的河流雨水补给所占的比例有较大的差别。我国雨水补给量的分布，基本上与降水的分布一致，一般由东南向西北递减。

秦岭以南、青藏高原以东地区，雨量充沛，河流主要是雨水补给，补给量一般占河川年径流量的60%～80%。在这些地区冬天虽有降雪，但一般不能形成径流。东北、华北地区的河流虽有季节性积雪融水和融冰补给，但这部分水源仍占次要地位，雨水仍是各河流的主要补给源。黄淮海平原河流的雨水补给比重最大，占年径流量的80%～90%，东北和黄土高原诸河雨水补给量占年径流量的50%～60%。西北内陆地区雨量少，河流以高山冰雪融水补给为主，雨水补给量居次要地位，一般只占年径流量的5%～30%。

以雨水补给为主的河流，其水情特点是水位与流量增减较快，变化较大。在时程上与降水有较好的对应关系。但由于雨量的年内分配不均匀，径流的年内分配也不均匀，且年际变化也比较大，丰枯水现象明显。

2. 冰雪融水补给

冰雪融水包括冰川、永久积雪融水及季节性积雪融水。冰川和永久积雪补给的河流，主要分布在我国西北内陆的高山地区。位于盆地边缘面临水汽来向的高山地区，气候相对较温润，不仅有季节雪，而且还有永久积雪和冰川，因此高山冰雪融水成为河流的重要补给源。在某些地区，甚至成为河流的唯一水源。

季节性积雪融水补给主要发生在东北地区，补给时间主要在春季。由于东北地区冬季漫长，降雪量比较大，如大、小兴安岭地区和长白山地区，积雪厚度一般都在0.2m以上，最厚年份可达0.5m以上，春季融雪极易形成春汛，这种春汛正值桃花盛开之时，所以也称为桃花汛。这种春汛形成的径流，可占年径流量15%左右。华北地区积雪不多，季节积雪融水补给量占年径流量的比重不大，但春季融水有时可以形成不甚明显的春汛。季节性积雪融水补给的河流，其水量的变化在融化期与气温变化一致，径流的时程变化比雨水形成的径流平缓。

冰雪融水补给主要发生在气温较高的夏季，其水文特点是具有明显的日变化和年变化，水量的年际变化幅度要比雨水补给的河流小，这是因为融水量与太阳辐射、气温的变化一致，且气温的年际变化比降雨量的年际变化小。

3. 地下水补给

地下水补给是我国河流补给的普遍形式，特别是在冬季和少雨或无雨季节，大部分河流的水量基本上都是来自地下水。地下水在年径流中的比例，由于各地区和河道本身水文地质条件的差异，差别较大。例如，东部湿润地区一般不超过40%，干旱地区更小。青藏高原由于地处高寒地带，地表风化严重，岩石破碎，有利于下渗，此外还有大量的冰水沉积物分布，致使河流获得大量的地下水，如狮泉河地下水占年径流的比重可达60%以上。我国西南岩溶地区（也称为喀斯特地区），由于具有发达的地下水系，暗河、明河交替出现，成为特殊的地下水补给区。

地下水实际上是雨水或冰雪融水渗入地下转化形成的，由于地下水流运动速度缓慢，又经过地下水库的调节，所以地下径流过程变化平缓，消退也缓慢。因此，以地下水补给为主的河流，其水量的年内分配和多年变化都较均匀。对于干旱年份，或者人工过量开采地下水以后，常使地下水的收支平衡遭受破坏，这时河流的枯水（基流）将严重减少，甚至枯竭。

除了少数山区间歇性的小河外，一般河流常有两种以上的补给形式，既有雨水补给也有地下水补给，或者还有季节性积雪融水补给。河流从这些补给中获得的水量，对不同的地区或同一地区不同的河流都是不同的。如淮河到秦岭一线以南的河流，只有雨水和地下水补给，以北的河流还有季节性融雪补给；西北和西南高原河流，各种补给都存在。山区河流补给还具有垂直地带性，随着海拔的变化，其补给形式也不同。如新疆的高山地带，河流以冰雪融水、季节性积雪补给为主；而在低山地带以雨水补给为主；中山地带冰雪融水、雨水和地下水补给都占有一定比重。同一河流的不同季节，各种水源的补给量所占的比例亦有明显差异。如以雨水补给为主的河流，雨季径流的绝大部分为降雨所形成，而枯水期则基本靠地下水补给来维持。东北的河流在春汛径流中，大部分为季节性融水，而雨季的径流主要由雨水形成，枯水季节则以地下水补给为主。

虽然地下水是河流水量的补给来源之一，但主要是指在河流水位低于地下水位的条件下。而在洪水期或高水位时期，如果河流水位高于地下水位，这时河流又会补给河流两侧的地下水。河流与地下水之间的这种相互补给，在水文学上称之为“水力联系”。水力联系的概念，在水资源评价和水文分析计算中具有重要意义。需要指出的是，这种水力联系必须是河流切割地下含水层时才会发生相互补给。在某些特殊情况下，水力联系只是单方面的，河流只补给地下水，而地下水无法补给河流，如在黄河的中下游地区。

三、河流洪水

1. 洪水的概念

河流洪水是指当流域内发生较大降雨时，大量径流短时间内汇入河道，河水流量迅速增加，水位急剧上涨，而后随着径流汇入量的减少和停止，河道水位、流量又逐渐减少，这一过程就是河流洪水，它是一种缓变不稳定流运动，可以用圣维南方程组来描述。

洪峰流量、洪水总量及洪水历时称为洪水三要素，它综合反映了一场洪水的大小及持续时间。

2. 影响洪水的因素

(1) 天气因素。我国河流洪水主要是由暴雨形成的，而一次暴雨量、暴雨历时及其时空分布，决定了一个流域的洪水大小及特征。决定暴雨特性的天气因素主要是气流的上升运动强弱及持续性，另外还有水汽输送情况。有利的天气系统，如气旋、静止锋、台风等的出现，就易形成暴雨洪水。

（2）下垫面因素。流域坡度大，植被稀少，土壤透水性差的流域，易造成暴涨暴落的大洪水。大流域洪水过程较平缓，而小流域则相反。流域内如有高大的山脉，对气流有阻碍抬升作用，易形成地形雨，通常迎风坡雨量大，背风坡雨量小。另外，流域中土壤的干湿状况、湖泊多少及流域形状等，也对洪水有一定影响。

四、河流枯水

1. 枯水的概念

河流枯水是指在较长的时段中维持着较小的河流流量，这段时间称为枯水期，枯水期的径流称为枯水径流。枯水期发生在少雨或无雨的季节，一般是指冬春两季，这时河流的水量主要依靠流域内的地下水和地面蓄水（如水库或湖泊）来补给。枯水期的起止时间和长短，取决于河流的补给状况，长江以南的河流，枯水期发生在冬季，历时较短，枯水流量也较大；华北地区的河流，枯水期发生在春季，有些河流一直延续到6月初甚至到6月中旬，枯水期较长，枯水流量较小，甚至断流。枯水径流的消退比较缓慢，能延续几十天甚至数月。

2. 影响枯水的因素

河流的枯水径流是由流域蓄水消退形成的，因此，影响枯水的因素主要与影响流域蓄水量的因素有关。

（1）枯水前期降水情况。枯水前期降水情况是指在进入枯水期之前降水量的多少。如果前期降水充沛，则枯水期初的流域地表和地下蓄水量就大，可形成较大的枯水流量，反之枯水流量就小，甚至枯水期断流。枯水期的降雨可增加枯水流量，若雨量较大，则枯水期会延后开始或可提前结束转入平水期或汛期。

（2）流域水文地质条件。水文地质条件是指土壤质地、结构、岩性、地质构造、裂隙及岩溶等情况，它们决定了地下水的储量及与河流的补给条件（即水力联系条件）。如果土壤疏松、岩石裂隙发育、断层破碎带多，则有利于雨水下渗和储存于地下中。再如地下含水层多而厚，也有利于储存地下水。当含水层浅且被河流切割时，则河流可获得较大的地下水补给量。

（3）流域的下垫面条件。流域的下垫面条件是指流域面积、坡度、河网密度、湖泊或沼泽率、森林植被率等。如果流域面积大且平缓，蓄水量就多，枯水就大；河网密度大，河槽蓄水就多且有利于地下水补给，枯水量就丰富；湖泊沼泽率高，增加流域蓄水，可提高枯水流量；森林植被率高，有利于下渗，增加地下蓄水量，从而增加枯水。

再强调一点的是，森林具有强大的生态服务和水文功能，不仅调节气候、改善环境，还可削减洪水、保持水土、调节径流时程分配等功效，素有“绿色水库”之称。

五、河流冰情

当气温降到0℃以下时，河道中开始出现冰晶，经过冻结和封冻，直到气温回升到0℃以上，河冰开始融化，直至冰块全部消失为止，在这段时间内，从冰凌的发生、发展到运动过程，称为河流冰情。河流的冰情，一般可分为冻结、封冰和解冻3个阶段。

1. 冻结阶段

静水和动水的结冰过程是不同的。由于水的密度在4℃时最大，当水温在4℃以上时，因对流作用使得上、下层水温一致。如果水温降至4℃后气温继续下降，当静水上层水温降至0～4℃之间时，静水开始从表面冻结。而流水由于紊动混合作用使上下层水温比较一致，上下层均可降至0℃左右，因此，当动水水温降至0℃时，水内任何深度均可出现冰晶。

冻结过程中，冰情特点主要是形成水内冰。水内冰是悬浮在水内或附在河底或其他物体上的碎冰。水内冰形成的条件是：①水温必须达到0℃以下，呈现过冷却状态；②水体具有相对的不流动层；③水体结晶释放出的潜热能被带走。

当水温接近0℃时，水面会出现由针状冰晶组成的薄片，聚集成松散易碎的一团，称为冰松。同时，岸边可能出现与河岸固结在一起的薄冰，称为岸冰。随着气温的降低，岸冰的厚度与宽度将逐渐增加。浮在水面的水内冰和水面结晶的冰块，彼此可以冻结在一起，形成坚实的冰块随水漂流，称为淌凌或流凌。淌凌开始，凌块较为稀疏，随着气温的下降，逐渐密集。在河段的狭窄处或河湾、浅滩处，因流动不畅而造成堵塞或相互冻结形成冰盖。

2. 封冻阶段

从河道开始出现冰盖到冰盖开始解冻，这一过程称为封冻过程。在封冻过程中，冰块密度不断增大，逐渐相互连成一体。在封冻时，局部流速大的河段造成冰块挤压而产生倾斜堆叠现象，冰面不平整，称为立封。在流速小的顺直河段，凌块平行，由河岸向河心冻结，冰面平整，称为平封。

在这一阶段，因流凌失去连续性或因风力的作用，形成的敞露水面称为清沟。在封冻尚未全面完成而形成的清沟称为初生沟。在已封冻的河段上，因气温回升形成的清沟称为再生沟。清沟中的自由水面与冷空气进行热量交换，致使清沟中产生大量的水内冰，直至清沟消失。大量的水内冰向下游运动时，可使下游冰盖以下过水断面缩小，造成局部阻水，这种现象称为冰塞。大量的冰塞在局部河段堆积可形成冰坝，致使上游产生壅水，有时会危及河道安全。

冰的厚度随着累积负气温值的增大而增加，存在如下关系：

$$h=A\sqrt{\sum t_d} \tag{2-11}$$

式中：A为系数，约为0.2；h为冰厚，cm；$\sum t_d$为从结冰开始的逐日平均负气温累积值，℃。

此外，冰上降雨或部分积雪融化后，再遇冷冻结也能增加冰厚。

3. 解冻阶段

当春季来临、气温回升时，自冰盖开始融化直至河冰全部消失为止称为解冻过程。在这一阶段，按其发生的物理现象可分为3个时期：

(1) 融水时期。主要表现为冰盖厚度和强度逐渐削弱，冰色变白，冰上有水或水流动，这一时期的热量输入起主要作用。

(2) 解冻时期。主要表现为冰盖逐渐被破坏，岸冰解体，河冰脱岸，冰层浮起，冰裂及河心融冰等，这一时期的热量输入和水的流动都起作用。

(3) 流冰时期。主要表现为冰块随水流运动，形成春季流凌，冰块继续消融，并伴随冰桥、冰坝等现象发生。

思　考　题

1. 河流、水系与流域的定义各是什么？
2. 一条发育成熟的河流可以分为哪几段？
3. 流域特征分为哪几类？
4. 如何计算河网密度、流域纵比降、流域形状系数？
5. 河流补给水源各有什么特点？
6. 河流水情要素主要是什么？
7. 影响河流洪水和枯水的因素各有哪些方面？
8. 什么是河流的水力联系？

第三章　水文循环与水量平衡

第一节　水　文　循　环

一、水文循环现象

地球是人类生存的家园，地球表面约有70%的面积被水覆盖。在太阳辐射和地球引力的作用下，水通过蒸发、降水、下渗、径流等方式，在地球的水圈系统中周而复始地循环运动着。水文循环（hydrology cycle）是地球上一个重要的自然过程，它将大气圈、水圈、岩石圈与生物圈联系起来，并在它们之间进行着水量和能量交换。正是由于水文循环，大气水、地表水、土壤水和地下水之间才能相互转化，形成不断更新的统一系统。也正是由于水文循环作用，水资源才能够称为可再生资源，才能被人类以及一切生物持续利用。

地球上的水是以液态、固态和气态的形式分布于海洋、陆地、大气和生物体内，这些水体构成了地球的水圈。水圈中的水运动，其主要表现形式可概括为降水、蒸发、径流和下渗四大类型，统称为水文现象。大气中的水汽凝结后以液态或固态的形式降落到地面的现象称为降水，降水的形式有雨、雪、雾、霰、雹等。水分以水汽形式从蒸发面逸出的现象称为蒸发，根据蒸发面的不同可分为植物截留蒸发、土壤蒸发、水面蒸发、植物散发、冰雪蒸发等。降落在地表的雨水满足各种损失后，在重力作用下能够沿着一定方向和路径流动、并最终汇集到河流中的部分雨量称为径流，也称为净雨，一般分为地面径流（净雨）和地下径流（净雨）。地表水在重力、土壤分子力和毛管力的作用下，经过土壤表面渗入土壤的过程称为下渗，它是地下径流形成的关键环节。

水文循环现象如图3-1所示。水圈中的各种水体在太阳辐射能和大气运动的驱动下，不断地从水面（江、河、湖、海等）、陆面（土壤、岩石等）和植物的茎叶表面，通过蒸

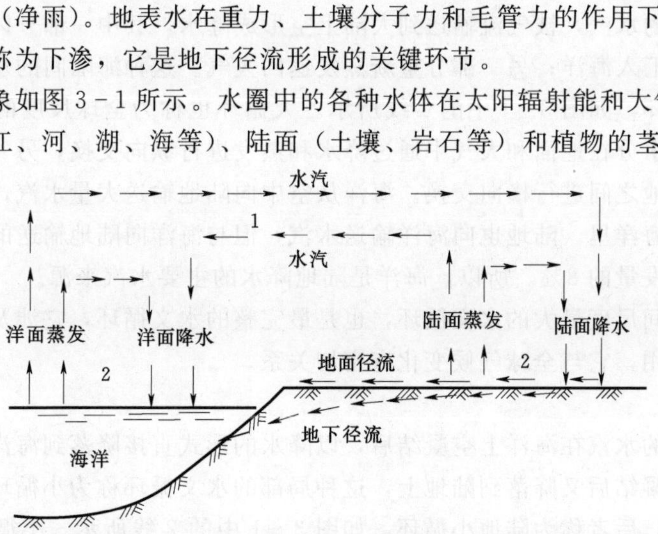

图3-1　自然界水循环示意

1—大循环；2—小循环

发或散发并以水汽形式进入大气圈。在适当的条件下，大气圈中的水汽可以凝结成小水滴，小水滴相互碰撞合并成大水滴，当凝结的水滴（或冰晶）大到其重力能克服空气阻力时，就在地球引力的作用下，以降水的形式降落到地球表面。到达地球表面的降水，其中一小部分首先被植物截留和填洼；另一部分在分子力、毛管力和重力的作用下通过地面渗入地下，渗入地下的水量满足土壤吸附后，余下部分则形成地下径流；还有一部分降水则形成地表径流。产生的径流，主要在重力作用下流入江、河、湖泊，最后汇入海洋；在这个过程中，还有一部分降水通过蒸发和散发重新逸散到大气层。渗入地下被土壤颗粒吸附的那部分降水变成土壤水，再经蒸发或散发回到大气中。地下径流则以地下水的形式排入江、河、湖泊，再汇入海洋。水圈中的各种水体在太阳辐射和地球引力的作用下，通过这种不断蒸发、水汽输送、凝结、降落、下渗和径流等形式的往复循环过程称为水文循环，又称水分循环或水循环。太阳向宇宙空间辐射大量热能，在到达地球表面的总热量中约有23%消耗于海洋和陆地表面的水分蒸发。平均每年有 57.7 万 km^3 的水量通过蒸发进入大气层，又通过降水返回地球表面。水文循环的空间范围上至地面以上平均约 11km 的对流层顶，下至地面以下平均约 1km 的深处。水以各种形态常年往返于大气、陆地和海洋之间，从不间断。

从机理上看，发生水文循环既有内因也有外因。其内因是水的“三态”变化，即水在常温下能实现固态、液态和气态之间的相互转化而不发生化学变化，其外因是地球引力和太阳辐射提供强大的驱动力。内因是根据，外因是条件，内因通过外因起作用，以上两个条件缺一不可，否则就不可能形成自然界的水文循环。

二、水文循环的分类

按照水文循环过程的整体性与局部性，根据其尺度大小，可把水文循环分为大循环、小循环和微循环。

1. 大循环

从海洋蒸发的水汽，被气流输送到大陆上空形成降水，其中一部分以地面和地下径流的形式通过河流汇入海洋；另一部分重新蒸发返回大气。这种海陆间的水分交换过程，称为大循环或外循环，如图 3－1 中的 1 线所示。大循环也称为全球尺度的水文循环，在大循环中，一方面水分在地面和大气中通过降水和蒸发进行纵向交换，另一方面水分还通过河流在海洋和陆地之间进行横向交换。海洋从空中向陆地输送大量水汽，陆地则通过河流把液态水输送到海洋里。陆地也向海洋输送水汽，但与海洋向陆地输送的水汽相比其量很少，约占海洋蒸发量的 8%。所以，海洋是陆地降水的主要水汽来源。

大循环是空间尺度最大的水文循环，也是最完整的水文循环，它涉及海洋、大气、陆地之间的相互作用，它与全球气候变化有密切关系。

2. 小循环

海洋上蒸发的水汽在海洋上空凝结后，以降水的形式直接降落到海洋里，或陆地上的水经蒸发或散发凝结后又降落到陆地上，这种局部的水文循环称为小循环或内循环。前者称为海洋小循环，后者称为陆地小循环，如图 3－1 中的 2 线所示。小循环也称为区域或流域水文循环，主要是水分通过降水与蒸发进行纵向交换。此外，在陆地小循环中还有一类特殊的小循环，称为内陆水循环，它对内陆地区的降水有着重要作用。因为内陆地区远离海洋，从海洋直接输送至内陆的水汽有限，通过内陆局部地区的水文循环，使水汽逐步向内陆输送，这是内陆地区主要的水汽来源。由于水汽在向内陆输送的过程中，沿途会逐渐损耗，故而内陆距离海洋越远，输送的水汽量越少，降水量越小。小循环往往是区域性的，多数是以流域为研究单元，等同于流域降雨径流形成过程。例如我国比较典型的内陆水循环有塔里木河流域、甘肃黑河流域以及青海的格尔木河流域等。

流域或区域水文小循环的空间尺度一般在 1～10000km^2，相对于全球水文循环而言，它是一种开放式的水文循环系统。

3. 微循环

水文微循环是指水—土壤—植物系统中的水分循环，是最小尺度的循环。水—土壤—植物系统是一个由水分、土壤和植物构成的三者之间相互作用的系统，其特殊意义在于将水文循环与植物、土壤有机地联系起来。渗入土壤的雨水会被植物根系吸收，在植物生理作用下通过茎、叶输送来维持植物的生命过程，并通过叶面散发回到大气中。水—土壤—植物系统水文循环也是一个开放式的循环系统。

三、水文循环的作用

水文循环维持了多种多样的生命，从这个意义上也可以说水循环的功能就像人体的血液循环一样。

水文循环是地球上最重要、最活跃的物质循环之一，它对自然环境的形成、演化和人类的生存产生巨大的影响，其主要作用表现在以下几方面。

1. 调节气候

通过蒸散发进入大气的水汽，是产生云、雨和闪电等现象的主要物质基础。蒸发产生水汽，水汽凝结成雨（冰、雪），吸收或放出大量潜热。空气中的水汽含量直接影响气候的湿润或干燥，通过水文循环调节地面气候，使生物包括人类得到适合生存的温度，是地球上生命生生不息，能千秋万代延续下去的重要原因之一。

2. 改变地表形态

降水形成的径流冲刷和侵蚀地面，形成沟溪江河；水流搬运大量泥沙，可淤积成冲积平原；渗入地下的水，溶解岩层中的物质，富集盐分，输入大海；易溶解的岩石受到水流强烈侵蚀和溶解作用，可形成岩溶地貌，所以，水文循环是造就地球上具有千姿百态自然景观的重要条件之一。

3. 导致水资源再生

水文循环形成了可以重复使用的水资源，是水资源和水能资源可再生的根本原因。它使人类获得永不枯竭的水源和能源，为一切生物提供了不可缺少的水分。过去人们常说水是“用之不尽，取之不竭”，就是因为水文循环的缘故。但由于水文循环的水量是有限的，而且每年具有很大的不确定性，所以“用之不尽，取之不竭”之说是有局限性的，或者说是不科学的。

4. 引起旱涝交替

由于水文循环受多种因素的影响，其中有许多是不确定的，特别是气候因素的随机性很大，所以水文循环还时常带来洪涝和干旱，这种洪涝和干旱交替发生，给人类和生物安全造成威胁。由于太阳能在地球上分布不均匀，而且时间上也有变化，因此，主要由太阳能驱动的水文循环导致了地球上降水量和蒸发量的时空分布不均匀，这不仅使地球上有湿润地区和干旱地区之分，还有丰水季节和枯水季节、多水年和少水年之分，也是地球上发生洪、涝、旱等灾害的根本原因。

5. 促进物质循环

水文循环过程还是许多物质的重要载体，大气降水把天空中游离的氮素带到地面，滋养植物；陆地上的径流又把大量的有机质送入海洋，供养海洋生物；而海洋生物又是人类食物和制造肥料的重要来源。水是良好的溶剂，水流具有携带物质的能力，因此，自然界有许多物质，如泥沙、有机质和无机质均以水为载体，参与各种物质循环。

在水文循环过程中，水的物理状态、水质、水量等都在不断变化，水通过蒸发、降水、下渗和径流四个主要环节进行着交换。研究水文循环的目的，在于认识它的基本规律，揭示其内在联系，这对合理开发利用水资源，抗御洪涝灾害，改造自然，利用自然都具有十分重要的意义。

四、影响水文循环的因素

影响水文循环的因素很多，可以归纳为以下 4 种。

1. 气象因素

如温度、风速、风向、湿度等。在水文循环的各环节中，蒸发、水汽输送、降水取决于气象条件，因此，气象因素对水文循环的影响起着主导作用。

2. 自然地理条件

如地形、地质、土壤、植被等。自然地理条件主要通过蒸发和径流影响水文循环。蒸发比重大的地区，水文循环活跃，而径流比重大的地区，水文循环相对平稳。

3. 地理位置

一般而言，距离海洋越近，水文循环强度越大，反之，则越弱。

4. 人类活动

人类活动包括各种农业生产、水利工程和城市建设等。人类的农业生产活动通过改变流域下垫面条件间接影响水文循环各环节；另外，人类还通过兴建水库等径流调节工程，以及引水、调水工程等直接影响水文循环。目前，有人提出由人类活动引起的循环称之为社会水文循环，而由气候因素引起的循环称之为自然水文循环。

一般来说，低纬度湿润地区，降雨较多，雨季降水集中，气温较高，蒸发量大，水文循环过程强烈；高纬度地区，气温低，冰雪覆盖期长，水文循环过程相对较弱；干旱地区降水稀少，蒸发能力大，但实际蒸发量小，水文循环微弱。同一地区不同季节水文循环强度也存在差异，水文循环的这种不均匀现象造成了洪涝、干旱等多变的复杂的水文情势。

五、我国水文循环路径

由于我国的地理位置距离各大洋的远近，以及大气环流和季风的影响，决定了我国的水汽来源，也就形成了我国相应的水文循环系统。

1. 太平洋水文循环

我国沿太平洋有相当长的海岸线，太平洋的暖流流经我国的东南沿海，暖流洋面温度较高，蒸发量大，洋面上的暖湿空气受到东南季风和台风的影响，向内陆输送大量水汽。暖湿空气到达大陆后，又与西伯利亚冷气团相遇，成为华东、华北地区的主要降雨水汽来源，而且降水量从东南向西北递减。我国的主要流域，如松花江、辽河、海河、黄河、淮河、长江、钱塘江、闽江、珠江以及台湾的河流，其水源主要来自该水文循环的降雨，所形成的径流又汇入太平洋。

2. 印度洋水文循环

印度洋也是我国大陆降水的主要水汽来源之一。冬季有明显湿舌从孟加拉湾伸向我国的西南部，形成这一地区的冬季降水；夏季，由于印度洋低压的发展，盛行西南季风，把大量的水汽输送到我国西南、中南、华东以及河套以北地区，成为我国夏季的主要降水水汽来源。形成降水产生径流后，一部分经西南地区的河流汇入印度洋，如雅鲁藏布江、怒江等；另一部分降水还参与太平洋的水文循环。

3. 大西洋水文循环

我国西北内陆地区的水文循环主要为内陆水文循环，虽然距离太平洋较远，但由于高空西风盛行，地势平坦，仍有少量大西洋水汽于春季随气旋向东运行，参与内陆水文循环。

4. 北冰洋水文循环

北冰洋水汽借助强盛的西北风随西伯利亚气团进入我国西北。当西伯利亚冷气团强盛时，也可深入我国腹地，因其水汽含量较少，引起的降水量不多。我国新疆北部的降水转变为额尔齐斯河的径流汇入北冰洋，构成北冰洋水文循环的一部分。

5. 鄂霍次克海水文循环

鄂霍次克海与日本海的冷湿气团，在春夏之间由东北季风进入我国东北北部地区，降水后形成的径流，经黑龙江注入鄂霍次克海。

此外，华南地区受热带辐合带的影响，可把南海的水汽输送到华南地区，形成降水后经珠江流入南海。

我国大陆上空的水汽输入、输出量，从多年平均情况来看，总输入量为 15023km³，总输出量为 12363km³，净输入量为 2660km³，平均到全国面积上的深度为 279.4mm，与全国的入海径流量很接近。这意味着进入我国上空的水汽并不全部参与水文循环，其中只有 13%参与循环，以径流形式汇入海洋。

第二节　地球上的水分布

一、水量的分布

地球的近地表层是一个庞大的水圈系统，它包括大气圈、岩石圈和生物圈。水圈包括了地球上所有形式的各种水体，主要有大气水、地面水、地下水和生物水四部分。地面水主要指储存于海洋、湖泊、河流、冰川、水库、沼泽等水体的水，它是地球上水量组成的主要部分；地下水通常指赋存于土壤和岩石空隙、洞穴、溶穴中的水；大气水是指存在于地球大气层中的水汽；生物水是指地球上一切生物体内的水分。

根据联合国教科文组织 1978 年公布的资料（表 3－1），地球上水的总储量为 13.86 亿 km³。其中，地表水为 13.62 亿 km³，占地球总水量的 98.3%；地下水为 0.24 亿 km³，占地球总水量的 1.71%；生物水为 0.112 万 km³，占地球总水量的 0.0001%；大气水为

1.29 万 km^3，占地球总水量的 0.001%。大气水其量虽小，但却是各种水体中最活跃的，大气水因降水而减少，又通过各种水体的蒸发而得到补充，保持着动态平衡。

全球地表水主要分海洋和大陆两大部分。虽然由于水文循环的影响，各种水体的数量是动态变化的，但从多年平均情况来看，储存在海洋里的总水量为 13.38 亿 km^3，占地球总水量的 96.54%，而海洋面积占地球表面积的 71%，所以从太空看地球是蓝色的，且地球在太阳系中有“水行星”之称。储存在陆面的总水量达 2425.4 万 km^3，占地球总水量的 1.75%，陆面水中储存在湖泊、河流、沼泽、冰川及积雪中的淡水总量为 2416.869 万 km^3，占地球总水量的 1.74%；其中分布在两极不能被人类直接开发利用的冰川积雪为 2406.41 万 km^3，占地球淡水总量的 68.69%。由此可知，可被人类开发利用的淡水仅占地球总水量的 0.0075%。

从表 3-1 可知，分布在陆地上的水量为 0.48 亿 km^3，占全球总水量的 3.46%，其中淡水占 2.53%。而分布在河流、湖泊及沼泽、地下水等水体中可被人类利用的淡水只占地球总水量的 0.014%，且主要分布在地下水中。因此可知，地球是一个水量丰富的星球，同时对人类来说又是一个水资源短缺的星球。可开发利用水资源的紧缺必然制约经济社会的发展和人类文明的进步，水资源的可持续开发利用已成为人类社会可持续发展的重要课题。

表 3-1　　地球上各种水体的储量（多年平均值）

序号	水体种类		储量/万 km^3	占总量的百分比/%	占淡水的百分比/%
1	海洋水		133800	96.54	
2	地下水		2340	1.71	30.1
	其中	地下咸水	1287	0.94	
		地下淡水	1053	0.76	
3	土壤水		1.65	0.001	0.05
4	冰川及永久积雪		2406.41	1.74	68.7
5	永久冻土层		30.0	0.022	0.86
6	湖泊水		17.64	0.013	0.26
	其中	咸水	8.54	0.006	
		淡水	9.10	0.007	
7	沼泽水		1.147	0.0008	0.03
8	河网水		0.212	0.0002	0.006
9	生物水		0.112	0.0001	0.003
10	大气水		1.29	0.001	0.04
总计			138598.461	100.0	100.0
其中　淡水			3502.921	2.53	

二、水体更新

水文循环周而复始、永不停息，导致了地球上各种水体不断更新。水体中的全部水量更新一次所需要的时间称为更新周期。更新周期可用下式计算：

$$T=\frac{W}{q} \tag{3-1}$$

式中：W 为水体的储量，km^3；q 为水体与外界的交换率，km^3/a；T 为水体更新周期，a。

【例 3-1】 大气中的水量 W 为 1.29 万 km^3，交换率 q 为 57.7 万 km^3/a，求大气水的更新周期。

解： 大气水的更新周期为

$$T=\frac{W}{q}=\frac{12900}{577000}=0.022(a)=8.2(d)$$

根据全球各水体的储量和交换率之间的关系可以计算出相应的更新周期，见表 3-2。由水体更新概念可知，地球上总水量有 13.86 亿 km^3，但平均每年只有 57.7 万 km^3 的水参与水文循环，按此速度，地球上全部水量参与循环一次，或者说全部水量更新一次，大约需要 2400 年。地球上不同水体的更新速度是不同的，除生物水外，地球上更新最快的水体是大气水，只有 8.2 天；其次为河流水，为 16 天。河流水的这种快速更新对人类获取淡水资源具有特别重要的意义，因为这种更新是水资源在陆地上能自行恢复或再生的根本原因。相反，深层地下水的更新周期长达 1400 年，大量开采、超采深层地下水而得不到及时补充和恢复时，就会导致各种负面影响，如海水入侵地下水、地裂缝、地面沉降等。

表 3-2　　各种水体的更新周期

水　体	更 新 周 期	水　体	更 新 周 期
极地冰川、常年积雪	约 10000 年	土壤水	1 年
世界大洋	2500 年	河流水	16 天
高山冰川	1600 年	大气水	8 天
深层地下水	1400 年	生物水	几个小时
湖泊水	17 年	全球	2400 年
沼泽水	15 年		

第三节　水 量 平 衡

一、基本原理

水量平衡（water balance or water budget）是物质不灭定律在水文学中的具体应用，是定量研究水文现象的基本工具。应用水量平衡原理可对水文循环建立定量概念，从而了解各循环要素（如降水、蒸发、径流、下渗）之间的定量关系，对于水资源评价、水文分析和水利计算、水文预报等具有重要作用，也是水文学研究的有力工具。

水量平衡的基本原理就是基于物质不灭定律或质量守恒定律，即：对任意区域（或水体）、在任一时段内，其输入的水量和输出的水量之差等于其蓄水量的变化量，即某一区域或水体任一时段 Δt 内的水量平衡方程为

$$I-O=\Delta W=W_2-W_1 \tag{3-2}$$

式中：I 为给定时段 Δt 内输入水量，m^3；O 为给定时段 Δt 内输出水量，m^3；W_1、W_2 分别为时段 Δt 初、末蓄水量，m^3；$\Delta W=W_2-W_1$ 为时段 Δt 内蓄水量的变化量，m^3。

当 $\Delta W>0$，蓄水量增加；当 $\Delta W=0$，蓄水量不变；当 $\Delta W<0$，蓄水量减小。

式（3-2）为水量平衡的基本方程，应用时要注意以下几点：一是要指定研究区域；二是指定计算时段；三是使用单位要一致。研究区域可以是一个流域或某一水体，如海洋、湖泊、水库等，也可以是流域或水体的一部分，如某一河段。计算时段要根据所研究的问题而定，如果是研究大范围的水量平衡问题，计算时段常取月、年、多年。如果是研究某个不大的水体，一般取较短的计算时段，如日、时、分等。水量平衡中的各项，要注意使用统一的单位，如 mm、m^3、m^3/s 等。

二、全球水量平衡方程

地球是由海洋和陆地两大部分组成的，分别以海洋和陆地为研究对象，时段为 Δt 的水量平衡方程为

海洋：
$$P_o+R-E_o=\Delta W_o \tag{3-3}$$

陆地：
$$P_l-R-E_l=\Delta W_l \tag{3-4}$$

以上两式中：P_o 为时段 Δt 内海洋面上的降水量；R 为时段 Δt 内汇入海洋的径流量；E_o 为时段 Δt 内的海洋蒸发量；ΔW_o 为时段 Δt 内的海洋蓄水变化量；P_l 为时段 Δt 内陆地上的降水量；E_l 为时段 Δt 内的陆地蒸发量；ΔW_l 为时段 Δt 内的陆地蓄水变化量。

合并式（3-3）与式（3-4），则可得到时段为 Δt 的全球水量平衡方程：

$$P_o+P_l-(E_o+E_l)=\Delta W_o+\Delta W_l=\Delta W \tag{3-5}$$

或
$$P-E=\Delta W \tag{3-6}$$

其中
$$P=P_0+P_l;E=E_0+E_l$$

式中：P 为时段 Δt 内全球降水量；E 为时段 Δt 内全球蒸发量；ΔW 为时段 Δt 内全球的蓄水变化量。

短时段内蓄水变化量 ΔW 可正可负，但对多年平均情况而言，正负可以抵消，即蓄水变化量的均值近似为零：$\overline{\Delta W}=\frac{1}{n}\sum_{m=1}^{n}\Delta W_m\approx 0$。因此，海洋和陆地多年平均的水量平衡方程为

海洋
$$\overline{P_o}+\overline{R}=\overline{E_o} \tag{3-7}$$

陆地
$$\overline{P_l}-\overline{R}=\overline{E_l} \tag{3-8}$$

式中：$\overline{P_o}$为海洋多年平均降水量；$\overline{R}$为多年平均汇入海洋径流量；$\overline{E_o}$为海洋多年平均蒸发量；$\overline{P_l}$为陆地多年平均年降水量；$\overline{E_l}$为陆地多年平均年蒸发量。

合并式（3-7）与式（3-8），则可得全球的多年平均水量平衡方程：

$$\overline{P_o}+\overline{P_l}=\overline{E_o}+\overline{E_l} \tag{3-9}$$

或
$$\overline{P}=\overline{E} \tag{3-10}$$

式中：$\overline{P}$为全球多年平均年降水量；$\overline{E}$为全球多年平均年蒸发量。

由式（3-10）可知，全球多年平均年降水量等于多年平均年蒸发量。经分析计算，全球的多年平均年降水量与蒸发量均为 1130mm。

经计算，全球水量平衡各分量的结果见表 3-3。全球年平均蒸发量为 57.7 万 km^3，其中海洋为 50.5 万 km^3，陆地为 7.2 万 km^3。全球年平均降水量也为 57.7 万 km^3，其中海洋为 45.8 万 km^3，陆地为 11.9 万 km^3。值得一提的是，地球并不是一个完全封闭的系统，地球与宇宙空间存在水量交换，比如陨石降落、大气中的水汽分解后散逸于宇宙空间等，但两者之间的水量交换基本保持平衡，对全球水量平衡的影响基本可不予考虑。

表 3-3　　全球水量平衡各要素值

要素 / 区域	多年平均年蒸发量		多年平均年降水量		多年平均入海年径流量	
	水量/km^3	深度/mm	水量/km^3	深度/mm	水量/km^3	深度/mm
海洋	505000	1400	458000	1270	47000	130
陆地	72000	823	119000	1224	47000	395
陆地外流区	63000	523	110000	924		
陆地内流区	9000	300	9000	300		
全球	577000	1130	577000	1130		

三、流域水量平衡方程

对于任意流域，时段为 Δt 的水量平衡方程为

$$P+R_{sI}+R_{gI}-(E+R_{so}+R_{go}+q)=\Delta W \tag{3-11}$$

式中：P 为时段 Δt 内流域上的降水量；R_{sI} 为时段 Δt 内流入流域的地表径流量；R_{gI} 为时段 Δt 内流入流域的地下径流量；E 为时段 Δt 内流域上的蒸散发量；R_{so} 为时段 Δt 内流出流域的地面径流量；R_{go} 为时段 Δt 内流出流域的地下径流量；q 为时段 Δt 内流域的用水量；ΔW 为时段内流域的蓄水变化量。

实际上，方程式（3-11）就是基本水量平衡式（3-2）的展开式。

式（3-11）为流域水量平衡方程的一般形式。如果流域为闭合流域，且用水量很小，即 $q\approx 0$，式（3-11）可写成更简单的形式：

$$P-E-R=\Delta W \tag{3-12}$$

式中：R 为时段 Δt 内流出流域的地下、地面径流之和。

同样，还可以写出多年平均情况下闭合流域水量平衡方程：

$$\overline{P}=\overline{E}+\overline{R} \tag{3-13}$$

式中：$\overline{P}$为流域多年平均年降水量；$\overline{E}$为流域多年平均蒸散发量；$\overline{R}$为流域多年平均年径流量。

闭合流域的多年平均水量平衡方程式（3-13）用途很广，在许多课程中将会用到。我国主要河流的多年平均水量平衡要素见表 3-4。

表 3-4　　我国主要河流的多年平均水量平衡要素

流　域	流域面积/万 km^2	降水量/mm	径流量/mm	蒸发量/mm
辽河	21.90	472.6	64.5	408.0
松花江	55.68	526.8	136.8	390.0
海河	26.34	558.7	86.5	472.2
黄河	75.20	464.6	87.5	377.1

续表

流　域	流域面积/万 km^2	降水量/mm	径流量/mm	蒸发量/mm
淮河	26.90	888.7	231.0	657.7
长江	180.85	1070.5	526.0	544.5
珠江	44.20	1469.2	751.3	718.0
雅鲁藏布江①	24.05	949.4	687.8	261.0

① 中国境内的流域面积。

四、通用水量平衡方程

对于任意空间体或水体，如一个流域、一个河段或一座水库等，都可以写出它的水量平衡方程式。根据式（3－2），两边同除以时段 Δt 得：

$$\overline{Q}-\overline{q}=\frac{\Delta W}{\Delta t} \tag{3-14}$$

或

$$(\overline{Q}-\overline{q})\Delta t=\Delta W \tag{3-15}$$

式中：$\overline{Q}=\dfrac{I}{\Delta t}$ 为时段 Δt 内的平均输入率，m^3/s；$\overline{q}=\dfrac{O}{\Delta t}$为时段 Δt 内的平均输出率，m^3/s。

当时段 $\Delta t\to 0$ 时，则$\overline{Q}\to Q$，$\overline{q}\to q$，$\dfrac{\Delta W}{\Delta t}\to\dfrac{dW}{dt}$。因此式（3－14）又可写成微分形式，即

$$Q-q=\frac{dW}{dt} \tag{3-16}$$

式（3－16）就是通用的水量平衡方程的微分式。

五、研究水量平衡的意义

研究水量平衡是水文、水资源学科的重大基础研究课题，同时又是研究和解决一系列实际问题的手段和方法。因而具有十分重要的理论意义和实际应用价值。

（1）通过水量平衡研究，可以定量地揭示水文循环过程与全球地理环境、自然生态系统之间相互联系、相互制约的关系；揭示水文循环过程对人类社会的深刻影响，以及人类对水文循环过程的消极影响和积极控制的效果。

（2）水量平衡又是研究水文循环系统内在结构和运行机制，分析系统内蒸发、降水以及径流等各个环节之间的内在联系，揭示自然界水文过程基本规律的主要方法；是人们认识和掌握河流、湖泊、海洋、地下水等各种水体的基本特征、空间分布、时间变化，以及今后发展趋势的重要手段。通过水量平衡分析，还能对水文测验站网的布局，观测资料的代表性、精度及其系统误差等做出判断，并加以改进。

（3）水量平衡分析还是水资源现状评价与供需预测研究工作的核心。从降水、蒸发、径流等基本资料的代表性分析开始，到进行径流还原计算，再到研究大气水、地表水、土壤水、地下水等四水转换关系，以及区域水资源总量评价，基本上都是根据水量平衡原理进行的。水资源开发利用现状以及未来的供需平衡计算，更是围绕着用水、需水与供水之间能否平衡的研究展开的，所以水量平衡分析是水资源研究的基础。

（4）在流域规划、水资源工程系统规划和设计中，同样离不开水量平衡工作。它不仅为工程规划提供基本参数，而且可以评价水利工程建设后可能产生的实际效益。

此外，在水资源工程正式投入运行后，水量平衡方法又往往是恰当地协调各部门用水要求，进行合理调度，科学管理，充分发挥用水效益的重要手段。

六、人类活动对水量平衡的影响

由于人类活动使得自然地理条件发生变化，从而导致水文循环要素、过程、强度、水文情势等发生变化，进而使水量平衡也产生变化。人类活动对水文循环的路径以及水量平衡各项值，既有直接影响也有间接影响。在水文循环中有两个重要环节，一是空中水汽输送；二是地面径流。人类活动对前者的影响是间接的，而对后者的影响是直接的。此外，人类活动不仅改变了水循环过程中水的数量，也改变了水的质量，即水的物理化学性质。

1. 人类用水对水量平衡的影响

人类为了满足生活和工农业生产的需要，把水从河流或地下含水层中直接取出。其中一部分通过排水或下渗重新回到河流或地下含水层中，一部分通过蒸发和散发成为大气水，只有一小部分返回当地水文循环系统。从而使该区域水循环各要素的时空分布直接发生变化，这种影响在干旱区尤为突出。例如我国新疆地区气候干旱，农作物需水迫切，农田灌溉大量引水，导致许多河流季节性断流。在黄河流域，因内蒙河套地区大量引水灌溉，出现了河套流量比上游兰州段流量小的反常现象。由于大量引水灌溉，河水大量引入农田，增大了陆面蒸发，减小了河川径流，造成黄河年径流量有逐年下降的趋势。同时，随着人口增长，城市与工业的发展，生活与工业引水量也日益加大。这些因素使用水量急剧增大，以致到 20 世纪末黄河这样的大河也发生了连续数年的断流现象。

人类活动还在于明显地改变了下垫面状况。农业方面耕作面积的增加改变了原有植被状况，改变了蒸发条件，进而改变了水汽输送量；农田排出水含有不同量值的养分和农药，使水质发生了变化。城市化的发展，使大量透水地面变为不透水地面，使得相同降雨量所产生的径流量及径流过程不同。现代工业排放的废气降低了近地面的大气透明度，从而改变了辐射状况，影响了陆面能量平衡，导致海洋与陆地表面温度发生变化，而降水量也随之发生了变化。工业排放的污水、废水含有比农田排水更多的有害物质。而近年来，黄土高原地区的人类活动，包括修筑梯田和淤地坝等工程措施，以及退耕还林还草等改变土地利用状况的措施，则在一定程度上减轻了人类对水文循环的影响。

2. 水利工程的影响

为了满足人类用水、用电的需要，我国在河流上兴建了大量水库、水电站等水利工程。这些工程改变了河川径流时程分配过程，水库蓄水增大了水面面积。由于水面蒸发远大于陆面蒸发，因而总体上蒸发量增大。蒸发的水量改变了内陆水文循环中的水汽量，在一定程度上增强了陆地水文循环。由于这些工程在蓄水过程中，改变了径流的运动条件，改变了水的温度状况以及水中微生物和生物的生存条件，也相应会引起水质的变化。

跨流域调水改变了水文循环的路径，同时也改变了水文循环各要素之间的平衡关系，进而对水文循环产生很大影响。不仅对调出区有影响，对调入区也有不可忽视的影响。例如，我国的南水北调工程，使长江流域水量减少，使黄河、淮河、海河流域水量增加；长江流域水量减少量值相对有限，而黄淮海流域水量增加比例较大。因此南水北调工程对长江的影响，如是否会产生入海口区淡水退缩及咸水入侵，河口侵蚀量增加等负面影响都需要研究；对黄淮海调入区而言，调入水量将缓解调入区用水紧张程度，在一定程度上补充长期超采的地下水等方面都是有利的，但是否会改变调入区水文循环状况还有待进一步研究。

不同的人类活动，其水文效应的影响规模、变化过程和变化性质，以及可否逆转等均不同。例如，跨流域引水、大型水库等水利工程虽然时间短暂，但将骤然改变水循环要素，而且一旦改变就将持久而不可逆转的存在下去。植树造林、城市化等历时较长的人类活动，对水文要素的影响则是逐渐变化的。水文效应的影响与原水体水量大小有关，影响改变的量和质与总水量和总体水质都是相对而言的。

总而言之，随着人类活动强度增大对水文循环的影响也在增大，而水文循环的改变又会引起自然环境的变化。这种变化可以是朝着有利于人类的方向发展，也可能朝着不利于人类的方向发展，弄清其机理，在水文学理论上和经济社会实践中都有重大的意义。

思 考 题

1. 何谓水文循环？什么是水文大循环、小循环及微循环？
2. 发生水文循环的主要原因是什么？水文循环的影响因素有哪些？
3. 什么是水体的更新周期？如何计算？
4. 水量平衡的原理是什么？试写出一座水库的水量平衡方程式。
5. 水文循环的作用有哪些？

第四章 降　水

降水（precipitation）是地球上各种水体的直接或间接补给源，因此，降水量及降水特征对各种水体的水文特征和水文变化规律具有重要影响。对我国绝大多数河流来说，降雨与水文现象关系最大，所以如无特别说明，本章主要是指降雨。

第一节 降 水 类 型

一、按降水成因分类

由气象学可知，降水的形成主要是由于近地面的暖湿气团在各种因素的影响下，迅速升入高空产生动力冷却，当温度降到露点以下时，气团中的水汽便凝结成水滴或冰晶形成云层，云层中的水滴或冰晶随着水汽不断凝结而增多，同时还随着气流的运动，相互碰撞合并而增大，直到它们的重量不能为上升气流托浮时，就可以在重力作用下降到地面形成降水。可见，源源不断的水汽输入是降水的先决条件，气流的上升运动产生动力冷却是形成降水的必要条件。按气流上升运动形成动力冷却的原因，常把降水分成以下 4 种类型。

1. 锋面雨

大气物理性质，如温度、湿度等比较均一的大团空气称为气团，气团向较冷地区移动时，它的温度比周围空气相对较高，称为暖气团；反之，称为冷气团。当冷、暖气团相遇时，两气团接触而形成的交界区域称为锋区或锋面，锋面与地面的交线称为锋线。锋面雨是由于冷暖气团相遇，迫使暖湿空气上升而形成的降雨。它又可分为冷锋雨、暖锋雨、静止锋雨及锢囚锋雨等。

(1) 冷锋雨。当冷气团势力比较强盛时，如图 4-1 (a) 所示，因冷空气密度较大，将楔入暖气团的下部，使锋面向暖气团一侧移动，同时还迫使暖湿空气沿锋面上升，发生动力冷却而致雨，称为冷锋雨。一般情况下，冷锋雨强度大、历时短、雨区范围较小。

(2) 暖锋雨。若暖气团势力比较强大，推动锋面向冷气团方向移动，暖空气主动沿锋面滑行到冷气团的上方，如图 4-1 (b) 所示，这样形成的降雨称暖锋雨。暖锋雨的锋面比较平缓，暖湿空气上升速度较慢，所以降雨强度较小，但历时长，范围广。

(3) 静止锋雨。若冷暖两气团势力相当，锋面在一定地区来回摆动，称为（准）静止锋，如图 4-1 (c) 所示。静止锋雨历时较长，强度较小。

(4) 锢囚锋雨。当 3 种温湿性质不同的气团相遇，如冷锋追上暖锋或两条冷锋相遇，暖湿空气被迫抬升而锢囚在高空，由此产生的降雨称为锢囚锋雨，如图 4-1 (d) 所示。由于锢囚锋是两条移动的锋相遇合并形成，所以它不仅保留了原来锋面的降水特征，而且锢囚后暖空气被抬升到锢囚点以上，上升运动进一步发展，使云层变厚，降水量增加，雨区变大。

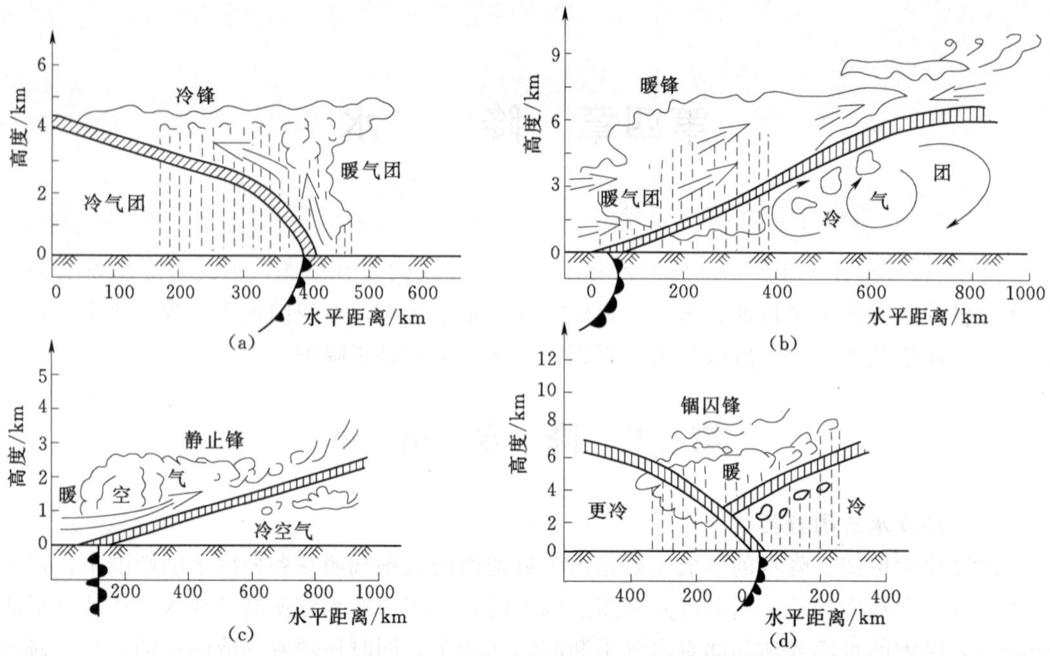

图4-1　锋面雨示意

(a) 冷锋；(b) 暖锋；(c) 静止锋；(d) 锢囚锋

2. 气旋雨

气旋是中心气压低于四周的大气旋涡，在北半球气旋内的空气作逆时针旋转。在发生气旋的地方，由于气流向低压中心辐合而引起大规模的空气上升运动，这样形成的降雨称为气旋雨。非锋面气旋有高空涡旋，称为涡，如西南涡，西北涡等，1963年8月海河流域的特大暴雨就是西南涡连续北上造成的。另外，还有热带气旋，热带气旋按地面中心风速大小可分为热带低压、热带风暴、强热带风暴和台风（风速超过12级），后者所形成的降雨称为台风雨。台风雨一般来势凶猛，一天内降雨量可达数百毫米，极易造成灾害。1975年8月第3号台风在淮河上游降下了历史上罕见的特大暴雨，河南林庄站最大24h降雨1060.3mm，其中最大6h达860.1mm。

气旋雨是我国降水的主要类型，几乎所有比较大的降雨都与它有关，是造成我国暴雨洪水的主要来源。

3. 对流雨

在炎热的夏天，由于地面局部受热，下层空气膨胀，密度减小，大气的稳定性降低，与上层密度大的空气形成对流，使下层带有大量水汽的暖空气上升产生动力冷却而凝结致雨，称为对流雨。对流雨多发生的夏季酷热的午后，一般强度大、面积小、历时短，常伴有雷电，故又称为雷阵雨。对流雨对流域洪水影响极大，易形成陡涨陡落的洪水。

4. 地形雨

暖湿空气在运行途中，因遇到山岭障碍，被迫沿山坡爬升，发生动力冷却而成云致雨，称为地形雨。地形雨多发生在迎风面的山坡上，背风坡雨量则较少。例如，我国的南岭山地，7月份岭南比岭北的雨量大一倍多，就是因为夏季多东南风，岭南属迎风面。

二、其他分类

实用上，还可按雨量大小、强度及过程特征进行分类，主要有以下 3 种。

1、暴雨

如果 24h 雨量超过 50 mm 或 1h 雨量超过 16mm 的降雨称为暴雨，24h 雨量超过 100mm 的降雨称为大暴雨，24h 雨量超过 200 mm 的降雨称为特大暴雨。暴雨主要由于对流作用形成，具有强度大、历时短、覆盖范围小等特点。

2. 暴雨型淫雨

暴雨型淫雨的特点是历时较长，往往长达数日，降雨强度变化剧烈，平均雨强较大，个别时段的降雨强度可能很大。这种雨型一般是由冷暖气团交汇所致，常常是造成大面积洪涝灾害的主要原因。

3. 淫雨

淫雨是指历时很长、强度较小、降雨时断时续且空气湿度较大的一种雨型，一般也是冷暖气团交锋所致。

另外，气象部门按 24h 雨量的大小，将降水分为 7 级，如表 4－1 所示。

表 4－1　降水量等级表

24h 降雨量/mm	<0.1	0.1～10	10～25	25～50	50～100	100～200	>200
等级	无雨或微雨	小雨	中雨	大雨	暴雨	大暴雨	特大暴雨

第二节　降　水　特　征

降水特征是指降水要素及降水的时空变化，这些特征都会直接影响径流的形成，也是水文学研究的基础资料。

一、降水三要素

通常把一点（或面上）的降水量、降水历时与降水强度，称为降水三要素。降水量是指一场降雨或一定时段内降落在某点或某一面积上的水层深度，以 P 表示，单位为 mm。降水历时是指一场降水从开始到结束持续的时间，以 t 表示，单位为 min、h 或 d。降水强度是指单位时间的降水量，又称为雨率，以 i 表示，单位为 mm/min 或 mm/h。某时段内的平均降水强度与降水量、降水历时的关系为

$$i=\frac{P}{t} \tag{4-1}$$

除了降水三要素以外，描述一场降雨还需要知道降水面积和暴雨中心等，降水面积是指降雨笼罩的水平范围，以 F 表示，km^2，暴雨中心是指雨量很集中的局部地区或某点，由等雨量线图可以了解暴雨中心所在位置。

为了便于比较各地的降水量大小，有时还指定一定时段内的降水量作为标准，如最大 1d、最大 3d 降雨量等，这里的 1d、3d 称为降水时间。在降水时间内，降水不一定连续。

二、降水的时空分布

1. 降水过程线与累积降水过程线

降雨的时程分布通常用时段雨量（或时段降雨强度）过程柱状图表示。如图 4－2 中

的 a 线所示，这种柱状图是以时段雨量为纵坐标、时段顺序为横坐标绘制而成，它显示了一场降雨的时段雨量变化过程。如以日降雨量为纵坐标，可绘制日降雨量过程，因为在一年内并非每天都有降雨，故日降雨过程线是断续的。绘制降雨过程线时，时段并不是固定的，可根据需要确定。绘制一场降雨的过程线，时段可采用 h 或 min 为单位。

累积降水过程线就是累积降水量与时间的变化过程线。如图 4-2 中的 b 线所示，是以降水开始到某时刻的累积降水量为纵坐标、以时间为横坐标绘成的曲线。该曲线某一时段的坡度就是该时段的平均雨强，即$\bar{i}=\Delta P/\Delta t$（式中，$\Delta P$ 为时段降水量，mm；Δt 为时段长，h 或 min。）根据导数的概念，如果时段取得很小，即当 $\Delta t \to 0$ 时，时段平均雨强就趋于瞬时降水强度，即 $i=\mathrm{d}P/\mathrm{d}t$。

如果将同一流域上各雨量站的同一次降雨累积曲线绘在一起，可以了解一场降雨在面上的分布情况及各站雨量在时程上的变化情况，并可用来校验观测资料的合理性。

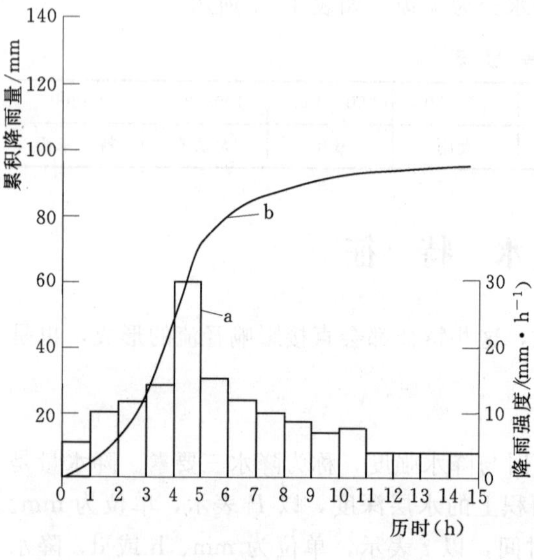

图 4-2 某站一次降雨过程线及累积降雨过程线

a—降雨强度过程线；b—累积降雨曲线

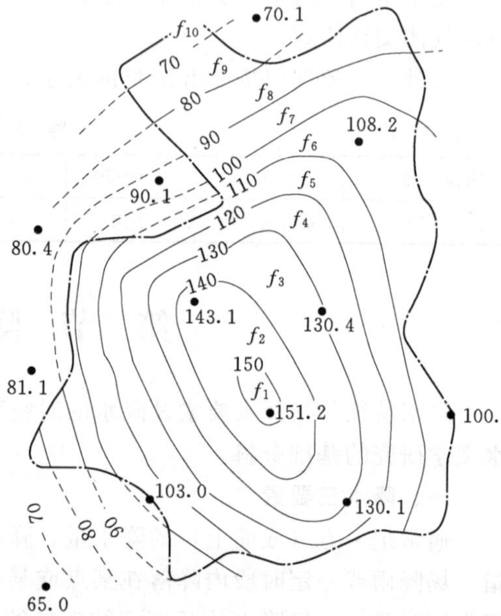

图 4-3 等雨量线

—为流域边界线；·为雨量站

2. 等雨量线

对于面积较大的区域或流域，为了表示次、日、月或年降水量的平面分布情况，可绘制等雨量线图。如图 4-3 所示，其做法与地形等高线图相似，将流域各站雨量标注在相应位置上，然后根据其数值勾绘等值线。等雨量线图能清晰地反映一次降雨量的时空分布，如果按各时段顺序雨量绘制等雨量线图，还能反映暴雨中心的移动路线。

等雨量线图是研究降雨量分布、暴雨中心移动及计算流域平均雨量的有力工具。但在绘制时要有足够、且控制性较好的雨量站点，这样才能真实地反映降雨的空间分布。如果测站稀少，或控制性不好，则不能反映暴雨中心的极大值或暴雨的低值点，这样绘制的等雨量线图真实性很差，并失去意义。在绘制等雨量线图时，一要考虑地形的影响，一般情况下降水量随高程的增加而增加；二要考虑暴雨的走向，迎风坡与背风坡的降雨量不同。

3. 降雨综合特性曲线

为了反映一次暴雨量的空间分布特征，有时还需要给出一场暴雨的强度历时曲线、面积雨深曲线（简称面深曲线），以及历时面积雨深曲线（简称时面深曲线）。制作这些曲线时，通常选取降雨量大、强度也大的暴雨进行分析。

（1）强度历时曲线。该曲线的作法是：对于一场暴雨过程，选定不同的历时，分别统计各历时内的最大平均雨强（在降雨过程线上找出各历时的最大平均雨强，一般采用滑动取值的方法），然后以纵坐标为降雨强度、以横坐标为历时在方格纸上点绘成曲线图。如图 4-4 所示的强度—历时曲线，随着降雨历时的增加，平均雨强逐渐减小，两者呈现负相关关系，可用以下函数描述：

$$\bar{i}_T=\frac{s}{T^n} \tag{4-2}$$

式中：$\bar{i}_T$ 为历时 T 内的平均暴雨强度，mm/h（或 mm/min）；s 为经验参数，也称为“雨力”，即当 $T=1$h 时的平均雨强，mm/h；T 为暴雨历时，h（或 min）；n 为暴雨衰减指数，随地区而变化。

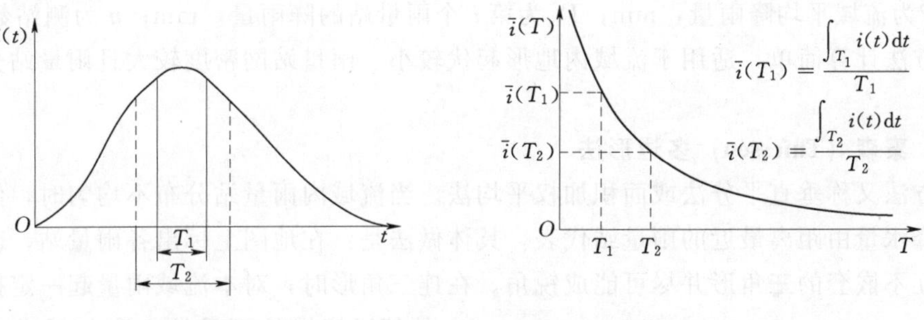

图 4-4　暴雨强度历时曲线制作

式（4-2）称为暴雨公式。

（2）面积雨深曲线。该曲线的制作方法是，首先绘出一场暴雨（历时一定）的等雨量线图，其次是求出各等雨量线包围的面积，并算出面积上的平均雨量，再点绘出面积与雨量的关系，如图 4-5 所示。该曲线的规律是：随面积的增大，平均雨深减小。

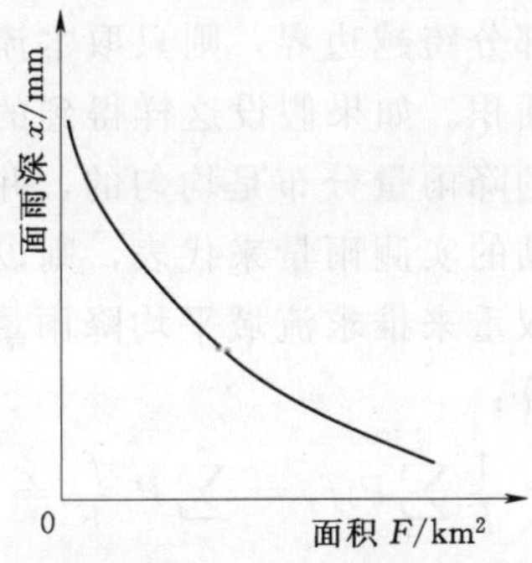

图 4-5　暴雨面深曲线

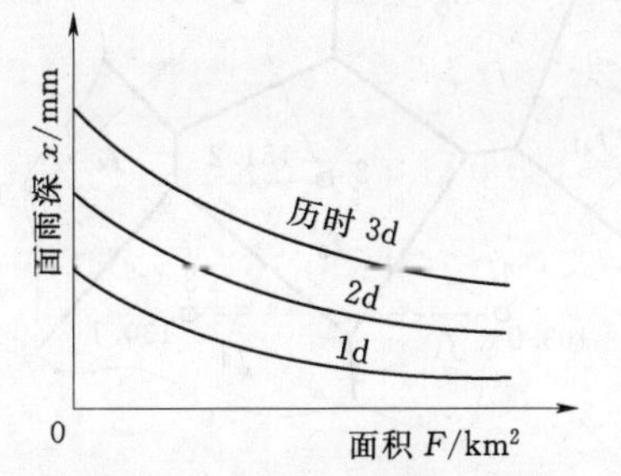

图 4-6　暴雨时面深曲线

（3）历时面积雨深曲线。该曲线的制作方法是：对一场暴雨，首先按降雨时程分配特点，分别不同历时（如最大1h、3h、7h等）绘出多幅等雨量线图，其次是根据某一历时的等雨量线图求出面深曲线，最后再将各种历时的面深曲线绘在同一坐标中，即可得到时面深曲线，如图4-6所示。由图可知，较长历时的面深曲线在上部，较短历时的面深曲线在下部，且不应相交。

第三节　流域平均降水量的计算

雨量站观测的降水量只代表该站或附近小范围内的降水情况，称为点降水量。在分析流域降雨径流关系问题时，需要考虑流域的平均雨量。一个流域一般会有若干个雨量站，由各站的点雨量可以推求流域平均降雨量，其计算方法有以下几种。

一、算术平均法

将流域内各站同期降水量的算术平均值作为流域平均降雨量，即

$$\overline{P} = \frac{1}{n}\sum_{i=1}^{n} P_i \tag{4-3}$$

式中：$\overline{P}$为流域平均降雨量，mm；P_i 为第 i 个雨量站的降雨量，mm；n 为测站数。

该方法计算简单，适用于流域内地形起伏较小、雨量站网密度较大且雨量站分布均匀的情况。

二、泰森（Thiessen）多边形法

该方法又称垂直平分法或面积加权平均法。当流域内雨量站分布不均匀时，假定流域各处的降水量由距离最近的雨量站代表。具体做法是：在地图上标出各雨量站，就近连成若干个互不嵌套的三角形并尽可能成锐角。在连三角形时，对本流域雨量起一定控制作用的邻近流域的雨量站也应包括进去，然后对每个三角形的各边作垂直平分线，这些垂直平分线和流域的边界构成 n 个多边形，每一个多边形内正好有一个雨量站。图4-7中虚线为三角网，实线为每个测站控制的多边形面积。在流域边界，如果多边形的一部分跨越边界，则只取本流域内的多边形面积。如果假设这样得到的每个多边形内的降雨量分布是均匀的，并可用其中雨量站的实测雨量来代表，则以多边形面积为权重来推求流域平均降雨量，可由下式计算：

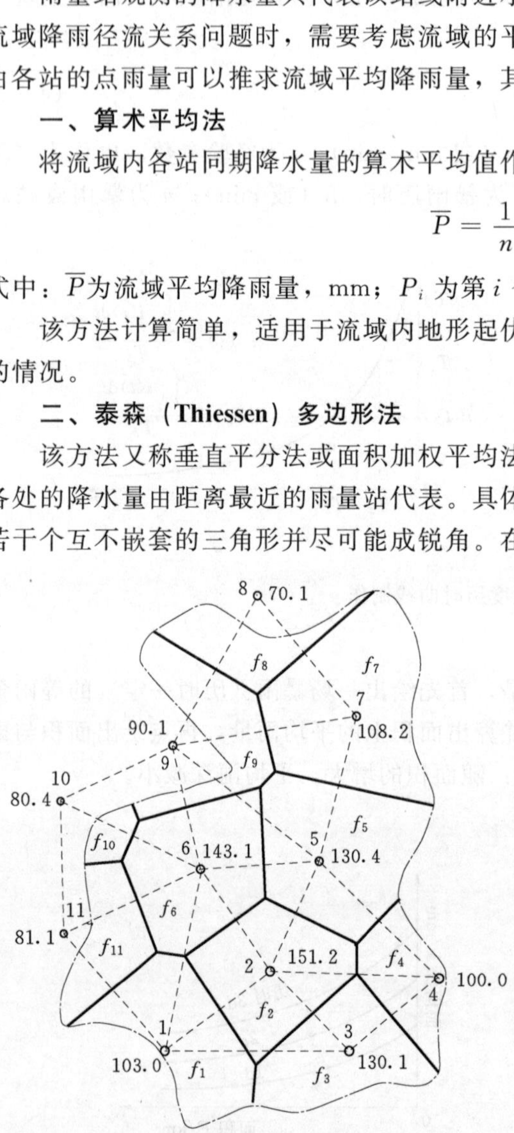

图4-7　泰森多边形示意
—·—为流域边界线；○为雨量站

$$\overline{P} = \frac{1}{F}\sum_{i=1}^{n} P_i f_i = \sum_{i=1}^{n} P_i \frac{f_i}{F} = \sum_{i=1}^{n} P_i \alpha_i \tag{4-4}$$

式中：f_i 为第 i 个雨量站所在多边形的部

分面积，km^2；F 为总面积，km^2；n 为多边形数目，α_i 为各部分面积占总面积的比重，通常称为权重（固定值）$\alpha_i=\frac{f_i}{F}$；$\frac{f_i}{F}P_i$ 为权雨量。

【例 4-1】 某流域设有甲、乙、丙、丁 4 个雨量站，流域面积 $F=112km^2$，各站实测一次降雨量及泰森多边形控制面积见表 4-2，试求该次降雨的流域平均降雨量。

表 4-2　　泰森多边形法计算流域平均降雨量

雨量站	控制面积/km^2	权重	降雨量/mm	权雨量/mm
甲站	12	0.107	18.5	2.0
乙站	38	0.339	24.3	8.2
丙站	32	0.286	35.7	10.2
丁站	30	0.268	25.4	6.8
合计	112	1	103.9	27.2

解：将表中有关数据代入式（4-4）得

$$\overline{P}=\sum_{i=1}^{4}\alpha_iP_i=0.107\times18.5+0.339\times24.3$$
$$+0.286\times35.7+0.268\times25.4=27.2\,(mm)$$

若站网稳定不变，此法比较简单，而且当测站固定不变时，认为各雨量测站的权重都不变，显然没有反映出地形对降水的影响，因此，若流域内或测站间有高大山脉，用此法会带来误差。另外，若某个时期因个别雨量站缺测或缺报以及雨量站位置变动，将改变各站权重，给计算带来麻烦。

三、等雨量线法

当流域上雨量站分布较密时，可根据各站同时段雨量绘制等雨量线，如图 4-3 所示，然后推算流域平均降雨量。

$$\overline{P}=\frac{1}{F}\sum_{i=1}^{n}\overline{P}_if_i=\sum_{i=1}^{n}\overline{P}_i\alpha_i \tag{4-5}$$

式中：$\overline{P}_i$ 为相邻两条等雨量线之间的平均雨量，mm；f_i 为相邻两条等雨量线之间的部分面积，km^2；α_i 为各部分面积占总面积的比重（注意 α_i 因各场降雨不同而不同）$\alpha_i=\frac{f_i}{F}$；n 为部分面积个数。

等雨量线法在理论上是比较完善的，能了解降水量在空间上的分布情况，便于分析洪水的组成。有经验的工作人员绘制等雨量线图时，还能对流域特性给予适当的照顾，故精度较高。但要求站点较多，且每次降雨都必须绘制等雨量线图，并量算面积和计算权重，工作量大。

四、距离平方倒数法

该方法是 20 世纪 60 年代末提出的，并为美国气象局系统首先采用，也称为客观运行法。其作法是将流域划分成许多网格，每个网格均为一个长宽分别为 dx 和 dy 的矩形，如图 4-8 所示。

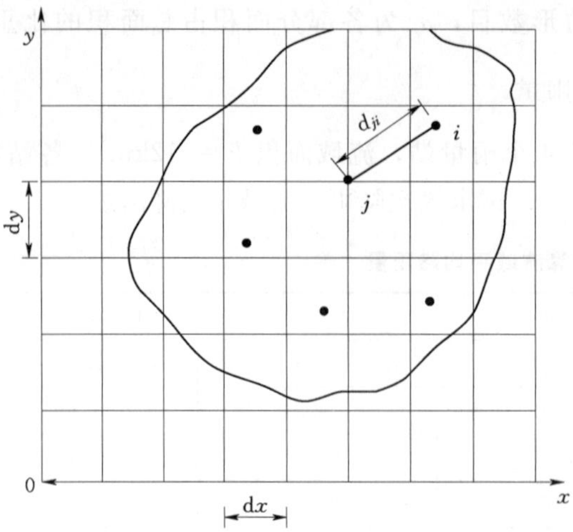

图 4-8　距离平方倒数法示意

网格格点处的雨量用其周围雨量站按距离平方的倒数为权重求得

$$P_j = \frac{\sum_{i=1}^{m}(P_i/d_i^2)}{\sum_{i=1}^{m}(1/d_i^2)} \qquad (4-6)$$

式中：P_j 为第 j 个格点的雨量，mm；P_i 为第 j 个格点周围邻近的第 i 个雨量站的雨量，mm；d_i 为第 j 个格点到其周围邻近的第 i 个雨量站的距离，m 或 km；m 为第 j 个格点周围邻近的雨量站的数目。

由于格点数目足够多，而且分布均匀，可再按算术平均法计算流域平均雨量。该方法改进了站与站之间的雨量呈线性变化的假设，计算过程虽复杂，但便于计算机处理。此外，如果发现雨量不与距离平方成反比关系，也容易改成其他幂次。

第四节　降水资料的合理性分析、订正与插补

研究任何水文现象，包括水文预报、水文分析计算等，都必须具备资料条件，尤其是降水资料。而降水资料都是用仪器观测得到的，其质量的好坏与精度的高低对研究成果影响较大。

一、降水资料的合理性分析

对降水资料应着重分析各次降水的成因、影响降水的因素，深入了解其地理特征，掌握降雨在时程上和地区上分布的一般特性，分析途径有以下几种：①利用本地区绘制的等雨线图来审查个别站点的降水资料是否合理；②从降雨类型、性质和地形等方面分析雨量资料；③利用相邻站点同期的雨量、强度及历时作对比分析；④利用双累积曲线分析技术，对测站记录的降水资料不一致性进行分析和校正，下面重点介绍双累积曲线分析技术。

由于测站位置、仪器设备和观测方法的改变，会导致降水资料的变化，从而破坏了历年资料的一致性，双累积曲线分析技术就是用来检查这种不一致性的有力工具。双累积曲线就是指被检验雨量站的累积雨量与其周围若干雨量站平均值的相应累积值所作的相关线。首先选定检验时段，可以是月、季或年；其次是选定邻近可靠的雨量站，可以一个或多个；然后再统计被检验站与邻近站降水资料系列，计算出累积值并绘制双累积曲线；最后判断被检验站的降水资料系列是否具有一致性。如果绘制的双累积曲线连续完整，没有明显的转折点，证明被检验站的全部资料的一致性好，反之就差。如图 4-9 所示，就是某地区 A 站年降水量与邻近相对稳定的 8 个站年降水量平均值绘制的曲线。由图可知，A 站年降水量与 8 站均值的关系在 1975 年发生突变，曲线的斜率由 1975 年以前的 0.75 变

为1975年以后的0.95，经调查得知该站在1975年变更了量雨器的位置。因此，由这一转折显然可以断定由于量雨器的位置变更，使得该站在1975年前后的降水资料的一致性遭到了破坏。为了满足降水资料的一致性，将1975年以前的降水资料乘以修正系数α，就可以将其修正到与1975年以后的资料相一致了。修正系数如下式计算：

$$\alpha=\frac{K_1}{K_2} \tag{4-7}$$

式中：K_1、K_2分别为改变点以前、后的双累积曲线斜率。

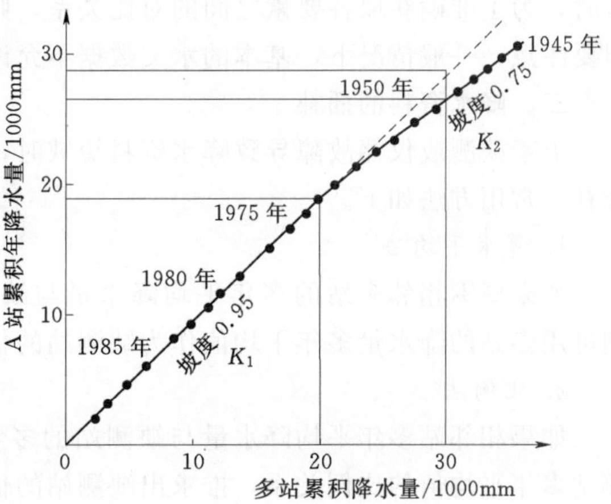

图4-9　降雨量双累积曲线

为了避免偶然性因素的干扰，只有在双累积曲线的坡度发生显著变化，而且坡度转折后有连续5年以上的观测资料时，方可使用这种方法进行降雨量资料的一致性识别和修正。

二、实测降水资料的订正

在降水量的观测时，安装雨量器的器口在地面以上有一定距离，一般高出地面70cm。观测数据与实际到达地面的雨量存在一定的误差。根据国内外的实验分析，用雨量器测得的雨量比实际雨量偏小，可采用下式进行三项影响因素的订正：

$$P=P'+\Delta P_v+\Delta P_w+\Delta P_e \tag{4-8}$$

式中：P为实际雨量，mm；P'为器测雨量，mm；ΔP_v为风力订正值，mm，其大小取决于仪器周围的气流结构、风速大小及雨滴大小；ΔP_w为器皿湿水订正值，mm，是指降水粘附在器皿壁上而不能被测到的部分，其大小与观测次数有关，根据试验每次约0.2 mm左右；ΔP_e为蒸发订正值，mm，是指降水停止到观测之间的蒸发损失，该值在干旱地区较大，不可忽略。

为了解决这一问题，世界气象组织（WMO）和国内外水文气象机构，通常是以地面式雨量器的观测值作为标准，对普通雨量器的观测值进行订正。

次降雨量的订正值应为$P=KP'$。根据我国黄淮海平原的观测资料分析，K的平均值约在1.03～1.1之间，它还与风速有一定关系。

对于月雨量，其订正值随季节而变。绝对订正值在汛期最大，相对订正值在冬春较突出。

年降水量的订正值与纬度有关，一般是纬度越高，差别越大。近两极地区，订正系数最大，约为1.25；赤道附近约为1.04；绝对最大值在温带，约为150～200mm/a。我国南方的订正系数为1.05，绝对订正值为50 mm/a左右；北方订正系数约为1.10，绝对订正值为25 mm/a左右。全球平均订正系数为1.10，绝对订正值为75 mm/a左右。

降水量的实际值与观测值之间的这种差别，是一种系统偏小误差。当研究降水与其他水文要素之间的关系时，并非一定要订正，但如果要研究一个区域的多年平均水量平衡要素时，为了准确获取各要素之间的对比关系，则要考虑这种误差的影响并作必要的订正。但要注意，一般情况下，基本的水文数据不允许随意更改。

三、降水资料的插补

由于缺测或仪器故障导致降水资料短缺时，为了分析计算的需要，对缺测资料要进行插补，常用方法如下。

1. 算术平均法

如果周围相邻多站的多年平均降水量与缺测站的多年平均降水量相差在10%以内，则可用多站的降水量多年平均值作为缺测站的估算值。

2. 比例法

如果相邻站多年平均降水量与缺测站的多年平均降水量相差在10%以上，则可用相邻站多年平均值的比例关系，推求出缺测站的估算值：

设 $$\frac{P_x}{\overline{P}_x}=\frac{1}{n}\left(\frac{P_1}{\overline{P}_1}+\frac{P_2}{\overline{P}_2}+\cdots+\frac{P_n}{\overline{P}_n}\right)，则：P_x=\frac{1}{n}\left(\frac{\overline{P}_x}{\overline{P}_1}P_1+\frac{\overline{P}_x}{\overline{P}_2}P_2+\cdots+\frac{\overline{P}_x}{\overline{P}_n}P_n\right) \quad (4-9)$$

式中：P_x、$\overline{P}_x$ 为缺测站插补的降水量及多年平均降水量，mm；$\overline{P}_1$、$\overline{P}_2$、…、$\overline{P}_n$ 为相邻各站的多年平均降水量，mm；P_1、P_2、…、P_n 为与缺测站同期的各站降水量，mm。

3. 等雨量线法

前述两法主要用于插补年、月降水量，对于次暴雨量可用等雨量线法插补。根据周围各站雨量绘制的等雨量线图，由缺测站的地理位置用比例内插法求出缺测值。

4. 图解相关法

选取与缺测站降水类型相似、处于同一气候区、自然地理条件一致且资料完整的邻近站作为参证站，建立两个站的降水量相关关系，据以进行插补缺测站的雨量。

第五节 降水影响因素及我国降水概况

一、影响降水的因素

影响降水及其时空分布的因素主要有地理位置、台风或气旋路径等气象因子，另外还与地形、森林、水体及人类活动因素有关。研究对降水的影响因素，有利于掌握降雨特性，判断降雨观测资料的合理性和可靠性。

1. 地理位置

在低纬度地区，由于气温高、蒸发量大、空气中的水汽含量高，所以降雨就多。地球上大约有2/3的雨量是降落在南纬30度到北纬30度之间的地区，以赤道附近为最多，逐渐向两极递减。

在沿海地区，因空气中水汽含量也较高，一般雨量较丰沛，愈向内地雨量愈小。例如青岛的多年平均降水量为646mm，济南为621mm，西安为566mm，到兰州只有326mm。又如华北的降水量明显地少于华南的降水量。

2. 台风和气旋路径

我国的东南沿海常常受台风侵袭产生大量降水。台风自东南沿海登陆以后，有时可深入到江汉平原，甚至北上，再经华北转向东入海。台风经过的地方，常常带来较多的降雨量。

西藏高原使西风环流受阻，一般会分成南北两支，在中国的西南部最易产生波动，从而导致气旋向东移动，并在春夏之间经江淮平原入海而形成梅雨。7、8月间锋面北移，气旋常常在渭河一带形成，并经华北平原入海，在气旋经过的地方，雨量就较丰沛。

夏季近地面空气层的对流作用强烈，常常会导致热雷雨，这在南方气温高的地方发生较多。地势较低而平坦地区的气温比山地高，因而也容易发生热雷雨。

3. 地形

地形对降雨的直接影响是地形具有强迫气流抬升的作用，从而使降雨量增加。增加的程度与空气中水汽含量多少及地形变化有关。研究表明，有些地区多年平均降雨量与地面高程有密切的关系，东南沿海地区的增率显著高于西北内陆地区。地形坡度愈陡，对气流的抬升作用愈强烈，在水汽含量相同的情况下，降雨量增加的就愈多。但有时也会出现当降雨量随高程的变化达到一定程度后，降雨量反而有减少的现象。这是因为致雨云层距地面的高度一般为100～200m，当山脉较低时，其对致雨云的阻拦作用较小，地形对降雨的影响不明显。但当山脉较高时，由于对致雨云的阻拦作用大，地形对降雨的影响显著。而在山顶附近，气流又变得畅通起来，地形的阻拦作用又会减弱，因此对降雨的影响反而又减小。

山脉的缺口（即山口）和海峡，一般是气流的通道。在这些地区，气流不受阻挡，运动速度加快，因此在这些地方的降雨机会就减少。例如，台湾海峡和琼州海峡两侧雨量的减少就较明显。阴山山脉与贺兰山山脉之间的大缺口也使得鄂尔多斯和陕北高原的雨量减少。

4. 森林

森林对降水的影响，至今还没有一致的结论。当低空气流经过林区时，森林可减小气流运动速度，有利于气流辐合上升而产生冷却，因而有助于增加降水。但也有人认为森林对降水影响不大，甚至还会减少降水。研究结论的不一致，主要是由于实测资料往往受到地区的代表性、观测条件、观测精度等因素的影响。森林对降水影响肯定是存在的，至于影响的程度还有待进一步研究，这种影响主要与森林面积大小、林冠厚度、密度、树种、林型、树龄等有关。多数研究认为，森林会增加降水量，但其增加量一般不会超过年降水量的10%。

5. 水体

在江河湖面的上空，由于气流阻力小而加速运动，减小了降水的机会。温暖季节，水面上空可能存有逆温现象，空气不易上升，也不易降雨。海洋暖流所经之处，由于地面上空气团不稳定，则有利于降水。在水体迎风面的岸边地带，当气流自水面吹向陆地时，因地面阻力较大，风速减小，加之热力条件不同，容易造成上升运动，促使降水增加。

6. 人类活动

人类活动一般是通过改变下垫面条件而间接影响降水。例如，植树造林或大规模砍伐森林、修建水库、农业灌溉等。尤其是城市化对降水影响，由于城区具有“热岛”效应，主要表现为城市的增雨作用，其影响程度则视城市的规模与当地气候条件而定。近些年来，人工增雨活动频繁，一般是使用飞机、火箭或大炮将碘化银发射到高空增加云层而增雨。

二、我国降水量的时空分布

1. 时间分布

(1) 年内分布。我国大部分地区的年降水量在季节上分配不均，主要集中在夏季。长江以南主雨季较长，3～7月的雨量约占全年雨量的60%左右；华北和东北地区，主雨季在6～9月，其雨量约占全年总雨量的70%～80%，甚至更多，其中华北雨季更短，大部分降雨量集中在7～8月；其他地区，也明显地表现出夏季各月的降雨量大大超过冬季各月的降水量。

降水的年内变化除用百分数表示外，还可以用不均匀性系数来描述：

$$c=\sqrt{\frac{\sum_{1}^{12}(K_i-1)^2}{12}} \tag{4-10}$$

式中：K_i 为各月降雨量与各月平均降雨量的比值。

(2) 年际分布。我国降雨量的年际变化也很大，而且时常发生连续丰水年和连续枯水年的现象。年降水量越小的地区，年际变化越大。降水量的年际变化可以用变差系数 C_V 描述，也可以用极值比表示，即 $K=x_{\max}/x_{\min}$。式中，$x_{\max}$ 为最大年降水量，$x_{\min}$ 为最小年降水量。西北地区的 K 值可达8以上，华北为3～6，东北为3～4，南方一般为2～3，西南在2左右。月降水量的年际变化更大，有的地区汛期最大一个月的降水量是其他年份同月的几倍、几十倍甚至百倍以上。

2. 空间分布

降雨量的空间分布是指地区分布。我国降雨量的地区分布，总的趋势是从东南向西北递减。全国多年平均降水量是650mm左右，低于全球陆地多年平均降水量800mm，也低于亚洲陆地多年平均降水量740mm。通常根据我国各地区年降水量的多少，划分为5个水分分布带，如表4-3所示。

表4-3　我国水分分布带的划分

降水分布带	年降水量/mm	径流分布带	年径流深/mm	径流系数	干旱指数	占国土总面积比例/%	多年平均降水日数/d
十分湿润带	>1600	丰水带	>800	>0.5	<0.5	7.8	>160
湿润带	800～1600	多水带	200～800	0.25～0.5	0.5～1.0	26.1	120～160
半湿润带	400～800	过渡带	50～200	0.1～0.25	1.0～3.0	18.6	80～120
半干旱带	200～400	少水带	10～50	<0.1	3.0～7.0	20.9	60～80
干旱带	<200	干涸带	<10		>7.0	26.6	<60

注　干旱指数为年蒸发能力（水面蒸发量）与年降水量的比值。

三、我国暴雨分布概况

我国是暴雨频发的国家，暴雨分布受季风环流、地理位置、台风路径、地形条件的影响十分显著。不同的地理条件和气候区，暴雨类型、强度、持续时间及发生季节都不同。

每年一般在4～6月份，东亚季风初登大陆，大暴雨主要出现在长江以南地区，是华南前汛期和江南梅雨期暴雨出现的季节，而且暴雨量级明显具有从南向北递减的趋势。华南沿海出现的特大暴雨，大多是锋面和低空急流作用的产物，沿海山地和南岭山脉对大暴雨的分布有明显的影响。江淮梅雨期暴雨多为静止锋、涡切变型暴雨，降水持续时间长，但强度相对较小。两湖盆地四周山地的迎风坡是梅雨期暴雨量相对高值区，而南岭以北和武夷山以东的背风坡则为相对低值区，江南丘陵地区的大暴雨量级明显比华南地区小。

进入7、8月份，西南和东南季风最为盛行，随着西太平洋副热带高压的北抬西伸，江南梅雨期宣告结束，大暴雨移至川西、华北一带，东南沿海多台风暴雨。这一时期，大暴雨分布范围比较广，苏北、华南、黄河流域的太行山前、伏牛山东麓都出现过特大暴雨。个别年份台风深入内陆，或在转向北上的过程中，受高压阻挡而停滞少动或在当地打转，若再遇中纬度冷锋、低槽等天气系统的影响以及地形抬升作用，常形成特大暴雨。例如著名的75.8暴雨，在1975年8月5至7日，7503号台风在福建省登陆后深入到河南，由于在台风北面有一高压区，使台风在驻马店地区停滞徘徊达20多小时之久。林庄站24h雨量达1060.3mm，其中6h雨量就高达830.1mm，是我国大陆降雨强度最大记录。四川西部和东北部、华中、华北一带在此期间常常受到西南涡的影响，也发生过多次特大暴雨。例如63.8大暴雨，在1963年8月2至8日，华北海河流域受到3次低涡影响，在太行山东麓山区造成连降七昼夜的的大暴雨。獐么站降雨量达2051mm，其中最大24h降雨量达950mm。在7、8月份，北方黄土高原及其它干旱地区，夏季受东移低涡、低槽等天气系统的影响，也时常出现历时短、强度大、但范围较小的强雷暴雨。例如77.8暴雨，在1977年8月1日，在内蒙与陕西交界处的乌审召发生过强雷暴雨，有4处在8～10h内降雨量超过1000mm，最大点雨量超过1400mm，实属世界罕见。

到了9～11月份，北方冷空气活动增强，雨区南移，在东南沿海、海南及台湾一带受台风和冷空气南下影响，时常出现大暴雨。例如台湾的火烧寮在1967年10月17至19日曾出现24h降雨量达1672mm、3d降雨量达2749mm的特大暴雨，是我国历史上的最大记录。

思　考　题

1. 什么是降水三要素？它们之间是什么关系？

2. 一场降雨的时面深关系曲线如何绘制？

3. 影响降雨的因素有哪些？

4. 计算流域面雨量时，泰森多边形法的公式（4－4）和等雨量线图法的公式（4－5）有何异同？

5. 我国降水的时空分布有什么特点？

6. 产生降水的主要因素是什么？按气流上升产生动力冷却，降水主要有哪些类型？

习 题

某流域分布有 5 个雨量站，各站用泰森多边形法划定的控制面积分别为 $20km^2$、$30km^2$、$30km^2$、$20km^2$、$20km^2$，各站实测降雨量分别为 18mm、22mm、35mm、25mm、20mm，试计算流域平均降雨量。

第五章 土壤水

土壤是一种由不同大小颗粒所组成的散粒体，其间彼此存在着孔隙，土壤水（soil water）是指存在于土壤孔隙中和被土壤颗粒所吸附的水分。地表土层多为有孔介质，降雨可以通过地表孔隙下渗到土壤层这一巨大的“蓄水库”中，下渗水量的多少与土壤含水量及土壤性质有关。“蓄水库”对下渗的雨水具有吸收、保持和输运的能力，输运水分就是指土壤水运动，从而对下渗水量进行空间（主要是垂向）和时间上的再分配。土壤水的增长、消退及动态变化同降水、蒸散发、下渗和径流有密切联系。因此，土壤水运动直接影响和决定径流过程的基本特征，土壤水的存在形式、运动和变化规律是认识水文现象和进行定量计算的重要基础。

第一节 土壤的物理性质及土壤水类型

土壤是由固态土粒、液态水和气态空气三相物质组成的。固态部分是组成土壤的基本物质，约占总体积的50%左右；水所占体积约为2%～45%之间，空气则填充于土壤中的剩余孔隙。土壤中的水和空气处在不停地交换和运动之中，在时间和空间上是经常变化的。

土壤水的性质，取决于水分的基本物理属性，更重要的是取决于土壤中固体颗粒的性质。土壤中的水分主要受土壤颗粒的吸附而保持在土粒周围和孔隙之中，并在其中运动。因此，土壤的机械组成、结构、孔隙大小及形态，以及相应的水理特性是影响土壤水的重要因素。

一、土壤的物理性质

1. 土壤的机械组成

土壤中的固体颗粒称为土粒，绝大部分是矿物。土粒按其大小可分为若干组，在同一组内其成分具有相似性，称为土壤颗粒分级。土壤中各粒径级之间的组合比例，即相对含量，称为土壤的机械组成或土壤质地。它是土壤的一种较稳定的自然属性，影响到土壤的吸水、持水、输水和给水等水理特性，因此被普遍用来作为反映土壤物理性质的特征。

土壤的固体物质由大小不同的矿物颗粒组成，其粒径相差很大，从几微米到几厘米。不同粒径的颗粒，物理性质差别很大，按土壤颗粒的粒径大小，可将土粒分为砂粒、粉粒和黏粒。砂粒（粒径为2～0.02mm），颗粒大，比表面积（单位重量土粒的表面积）小，土粒间接触点小，孔隙大，因此，透水性强，毛管上升高度小，遇水不膨胀，干燥时不收缩，无黏着性；粉粒（粒径为0.02～0.002mm），颗粒较小，比表面积大，孔隙较小，透气透水性不强，毛管上升高度较大；黏粒（粒径小于0.002mm），颗粒很细，比表面积很大，形成的孔隙甚小而量大，透气透水性很弱，毛管上升高度大，但上升速度缓慢，遇水膨胀，干燥收缩。

按土壤颗粒的大小及其组合情况，土壤质地大致可分为砂土、壤土和黏土3大类。砂土，砂粒含量在80%以上，粒间孔隙一般较大，透水性强，持水能力弱，毛管孔隙较大，毛管上升高度较小，因孔隙较大，有利于水汽扩散运行，水分蒸发较快；黏土，黏粒含量在60%以上，颗粒间孔隙很小，孔隙相互沟通形成曲折的毛细管孔隙，其透水性差，但持水性强，土壤水分运行缓慢，毛管上升高度大；壤土，含砂粒和黏粒，介于上述二者之间，是我国大部分地区常见的土壤，其水分物理性质也介于上述二者之间，透水性、持水性均属中等。

2. 土壤结构

土壤颗粒紧密结合在一起形成一种团聚体，称为团粒结构。土壤又由很多团聚体所组成。土壤颗粒的排列形式会因土壤团聚体的数量及性质而有所不同。这样，土壤的结构就直接影响土壤的孔隙特性，从而影响到土壤的持水、透水等水分物理性质。例如团粒结构的土壤可以使土壤孔隙度提高到55%～65%，甚至更高。团聚体的大小和形状可以分成很多类型。土壤颗粒和团聚体的类型与排列不同，构成了土壤孔隙不同的分布状况。团粒和团粒之间存在着许多非毛管孔隙，这些大的孔隙是良好的水流通道。

3. 土壤物理特性的基本指标

（1）土壤密度。土壤密度是指单位体积（除掉孔隙）干燥土粒实体的质量，也称为比重。

$$\rho=\frac{W}{V_0} \tag{5-1}$$

式中：ρ 为土壤密度，kg/m^3；W 为土壤重量，kg；V_0 为除掉孔隙的土粒实有体积，m^3。

（2）土壤干容重。土壤干容重是指在自然条件下，单位体积（包括孔隙在内）干土的重量，简称容重。

$$\gamma_0=\frac{W_S}{V} \tag{5-2}$$

式中：γ_0 为土壤干容重，kg/m^3；V 为土壤体积，m^3；W_S 为自然条件下土壤体积 V 中的干土重量，kg。

土壤密度主要取决于矿物质的成分。一般变化在2200～3200kg/m^3之间，平均值约为2600～2700kg/m^3。由于土壤容重包括孔隙在内，所以它小于密度。容重不仅与矿物质成分有关，还与土壤的机械组成，土壤颗粒的排列或结构有关。在自然界中，土壤容重随深度的不同有一定变化。砂土的容重在1400～1700kg/m^3之间；黏土为1100～1600kg/m^3。我国华北地区各土层的容重大体为：耕作层容重在1000～1400kg/m^3之间，底层和紧实耕层在1400～1550kg/m^3，最紧实的底土层为1550～1800kg/m^3。

（3）土壤孔隙比 e。是指一定体积土壤中的孔隙体积 V_V 与固体体积 V_S 之比值。

$$e=\frac{V_V}{V_S} \tag{5-3}$$

（4）孔隙度（率）n_p。是指单位体积的土壤中所有孔隙体积所占的百分数（即所有孔隙占土壤容积的比）。

$$n_p = \frac{V_V}{V} \times 100\% \tag{5-4}$$

式中：n_p 为孔隙度，%；V 为土壤土样总体积，m^3。

n_p 与 e 可以相互转换，即

$$n_p = \frac{e}{1+e} \tag{5-5}$$

一般情况下不直接测定土壤孔隙度，可以用土壤密度 ρ 和容重 γ_0 来求 n_p。由于土壤密度与容重之差值等于孔隙部分所相当的土壤重量，即

$$V(\rho-\gamma_0)=V_V\rho$$

$$\rho-\gamma_0=\frac{V_V}{V}\rho$$

$$n_p=\frac{V_V}{V}=\left(1-\frac{\gamma_0}{\rho}\right)\times 100\% \tag{5-6}$$

自然条件下，孔隙不是被水充填就是为空气所占据，土壤水分形态、特性及运行都与土壤孔隙的特性有着密切关系，所以，土壤孔隙是土壤物理特征的综合反映。

土壤孔隙率的大小，还不足以反映孔隙对水分运行的作用。例如黏土的孔隙率比砂土大，但孔隙的直径小，所以黏土的持水能力强，透水性弱；砂土则相反。从水分运行的观点来看，孔隙可分为 3 种类型：①无效孔隙（孔径小于 0.001mm），这种小孔隙只要几个或几十个水分子就可将它堵塞，孔隙中的水分子受到很大的吸力而保持在孔隙中，所以它既不通水汽，所持的水分子也不参与水分的运行，故称为无效孔隙；②毛管孔隙（孔径为 0.001～8mm）。它能产生显著的毛管力作用，有相当大的持水和输水能力；③非毛管孔隙（孔径大于 8mm），其孔隙不具有毛细管作用，不能保持水分，但却是水和空气的良好通道。

土壤孔隙率与土壤的类型、耕作情况、植被情况和离地面的深度有关，一般变化在 30%～60%之间。位置越深土壤越密实，孔隙率越小，但通常在地面 80cm 以下孔隙率的变化就不大了。

二、土壤水分的作用力

土壤固体颗粒与水分子经常处于相互作用的状态中，其作用力的性质决定于水分子与土壤颗粒表层分子和离子所固有的不同性质和不同的作用。作用于土壤水的主要力有分子力、毛细管力和重力。由于这些力随时都在变化，水分受力不平衡，所以土壤水分处于经常运动和变化之中，因而决定了土壤水的不同存在形式和运动特性。

1. 分子力

分子力是指土壤颗粒表面的分子和离子对水分子的吸引力。分子力的大小与土粒的表面积成正比，表面积越大分子力愈大。紧靠土粒表面的分子力甚大（可达 1.01×10^9Pa），当吸附水分子以后，分子力迅速衰减，以致消失。当达到几十个水分子厚度时，分子力就不再起作用了。水分向土壤颗粒表面结合的现象称为吸附，分子力有时也称为吸附力。

2. 毛管力

在未充满水的毛管孔隙中，由于存在液体弯月面的表面张力，形成毛管力，作用于土壤水。若这种力处于不平衡状态，会使土壤水运动，或者保持在土壤孔隙中。毛管力的大小视毛管管径和液面的表面张力的大小而定。

3. 重力

土壤水处于重力场之中，受地心引力作用，其大小可用水头表示。

除上述主要作用力以外，土壤水还可能受到渗透压力作用。在水分运动时，还受黏滞力、空气压力等各种力的作用。

在这些作用力中，分子力和毛管力与土壤的机械物理特性密切相关，对不同的土壤其大小是不同的。对于同一土壤，它们又随土壤含水量变化而变化，即在土壤水分运行的不同阶段它们的大小是不同的。在这些力的作用下，导致了土壤水分的运行和动态变化，同时水分的变化又反映了在这些作用力中某些作用的削弱与增长。

三、土壤水分类型

在上述各种力的作用下，根据土壤水分存在的形式和性质，可将土壤水分分为如下类型，如图 5-1 所示。

- 土壤水
  - 束缚水
    - 吸湿水
    - 薄膜水
  - 自由水
    - 毛管水
      - 毛管悬着水
      - 支持毛管水
    - 重力水
      - 自由重力水
      - 支持重力水

图 5-1 土壤水的分类

1. 吸湿水

土粒能吸附空气中水分子的性能称为吸湿性，所吸附的水分称吸湿水。土壤颗粒分子力所吸附的水分，其厚度约为几个到二十个水分子的厚度。紧贴土粒表面的水分子所受的分子吸力可达 1.01×10^9Pa。当在水汽饱和状态下，土壤吸湿水达到最大吸湿量，其外层分子吸力降为 3.14×10^5Pa。由于分子吸力很大，使水分子间的距离已小于正常液态水分子之间的间距，而表现出固态水的性质。吸湿水没有溶解能力，不能自由移动，只能在 105～110℃高温下汽化散失，由于紧束在土壤中，对水文现象的影响不大。

2. 薄膜水

薄膜水是在吸湿水外面由土粒剩余分子力所吸附的水膜。薄膜水受到的吸力约为 3.1～0.625MP_a（1MPa=10000hPa=10 大气压），它与液态水的性质基本相似，能以湿润的方式，从一个土粒上较厚的水膜向另一土粒上较薄的水膜移动，如图 5-2 所示，其速度非常缓慢，一般为 0.2～0.4mm/h。但薄膜水不受重力的影响，随着水膜的相互作用，厚度逐渐趋于均匀，速度逐步减小而停止。

因为吸湿水与薄膜水难以自由运动，所以也称为束缚水，吸湿水也称为紧束缚水。

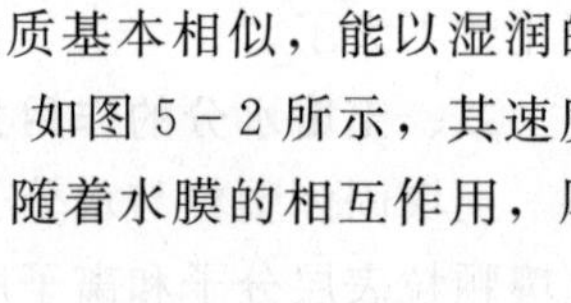

图 5-2 薄膜水运动示意

3. 毛管水

毛管水是指依靠毛细管的吸引力而被保持在土壤孔隙中的水分。毛管水又可分为支持毛管水和毛管悬着水。

（1）支持毛管水。支持毛管水也称为毛管上升水，地下水面以上由毛细管力所支持而存在于土壤孔隙中的水分。由于孔隙大小分布不均匀，毛管水上升高度也不相同，孔隙愈细，毛管水上升高度愈大，在地下水面以上，形成一个不均匀的水分分布带，称为毛管活动层，它随地下水位的升降而升降。活动层的平均厚度由土壤性质决定。如砂土的活动层厚度为 0.3～0.6m。砂质壤土为 1m，壤土和黏土为 2～3m 左右，个别情况可达 6m。

(2) 毛管悬着水。在地表附近的土壤孔隙中，当下渗的水量通过毛管时，由于毛管孔径不同，毛管力的大小就不同，如向上的毛管力大于向下的毛管力，其合力（向上与向下的力差）能支持一部分水，使其不能到达地下水面而悬吊于地表附近的孔隙之中，称为毛管悬着水。

4. 重力水

指土壤中在重力作用下能自由移动的水分。它能传递水压力，在任何方向只要静水压力差存在，就可产生水流运动。土壤中的重力水每时每刻都在不停地运动和变化，是土壤水分中具有较大活动性的部分。按照重力水存在的位置不同，又可分为自由重力水和支持重力水。

(1) 自由重力水。自由重力水也称为渗透重力水，是指在重力作用下，沿非毛管孔隙由上到下自由运动。

(2) 支持重力水。支持重力水是指在地下水位的支持下，存在于毛管孔隙中的连续水体。或者，由于土层中存在相对不透水层，而使得下渗的水分被暂时滞留于不透水层之上，形成临时饱和水体。

毛管水与重力水都称为自由水，其中悬着水和自由重力水是影响径流形成的重要成分，在一定的条件下可以参与径流的形成。

第二节　土壤含水量及水分常数

为描述土壤水分随时间和空间的动态变化规律，通常用土壤含水量来表示它们的大小和变化特性，而将处于某些特征条件下的土壤含水量值称为土壤水分常数。它们反映一定条件下的土壤含水量的变化特性，是标志土壤水分的形态和性质发生明显变化时的一些土壤含水量的特征值。

一、土壤含水量的表示方法

土壤含水量又称为土壤湿度，也称为土壤含水率，它表示一定量的土壤中所含有水分的数量。土壤含水量是土壤的一个重要的水理性质指标，是分析土壤的各种物理、力学特性以及决定土壤水分运动和保持水分的重要参数。土壤含水量可用一定容积土壤中三相物质含量的相对比例关系来表示，最常用的土壤含水量表示方法有以下几种。

1. 土壤重量含水量

土壤重量含水量是指在某一土样中，水分的重量 W_ω 与干土重量 W_S 的比，用百分数表示，即

$$\omega=\frac{W_\omega}{W_S}\times 100\% \tag{5-7}$$

利用称重的方法，测量湿土样重量和其烘干后的重量，容易求得 W_ω、W_S 值。但重量含水率是一个相对指标，不能表示含水量的绝对值，难以对不同土壤及同一土壤不同层次间的土壤含水量进行比较。因为，土壤重量含水量不仅与实际的含水量有关，还与土壤容重有关。如两种土壤具有相同的重量含水率，且均为 20%，但二者容重分别为 1500kg/m^3 和 1000kg/m^3，则二者的水分绝对数量并不相同，前者的含水量为后者的 1.5 倍，因

此很难进行比较。

2. 土壤容积含水量

土壤容积含水量，也称为体积含水量，是指土壤中水分体积与土壤体积的比，用百分数表示，即

$$\theta=\frac{V_{\omega}}{V}\times 100\% \tag{5-8}$$

式中：V 为土壤的总体积，m^3；V_{ω} 为水的体积，m^3。

体积含水率 θ 能表示土壤所含水分的绝对值大小，表明土壤水分填充土壤孔隙的程度。在土壤学和水文学中被广泛采用。

两种土壤含水量的计量指标可以相互转换。因为

$$\theta=\frac{V_{\omega}}{V}=\frac{W_{\omega}}{V\gamma_{\omega}}=\frac{W_{\omega}W_{s}}{V\gamma_{\omega}W_{s}}=\frac{W_{s}}{V}\frac{W_{\omega}}{W_{s}}\frac{1}{\gamma_{\omega}}=\gamma_{0}\omega \tag{5-9}$$

式中：γ_{ω} 为水的容重，$\gamma_{\omega}=1000kg/m^3$；$\gamma_0$ 为土壤干容重，kg/m^3。

3. 饱和度

一定体积土壤中水的体积与土壤孔隙体积的比称为土壤水饱和度，表示孔隙被水充满的程度，即

$$\alpha=\frac{V_{\omega}}{V_{v}} \tag{5-10}$$

式中：α 为饱和度；V_{ω} 为水的体积，m^3；V_v 为孔隙体积，m^3。

饱和度与体积含水量之间的关系为

$$\alpha=\frac{\theta}{n_{p}} \tag{5-11}$$

式中：n_p 为孔隙度。

4. 土壤蓄水量

为便于同降雨、径流及蒸发量比较与计算，对土壤水分有个绝对量的概念，常将某个土层 H 的含水量以相应的水层厚度 h 来表示［以后各章节，常采用 W（mm）表示土壤相对含水量或蓄水量］。

$$h=H\theta \tag{5-12}$$

式中：h 为土壤蓄水量，有时也称为土壤含水量，mm。

此外，为研究土壤含水量的空间分布及时程变化的动态规律，常绘制测点含水率垂向分布曲线、测点土壤含水率过程线以及土壤含水率空间分布等值线图。

二、土壤水分常数

土壤水分形态和运动特性发生明显变化的特征值，称为土壤水分常数。土壤水分的不同存在形式及形态，与它们所受到的作用力密切相关，不同形态水分的存在反映土壤不同的持水量级，通常用一些土壤含水量的特征值来表示。

1. 最大吸湿量（吸湿系数）

最大吸湿量是指在饱和空气条件下土壤颗粒所能吸收水分的最大量，它表示土壤颗粒吸附气态水的能力。

2. 最大分子持水量

最大分子持水量是指土壤颗粒的分子力所能结合水分的最大量。此时薄膜水厚度达到最大值（包括吸湿水和薄膜水的总和）。

3. 凋萎系数

植物无法从土壤中吸收水分，以致开始凋萎枯死时的土壤含水量，也称为凋萎含水量。植物根系的吸力约为15.19×10^5Pa，当土壤对水分吸力大于或等于15.19×10^5Pa时的土壤含水量就是凋萎含水量。由此可见，大于凋萎含水量的水分才是参与水分交换的有效水量。凋萎系数总是大于最大吸湿量，而小于最大分子持水量。一般来说，凋萎系数约为最大吸湿量的2.5倍，是最大分子持水量的38%～75%。

4. 田间持水量

土壤中毛管悬着水达到最大时的土壤含水量称为田间持水量，它是不受地下水影响条件下土壤在田间或自然状况时所能保持水分的最高数量，也就是说，降雨或灌溉水进入土壤后，若超过田间持水量，则超过部分将不能为土壤保持而以自由重力水形式向下渗透。因此，田间持水量是将土壤水划分为土壤持水量和向下渗透水分的“门槛”。土壤含水量达到田间持水量时，土壤颗粒对水分子的吸引力约为1/10～1/3个大气压。

5. 毛管断裂含水量

毛管悬着水的连续状态开始断裂时的含水量称为毛管断裂含水量。当土壤含水量大于此值时，悬着水向土壤水分的消失点或消失面（被植物吸收或蒸发）运行。在此值以下时，连续供水状态遭到破坏，土壤水分为吸湿水或薄膜水，这时，水分交换将以薄膜水或水汽形式进行。毛管断裂含水量约为田间持水量的65%左右。

6. 饱和含水量

土壤中所有孔隙都为水分所充满时的土壤含水量称为饱和含水量。如用容积含水率表示饱和含水量，则它与孔隙率是一致的。

饱和含水量与田间持水量之差即为受重力支配的自由重力水。当土壤含水量达到饱和含水量时，土壤颗粒对外层水分子的吸引力大约只有0.001个大气压。从田间持水量到饱和含水量之间的水量，是受重力作用向下运动的自由重力水。地下水面以下，土壤含水量经常处于饱和状态，属于饱和渗透水流特性。

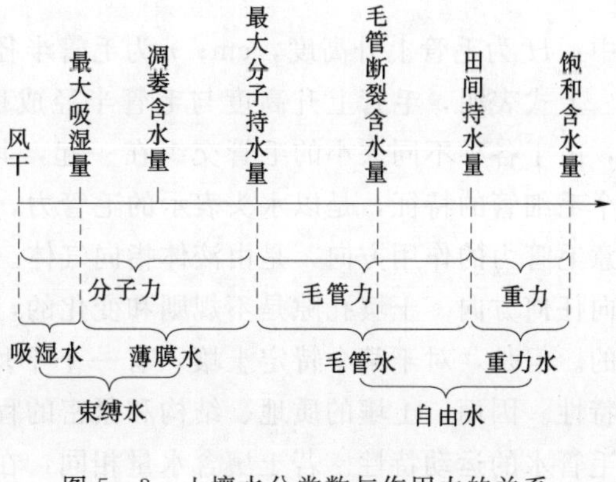

图5-3　土壤水分常数与作用力的关系

各水分常数与作用力的关系见图5-3。

不同种类、性质和质地的土壤，其土壤水分常数不同。同一种类的土壤也往往因为疏紧程度，孔隙大小以及土地的利用情况，土壤水分常数也发生变化。土壤水分常数大小及变化取决于土壤的特性，并与土壤水运动和水文现象有着密切的关系。

土壤水分参与水文循环的部分是大于凋萎含水量的水分，而其中具有积极作用的部分是大于毛管断裂含水量的水分。高于田间持水量的水分属于运动性较强的水分，可以直接形成表层流或地下径流，而在田间持水量与毛管断裂含水量之间的水分，具有中等的运动特性，它是土壤水与外界交换的主要部分。

第三节 土壤水的水力特性

土壤水由于受各种力的综合作用，保持在土壤孔隙中，或在其中运动。本节从能量关系的观点出发，分析土壤水在各种力的作用下所处的能量状态，用土壤水与能量的关系，解释土壤水及其运动特性。

一、毛细现象及毛管水运动

土壤是一个多孔体，土壤颗粒间的孔隙可以看成是一束不同直径的毛管。当水与毛管接触时，由于管壁对水分子的吸附力大于水分子之间的内聚力，在毛管中可以形成凹形的弯月面。例如，当一束毛细管插入水中时，水便湿润毛细管壁并沿毛管上升到一定的高度，毛细管的管径愈小，水上升愈高，这就是毛细现象。由于液体表面在管内形成弯月面，使液体表面变大，因受表面张力和收缩的作用，使液面又趋向水平，管内液体就随着上升，以减少面积。这样，直到表面张力向上的拉引力与毛管内升高的液柱重量达到平衡时，管内的液体停止上升。毛细管内保持的水分称为毛管水，保持这些水分的力则称为毛管力。

毛管水运动是指土壤毛管水在毛管力和重力的作用下，向毛管形成的弯月面的圆心方向移动，也就是向土壤中含水率较低的方向移动。即毛管水的运动主要决定于毛管力而不是重力，它在土壤中的运动总是由毛管力小的地方向毛管力大的地方移动。

毛管上升高度 H 的近似公式为

$$H=\frac{0.15}{r} \tag{5-13}$$

式中：H 为毛管上升高度，cm；r 为毛管半径，cm。

上式表明，毛管上升高度与毛管半径成反比，即毛管愈细，上升愈高。在自然条件下，由于各种不同大小的毛管交织在一起，其上升高度比公式所给数值要小得多。H 是某个毛细管的特征，是以水头表示的毛管力，即是单位面积上的毛管力作用水头。还必须注意毛管力的作用方向，是由液体指向气体。由于毛管弯月面位置方向不同，毛管力可以指向任何方向。土壤孔隙是不规则和变化的，并且互相串通，所以毛管孔隙水头是极不均一的。但是，对于某个特定土壤，有一个平均的毛管上升高度 H，它表示这种土壤的毛管特性。因而，土壤的质地、结构和紧密的程度直接影响着孔隙的大小和分布，决定了土壤毛管水的运动特性。若土壤含水量相同，在砂土中，孔隙大，则毛管上升高度小，上升速度快；在黏土中则相反，上升高度大而速度非常缓慢，甚至要数年才能稳定；壤土介于二者之间。

二、土壤水分势

由于土壤水的复杂多变特性，为描述土壤水在非饱和与饱和状态下的运动，需引入能量的概念。土壤水和自然界中其他物质一样，含有不同形式和不同数量的能量。由物理学可知，机械能包括动能和势能两种。但对土壤水运动来说，由于其运动速度很慢，因此土壤水的动能常可忽略不计。故一般就用势能来表示土壤水的能量。或者粗略地说，土壤水的能量就是指土壤水的势能，简称为土水势。势能是指单位质量的物体从一点移动到另一点所需做的功。土水势的定义可表述为：在土壤和水的平衡系统中，将单位质量的水移动到标准参照状态的纯自由水体所做的功。所谓标准参照状态，是指一定高度处、某一特定温度（常温或与土壤水相同温度）下，承受着1个标准大气压或当地大气压的状态。在此，规定纯自由水的水势为0。因此，土水势实际上是与参照状态的水势差，而不是绝对值。

土水势在土壤水运动的研究中具有什么意义呢？物理学中指出，势能作为一种功，它等于作用在物体上的力和物体在力的方向上移动距离的乘积，即

$$\psi = Fx \tag{5-14}$$

式中：ψ 为势能；F 为作用力；x 为移动距离。

而两点之间的势能差可视为力和距离增量的乘积，或者

$$-\frac{\Delta\psi}{\Delta x} = F \tag{5-15}$$

因此两点之间的势梯度就相当于作用力。式（5-15）中的负号表示作用力的方向总是指向势能减少的方向。对土壤水运动而言，上式指出了土水势梯度与土壤水分作用力之间的关系。

土壤水受到若干力的作用，这些力都不同程度地改变了土壤水的能量状态，因此总水势是由各种力产生的分势的总和，即土水势可相应地划分为基质势、压力势、重力势和溶质势等。

1. 基质势（ψ_m）

土壤颗粒与水分子之间存在着分子引力或吸附力，土壤的毛管孔隙又对水有着毛管力作用，这种毛管力和吸附力将水分束缚在土壤中，为了克服这种吸持作用，将土壤水移动到标准参照状态（自由水，无束缚），必须对土壤水做功，称为土壤水的基质势，也称为基膜势。基质势一般为负值。在实际使用时，为了方便，将基质势的绝对值定义为土壤水的吸力，常用 Ψ 表示。基质势的大小与土壤的含水率密切相关。干燥的土壤中，含水率最小，土壤颗粒与水分子之间的作用力最大，基质势负值（吸力最大），随着土壤含水率的增加，基质势逐渐增大（吸力逐渐减小），当含水率达到饱和含水率时，其基质势和吸力均为0。

基质势可用毛管上升高度的负值来表示。毛管上升高度越大，基质势就越低。由于毛管上升高度与土壤含水量有关系，所以基质势是土壤含水量的函数。在自然状态下，基质势可直接用张力计测量，在实验室，除张力计外，常用压力薄膜仪测量。

2. 压力势（ψ_p）

当土壤水未达到饱和时，通常土壤孔隙与大气相通，土壤水分所受的压力为大气压，其压力势为0。当土壤水处于饱和状态或地面出现积水，此时，土壤水处于高于大气压的静水压力条件下，由此压力对土壤水分所做的功称为压力势。对于体积为 V 的土壤水分，其压力势可表示为

$$\psi_p = V\Delta p \tag{5-16}$$

式中：V 为土壤水的体积，m^3；Δp 为土壤水所受压力与参考面的压力差，N/m^2。

对于处于自由水面以下或土面有积水的土壤水，通常压力势为正。

3. 重力势（ψ_g）

重力势是由于重力的作用而引起的，是指在其他条件不变的情况下，将单位数量的土壤水分从某一点移动到参考面处对土壤水所做的功。重力势的大小与土壤水分相对于参考面的位置有关。通常，参考面的位置可任意选取，也可根据实际情况选在地表或地下水面处，其正方向可选向上或向下。这样，某一点的土壤水的重力势可表示为

$$\psi_g = \pm mgZ \tag{5-17}$$

式中：Z 为相对于参考面的高度，m；mg 为土壤水的重量，$kg \cdot m/s^2$。

若以单位重量的水为研究对象，则重力势可直接用高度 Z 来表示，即

$$\psi_g = \pm Z \tag{5-18}$$

4. 溶质势（ψ_s）

土壤水分一般为溶液，土壤水溶液中的溶质离子和水分子之间存在作用力，从而使得土壤水的自由能小于参考状态下的纯水自由能。将单位数量的水分由土壤中某一点移动到标准参考状态时，由于水溶液中溶质的作用而使土壤水所做的功称为土壤水分的溶质势。溶质势的大小与溶质的数量有关。溶质势一般为负值，即 $\psi_s<0$。一般土壤中可以不考虑溶质势，但对于一些含盐分较高的盐碱地，在分析植物根系的吸水时，则需要考虑溶质势。溶质势可用测量溶液水汽压的湿度计法测定，或根据电导法测量的土壤溶液的电导率来间接求得。

5. 总水势

根据以上各分势，总水势为

$$\psi = \psi_g + \psi_m + \psi_p + \psi_s \tag{5-19}$$

由于溶质势一般可以忽略不计，因此，总水势可简化为

$$\psi = \psi_g + \psi_m + \psi_p \tag{5-20}$$

如果将饱和土壤和非饱和土壤分开考虑，则非饱和土壤中主要为基质势和重力势，其总水势为

$$\psi = \psi_m + \psi_g \tag{5-21}$$

在饱和土壤中，基质势消失，主要存在重力势和压力势，其总水势为

$$\psi = \psi_g + \psi_p \tag{5-22}$$

总水势只有大小而无方向，而水势梯度则是向量，总水势增加的方向为正。每种物质都要力图达到与其周围平衡的趋势，因此，水总是从总水势高的地方流向总水势低的地方，且水流运动的方向总是与水势梯度的方向相反。

【例 5-1】 有一U形土柱，一端浸在水槽中，如图 5-4 所示。水槽水面不变，且土柱无蒸发，土柱内也无水分运动。已知土柱 A、B、C、D、E、F 各点总水势为 15cm，试确定各点的基质势。

解： 取水槽底为参考状态，则计算结果如下表所示。

【例 5-2】 有两个不同的土壤剖面，均为表层干燥、下层湿润。实测得出 A 点的基

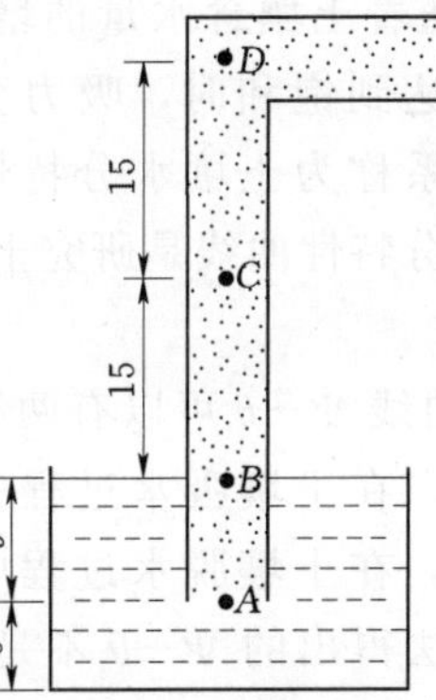

各点	ψ/cm	ψ_g/cm	ψ_p/cm	ψ_m/cm
A	15	6	9	0
B	15	15	0	0
C	15	30	0	−15
D	15	45	0	−30
E	15	45	0	−30
F	15	27	0	−12

图 5-4　处于平衡状态的 U 形土柱

质势 $\psi_{mA}=-120$cm，B 点的基质势 $\psi_{mB}=-80$cm，C 点的基质势 $\psi_{mC}=-300$cm，D 点的基质势 $\psi_{mD}=-80$cm。A、C 两点与下参考面的距离均为 200cm，B、D 两点与参考面的距离均为 100cm，如图 5-5 所示。试分析两个不同土壤水分剖面中的水流方向。

解：设参考面的土水势为 0，则 A、B、C、D 各点的重力势分别为各点距参考面的高度，因此各点的总水势分别为：

$$\psi_A=\psi_{mA}+\psi_{gA}=-120+200=80(\text{cm})$$

$$\psi_B=\psi_{mB}+\psi_{gB}=-80+100=20(\text{cm})$$

$$\psi_C=\psi_{mC}+\psi_{gC}=-300+200=-100(\text{cm})$$

$$\psi_D=\psi_{mD}+\psi_{gD}=-80+100=20(\text{cm})$$

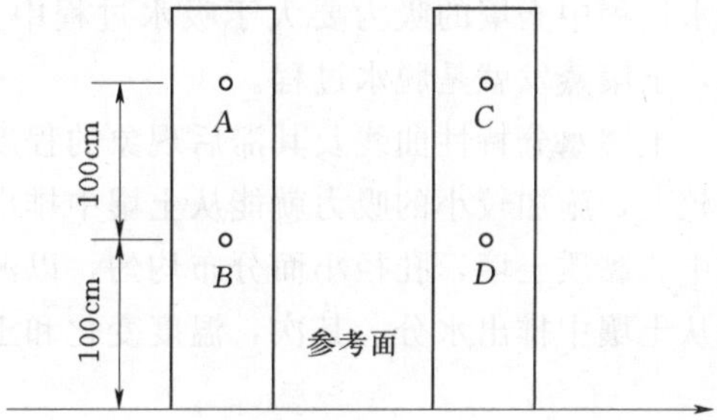

图 5-5　非饱和土壤水流动方向示意图

由于水是由总势高的地方向总势低的地方流动，因此土壤剖面中的水是从 A 点流向 B 点，由 D 点流向 C 点。

实际上不论任何形态的土壤水，都必然受到重力的作用，只不过重力在其总作用势中所占的比例不同罢了。而对于溶质势，因土壤中不存在半透膜，故而两点土壤之间即使有溶质势差，也不会起驱动水分的作用，故在分析土壤水分运动的总水势时，常常只有重力势、压力势、基质势 3 项。综上所述，对于描述土壤水运动来讲，应掌握以下要点：

(1) 一般可不考虑溶质势。

(2) 在非饱和土壤中，土水势主要由基质势和重力势组成；而在饱和土壤中则只存在重力势和压力势。但是，在研究盐碱地及土壤—植物水分关系时，应考虑溶质势的作用。

(3) 土水势只有大小而无方向。

(4) 土水势梯度的方向规定为指向土水势增加的方向。

(5) 土壤水总是从总土水势高的地方向低的方向运动，所以土壤水运动的方向与土水势梯度的方向相反。

三、土壤水分特性曲线

在土壤水动力学中，把基质势的负值称为吸力 Ψ，所以吸力总是正值。前已提及，基质势是土壤含水量的函数，因此吸力也是土壤含水量的函数。当土壤含水量为零，即干

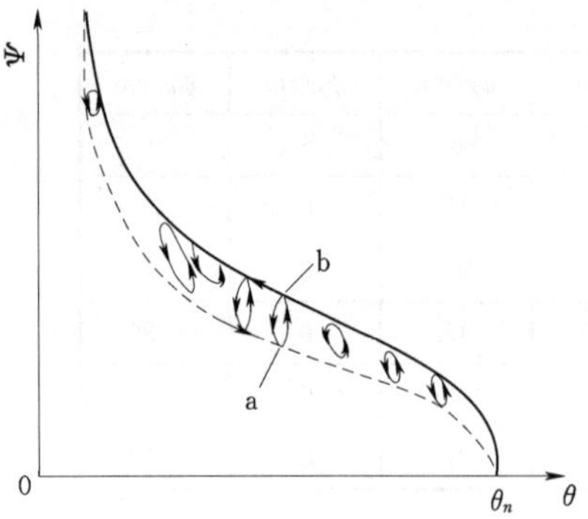

图 5-6　土壤水分特性曲线

a—吸水过程；b—脱水过程

燥土壤时，吸力最大；随着土壤含水量的增加，吸力减小；当土壤含水量达到饱和时，吸力变为零。吸力与土壤含水量的关系称为土壤水分特性曲线，如图 5-6 所示。土壤水分特性曲线是研究土壤水运动的一项重要基本资料。

获得土壤水分特性曲线 Ψ—θ 可以有两种做法：其一是从干燥土壤开始，在土壤吸水过程中测定；其二是从饱和土壤开始，在土壤脱水过程中测定。实验证明，以上两种做法得出的 Ψ—θ 不是同一条曲线，见图 5-6。在脱水过程中测定的 Ψ—θ 曲线位于上方，在吸水过程中测定的 Ψ—θ 曲线位于下方，两条曲线首尾大体重叠，但中间差别明显，犹如一个绳套。这一现象称为滞后作用。滞后作用清楚地表明，同样的吸力，在脱水和吸水两个过程中土壤所能吸持的水分是不同的。脱水过程吸持的水分要大于吸水过程吸持的水分，或者说，在一定的土壤含水量时，脱水过程中土壤的吸力要大于吸水过程中土壤的吸力。在自然条件下，下渗就是吸水过程，土壤蒸发就是脱水过程。

土壤水分特性曲线及其滞后现象的程度受到土壤质地和结构的明显影响。砂质土壤孔隙较大，施加较小的吸力就能从土壤中排出水分，大孔隙排空后，仅有少量的水存留在土壤中。黏质土壤，孔径小而分布均匀，以薄膜的形式吸附的水分多，要施加很大的吸力才能从土壤中排出水分。其次，温度变化和土壤中水分的变化过程对其都有明显的作用。

第四节　土壤水分运动控制方程

土壤水运动主要指液态水流动。在一定条件下，土壤水分也可以气态水形式运动，在本节中，主要讨论液态水流动。

土壤是否饱和主要指土壤孔隙被水分占有的程度而言，当土壤孔隙体积全部被水充满时，称为饱和土壤；当土壤孔隙部分被水充满时，称为非饱和土壤。前者为土粒和水组成的二相物质系统；后者为土粒、水、空气组成的三相物质系统，它们的水力特性不同，其水流运动的基本规律也不同。在饱和状态下，土壤水在重力势和压力势的作用下，产生饱和水流运动，属自由重力水的渗流；而在非饱和状态下，土壤水在基质势和重力势作用下，产生非饱和水流运动。土壤含水率处于非饱和状态时，土壤水运动因受基质势和重力势控制，基质势又与土壤含水率关系密切，而含水率在水分运动过程中是时间和空间的函数，因此非饱和水流运动比饱和水流运动复杂得多，并且在实践中比饱和水流现象更为普遍。

一、土壤水分运动规律——达西定律

1. 饱和土壤水分运动规律

饱和土壤水分运动方程是 1856 年达西（Darcy）提出，因而也称为达西定律，其表达式为

$$V=-K_s\frac{\mathrm{d}\psi}{\mathrm{d}L} \tag{5-23}$$

式中：V 为沿 L 方向的渗流流速，m/d；K_s 为饱和水力传导度，m/d；ψ 为饱和土壤的总水势，m；L 为渗流方向上的距离，m；$\mathrm{d}\psi/\mathrm{d}L$ 为水势梯度。

式（5-23）中的负号表示土壤水流运动方向总是朝着水势降低的方向。要注意，渗流流速 V 是断面（包括土壤介质）流速的平均值，不是水质点的实际流速。

对于均质三维土壤水分运动，达西定律又可写成如下形式：

$$V=-K_s\left(\frac{\partial\psi}{\partial x}+\frac{\partial\psi}{\partial y}+\frac{\partial\psi}{\partial z}\right) \tag{5-24}$$

对于饱和土壤，水力传导度 K_s 为一常数。因此，式（5-23）表明，饱和土壤中水流的流速与水势梯度的一次方成正比。因此，达西定律也称为土壤水运动的线性定律。

水力传导度 K_s 是表示土壤透水性能的数量指标，亦称渗透系数。在数值上等于水力坡度为 1 时的渗透速度。土壤的透水性越强，渗透系数越大，反之亦然。对于饱和土壤来说，水力传导度为一常数。影响水力传导度的因素很多，包括土壤颗粒组成、孔隙度、孔隙大小、形状及连续性、液体的黏滞性、密度和温度等。不同土壤的 K_s 值差别较大，对同一土壤 K_s 值也有变化。表 5-1 列出了几种土壤的 K_s 值，可供参考。

表 5-1　　不同类型土壤的 K_s 值　　单位：cm/s

土壤类型	K_s	土壤类型	K_s
黏土	小于 0.000001	细砂或疏松砂土	0.001～0.005
黏壤土	小于 0.0001	粗砂土	0.01～0.05
密实砂壤土	0.0001～0.0005	砂卵石	0.02～0.1
黏性砂土	0.0001～0.002		

由于饱和十壤中水势梯度呈线性变化，因此可将其写成差分形式，即

$$V=-K_s\frac{\Delta\psi}{\Delta L} \tag{5-25}$$

达西定律并不是对任何水流状态都适用，它只适用于层流运动。饱和土壤中的重力水流，一般可以满足这一条件。判别流态常用雷诺数 N_γ 作为标准，土壤中运动水流的雷诺数用下式计算

$$N_\gamma=\frac{\rho Vd}{\mu} \tag{5-26}$$

式中：ρ 为液体密度，kg/m^3；V 为水流平均速度，m/s；d 为土壤颗粒的平均粒径，m；μ 为动力黏滞系数，N·s/m^2。

当土壤的孔隙过大时，水流会发生紊流现象，达西定律不再适用；同样，当土壤的孔隙过小时，水流的流速非常低，也超过了层流的范围，达西定律同样也不适用。大量的文献成果表明，多孔介质的水流，$N_\gamma\leqslant 10$ 时，应用达西定律有效；当水流呈紊流时，则有谢才公式 $V=K_s\sqrt{J}$；当水流介于雷诺数大于 10 与紊流之间时，则有斯姆莱公式 $V=K_sJ^{1/m}$（式中，$1<m<2$）。因而在粗砂或黏土介质的情况下，应用达西定律需要慎重。

2. 非饱和土壤水分运动规律

尽管达西定律是在饱和土壤条件下提出的，但 Richards 于 1931 年通过实验证明，达西定律同样适用于非饱和土壤中的水流运动。但式中各量与饱和水流运动时有着质的区别。非饱和土壤水受重力势和基质势的作用，基质势是土壤含水率的函数，且具有滞后现象；饱和水流的水力传导度是一个常量，在非饱和水流时，由于土壤孔隙中有空气存在，使有效过水面积减少，不再等于孔隙度，而是随着土壤含水量的减小而减小，故土壤水力传导度是土壤含水量的函数，记为 $K(\theta)$。非饱和水流运动的达西定律数学表达式为

$$V=-K(\theta)\frac{\partial\psi}{\partial L} \tag{5-27}$$

式中：V 为非饱和土壤中的渗流速度，cm/d；$K(\theta)$ 为非饱和水力传导度，是含水率的函数，cm/d；ψ 为非饱和土壤的总水势，cm；L 为渗流方向上的距离，cm；$\partial\psi/\partial L$ 为水势梯度，由于水势梯度随水流距离增长而变小，故为负值；其余符号意义同前。

对于均质三维土壤水分运动来说，非饱和土壤的达西定律又可写成如下形式：

$$V=-K(\theta)\left(\frac{\partial\psi}{\partial x}+\frac{\partial\psi}{\partial y}+\frac{\partial\psi}{\partial z}\right) \tag{5-28}$$

对于垂直一维非饱和土壤水流，注意到 $\psi=\psi_m\pm z$，达西定律可写成：

$$V_z=-K_z(\theta)\left(\frac{\partial\psi_m}{\partial z}\pm 1\right) \tag{5-29}$$

水平一维土壤水流的达西定律为

$$V_x=-K_x(\theta)\frac{\partial\psi_m}{\partial x} \tag{5-30}$$

或

$$V_y=-K_y(\theta)\frac{\partial\psi_m}{\partial y} \tag{5-31}$$

与饱和水力传导度不同的是，非饱和水力传导度随土壤含水率的增加而增加。当土壤含水率达到饱和时，水力传导度 $K(\theta)$ 达到最大，此即为饱和水力传导度，如图5-7 所示。

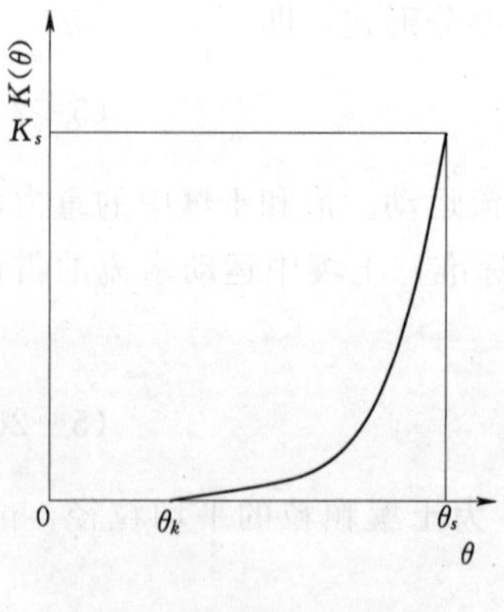

图 5-7　非饱和水力传导度与土壤含水率的关系示意

由上述可知，饱和土壤水分运动与非饱和土壤水分运动至少存在两方面的差异。首先，两者总水势的组成不同，在饱和土壤中，总水势由重力势和压力势组成，而在非饱和土壤中，总水势则由重力势和基质势组成；其次，两者的水力传导度不同，饱和水力传导度是一个常数，非饱和水力传导度是土壤含水率的函数。显然，非饱和水流要比饱和水流的运动复杂得多。

二、非饱和土壤水分运动连续方程

非饱和土壤水分运动连续方程是指根据质量守恒定律（或水量平衡原理）来推导的。设想从非饱和土壤中任意取一点，并以此点为中心取一个无限小的微单元体，其边长分别为 dx，dy 和 dz，且各边长与坐标轴相平行，如图 5-8 所示。

设土壤水分运动的初始时刻为 t，在 Δt 时间内沿 x 方向进入该单元体的土壤水量为

$$V_x\mathrm{d}y\mathrm{d}z\Delta t-\frac{1}{2}\frac{\partial(V_x)}{\partial x}\mathrm{d}x\mathrm{d}y\mathrm{d}z\Delta t$$

流出单元体的土壤水量为

$$V_x\mathrm{d}y\mathrm{d}z\Delta t+\frac{1}{2}\frac{\partial(V_x)}{\partial x}\mathrm{d}x\mathrm{d}y\mathrm{d}z\Delta t$$

沿 x 方向，Δt 时间内流入和流出该单元体的水量差值为

$$-\frac{\partial(V_x)}{\partial x}\mathrm{d}x\mathrm{d}y\mathrm{d}z\Delta t$$

同理，沿 y 和 z 方向 Δt 时间内流入和流出该单元体的水量差值分别为

$$-\frac{\partial(V_y)}{\partial y}\mathrm{d}y\mathrm{d}z\mathrm{d}x\Delta t$$

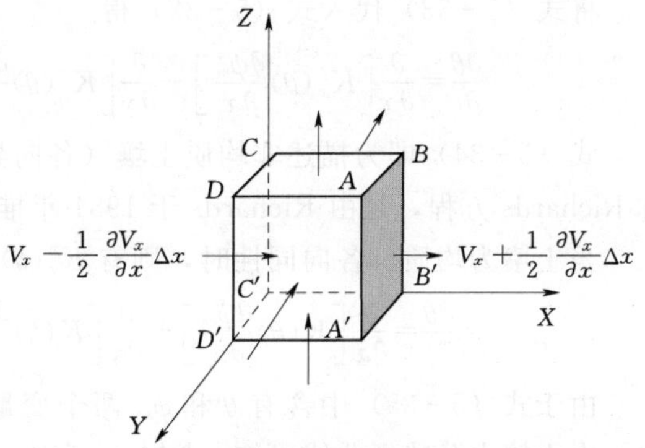

图 5-8　直角坐标系中的土壤基本单元体示意

$$-\frac{\partial(V_z)}{\partial z}\mathrm{d}z\mathrm{d}x\mathrm{d}y\Delta t$$

因此，Δt 时间内，流入和流出该单元体的总的水量差值为

$$-\left[\frac{\partial(V_x)}{\partial x}+\frac{\partial(V_y)}{\partial y}+\frac{\partial(V_z)}{\partial z}\right]\mathrm{d}x\mathrm{d}y\mathrm{d}z\Delta t$$

根据质量守恒原理，一定时间内，流入和流出该单元体的水量的差值应等于该单元体内的土壤水量的变化量，即有：

$$-\left[\frac{\partial(V_x)}{\partial x}+\frac{\partial(V_y)}{\partial y}+\frac{\partial(V_z)}{\partial z}\right]\mathrm{d}x\mathrm{d}y\mathrm{d}z\Delta t=\frac{\partial\theta}{\partial t}\mathrm{d}x\mathrm{d}y\mathrm{d}z\Delta t$$

式中：θ 为包气带土壤的体积含水率，$\mathrm{cm^3/cm^3}$；其余符号意义同前。

若土壤的固相骨架不变形（假设水体不可压缩，即水的密度保持不变），由此可得

$$\frac{\partial\theta}{\partial t}=-\left(\frac{\partial V_x}{\partial x}+\frac{\partial V_y}{\partial y}+\frac{\partial V_z}{\partial z}\right)\tag{5-32}$$

此式即为非饱和土壤水分运动的连续方程。

三、非饱和土壤水分运动控制方程

土壤水分运动基本方程是建立在土壤水分运动基本规律和质量守恒原理基础上的。达西定律则是描述多孔介质中流体流动所应遵循的运动规律，但单独的达西定律只能说明稳定的或固定的水流过程，对于不稳定的或无常的水流过程，其水流通量和水势梯度的大小是随时间而变化的，这就需要应用基本方程来描述这种水流运动。将质量守恒原理和达西定律相结合便可推导出描述土壤水分运动的基本方程。

根据达西定律，流速在三个方向上的分量为

$$\begin{cases}V_x=-K_x(\theta)\dfrac{\partial\psi_m}{\partial x}\\[2ex]V_y=-K_y(\theta)\dfrac{\partial\psi_m}{\partial y}\\[2ex]V_z=-K_z(\theta)\left(\dfrac{\partial\psi_m}{\partial z}\pm1\right)\end{cases}\tag{5-33}$$

将式（5-33）代入式（5-32）得

$$\frac{\partial\theta}{\partial t}=\frac{\partial}{\partial x}\left[K_x(\theta)\frac{\partial\psi_m}{\partial x}\right]+\frac{\partial}{\partial y}\left[K_y(\theta)\frac{\partial\psi_m}{\partial y}\right]+\frac{\partial}{\partial z}\left[K_z(\theta)\frac{\partial\psi_m}{\partial z}\right]\pm\frac{\partial K_z(\theta)}{\partial z} \tag{5-34}$$

式（5-34）即为描述非均质土壤（各向异性）非饱和土壤水流运动的基本方程，也称 Richards 方程，是由 Richards 于 1931 年推导的，式中 $K(\theta)$ 与 ψ_m 都是 θ 的函数。

当土壤为均质、各向同性时，则有 $K_x(\theta)=K_y(\theta)=K_z(\theta)=K(\theta)$，式(5-34)变为

$$\frac{\partial\theta}{\partial t}=\frac{\partial}{\partial x}\left[K(\theta)\frac{\partial\psi_m}{\partial x}\right]+\frac{\partial}{\partial y}\left[K(\theta)\frac{\partial\psi_m}{\partial y}\right]+\frac{\partial}{\partial z}\left[K(\theta)\frac{\partial\psi_m}{\partial z}\right]\pm\frac{\partial K(\theta)}{\partial z} \tag{5-35}$$

由于式（5-35）中含有 θ 和 ψ_m 两个变量，为了对其求解，需要将未知变量个数减少。由土壤水分特征曲线可知，θ 与 ψ_m 存在一定的函数关系。为了将方程简化，在此忽略滞后作用，即假定两者之间为单值函数关系。

令
$$\frac{\partial\psi_m}{\partial x}=\frac{d\psi_m}{d\theta}\frac{\partial\theta}{\partial x}=\frac{1}{C(\theta)}\frac{\partial\theta}{\partial x},\frac{\partial\psi_m}{\partial y}=\frac{1}{C(\theta)}\frac{\partial\theta}{\partial y},\frac{\partial\psi_m}{\partial z}=\frac{1}{C(\theta)}\frac{\partial\theta}{\partial z}$$

则式（5-35）可写成

$$\frac{\partial\theta}{\partial t}=\frac{\partial}{\partial x}\left[\frac{K(\theta)}{C(\theta)}\frac{\partial\theta}{\partial x}\right]+\frac{\partial}{\partial y}\left[\frac{K(\theta)}{C(\theta)}\frac{\partial\theta}{\partial y}\right]+\frac{\partial}{\partial z}\left[\frac{K(\theta)}{C(\theta)}\frac{\partial\theta}{\partial z}\right]\pm\frac{\partial K(\theta)}{\partial z}$$

式中：$C(\theta)$ 为水容，$C(\theta)=\frac{d\theta}{d\psi_m}$，即土壤水分特征曲线上斜率的倒数。

若再令 $D(\theta)=K(\theta)/C(\theta)$，上式可进一步变为

$$\frac{\partial\theta}{\partial t}=\frac{\partial}{\partial x}\left[D(\theta)\frac{\partial\theta}{\partial x}\right]+\frac{\partial}{\partial y}\left[D(\theta)\frac{\partial\theta}{\partial y}\right]+\frac{\partial}{\partial z}\left[D(\theta)\frac{\partial\theta}{\partial z}\right]\pm\frac{\partial K(\theta)}{\partial z} \tag{5-36}$$

式中：$D(\theta)$ 为非饱和土壤水分的扩散率，是土壤含水率 θ 的函数。

对于一维垂向非饱和土壤水分运动，则有

$$\frac{\partial\theta}{\partial t}=\frac{\partial}{\partial z}\left[D(\theta)\frac{\partial\theta}{\partial z}\right]\pm\frac{\partial K(\theta)}{\partial z} \tag{5-37}$$

式（5-37）是研究非饱和下渗问题的重要理论依据。

扩散率一般可用如下形式的经验公式表示：

$$D(\theta)=\alpha e^{\beta\theta}\quad 或\quad D(\theta)=\alpha\left(\frac{\theta}{\theta_s}\right)^{\beta} \tag{5-38}$$

式中：α、β 为经验常数；θ_s 为饱和含水率，%。

式（5-36）为均质各向同性非饱和土壤水分运动的基本方程。但此式仍为非线性偏微分方程，需要借助计算机通过数值积分的方法求解。对于具体问题的求解，还需已知相关的初始和边界条件。在利用式（5-35）推求土壤水分运动规律时，必须已知参数 $K(\theta)$ 与 θ 以及 ψ_m 与 θ 之间的函数关系，式（5-34）和式（5-36）分别为适用于非均质非饱和土壤和均质非饱和土壤水分运动的基本方程。

对于饱和土壤水分来说，因土壤含水率不随时间而发生变化，即 $\partial\theta/\partial t=0$，且 $K(\theta)$ 为常数，注意到 $\psi=\psi_g+\psi_p$。因此，式（5-35）可变为

$$\frac{\partial^2\psi}{\partial x^2}+\frac{\partial^2\psi}{\partial y^2}+\frac{\partial^2\psi}{\partial z^2}=0\quad 或\quad \nabla^2\psi=0 \tag{5-39}$$

式（5-39）被称为饱和土壤水流运动的拉普拉斯（Laplace）方程，∇^2 为拉普拉斯算

子。可以看出，饱和土壤的水分运动方程比非饱和土壤简单得多。

第五节　土壤含水量的测定

测定土壤含水量的目的是为了掌握不同土壤类型在不同情况下的水分动态变化及规律，以及在时空上的分布特征和在径流形成过程中的作用。测定土壤含水量时，其测点和测次的布设都应具备三方面的代表性，即流域上平面分布的代表性、垂向分布的代表性，以及土壤水分在时程上变化的代表性。由此测得的流域中各单点土壤含水量，才可以进行流域土壤含水量的时空分布特性的综合分析。现将常用的单点土壤含水量的测定方法介绍如下。

一、称重法

称重法是测定土壤含水量最常用的方法，也是对其他方法进行校核的标准。该法首先将所取土样（不少于15g）称重求得湿土重 B_1，再将土样放入烘箱烘干至100～105℃，持续5～7h，取出后冷却，再进行称重求得干土重 B_2。然后再放入烘箱烘干1h，再一次称重，如果重量与 B_2 相差不超过0.02g，则认为土样已烘干。否则重复烘干称重，直至前后两次重量之差达到精度要求为止。称重完成之后可按以下步骤计算土壤含水率。设盛土容器的重量为 B_0，则土样的干重 $W_s=B_2-B_0$；土样所含水重 $W_\omega=B_1-B_2$；土样重量含水率用式（5-7）计算，土样的容积含水率用式（5-8）或式（5-9）计算。

这种方法比较简单，易于应用，所测得的土壤含水量比较准确，对任何类型的土壤含水量均可使用。其缺点是土样受到扰动，且不能在一点重复观测，在取样过程中，含水量容易变化，在非均质剖面中取土样时，不完全有代表性。

二、中子散射法

中子散射法是一种间接测定土壤含水量的方法。中子水分计（图5-9）由两个主要部件构成：一为探管，二为计数器。管内装有一快中子源（通常是镅—铍混合物），还装有一个慢中子探测器。

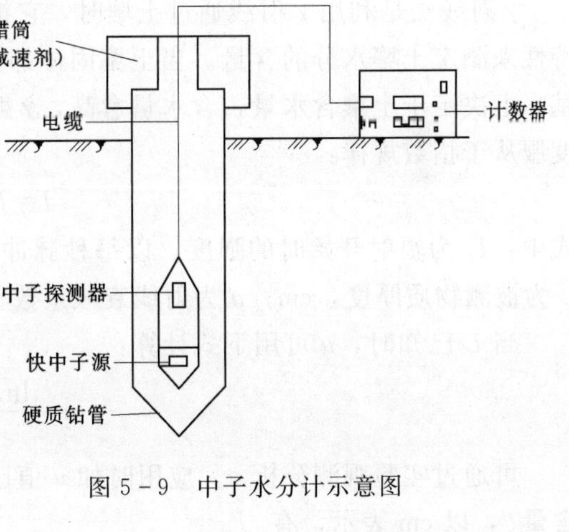

图5-9　中子水分计示意图

应用时，将具有高能量的快中子发射入土壤，它们与各种元素的原子核碰撞而逐渐失去能量变为一种慢中子，中子与原子碰撞时，原子量愈轻，其能量损失愈大。其中与氢原子核碰撞的中子能量损失最大，它们与氢核碰撞18次之后变为慢中子，而与氧核碰撞则需180次，与其他更重的原子核碰撞次数更多，因此快中子变为慢中子的速度主要与土壤中氢的含量成比例。土壤中的含氢物质主要是水，故快中子的慢化（热化）速度主要与土壤含水量成比例。慢中子强度由探测器测定，并为计数器所接受。土壤中含水量愈高，氢原子愈多，产生的慢中子也愈多，慢中子的密度与土壤水分有一定比例关系，因此可以通过测定被土壤反射的慢中子密度来推求土壤含水量。

这个方法的优点是快速准确，土样不受扰动，可作长期的定位测定。该法测定的是大土体的含水量，被测土体范围是一个球状，其直径对湿土来说约为15cm，干土约为50cm。对于小范围的含水量测定，本法是不适用的。另外，用这个方法测量表土含水量时，需作一些特殊处理，预计中子在空气中散逸的量，才能得到满意的结果。

三、负压计法

土壤含水量与毛管力之间具有一定的函数关系。土壤水分的增减将反映在毛管力的相应变化上。因此利用这个原理，可以通过测定毛管力来确定土壤含水量。

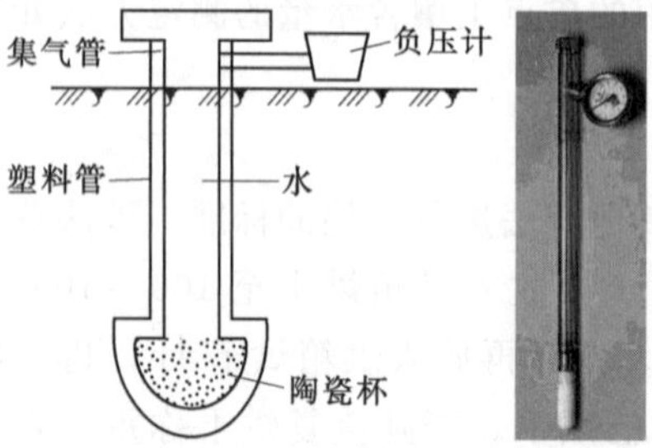

图 5-10 土壤负压计示意图

负压计（也称为张力仪）主要由一个多孔的陶土头、塑料管（也有用不锈钢管的）、集气管和负压表组成，如图 5-10 所示。各部分连结应不漏气。管中充满无气水，把负压计陶土头与土壤水接触，水分渗入或渗出陶土头，达到水力平衡后，即可由负压表读数通过事先率定的土壤水分特征曲线求得相应的土壤含水量。

负压计法的优点是仪器构造简单，制造容易，价格低廉，安装时对土壤结构破坏较少，并可测得含水量随时间的变化过程。它的缺点是直接量测土壤水吸力，必须由土壤水分特征曲线转换为含水率，因土壤水分特征曲线的滞后现象，当土壤干湿变化频繁时，不易测得准确，量测范围仅限于$0\sim0.8\times10^5$Pa的范围，这使负压计的使用受到限制。

四、γ射线法

γ射线法是利用γ射线通过土壤时，它被土壤固体部分和水分吸收而呈有规律的衰减特性来测定土壤水分的含量。当土壤固体部分质量保持不变时，γ射线的辐射强度的变化基本上决定于土壤含水量，含水量愈高，γ射线被吸收愈多。γ射线被物质吸收的衰减程度服从于指数规律：

$$I=I_0 e^{-uL} \tag{5-40}$$

式中：I_0为辐射开始时的强度，以每秒脉冲数来表示；I为通过被测物质后的辐射强度；L为被测物质厚度，cm；u为射线衰减系数。

当L已知时，u可用下式计算：

$$u=\frac{\ln I_0-\ln I}{L} \tag{5-41}$$

可通过实验观测分析u。应用时如u值已率定，则土层厚度L就可视为土壤中的水分含量θ，以cm表示，有

$$I=I_0 e^{-u\theta} \tag{5-42}$$

$$\theta=\frac{\ln I_0-\ln I}{u} \tag{5-43}$$

实际测定土壤含水量时，首先测定该土层开始的含水量θ，并测定相应的辐射强度I_0，然后，再测定t时刻的γ射线辐射强度I，则可求得θ。

该法的准确性主要受土壤容重的影响，而土壤容重常会因降水、灌溉以及耕作等发生变化，这是工作中应注意的问题。

五、时域反射法

时域反射法（time domain reflectrometry，TDR）是一种通过测量土壤介电常数来获得土壤含水率的一种方法。TDR 的原理是电磁波沿非磁性介质中的传输导线的传输速度：

$$V=c/\sqrt{\varepsilon} \tag{5-44}$$

而对于已知长度为 L 的传输线，又有

$$V=L/t \tag{5-45}$$

于是可得

$$\varepsilon=(ct/L)^2 \tag{5-46}$$

式中：c 为光在真空中的传播速度；ε 为非磁性介质的介电常数；t 为电磁波在导线中的传输时间。

而电磁波在传输到导线终点时，又有一部分电磁波沿导线反射回来，这样入射与反射形成了一个时间差 T。因此通过测量电磁波在埋入土壤中的导线的入射反射时间差 T 就可以求出土壤的介电常数，进而求出土壤的含水率。TDR 的优点是测量速度快，操作简便，精确度高，能达到 0.5%，可连续测量，既可测量土壤表层水分，也可用于测量剖面水分，既可用于手持式的实时测量，也可用于远距离多点自动监测，测量数据易于处理。

除上述介绍的以外，测量土壤含水量的方法还有电阻法、化学法、热量法等。随着宇航技术的发展，利用遥感技术测量土壤湿度的方法正在不断发展中，有的已应用于科研和生产实践中。

思　考　题

1. 什么叫土水势？为什么说水势梯度与作用力的概念相当？
2. 简要说明重力势、基质势、压力势和总势的确定方法。
3. 土壤水分特性曲线是什么？什么是滞后现象？
4. 非饱和达西定律与饱和达西定律的主要区别是什么？
5. 饱和土壤水流与非饱和土壤水流的区别是什么？
6. 什么是土壤水分常数？主要有哪几种？

第六章　下　　渗

下渗（infiltration or penetration）是在一定的供水条件（降水或灌溉）下所发生的水分从地表面向土中运动的过程。下渗受土壤水分运动规律的制约，它是水由于分子力、毛管力和重力的综合作用而在土壤表面发生的一种物理过程，也是在各种力的综合作用下寻求平衡的过程，它是径流形成过程的重要环节之一。下渗的水量中会有部分以蒸散发的形式返回大气，是一次降雨径流过程的主要损失量，它直接影响着降雨形成的径流量大小。下渗不仅直接决定地表径流的生成及大小，同时也影响土壤水和潜水的增长，影响壤中流、地下径流的生成和大小。因而分析下渗的物理过程和规律对认识径流形成过程的物理机制具有重要意义。

第一节　下渗的物理过程

一、下渗的物理过程

1. 流域下垫面土层水分分带

流域下垫面土层可分为两个不同的土壤含水带：包气带和饱和带。包气带根据其含水特征又可分为毛管悬着水带、中间包气带、支持毛管水带。

（1）包气带和饱和带。在地下水面以下，土壤处于饱和含水状态，土层是土壤颗粒和水分组成的二相系统，称为饱和带或饱水带；地下水面以上，土壤含水量未达饱和，是土壤颗粒、水分和空气同时存在的三相系统，称为包气带，如图 6-1 所示。因为包气带中有未充满水的空隙与大气相通，在地下水面处的水压力（P）等于大气压。在包气带中，由于存在土壤颗粒吸附力和毛管力，水压力小于大气压，饱和带则相反。

（2）包气带土壤水分分带特征。包气带按其水分分布特征，可分为 3 个明显不同的水分带：毛管悬着水带、中间带和毛管水上升带，如图 6-2 所示。

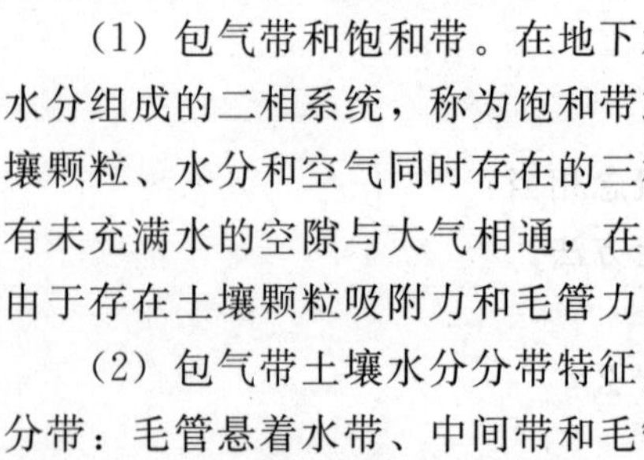

图 6-1　包气带和饱和带示意图

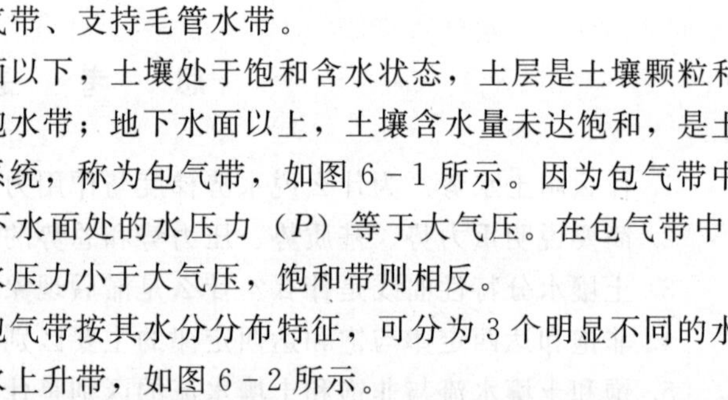

图 6-2　包气带水分分带示意图

包气带上部靠近地表面的土壤，具有吸附空气中的水汽和液态水分子的性能，这层土壤称为毛管悬着水带。它的特点之一是可以直接或间接与外界进行水分交换，所谓间接水分交换是指水分以气态水逸出包气带。在这一土壤水分带，水分变化剧烈，所以也称为影响土层。这一带的水分主要来源于降雨，消耗于蒸散发，水分分布受气象因素和土壤特性的影响明显。毛管悬着水带土壤水分的增长与消退影响土层的范围大致在地表以下 1m 左右，而其中水分变化强烈的部分是靠近地表 0.3m 的范围以内，通常称为水分活跃层，它是对降雨进行再分配的主要水分带。

在地下水面以上，由于土壤毛管力的作用，一部分水分沿着土壤孔隙侵入地下水面以上的土壤中，形成一个水分带，称为毛管水上升带或支持毛管水带。毛管悬着水带与支持毛管水带之间的土层称为中间包气带。中间包气带的土壤含水量较小而且稳定，一般情况下不变化或变化很小。在地下水埋深浅的地区可能不存在中间包气带。支持毛管水带内的水分分布具有独特的特征，一般在支持毛管水带最大活动范围内，土壤含水量自下而上逐渐减小，由饱和含水量减至与中间包气带下端相衔接的含水量，对极干旱的土壤则以最大分子持水量为下限。由于支持毛管水带下端与地下水面相接，有充分的水分来源，故其含水量分布较稳定。支持毛管水带的位置随地下水位的升降而变化，由此决定了中间包气带的厚度和变化。

中间包气带是毛管悬着水带和支持毛管水带之间的水分过渡带，它本身不直接与外界进行水分交换，而是水分的蓄存及输送带。它的水分沿深度变化小，时程上也相对稳定。在地下水埋藏很深，年降水量较少地区，中间包气带的含水量一般在毛管断裂含水量与最大分子持水量之间。中等降水，土壤透水性较好的地区，中间包气带的水分大致在毛管断裂含水量与田间持水量之间。降水丰富，地下水位高的湿润地区，中间包气带很薄，一次降水可以使整个包气带饱和，中间包气带可暂时消失。

(3) 冻土包气带的水分特征。在寒冷季节，土壤温度降至 0℃以下，使上层冻结成坚硬的土体，称为冻土。冻土按其存在时间长短，可分为以下 3 种：①季节性冻土：冬季结冰，夏季全部融化的冻土。②隔年冻土：冻结层经一两个夏季不能全部融化的冻土。③多年冻土。又称为永久冻土，即冻土层可持续多年不融化。

冻土地区的包气带水分具有下述特性：冻土地区由于有季节性冻结和融化，造成冷、暖季节的水态变化，同时冻结层又具有隔水的性质，于是形成了冻土地区包气带水分运动的独特特点。在非饱和土壤中，水分在冻结成冰过程中，从下层吸收水分以满足成冰的需要，使冻结层上部含水量增大，这种现象称为水分迁移。对季节性冻结层，水分表现为向上迁移；而对于多年冻土的季节融化层的水分迁移，则另具特点，由于冻结不仅在表面开始而且在多年冻土的界面上也产生冻结，故水分既有向上迁移又有向下迁移的现象。

2. 下渗基本概念

为了研究和认识下渗的一般物理过程，首先需要了解一些相关基本概念：

(1) 下渗率。下渗率又称下渗强度，指单位时间内渗入土壤中的水量，用 f 表示，以 mm/min 或 mm/h 计。

(2) 下渗能力。下渗能力也称下渗容量，是指充分供水条件下的下渗率，用 f_p 表示，以 mm/min 或 mm/h 计。

(3) 下渗曲线。通常用下渗能力随时间的变化过程来定量描述土壤下渗的规律。下渗能力随时间的变化过程线，称为下渗能力曲线，简称下渗曲线，并以 $f_p(t)$ 表示。如图 6-3 所示，图中 f_0 为起始下渗率或最大下渗率。下渗初期土壤很干燥，下渗的水分被土壤颗粒吸收以充填土壤孔隙，下渗能力很大。随着时间的增长，下渗水量越来越多，土壤含水量也逐渐增大，下渗能力逐渐递减，并趋于一个稳定值，递减的速率是先快后慢。

(4) 稳定下渗率。随着时间的推移下渗率逐渐减小，土壤含水量不断增加，当土壤含水量达到田间持水量时，下渗趋于一个较稳定的数值，不再继续下降，这时的土壤下渗能力称为稳定下渗率，用 f_c 表示，以 mm/min 或 mm/h 计。

(5) 累积下渗量。指入渗开始后一定时段内，按下渗能力下渗到土壤中的总水量，用 F 表示，mm。

(6) 累积下渗曲线。累积下渗量随时间的变化曲线称为累积下渗曲线，如图 6-3 中的 $F(t)$ 曲线，即

$$F(t)=\int_0^t f_p(t)\mathrm{d}t \tag{6-1}$$

累积曲线上任一点切线的斜率即为该时刻的下渗能力，即

$$f_p(t)=\frac{\mathrm{d}F(t)}{\mathrm{d}t} \tag{6-2}$$

(7) 实际下渗率。是指在供水不充分条件下，下渗率小于下渗能力，等于供水率，此时的下渗率称为实际下渗率。

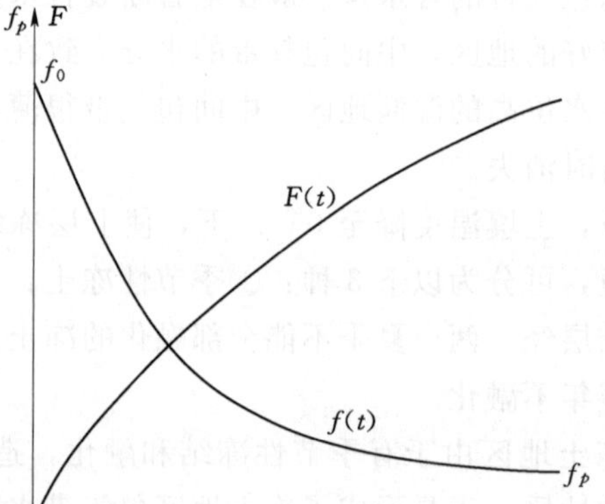

图 6-3 下渗曲线和下渗累积曲线

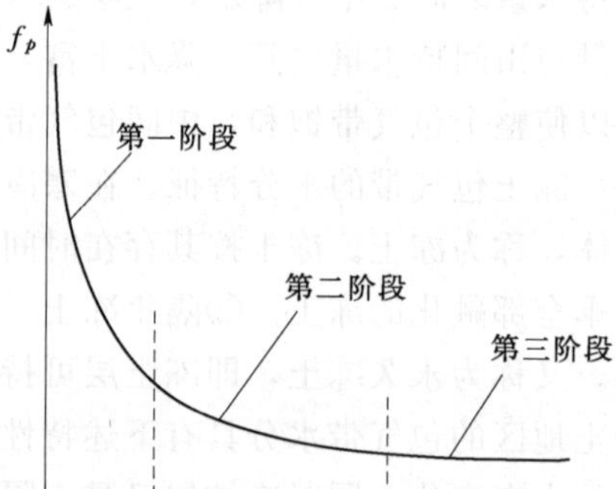

图 6-4 下渗的三个阶段

3. 下渗的物理过程

当降雨持续不断地降落在干燥土层表面时，雨水将从包气带上界面不断地渗入土壤。根据下渗曲线，可把下渗过程划分为渗润阶段、渗漏阶段、渗透阶段（稳定下渗阶段）3 个阶段，如图 6-4 所示。

(1) 渗润阶段。在该阶段下渗的水分主要受分子力和毛管力的作用，被土壤颗粒吸收而成吸湿水和薄膜水。这一阶段的特征是土壤干燥，下渗强度大，随着土壤含水量的增加，下渗强度明显衰减。这是因为土壤干燥时，土壤颗粒吸引水分的分子力远大于毛管力，随着吸湿水和薄膜水逐渐趋于饱和，分子力急剧减弱。当土壤含水量达到最大分子持水量时，分子力已非常微弱，对水分运动不起主要作用，控制水分运动的主要是毛管力，

此阶段结束。

（2）渗漏阶段。在该阶段下渗水分主要在毛管力作用下沿土壤孔隙向下作不稳定流动，并逐步填充土壤孔隙直至饱和。这一阶段的特征是土壤具有一定湿度，土壤含水率变化大而下渗强度变化缓慢。这是因为包气带的毛管悬着水带向下扩展，土层含水量增加快，悬着水带下部毛管弯月面并未消失，毛管力几乎不变，下渗强度变小是由于很小的土壤剩余分子力的进一步减弱。当土壤达到田间持水量时，分子力和毛管力消失，控制水分运动的主要是重力，此阶段结束。

（3）渗透阶段。在该阶段土壤达到田间持水量以上，甚至孔隙充满水而饱和，水分在重力作用下呈稳定流动。这一阶段的特征是土壤下渗强度小而稳定，这是因为重力对比分子力和毛管力而言，是一个很小的力，而重力永远不会消失。

一般将前两个阶段统称渗漏阶段，渗漏属于非饱和水流运功，而渗透则属于饱和水流的稳定运动。在实际下渗过程中，渗漏与渗透两个阶段并无明显界限，有时是相互交错的。

二、下渗过程中土壤含水量的垂向分布规律

下渗水量的大小及变化受下渗水流的运动规律所制约，而下渗水流的运动反映在土壤含水量沿土壤剖面的分布与动态变化上。1943 年玻特曼（Bodman）和库尔曼（Colman）曾对地表面保持一定水深（5mm）条件下，观察了下渗水流在均质土壤中沿垂向的运动规律及含水量的分布。实验中发现，不同土壤在其下渗过程中，土壤含水量都可以从上部到底部划分为 4 个具有明显区别的水分带，如图 6－5 所示，它们反映了下渗水分垂向运动的基本特征。

（1）饱和带。紧靠地表处为饱和带，当下渗水流渗到 10cm 土层厚度时，两种实验土壤（砂壤土及粉砂壤土）表面 1cm 内的含水量都接近于饱和含水量，形成一个饱和带。无论浸润深度怎样增大，这个饱和带的厚度都不超过 1.5cm。

（2）过渡带。过渡带位于饱和带以下，其特点是土壤含水量随深度增加而急剧降低，形成一个水分由饱和到非饱和的过渡区域，所以称为过渡带，厚度一般为 5cm 左右。

（3）传递带。在过渡带以下，土壤含水量随深度的增加变化不大，形成一个水分过渡带，土壤含水量基本上保持在田间持水量与饱和含水量之间，沿垂线分布比较均匀，形成一个水分传递带。传递带的厚度随着供水历时的增长而逐渐增加，其土壤含水量则仍保持在上述数值范围之内。许多实验结果都表明，传递带的土壤含水量大致为饱和含水量的 60％～80％，并且这一带的毛管势梯度极小。因此，当水分渗入足够深度时，水分的传输运行主要是靠重力作用，在均质土壤中下渗率接近一个常量。

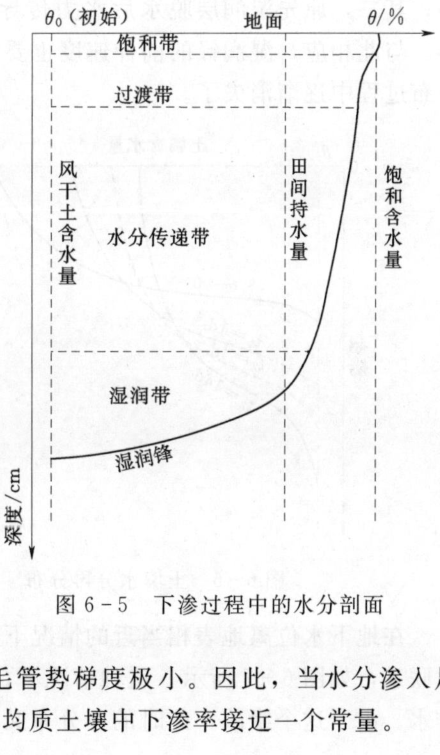

图 6－5　下渗过程中的水分剖面

(4) 湿润带。传递带之下为湿润带，它的含水量随深度迅速减小，随着湿润锋的继续下移，湿润带也向下移动，而使其下的干土含水量增加，变成湿润部分，这一带的土壤含水量梯度十分大。

湿润带的下方前沿是湿润锋，它是湿土与下层干土之间的明显交界面，随着时间的推移，湿润锋也不断下移。

在天然情况下，由于土壤的非均质结构及裂隙和孔穴等因素影响，下渗的水分分布比上述情况要复杂些。

三、土壤水分的再分布

当地表停止供水和地表积水消耗了以后，水分入渗过程结束，但土壤剖面中的水分在水分势能作用下仍继续向下运动。原先饱和层中的水分逐渐排出，原先干燥层中的水分逐渐增加，这就是土壤水分的再分布。这个过程有时可能几天就结束，有时可能延续很长时间，其长短由土壤的水理性质决定。

在地下水埋深很大的情况下，下渗终止后的典型水分剖面将由上部的湿润层和下部未被湿润的土层组成，如图 6-6 所示。这样的水分剖面就像一只无底的水桶，湿润锋以下的土壤将不断地从上部的土壤中吸取水分。初期的再分布速度与原先的湿润层厚度、湿润锋以下土壤的相对干燥程度和土壤的水力传导度有关。当原先的湿润层厚度小、湿润锋以下土壤又比较干燥时，土水势的梯度可能相当大，以致再分布的速度较快。反之，当原先的湿润层厚度较大、湿润锋以下的土壤含水量也较大时，再分布可能主要在重力作用下进行，因此速度就变得小而稳定。总之，再分布的速度是随着时间逐渐减小的。究其原因，主要有二：其一，当湿润层减少水分、干土层增加水分后，上下土层之间的水势梯度减小；其二，原先湿润层脱水后水力传导度要相应减小。这两个原因都使水分下移速度减小。与此相应，湿润锋的前伸速度也要逐渐减缓，以致在下渗期间颇为明显的湿润锋在再分布过程中逐渐消失了。

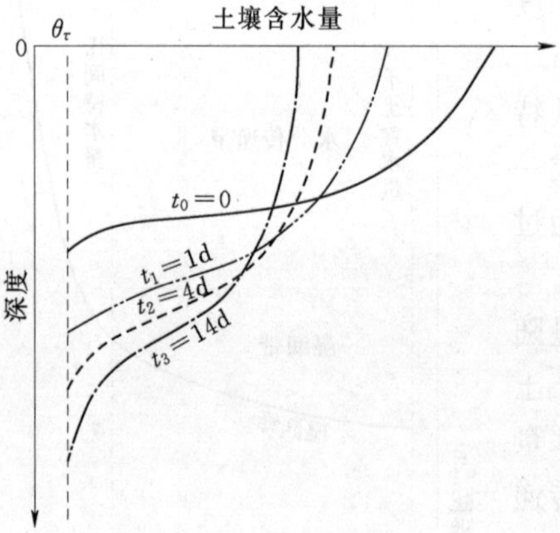

图 6-6 土壤水分再分布

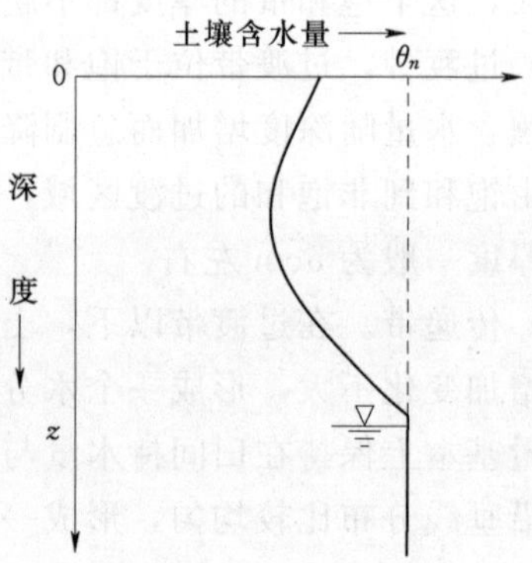

图 6-7 水分剖面与地下水的水力联系

在地下水位离地表相当近的情况下，地下水面以上的下渗水分剖面与地下水要发生水力联系，如图 6-7 所示。这种情况下，下渗后的土壤水再分布显然要表现出向地下水体排水。由于这个缘故，此时的再分布又称为内排水。

对于不同类型的土壤，由于土壤水力特性的差异，土壤水分的再分布速度也有差别。细颗粒含量多的土壤与粗颗粒含量多的土壤相比，其水分再分布速度要慢些。这主要是粗质土的导水率随着土壤水的减少而迅速下降，因此随着再分布的进行，其速度也迅速下降；细质土的导水率降得比较缓慢，因此，其再分布过程就持续的比较长。

土壤水分的再分布作用，影响到土壤中水分的总贮量以及不同时间、不同深度的土壤所保持的水量，它对后期的供水下渗过程，以及供水终止后的土壤蒸发过程，都有着明显的影响。

第二节　下　渗　理　论

下渗理论就是研究下渗规律及其影响因素的机理研究。下渗曲线不仅是下渗物理过程的定量描述，而且是下渗物理规律的体现。因此，了解下渗理论的关键就是推求下渗曲线。目前，确定下渗曲线主要有 3 种途径，即非饱和下渗理论途径、饱和下渗理论途径和经验下渗曲线途径。本节主要介绍非饱和下渗理论和饱和下渗理论。

一、非饱和下渗理论

非饱和土壤的下渗理论是建立在非饱和土壤水分运动研究基础之上的，它是根据下渗的各种边界条件和初始条件，求解一维垂向水流的理查兹方程，获得非饱和水流运动微分方程解，即下渗曲线表达式的一系列方法和假设的总称。研究下渗时，常常假定水平方向的势梯度为零，即认为沿水平方向的含水量是均匀的；而且，假定地下水位很低，对下渗无影响，同时假定土层为均质土壤。上述假定用数学语言表达就是：研究均质土壤半无限空间的垂向非饱和下渗。

若以地面为标准参考面，坐标原点设在地面，取向下为正。根据土壤水分运动基本方程，只考虑垂向一维水流的情况下，非饱和土壤水流运动的下渗方程为

$$\frac{\partial\theta}{\partial t}=\frac{\partial}{\partial z}\left[D(\theta)\frac{\partial\theta}{\partial z}\right]+\frac{\partial K(\theta)}{\partial z} \tag{6-3}$$

式（6－3）是一个非线性偏微分方程，是垂向一维非饱和下渗方程的常见形式。对于式（6－3），只有在一些特殊情况下才能求得其解析解。

1. 忽略重力时方程的求解

当表层土壤较干燥时，在下渗初期，土壤表面开始湿润，表面以下土壤仍为初始含水率。因此在下渗初期，由于下渗时间较短，含水率梯度极大，基质势梯度较大，重力势梯度相对较小。为简化此过程可将重力项 $\partial K(\theta)/\partial z$ 忽略不计，则式（6－3）变为

$$\frac{\partial\theta}{\partial t}=\frac{\partial}{\partial z}\left[D(\theta)\frac{\partial\theta}{\partial z}\right] \tag{6-4}$$

式（6－4）即表示忽略重力作用的下渗过程的基本方程。由于此式仍为非线性偏微分方程，在具体求解时，可分为两种情况：一是将其进一步简化，假定扩散率 $D(\theta)$ 为常数，将此方程变为常微分方程求解；二是不作简化，认为 $D(\theta)$ 为 θ 的某一函数。显然，后者的求解难度要大一些。下面对此两种情况进行具体分析。

（1）扩散率 $D(\theta)$ 为常数时。当扩散率 $D(\theta)$ 为常数时，式（6－4）简化为

$$\frac{\partial\theta}{\partial t}=\frac{\partial}{\partial z}\left[D\frac{\partial\theta}{\partial z}\right]=D\frac{\partial^2\theta}{\partial z^2} \tag{6-5}$$

式（6-5）称为泛定方程式，在对该式进行求解之前，首先需要给出某一具体下渗过程的初始条件和边界条件。在此用一最简单的情况：①假设一垂直土柱无限长，土壤均质；②下渗开始前，土柱中各点含水率均为 θ_i；③下渗开始后（$t>0$），土柱表面（$z=0$）的含水率迅速达到饱和含水量 θ_s，并一直维持不变，即充分供水，如图 6-8 所示。

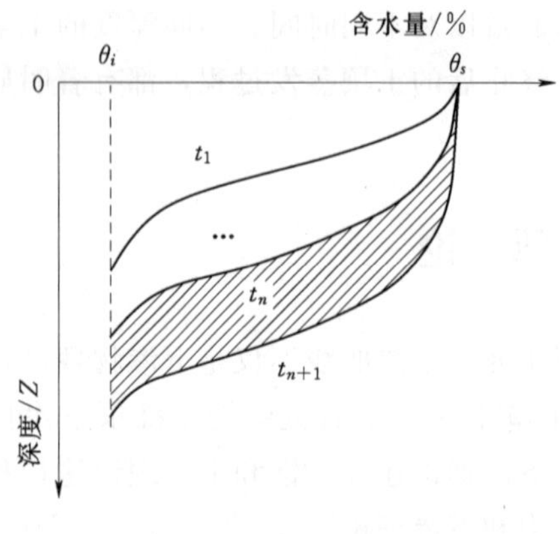

图 6-8　充分供水条件下的下渗过程和土壤水分剖面

此问题的下渗过程可用下述方程组描述，称为定解问题的构成，即

$$\left.\begin{aligned}&\frac{\partial\theta}{\partial t}=D\frac{\partial^2\theta}{\partial z^2}\\&\theta(z,0)=\theta_i\quad[t=0,0\leqslant z\leqslant\infty(\text{初始条件})]\\&\theta(0,t)=\theta_s\quad[t>0,z=0(\text{上边界条件})]\\&\theta(\infty,t)=\theta_i\quad[t>0,z=\infty(\text{下边界条件})]\end{aligned}\right\} \tag{6-6}$$

式中：θ_i、θ_s 分别为土壤初始含水量和饱和土壤含水量。

经拉普拉斯（Laplace）积分变换法求得其解析解为

$$\theta=(\theta_s-\theta_i)\mathrm{erfc}\left(\frac{z}{2\sqrt{Dt}}\right)+\theta_i \tag{6-7}$$

式中：erfc(*) 为余误差函数，其中，$\mathrm{erfc}(y)=\frac{2}{\sqrt{\pi}}\int_y^\infty e^{-y^2}\mathrm{d}y$；$y$ 为变量，相当于式（6-7）中的 $z/(2\sqrt{Dt})$。

根据式（6-7）就可以求出任一时间 t，任一位置 z 处的含水率 $\theta(z,t)$ 了。知道了 $\theta(z,t)$，就可求出其下渗曲线。

根据图 6-8，在忽略重力作用时，图中阴影部分的面积为 Δt 时段内土壤的累积下渗量。对任意时间 t，则有累积下渗量：

$$F(t)=\int_{\theta_i}^{\theta_s}z(\theta,t)\mathrm{d}\theta=\int_0^z[\theta(z,t)-\theta_i]\mathrm{d}z \tag{6-8}$$

将式（6-7）代入式（6-8）中，整理后得

$$F(t)=2(\theta_s-\theta_i)\sqrt{\frac{D}{\pi}t} \tag{6-9}$$

对式（6-9）求导得

$$f_p=\frac{\mathrm{d}F(t)}{\mathrm{d}t}=(\theta_s-\theta_i)\sqrt{\frac{D}{\pi}}t^{-\frac{1}{2}} \tag{6-10}$$

式中：f_p 为下渗能力，cm/d。

式（6-10）就是忽略重力作用、扩散率为常数时下渗曲线的表达式。

(2) 扩散率 $D(\theta)$ 不为常数时。当扩散率 $D(\theta)$ 不为常数时，式（6-6）变为

$$\left.\begin{aligned}&\frac{\partial\theta}{\partial t}=\frac{\partial}{\partial z}\left[D(\theta)\frac{\partial\theta}{\partial z}\right]=D(\theta)\frac{\partial^2\theta}{\partial z^2}+\frac{\partial D(\theta)}{\partial z}\frac{\partial\theta}{\partial z}\\&\theta(z,0)=\theta_i\qquad[t=0,0\leqslant z\leqslant\infty(\text{初始条件})]\\&\theta(0,t)=\theta_s\qquad[t>0,z=0(\text{上边界条件})]\\&\theta(\infty,t)=\theta_i\qquad[t>0,z=\infty(\text{下边界条件})]\end{aligned}\right\}\tag{6-11}$$

式（6-11）是一个非线性的定解问题，θ 为 z 和 t 的函数。对于此问题，由于求解过程比较复杂，必须借助于计算机求数值解，在此不再作具体介绍。

对于下渗曲线的推求，可以作波尔次曼变换 $\eta=\eta(\theta)=zt^{-1/2}$，可得

$$z(\theta,t)=\eta(\theta)t^{\frac{1}{2}}\tag{6-12}$$

式（6-12）表示不同时刻含水率在垂直剖面的变化，反映了下渗过程中土壤含水量剖面情况。将其代入式（6-8）得

$$F(t)=\left[\int_{\theta_i}^{\theta_s}\eta(\theta)\mathrm{d}\theta\right]t^{\frac{1}{2}}=st^{\frac{1}{2}}\tag{6-13}$$

其中，$s=\int_{\theta_i}^{\theta_s}\eta(\theta)\mathrm{d}\theta$，从物理意义上来说，表示土壤的吸收度，是土壤含水量的函数。

对式（6-13）求导，即可得下渗能力 f_p 与时间的关系表达式：

$$f_p=\frac{\mathrm{d}F(t)}{\mathrm{d}t}=\frac{1}{2}st^{-\frac{1}{2}}\tag{6-14}$$

上式就是在忽略重力作用、扩散率不为常数时下渗曲线的基本表达式。

对比式（6-14）与式（6-10），可以看出在忽略重力作用的条件下，无论扩散率是否为常数，下渗能力 f_p 均为 $t^{-1/2}$ 的函数，且当 $t\to\infty$ 时，$f_p\to 0$，而在实际下渗过程中，当 $t\to\infty$ 时，$f_p\to f_c$，因此，忽略重力只能适用于下渗时间较短的情况。

2. 考虑重力时下渗方程的求解

若考虑重力作用时，且式（6-6）或式（6-11）中的初始和边界条件不变，而泛定方程中包括重力项，其定解问题变为

$$\left.\begin{aligned}&\frac{\partial\theta}{\partial t}=\frac{\partial}{\partial z}\left[D(\theta)\frac{\partial\theta}{\partial z}\right]+\frac{\partial K(\theta)}{\partial z}\\&\theta(z,0)=\theta_i\qquad[t=0,0\leqslant z\leqslant\infty(\text{初始条件})]\\&\theta(0,t)=\theta_s\qquad[t>0,z=0(\text{上边界条件})]\\&\theta(\infty,t)=\theta_i\qquad[t>0,z=\infty(\text{下边界条件})]\end{aligned}\right\}\tag{6-15}$$

显然，式（6-15）的求解更为复杂。下面就扩散率为常数，且水力传导度随含水率呈线性变化时的特殊情况对其进行分析讨论。首先对式（6-15）作如下变换：

$$\frac{\partial\theta}{\partial t}=\frac{\partial}{\partial z}\left[D(\theta)\frac{\partial\theta}{\partial z}\right]+\frac{\mathrm{d}K(\theta)}{\mathrm{d}\theta}\frac{\partial\theta}{\partial z}\tag{6-16}$$

假设，扩散率 $D(\theta)=D=$常数，且 $K(\theta)=a\theta+b$，将假定条件代入上式得

$$\frac{\partial\theta}{\partial t}=D\frac{\partial^2\theta}{\partial z^2}+a\frac{\partial\theta}{\partial z}\tag{6-17}$$

式（6-17）为一个线性偏微分方程。与前面的方法相同，对此式进行拉普拉斯变换和逆变换可求得其解。结果为

$$\theta(z,t)=\frac{\theta_s-\theta_i}{2}\left[\operatorname{erfc}\left(\frac{z-at}{2\sqrt{Dt}}\right)+e^{az/D}\operatorname{erfc}\left(\frac{z+at}{2\sqrt{Dt}}\right)\right]+\theta_i \tag{6-18}$$

式（6-18）即为考虑重力作用、扩散率为常数，且水力传导度随含水率呈线性变化时的解的表达式。为了求得下渗曲线，首先需建立含水率剖面与累积下渗量之间的关系。在考虑重力作用条件下，从供水开始到 t 时刻，累积下渗量为

$$F(t)=\int_{\theta_i}^{\theta_s}z(\theta,t)\mathrm{d}\theta \tag{6-19a}$$

或

$$F(t)=\int_0^z[\theta(z,t)-\theta_i]\mathrm{d}z \tag{6-19b}$$

因此

$$f_p=\frac{\mathrm{d}F(t)}{\mathrm{d}t}=\frac{\mathrm{d}}{\mathrm{d}t}\int_{\theta_i}^{\theta_s}z(\theta,t)\mathrm{d}\theta \tag{6-20a}$$

或

$$f_p(t)=\frac{\mathrm{d}}{\mathrm{d}t}\int_0^z[\theta(z,t)-\theta_i]\mathrm{d}z \tag{6-20b}$$

将式（6-18）代入式（6-20b），即可得下渗曲线的表达式为

$$f_p=\frac{(\theta_s-\theta_i)a}{2}\left[\frac{\exp(-a^2t/4D)}{\sqrt{a^2\pi t/4D}}-\operatorname{erfc}(\sqrt{a^2t/4D})\right]-\theta_s a \tag{6-21}$$

式（6-21）就是考虑重力作用、扩散（度）率为常数且水力传导度与土壤含水量呈线性关系时的下渗曲线公式。

【例 6-1】 已知供水强度充分大、忽略重力对下渗的影响情况下，土壤水分剖面的数学表达式为$\frac{\theta-\theta_i}{\theta_s-\theta_i}=e^{-z/\sqrt{t}}$，试求下渗曲线的表达式。

解： 由土壤水分剖面数学式解出 $z=-\sqrt{t}\ln\left(\frac{\theta-\theta_i}{\theta_s-\theta_i}\right)$，将其代入式（6-8）得

$$F(t)=\int_{\theta_i}^{\theta_s}-\sqrt{t}\ln\left(\frac{\theta-\theta_i}{\theta_s-\theta_i}\right)\mathrm{d}\theta=(\theta_s-\theta_i)\sqrt{t}$$

因此，下渗曲线为 $f_p=\frac{\mathrm{d}F(t)}{\mathrm{d}t}=\frac{1}{2}(\theta_s-\theta_i)t^{-\frac{1}{2}}$。

二、饱和下渗理论

饱和下渗理论是研究下渗水流在土壤饱和条件下的运动规律，即下渗能力的解析式。这一理论是在 1911 年由格林（Green）和安普特（Ampt）提出的，他们对下渗过程作了如下简化：首先，土壤为均质各向同性，初始含水率极低且在剖面上均匀分布；其次，下渗一开始就有积水（供水充分），且不随时间而变化，即满足土壤下渗能力，下渗受剖面所控制；此外，湿润锋面是饱和土壤与非饱和土壤的交界面，即湿润锋上部区域的土壤含水率为饱和含水率，下部区域仍为初始土壤含水率。

在以上假设条件下，在下渗过程中，土壤水分剖面随时间的变化将形如一个汽缸中的活塞，不断地沿深度方向推进，如图 6-9 所示。可根据水流的 Darcy 定律及水量平衡方程建立饱和下渗基本模式。

现在具体分析一下地表和湿润锋处任意两点之间的水势情况。根据假设条件，地表的积水深度为 H，则土表某一点单位质量水分所受的压力势为 H，由于无其他水势，因此，地表处某一点的总水势仍为 H。同样，湿润锋面处某一点受到下方土壤水的基质势为 ψ_m，

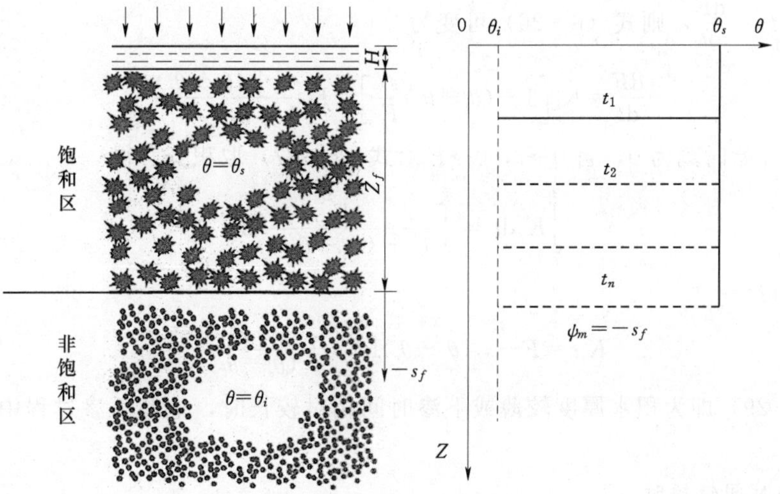

图 6-9　饱和下渗示意图

若以吸力来表示则为$-s_f$；若重力势以其下渗的深度z_f表示，则总水势为$-s_f-z_f$。因此，土壤表面与湿润锋面之间的水势梯度可表示为$(-s_f-z_f-H)/z_f$，此水势梯度即为下渗水流运动的动力。

根据 Darcy 定律，则下渗率可表示为

$$f_p=K_s\frac{s_f+z_f+H}{z_f}=K_s\left(\frac{s_f+H}{z_f}+1\right) \tag{6-22}$$

式中：f_p为下渗能力，cm/d；K_s为饱和水力传导度，cm/d。

式（6-22）表示了饱和下渗过程中下渗能力与湿润锋的关系。下面针对不同情况分别求下渗能力及累积下渗量随时间的变化关系式。

1. 积水厚度较小或下渗时间较长时

当积水厚度较小或下渗时间较长时，H相对于z_f很小。因此，式（6-22）可近似表达为

$$f_p=K_s\left(\frac{s_f}{z_f}+1\right) \tag{6-23}$$

在下渗过程中，水流经过的地方，土壤含水率均达到饱和含水率。根据水量平衡原理，则下渗过程中累积下渗量F应为

$$F=(\theta_s-\theta_i)z_f \tag{6-24}$$

式中：θ_s为饱和体积含水率；θ_i为初始体积含水率。

由式（6-24）可得

$$z_f=\frac{F}{\theta_s-\theta_i} \tag{6-25}$$

将式（6-25）带入式（6-23），可得

$$f_p=K_s\left[1+(\theta_s-\theta_i)\frac{s_f}{F}\right] \tag{6-26}$$

式（6-26）反映了下渗率和累积下渗量之间的关系，是饱和下渗理论基本模式之一。

根据定义，$f_p=\frac{\mathrm{d}F}{\mathrm{d}t}$，则式（6－26）可变为

$$\frac{\mathrm{d}F}{\mathrm{d}t}=K_s\left[1+(\theta_s-\theta_i)\frac{s_f}{F}\right]=K_s\frac{F+(\theta_s-\theta_i)s_f}{F} \tag{6-27}$$

以下渗开始时刻为0，自0→t，0→F对式（6－27）取积分，得

$$\int_0^t K_s\mathrm{d}t=\int_0^F\frac{F}{F+(\theta_s-\theta_i)s_f}\mathrm{d}F \tag{6-28}$$

积分后得

$$K_st=F-s_f(\theta_s-\theta_i)\ln\left[1+\frac{F}{(\theta_s-\theta_i)s_f}\right] \tag{6-29}$$

式（6－29）即为积水厚度较薄或下渗时间相对较长时，饱和下渗过程中累积下渗曲线的表达式。

2. 下渗时间较短时

当下渗的时间较短时，z_f相对于s_f+H来说较小，此时式（6－22）可近似为

$$f_p=K_s\frac{s_f+H}{z_f} \tag{6-30}$$

根据下渗能力与累积下渗量的关系，对式（6－24）求导，并联立式（6－30）可得

$$f_p=\frac{\mathrm{d}F}{\mathrm{d}t}=(\theta_s-\theta_i)\frac{\mathrm{d}z_f}{\mathrm{d}t}=K_s\frac{s_f+H}{z_f} \tag{6-31}$$

或

$$\frac{\mathrm{d}z_f}{\mathrm{d}t}=K_s\frac{s_f+H}{(\theta_s-\theta_i)}\frac{1}{z_f} \tag{6-32}$$

令$D=K_s\frac{s_f+H}{(\theta_s-\theta_i)}$，则有

$$\frac{\mathrm{d}z_f}{\mathrm{d}t}=D\frac{1}{z_f} \tag{6-33}$$

对式（6－33）积分后得

$$z_f=\sqrt{2Dt} \tag{6-34}$$

将式（6－34）代入式（6－24），得

$$F=(\theta_s-\theta_i)\sqrt{2Dt} \tag{6-35}$$

对式（6－35）求导，得

$$f_p=(\theta_s-\theta_i)\sqrt{\frac{D}{2t}}=(\theta_s-\theta_i)\sqrt{\frac{D}{2}}t^{-\frac{1}{2}} \tag{6-36}$$

式（6－35）和式（6－36）表示，在饱和下渗过程中，当下渗时间较短时，累积下渗量与时间$\sqrt{t}$成正比，而下渗能力则与$\sqrt{t}$成反比，这也是Green—Ampt下渗模式的另一种表达形式。

根据以上情况，可以说饱和下渗过程是一种比较理想的下渗模式，与实际情况下砂性土壤的下渗过程较为相似，但与黏性土壤的下渗过程差异较大。

第三节　下渗曲线经验公式

基于非饱和下渗理论的下渗公式，都是在 Richards 方程基础上推导出的。但由于这些公式均对基本方程作了一定的简化，因此在复杂的实际情况下应用误差较大，适用性不强，在实际应用中，经常采用的是经验公式。下渗曲线经验公式是在对土壤下渗过程做定量实验并积累的大量资料基础上，归纳总结出的关系。这类公式很多，它们均具有下渗能力随时间而递减的函数形式，常用的有以下几种。

1. 考斯加柯夫公式

考斯加柯夫（Kostiakov，1931）根据对下渗分析，提出如下公式：

$$f_p = At^{-b} \tag{6-37}$$

式中：f_p 为下渗能力；t 为下渗时间；A、b 为经验常数，与土壤性质有关，可通过实验确定。

从式（6-37）可以看出，在下渗过程中，随下渗时间的延长，下渗能力逐渐减小，且呈幂函数关系，这与实际情况一致，但当 $t\to\infty$ 时，$f_p\to 0$，则与实际情况不相符，实际情况是接近于稳定下渗率 f_c，即 $f_p\to f_c$。

2. 霍顿公式

霍顿（Horton，1940）根据均质单元土壤的下渗试验资料，认为当降雨持续进行时，土壤下渗能力逐渐减小。下渗过程是一个下渗能力消退的过程，消退的速率与剩余下渗能力成正比。在下渗过程中，任意时刻 t 的下渗能力 f_p 最终将变化到稳定的下渗能力 f_c，故在 t 时刻有待消退的剩余下渗能力为 $f_p - f_c$，而消退速率为 $\mathrm{d}f_p/\mathrm{d}t$，由于在下渗过程中 f_p 随时间减小，所以 $\mathrm{d}f_p/\mathrm{d}t$ 是负值。根据以上假定，得 $-\dfrac{\mathrm{d}f_p}{\mathrm{d}t} - \beta[f_p - f_c]$。对该式进行积分，并注意当 $t\to 0$ 时，有 $f_p\to f_0$，最后得霍顿公式的表达式：

$$f_p = f_c + (f_0 - f_c)e^{-\beta t} \tag{6-38}$$

式中：β 为经验参数；f_0 为初始下渗能力；f_c 为稳定下渗率。它们均与土壤性质有关，反映了土壤下渗特性及流域植被对下渗能力的影响，需要根据实测资料或实验资料分析确定。

当 f_0、f_c 已知时，β 可由实测资料作图求得，对式（6-38）两边取对数：

$$\ln(f_p - f_c) = \ln(f_0 - f_c) - \beta t \tag{6-39}$$

点绘 $\ln(f_p - f_c)$ 与 t 的关系图，图中直线斜率即为 β 值。

霍顿公式与实际资料拟合较好，且结构简单，既适用于一个点的下渗，也适用于流域面上的下渗，现在仍被广泛地应用。

3. 霍尔坦公式

美国农业部霍尔坦（H. N. Holtan，1961）提出一种下渗概念模型，他认为下渗能力 f_p 是土壤缺水量的函数，即

$$f_p = f_c + \alpha(W-F)^\beta \tag{6-40}$$

其中

$$W = (\theta_s - \theta_0)h$$

式中：α、β为经验参数；W为一定厚度土壤在下渗开始后可能容纳的下渗水量；F为累积下渗量；h为控制土层厚度；θ_s为饱和含水量；θ_0为初始含水量。

在降雨期间，由于累积下渗量逐渐增加，土壤缺水量（$W-F$）逐渐减小，下渗能力f_p趋近于f_c。实际应用中，该公式便于考虑前期情况对下渗的影响，例如，考虑初始土壤含水量大小、降雨强度小于下渗能力的情况以及间歇性降雨等。参数α和β可用实验资料率定。

Holtan公式与其他公式的不同在于，它只适用于流域范围内的下渗，而不适用于点的下渗，在应用时主要的困难在于控制土层h的确定。

4. 下渗经验公式的一般形式

下渗公式的一般形式可概括为

$$f_p = at^{-n} + b \tag{6-41}$$

式中：a、b、n为待定参数。

当$n=0.5$时，即为考虑重力作用下非稳定下渗的菲利浦公式。一般情况下，n值变化于$0<n<1$之间，b值应接近于f_c值。

上面诸式都关系到土壤的稳定下渗率f_c，它的大小主要取决于土壤的物理性质和水理特性。根据淮河水利委员会实测资料分析，稳定下渗率f_c的数值如表6-1所示。

表6-1　各种土壤的稳定下渗率

土　质	黄 黏 土	中、轻壤土	砂 壤 土	细　砂
$f_c/(\text{mm}\cdot\text{h}^{-1})$	1～1.3	2.0	2.7～3.3	7～8

第四节 天然条件下的下渗

上节介绍的下渗过程主要是针对一些特殊情况，如供水充分、土壤均质、土壤表面保持水平或非均质土壤的单点下渗规律等情况。在天然条件下，实际的下渗过程受多种因素的共同影响变得非常复杂，往往呈现不稳定和不连续性。如降雨强度随时间的变化过程是随机的，而且会出现不连续的间断情况；土壤不可能是均质的，从而导致土壤的透水性能和初始含水率等参数的时空变化很大。在这些因素的影响下，实际下渗量的平面分布会变得极不均匀，尤其是流域的下渗性能空间变异性会很大等。因此，需要重新分析这些因素变化情况下的下渗过程。

一、天然条件下对下渗过程的影响因素

1. 降雨强度对下渗过程的影响

在天然情况下，满足土壤下渗能力的必要条件是任一时刻的降雨强度i要大于或等于该时刻的下渗能力f_p。因此，当降雨强度一直大于土壤的下渗能力时，实际下渗按下渗能力下渗。但天然状态下的降雨复杂多变，某时段的实际降雨强度并不一定大于下渗能力，可能有如下3种情况：

(1) 当 $i_1 \geqslant f_p$ 时，满足充分供水的条件，各时刻均按下渗能力下渗，其过程如图 6-10 中 A 线所示。

(2) 当 $i_2 < f_c$ 时，下渗率取决于降雨强度。下渗过程与降雨过程完全相同，如图 6-10 中 B 线所示。

(3) 当 $f_c < i_3 < f_p$ 时，这种情况开始时的雨强小于下渗能力，全部降雨渗入土壤，如图 6-10 中 C 线所示。随着下渗水量增加，土壤含水量也增加，下渗率随之递减，到某时刻，雨强大于下渗能力，此时将按下渗能力下渗，如图 6-10 中 D 线所示。

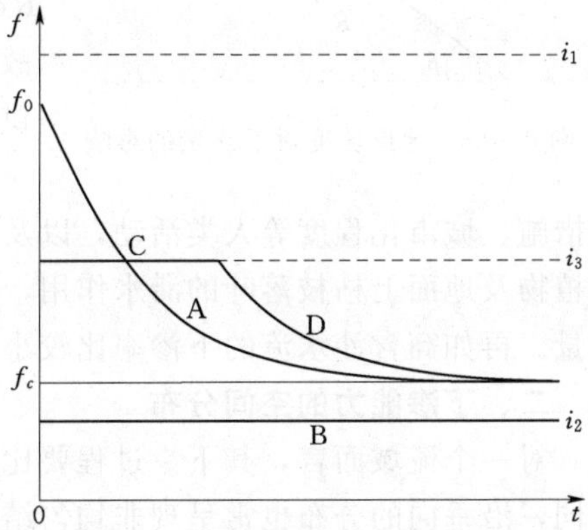

图 6-10　天然情况下的下渗过程

以上为降雨强度均匀的理想情况，天然状态下的降雨过程千变万化，实际的下渗率随降雨强度及该时刻的下渗能力而变。不同的降雨过程，其下渗过程和下渗总水量也不同。降雨强度有时大于同时刻的下渗能力，有时小于同时刻的下渗能力，因此下渗率有时与降雨强度保持一致，有时与下渗能力保持一致，比较复杂。

2. 土壤特性对下渗过程的影响

土壤特性对下渗的影响，主要取决于土壤的透水性能及土壤的前期含水率。一般来说土壤质地越粗或团粒结构发育较好时，孔隙直径越大，其透水性能也就越好，相应的土壤下渗能力也越大。土壤的含水率决定着一定条件下土壤吸水的能力及透水量的大小及变化。土壤前期含水率越小，其吸水能力越强，下渗率则越大；反之，湿润土壤下渗率小，如图 6-11 所示。

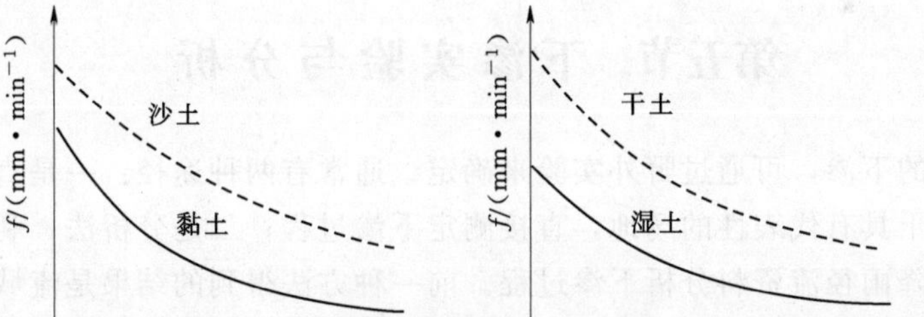

图 6-11　土壤质地和含水量对下渗率的影响

此外，十壤的分层结构也会影响水分的下渗，如对于自然界中存在的上细下粗或上粗下细的分层土壤，由于不同土壤水力传导度和持水性的差异，使得水分在两层土壤的界面会发生滞留现象等。

3. 土壤表面坡度（地形条件）对下渗过程的影响

地面起伏程度不同，则坡面漫流时的流速和汇流时间不同。一般来说，在相同的条件下，地面坡度大、漫流速度快，历时短，不易形成积水，下渗量就小。如从机理上来分

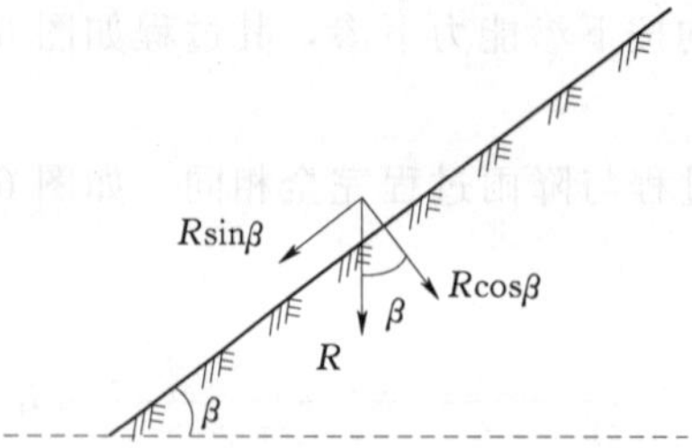

图 6-12 地形坡度对下渗量的影响

析，则地形坡度对下渗的影响通常是通过改变对地面的供水强度来体现的。如强度为 R 的一场降雨，若降落在坡度为 0 的地面上，则对地面的供水强度为 R。若降落在坡角为 β 的坡地上则供水强度将变为 $R\cos\beta$，如图 6-12 所示。因 β 一般在 0～90°变化，故 $R\cos\beta<R$，即地面坡度越大，降雨对地面的有效供水强度越小，因此下渗量越小。

除以上因素外，下渗过程还受地面覆盖物、耕作措施、城市化程度等人类活动，以及下渗水质好坏等因素影响。如在有植被的地区，由于植物及地面上枯枝落叶的滞水作用，增加了下渗时间，从而减少了地表径流，增加了下渗量。再如高含沙水流的下渗率比较小。

二、下渗能力的空间分布

对一个流域而言，其下渗过程要比单点复杂得多。首先，流域中土壤性质的空间分布不同，沿垂向的分布也常呈现非均匀结构，即使同类土壤，其地表坡度、植被和土地开发利用等情况也有差异；其次，降雨开始时流域内土壤含水量空间分布也不同；再次，一场降雨在空间和时间上分布是不均匀的；最后，流域内各处地下水位高低不一。以上这些因素，导致了流域的下渗能力在空间上分布的不均一性。因此，一个流域的实际下渗过程是十分复杂的，在实际工作中又不可能设置太多观测点进行观测，所以，在研究径流形成时，一般采用概化的方法来描述下渗能力的空间分布，以便能估算降雨径流过程中的下渗损失量。最简单的概化就是用一条流域平均下渗曲线来刻画流域内土壤层的下渗能力，即下渗能力空间分布概化为均匀的情况。复杂一些的概化是用下渗能力空间分布曲线来刻画含水率一定时的下渗能力空间分布，由于流域土壤含水率是随时间而变化的。因而，这样的曲线不是一条，而是一组曲线。

第五节 下渗实验与分析

天然条件下的下渗，可通过野外实验来确定。通常有两种途径：一是直接测定法，即在流域内选定若干具有代表性的场地，直接测定下渗过程；二是分析法，利用径流试验场或小流域实测的降雨径流资料分析下渗过程。前一种方法得到的结果是流域某些单点的下渗特性及定量规律，后一种方法的结果综合反映流域的平均下渗特性及定量规律。

一、直接测定法

本法一般只限于在极小面积上进行实验。按供水方式，可分为注水法和人工降雨法。

1. 注水法

注水法一般采用同心环下渗仪。如图 6-13 所示，同心环下渗仪是由直径 30cm 和 60cm 的两个内外无底金属环组成，环高 15～20cm。实验时，将两个环打入土中，然后向两环同时注水，内外两环保持相同的水深，内环控制实验的面积，外环的作用是防止内环下渗水流向旁侧渗透。注水后，因下渗而水面降低，需继续加水，维持固定水深，注水的速率即为下渗能力。求出各个时刻的下渗能力即可求得下渗过程。

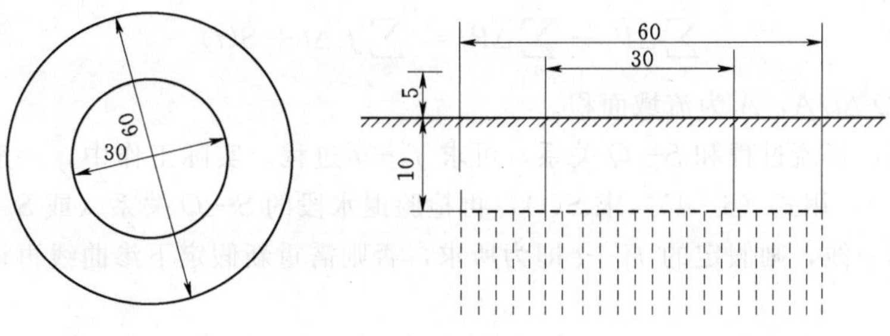

图 6-13　同心环下渗实验装置示意图（单位：cm）

2. 人工降雨法

此法需要一套模拟降雨的专门设备和一个小型试验场地，并配有测流设备。人工降雨设备应能模拟各种不同强度的降雨，雨滴分布均匀，雨滴能量与天然雨滴相似。试验时，按设计雨强控制人工降雨，并连续记录出流过程，直到流量稳定后即可停止供水，但流量需观测到出流停止时为止。选择不同的雨强和初始边界条件，即可模拟出不同的下渗情况。

从降雨开始到 t 时刻、累积下渗量为

$$F(t)=P(t)-R(t) \tag{6-42}$$

对式（6-42）求导数，即得下渗率：

$$f(t)=i(t)-r(t) \tag{6-43}$$

式中：$F(t)$ 为降雨开始至 t 时刻的累积下渗量，mm；$P(t)$ 为降雨开始至 t 时刻的累积降雨量，mm；$R(t)$ 为降雨开始至 t 时刻的累积径流量，mm；$f(t)$ 为 t 时刻的下渗率，mm/min；$i(t)$ 为 t 时刻的降雨强度，mm/min；$r(t)$ 为 t 时刻的径流率，mm/min。

直接测定法的成果反应一定条件下单点的下渗特性，对了解不同土壤、植被条件和各种降雨强度下的下渗特性有重要作用。

二、水文分析法

利用径流实验站或小流域实测的降雨及流量资料，流域水量平衡方程（忽略雨期蒸发）为

$$F(t)=P(t)-R(t)-S(t) \tag{6-44}$$

根据式（6-44）可分析下渗过程，式中，$S(t)$ 为流域滞蓄水量。这种下渗曲线代表了流域的平均下渗过程，为了求得可靠的结果，应选有代表性的若干次降雨径流资料进行分析。

分析计算原理是：由流域滞蓄水量消退的水力特性知，$S(t)$ 与相应时刻流域的出流量 $Q(t)$ 有一定的关系，因而可利用峰后无雨的径流过程线的退水段建立 $S—Q$ 关系，如图 6-14 所示。

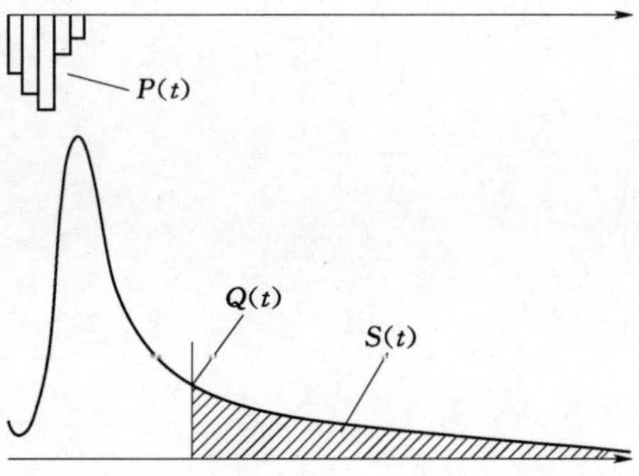

图 6-14　计算 $S(t)$ —$Q(t)$ 示意图

将式（6-44）改写为差分式：

$$\sum_{0}^{t}\Delta P_i - \sum_{0}^{t}\Delta R_i = \sum_{0}^{t} f_i \Delta t + S(t) \tag{6-45}$$

式中，$\Delta R_i = Q_i \Delta t / A$，$A$ 为流域面积。

有了降雨、径流过程和 S—Q 关系，可求 f_p—t 过程。实际工作中，一般是假定一条下渗曲线 f_p—t，用式（6-45）求 $S(t)$，再检验退水段的 S—Q 关系（或 S_i—ΔR_i 关系）。若关系线为单一线，则假定的 f_p—t 即为所求，否则需重新假定下渗曲线再计算。

思　考　题

1. 考虑重力和不考虑重力的下渗曲线的主要区别是什么？为什么？
2. 常用的下渗经验公式有哪些？各有什么特点？
3. 什么叫土壤水分的再分配和内排水？
4. 影响土壤下渗的因素主要有哪些？
5. 一次降雨过程中，下渗是否总按下渗能力进行？为什么？
6. 公式（6-6）、（6-11）及公式（6-15）构成的定解问题，其含义是什么？

习　题

已知某流域 Horton 下渗方程的参数为：初渗率 $f_0 = 40$mm/h、稳渗率 $f_c = 3.0$mm/h、系数 $\beta = 0.5h^{-1}$，试求该流域的下渗曲线 f—t 及累积下渗过程 $F(t)$。

第七章 蒸 散 发

降落到地面的雨水，一部分汇入河流、湖泊等水体成为地表水，另一部分则通过下渗成为土壤水或地下水，还有一部分在接受太阳辐射后，又以水汽的形式散失到大气中，此现象即为蒸散发（Evapotranspiration）现象。换句话说，蒸散发就是指水分子从物体表面向大气逸散的一种自然现象，也是水从液态变为气态的过程。据统计，大陆上一年内的降水约有60%消耗于蒸发与散发，很显然，蒸散发是水文循环中的一个重要环节，也是水文学研究的重要内容之一。从径流形成来看蒸散发量是一种损失，研究蒸散发对于水利工程的规划设计以及水量平衡计算均有重要的意义。

第一节 基 本 概 念

根据水分所在物体表面性质的不同，蒸散发一般可以分为水面蒸发 E_w、土面蒸发 E_s 和植物散发 E_p 3类。水面蒸发就是发生在各种水体（包括江、河、湖、海等地表水）表面的蒸发现象。土面蒸发则是发生在土壤表面的蒸发现象。一般来说，土面蒸发量要小于水面蒸发量，但在研究某流域内总蒸发量时，因土面面积一般都大于水面面积，土面蒸发总量比水面蒸发量要大，所以在水文学中对土面蒸发的分析占有重要的地位。植物散发是在植物叶面气孔中，因植物的生理作用而逸出的水汽。由于植物散发和土面蒸发很难分开，通常将植物散发与土面蒸发统称为蒸散发（E）。

蒸散发消耗的水量，常用蒸发强度和蒸发量来表征。蒸发强度是指单位时间从土壤表面或植物叶面以及水面所消耗的水量，其单位为mm/d、mm/月或mm/a。而某一时段内从这些物体表面所消耗的水量称为蒸发量。当蒸发强度维持在某一较稳定的水平，不随时间而发生变化时，称这种蒸发为稳定蒸发；而蒸发强度随时间发生变化的蒸发过程称为非稳定蒸发。

对于一个流域来说，水面、土面和植物都是存在的，所以以上3种形式的蒸散发都会发生，因此流域的总蒸散发就是指流域范围内各类蒸发和散发的总和。通常，流域的水面面积较小，所以水面蒸发占的比重并不大。

此外，还有一些其他形式的水分蒸发，如植物截留蒸发、潜水蒸发等。植物截留蒸发是指在降水过程中，被植物枝茎叶吸附的一部分雨水，它最终蒸发消耗掉。潜水蒸发则是指在地下水埋藏较浅的平原地区，土壤蒸散发会导致潜水对上部包气带水分的补给，因此会发生潜水的消耗。对潜水而言，尽管这种消耗不是直接意义上的水分蒸发，但习惯上人们称之为潜水蒸发。

以上4种形式的蒸发量在各年度内是相对稳定的，因此在水量平衡计算中，涉及的蒸发量实际上是包括这4种蒸发在内的水量。

第二节　水　面　蒸　发

一、水面蒸发机制

自然条件下的蒸发是水分和热量条件的综合反映。一般来说，蒸发的发生取决于两个基本条件：一是将水由液态变为气态的热能；二是是否有水分的供应以及供应的状况。

水面蒸发是最简单的蒸发形式，属于水分供应不受限制的蒸发，即水面蒸发是充分供水条件下的蒸发。因此水面蒸发主要受制于所接受的太阳辐射能量。对于一个自由水面来说，太阳辐射热量进入水体后使得水体表层温度升高，水分子动能增加，运动加剧，且水面温度愈高，水分子的运动愈活跃。由于水分子之间本身存在着一定的相互作用力，即内聚力，使得水分子聚集于水体。但当水分子运动的动能大于水分子之间的内聚能时，水分子就能从水体逸出而散失到大气当中，此即为蒸发的物理机制。

由于水体获得的能量不是均匀的，只有表层那些动能足够大的水分子才能突破水面进入大气，所以蒸发主要发生在水体的表层。蒸发要吸收热量，通常将单位水量从液态变为气态所吸收的热量称为蒸发潜热，相反地，由气态变为液态时称为凝结，凝结要释放热量，将单位水量从气态变为液态所释放的热量称为凝结潜热。蒸发潜热与凝结潜热相同，都可以用下式计算：

$$L=2491-2.177t_w \tag{7-1}$$

式中：L 为蒸发或凝结潜热，J/g；t_w 为水面温度，℃。

根据理想气体状态方程和混合气体压强公式，温度和体积一定时，气体的压力正比于气体的分子数。在蒸发初期，由于空气中水汽分子的数量相对较少，因而水汽压也较小。水面与空气中的水汽压差则较大，由水面逸出的水分子数量较多。相反的，从空气中返回水面的水分子数量较小。通常认为水面逸出的水分子数量与返回水面的水分子数量之差，就是实际发生的蒸发量或蒸发强度（观测值）。水面蒸发现象如图 7-1 所示。

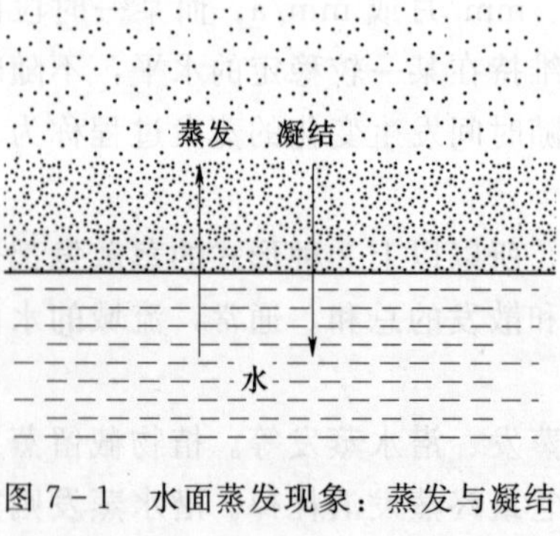

图 7-1　水面蒸发现象：蒸发与凝结

随着蒸发的不断进行，从水面跃入空气中的水汽分子愈来愈多，以致水面以上大气中的水汽含量越来越多，水汽压也就愈大，水面与空气中的水汽压差减小，水汽分子由水面进入大气的数量明显减小，而空气中的水汽分子返回水面的数量则明显增大。

对于一个封闭的系统来说，当两者进行到一定程度时，必然会出现跃出水面的水汽分子数等于进入水面的水汽分子数，此时空气与水面的水汽压差为零，蒸发因此停止。水汽压差为零时，空气中的水汽分子达到饱和，此时的水汽压称为饱和水汽压。如果水面的温度继续增加，水面蒸发又开始进行，直到空气中的水汽分子再次达到饱和为止。因此，对于封闭的自由水面来说，蒸发速率的快慢主要取决于水面和水面以上大气之间的水汽压差。

在自然条件下，由于空气的体积是无限的，水面以上空气中的水汽分子存在一定的浓度梯度，由水面进入大气的水汽分子会通过空气对流、紊动以及水汽的扩散等作用不断的沿梯度方向向上输送，从而减少了水面以上空气中的水分子数，降低了水汽压，使其很难达到饱和状态，因此实际上不可能出现空气与水面的水汽压差为零的情况。所以自然条件下的水面蒸发不仅与水汽压差有关，还与空气的对流和紊动以及水汽的扩散等作用有关，而影响这些作用的因素主要有风速、气压、湿度等气象条件。

二、影响水面蒸发的因素

根据蒸发的发生机制，可将影响蒸发的因素分为两大类：一类是气象因素，如太阳辐射、温度、湿度、风速、气压等因素；另一类是水体因素，如水体表面的面积、水深、水质和水面的状况等因素。以下分别就这些因素作简单的分析。

1. 气象因素

（1）太阳辐射。太阳辐射直接供给蒸发所需要的能量，水面接受太阳辐射后，水温增加，水分子的运动速度会加快，从而更易于逸出水面。尤其对水面蒸发来说，太阳辐射几乎都用于蒸发，因此，太阳辐射是影响蒸发的主要因素。太阳辐射有日变化、季节变化和年际变化，气温和水温也会相应地发生变化，因此就会影响到水面蒸发的变化。

（2）空气湿度。水面上方大气的湿度增加，其中的水汽分子数量增加，饱和水汽压差减小，水面与大气的水汽压差越小，水分子由水面逸出的速度越慢或数量越少。因此，在相同条件下，空气湿度越小，水面蒸发量越大。同时，湿度的变化与气温也有着十分密切的关系。

（3）风速。风吹过水面时能够加强空气之间的对流和交换，使水面上空的水汽分子不断被带走，从而保证蒸发面与上空始终保持一定的水汽压差，使得蒸发持续进行。在一定范围内，风速越大，空气流动越快，越有利于水汽在空气中的对流和交换，从而增加水气界面的水汽压差，越有利于水面的蒸发。但当风速达到一定程度时，水面的蒸发趋于稳定，此时影响相对较小。同时当冷空气到来时，风速增加不仅不会促进水面蒸发，相反还会减少蒸发，甚至导致凝结。

（4）水汽压差。水汽压差是指水面的水汽压与水面上空一定高度的大气水汽压之差。一般来说，空气湿度越大，单位体积的水汽分子数量越多，水汽压就越大；反之，则水汽压越小。大气的水汽压越大，水面与大气的水汽压差越小，水面蒸发量也越小，这与湿度变化对蒸发的影响基本一致。

2. 水体因素

（1）水体面积。水体蒸发表面是水分子汽化时必经的通道。一般来说，水面面积越大，则蒸发量越大，蒸发作用进行得越快。对于局部区域来说，水面面积越大，其上空的水汽越不易被带离水面区域，水面上空的水汽含量越多，越不利于水面蒸发的进行。

（2）水深。水体的深浅对水面蒸发也有一定的影响。总的来说，春夏两季浅水比深水水面蒸发量大，秋冬两季则相反。这是因为若水深较浅，水体的上、下部分交换相对比较容易，混合充分，水体各部分温差小，几乎相同，并与气温变化基本一致，对水面蒸发的影响较为显著。春夏两季气温较高，水温也较高，水面蒸发量大，秋冬两季水面蒸发量则较小。水深较大，水温在0～4℃变化时，水体存在“热缩冷胀”的效应，从而使水体上下部分产生对流作用；当水温超过4℃时，对流作用停止。此外，水深大，水体蕴藏的热量也大，这对水温将起到一定调节作用，使水面蒸发量随时间的变化显得比较稳定。

(3) 水质。水面蒸发不仅会受水量影响，而且还受到水质的影响，即水中溶解溶质多少的影响。一般来说，水中溶质的浓度越大，水体蒸发量越小，比如海水比淡水的蒸发量就小2%～3%。这是由于溶质的存在减小了单位水面面积内水分子的数量，即在本质上减小了纯水面蒸发面积，从而减小了水体的蒸发量。

此外，水体蒸发表面若有杂物等覆盖，水体表面接受的太阳辐射就会减少，水温增加慢，水体蒸发量也会随之减小。

三、水面蒸发量的计算方法

水面蒸发量的计算方法大致可以分为两类：一类是理论计算方法；另一类是经验计算方法。

理论计算方法有较强的物理基础，如热量平衡法、空气动力学法和水量平衡法等，这些计算方法分别是利用热量平衡、空气动力学和水量平衡等原理来确定水面蒸发量。理论计算方法要求观测的项目较多，对观测的要求较高。

经验计算方法是在一定的理论基础上，通过对一定地区有代表性的水面蒸发资料的分析，从而建立计算水面蒸发的经验公式。相对于理论计算方法而言，经验计算方法一般对实验资料的精度要求不很高，是一种通常被采用的方法。

除此之外，还有一种较为常见的方法，即器测法。下面分别对这几种方法加以介绍。

1. 理论计算方法

理论计算方法主要包括热量平衡法、空气动力学法、综合法以及水量平衡法。

(1) 热量平衡法。水面蒸发不仅是水量交换过程，也是热量交换过程。热量平衡法正是基于热量交换为基础，根据能量守恒这一基本原理建立起来的。

根据能量守恒原理，对于任一水体，例如湖泊、水库、河川等，热量平衡方程可表示为

$$Q_n - Q_h - Q_e + Q_v = Q_w \tag{7-2}$$

式中：Q_n 为水体所接受的太阳净辐射能量，J/(m^2 · s)；Q_h 为水体的热传导损失量，J/(m^2 · s)；Q_e 为蒸发所消耗的热量，J/ (m^2 · s)；Q_v 为出入流所引起的水体热量变化量，J/(m^2 · s)；Q_w 为水体自身的热量变化量，J/(m^2 · s)。

由于 Q_h 不易观测和计算，一般令

$$\beta = \frac{Q_h}{Q_e} \tag{7-3}$$

式中：β 为鲍文比 (Bowen Ratio)。

根据气象学知识，β 可由下面公式确定：

$$\beta = \gamma \frac{t_0 - t_a}{e_{0s} - e_a} \frac{P}{1000} \tag{7-4}$$

式中：γ 为温度计常数，当温度计为摄氏温度，水汽压为百帕 (hPa) 时，$\gamma = 0.66$；P 为大气压，mbar；t_0 为水面温度，℃；t_a 为气温，℃；e_{0s} 为水面温度为 t_0 时的饱和水汽压，hPa；e_a 为空气水汽压，hPa。

将式 (7-3) 代入式 (7-2) 得

$$Q_n - (1+\beta) Q_e + Q_v = Q_w \tag{7-5}$$

将 $Q_e = LE_w$ 代入式（7-5）得

$$E_w = \frac{Q_e}{L} = \frac{Q_n + Q_v - Q_w}{L(1+\beta)} \tag{7-6}$$

式中：E_w 为由水面温度求得的水面蒸发强度，g/（m^2·s）；L 为蒸发潜热，J/g。

式（7-6）即为基于热量平衡原理的水面蒸发强度计算公式，但当 $\beta=-1$ 或（$e_{s0}-e_a$）$\rightarrow 0$ 时，式（7-6）不能使用。从以上过程可以看出热量平衡法主要考虑了日照和气温对水面蒸发的影响。

（2）空气动力学法。若不考虑与水体表面平行方向，只研究与水面垂直方向上的水汽扩散现象。根据气体扩散理论，水体表面的水汽输送量（单位时间流过单位面积的水汽量）与大气垂直上方水汽含量的梯度密度相关，其关系式为

$$E_w = -\rho K_w \frac{dq}{dz} \tag{7-7}$$

式中：E_w 为水汽输送量，即水面的蒸发强度，g/（cm^2·s）；ρ 为湿空气密度，g/cm^3；z 为距离水体表面的垂直高度，cm；K_w 为与 z 有关的大气紊动扩散系数，cm^2/s；q 为大气比湿，即大气中水汽的相对含量，g/g。

大气比湿 q 与距水面高度 z 处水汽压 e 的关系为

$$q \approx 0.622e/P \tag{7-8}$$

式中：P 为大气压。

将式（7-8）代入式（7-7）可得

$$E_w = -0.622K_w \frac{\rho}{P}\frac{de}{dz} \tag{7-9}$$

由于大气紊动扩散系数 K_w 一般较难确定，所以需要利用空气紊动力学中的一些关系式，对式（7-9）作进一步的处理。

与水汽垂直通量相类似，空气的动量垂直通量可写为

$$\tau = \rho K_m \frac{d\overline{u}}{dz} \tag{7-10}$$

式中：τ 为单位面积的动量垂直通量，也即水平面上的剪切应力，N/m^2；$\overline{u}$为水面上 z 高度处的平均风速，cm/s；K_m 为大气紊动黏滞系数，cm^2/s。

当 τ 与垂直高度无关时：

$$\tau = \rho u^2 \tag{7-11}$$

式中：u 为剪切速度，cm/s。

将式（7-11）代入式（7-10）可得

$$K_m = \frac{u^2}{d\overline{u}/dz} \tag{7-12}$$

用式（7-9）除以式（7-12），整理后得

$$E_w = -0.622\frac{K_w\rho u^2}{K_m P}\frac{\mathrm{d}e/\mathrm{d}z}{\mathrm{d}\,\overline{u}/\mathrm{d}z} \tag{7-13}$$

若将$\frac{\mathrm{d}e/\mathrm{d}z}{\mathrm{d}\,\overline{u}/\mathrm{d}z}$用两个垂直高度处的水汽压 e_1、e_2 和风速 u_1、u_2 的差商来代替，则有

$$E_w = 0.662\frac{K_w\rho u^2}{K_m P}\frac{e_1 - e_2}{u_2 - u_1} \tag{7-14}$$

式（7-14）即表示以空气动力学理论为基础的水面蒸发强度计算公式，式中 K_w/K_m 称为 Schmidt 数，其值约等于 0.7。

由于式（7-14）涉及了任意两个高度的水汽压，较难应用与实际。根据 Karman—Prandtl 提出的均质流体完全粗糙流的流速分布公式：

$$\frac{\overline{u}}{u} = C_1 \ln\frac{z}{k_s} + C_2 \tag{7-15}$$

式中：k_s 为空气表面糙度的线性量度；C_1、C_2 为常数。

将式（7-15）代入式（7-14）可得

$$E_w = 0.622\frac{K_w\rho u^2}{K_m P C_1^2}\frac{(\overline{u}_2 - \overline{u}_1)(e_1 - e_2)}{\ln^2(z_2/z_1)} \tag{7-16}$$

若将 z_1 取为风速为 0 的高度，则有

$$\overline{u} = \overline{u}_1 = 0 \tag{7-17}$$

代入式（7-15）得

$$z_1 = k_s e^{\frac{-c_2}{c_1}}$$

若进一步假定 $e_1 = e_{0s}$，其中 e_{0s} 为水面温度下的饱和水汽压，则式（7-16）变为

$$E_w = \left(\frac{K_w\rho\,\overline{u_2}}{K_m P}\right) f[\ln(z_2/k_s)](e_{0s} - e_2) \tag{7-18}$$

或

$$E_w = A(e_{0s} - e_2) \tag{7-19}$$

式中：A 为风速函数和表面粗糙度函数的函数。

A 的表达式为

$$A = \left(\frac{K_w\rho\,\overline{u_2}}{K_m P}\right) f[\ln(z_2/k_s)] \tag{7-20}$$

对于某一具体水体而言，A 可看作只与风速函数有关。

由式（7-19）可以看出，水面蒸发强度与水汽压饱和差（$e_{0s} - e_2$）成正比，这与 Dulton 定律相一致。Dulton 定律是 19 世纪提出的，其水面蒸发强度的计算公式为

$$E_w = f(u)(e_{0s} - e_a) \tag{7-21}$$

或

$$E_{aw} = f'(u)(e_{as} - e_a) \tag{7-22}$$

式中：E_w 为由水面温度求得的水面蒸发强度，mm/d；E_{aw} 为由气温求得的水面蒸发强度，mm/d；$f(u)$、$f'(u)$ 为风速函数；e_{0s} 为水面温度对应的饱和水汽压，hPa；e_{as} 为气温对应的饱和水汽压，hPa；e_a 为空气水汽压，hPa。

用空气动力学方法确定水面蒸发强度，其优点是考虑了水汽饱和差与风速两个影响水面蒸发的主要动力条件，有助于了解蒸发的物理机制。

（3）综合法。空气动力学法在估算水面蒸发量时仅考虑了风速和水汽扩散，而未考虑

太阳辐射这一热量条件；能量平衡法虽然考虑了热量条件，但只考虑了水汽扩散这一动力条件对水面蒸发的影响，并未考虑风速；因此如果能将这两种方法结合起来，取长补短，就能得到较好的计算方法。

综合法就是同时应用能量平衡原理和空气紊流扩散理论推导出的计算水面蒸发量的方法，由英国科学家 Penman 于 1948 年提出来的，故又称 Penman 公式法。

对于式（7-6），若假定 $Q_w \approx Q_v$，则水面蒸发强度计算公式可简化为

$$E_w = \frac{Q_n}{L(1+\beta)} \tag{7-23}$$

将式（7-4）代入式（7-23）得

$$E_w = \frac{Q_n}{L\left(1+\gamma\dfrac{t_0-t_a}{e_{0s}-e_a}\dfrac{P}{1000}\right)} \tag{7-24}$$

如取 $P=1000\text{hPa}$，则式（7-24）变为

$$E_w = \frac{Q_n}{L\left(1+\gamma\dfrac{t_0-t_a}{e_{0s}-e_a}\right)} \tag{7-25}$$

令 $\Delta=(e_{0s}-e_{as})/(t_0-t_a)$，将其代入式（7-25）得

$$E_w = \frac{Q_n}{L\left(1+\dfrac{\gamma}{\Delta}\dfrac{e_{0s}-e_{as}}{e_{0s}-e_a}\right)} \tag{7-26}$$

式中：Δ 为 $t=t_a$ 时的饱和水汽压曲线斜率；e_{as} 为 $t=t_a$ 时的饱和水汽压，hPa。

在空气动力学中，对于 Dulton 定律式（7-21）和式（7-22），若假定 $f(u)=f'(u)$，则有

$$\frac{E_{aw}}{E_w} = \frac{e_{as}-e_a}{e_{0s}-e_a} \tag{7-27}$$

将式（7-27）代入式（7-26）得

$$E_w = \frac{Q_n}{L\left[1+\dfrac{\gamma}{\Delta}\dfrac{(e_{0s}-e_a)-(e_{as}-e_a)}{e_{0s}-e_a}\right]} = \frac{Q_n}{L\left[1+\dfrac{\gamma}{\Delta}\left(1-\dfrac{E_{aw}}{E_w}\right)\right]} \tag{7-28}$$

对式（7-28）做进一步整理可得

$$E_w = \frac{\Delta}{\Delta+\gamma}Q_n + \frac{\gamma}{\Delta+\gamma}E_{aw} \tag{7-29}$$

式（7-29）即为综合法的基本公式。可以看出，此式有两部分构成：一部分为水体吸收净辐射产生的蒸发；另一部分为风速和饱和差产生的蒸发，而水面蒸发速率则是这两部分加权后求得。

使用 Penman 公式时，所需的气象资料较多，如气温、相对湿度、风速等。然而，许多地区的气象站难以提供这些完整的资料，这在很大程度上限制了该公式的使用。

（4）水量平衡法。如任取一定数量的水体，必满足如下的水量平衡方程式：

$$\Delta W = I - O + P - E_w \tag{7-30}$$

式中：ΔW 为 Δt 时段内水体蓄水量的变化量；I 为 Δt 时段内水体接受的平均入流量；O

为 Δt 时段内水体接受的平均出流量；P 为 Δt 时段内水面接受的降雨量；E_w 为 Δt 时段内水面消耗的蒸发量。

由式（7-30）可进一步得出

$$E_w = I - O + P - \Delta W \tag{7-31}$$

式（7-31）即为水量平衡法计算水面蒸发量的计算公式，也称此为余项法。

与其他方法相比，水量平衡法简单明了，但当计算时段较短时，蒸发量可能相对于其他各项量值较小，计算的误差则较大。因此，水量平衡法通常应用于较长时段内流域面积上的水面蒸发计算。

2. 经验公式法

水面蒸发的影响因素很多，实际情况较为复杂。上面所讨论的理论计算方法往往不能全面考虑各种因素，同时参数的确定对观测项目和仪器要求也较高，在实际应用中较为困难。

因此在实测资料精度要求不很高的情况下，人们在实际应用中常常根据实际情况采用由实测数据总结出来的经验公式对水面蒸发量进行估算。目前，多数的经验公式都是以 Dulton 定律为基础而建立的，下面介绍主要的两种公式。

1942 年，Mayer 提出的经验公式为

$$E_w = C(e_{0s} - e_a)\left(1 + \frac{v}{10}\right) \tag{7-32}$$

式中：E_w 为水面蒸发强度，in/d；e_{0s} 为水面温度下的饱和水汽压，in；e_a 为空气水汽压，in；v 为风速，mile/h；C 为经验系数，一般取 $C=0.36$。

1966 年，河海大学施成熙教授在对国内大型蒸发池观测资料进行综合分析后，提出了如下的经验公式：

$$E_w = 0.22\sqrt{1 + 0.31u_{200}^2}(e_{0s} - e_{200}) \tag{7-33}$$

式中：E_w 为水面蒸发强度，mm/d；e_{0s} 为水面温度下的饱和水汽压，hPa；e_{200} 为水面以上 2m 高度处的水汽压，hPa；u_{200} 为水面以上 2m 处的风速，m/s。

以上公式的基本特征是以风速、水汽压等主要气象因子作为参数，其他因子统一作为相关系数来考虑。经验公式一般是在缺乏实测资料的情况下应用的，同时每个经验公式都有其适用条件，在具体应用时应加以注意。

3. 器测法

除了以上两种方法以外，对于小范围内的水面蒸发量也可采用器测法测定，即直接利用陆地蒸发器、蒸发池及水面漂浮蒸发器等测定水面蒸发量。目前国内水文气象站网主要使用的水面蒸发器有三种类型，即 Φ20 型、Φ80（套盆）型和 E_{601} 型。其中 E_{601} 型蒸发器由蒸发筒、水圈、溢流筒和测针组成。

器测法简单实用，但由于水面蒸发器的口径、水深、材料、安置方式、颜色等，都对蒸发量的测量结果有很大的影响。因此，所测出的水面蒸发量需通过折算，才能得到天然水面蒸发量。如 E_{601} 型蒸发器与大水体水面蒸发值之间的折算系数为 0.9～0.99，Φ20 型的折算系数为最小。在缺乏足够大水体水面蒸发资料的情况下，可用这些蒸发器的蒸发量近似代替。

第三节 土 壤 蒸 发

一、土壤蒸发机制与过程

1. 土壤蒸发机制

土壤蒸发就是土壤空隙中的水分在土壤表层发生汽化后进入大气的过程。土壤水在汽化过程中，除了要克服水分子之间的内聚力外，还要克服土壤颗粒对水分子的吸附力。因此可以说，土壤蒸发就是土壤失去水分的干化过程。

从水分运动的角度来看，土壤蒸发和下渗是互为相反的过程，因此土壤蒸发也是水文循环的一个重要环节。土壤是一种多孔介质，既有吸收和保持水分的能力，也有输送水分的能力。其输送水分的能力则与土壤的含水率、土壤的结构、质地等因素有关。因此，土壤蒸发不同于水面蒸发，其蒸发过程既与气象因素有关，也与土壤的含水量及输水能力有关。当这些因素发生变化时，土壤的蒸发量也随之发生变化。

若土壤处于非饱和状态时，土壤蒸发量的大小取决于以上两个因素中较小的一个。若土壤处于饱和状态时，土壤的输水能力不受限制，此时的蒸发只与气象因素有关，其蒸发机制与水面蒸发相似。

2. 土壤蒸发过程

当降雨或土壤灌水后，土壤的含水率非常大，接近饱和状态，此时根据土壤蒸发的特点和规律，可将其分为 3 个阶段，即稳定蒸发阶段、蒸发强度随含水率降低阶段以及水汽扩散阶段。在大气蒸发强度（此意为蒸发能力）不变的情况下，蒸发强度随时间和含水率的变化过程如图 7-2 所示，下面分别就这 3 个阶段进行分析。

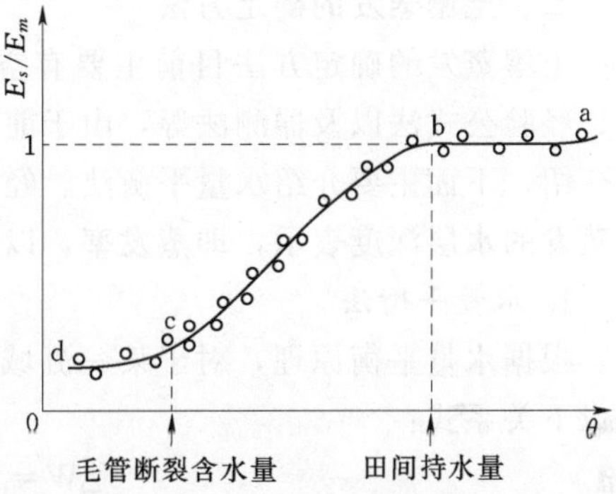

图 7-2 蒸发强度随含水量和时间的变化

(1) 稳定蒸发阶段。当土壤含水率大于田间持水量时，土壤处于充分供水状态。在此阶段，当土壤表面的含水量因蒸发而稍有减少时，土壤深层的水分可以通过毛细管源源不断地供给土壤蒸发，差不多有多少水分从土壤表面蒸发掉，就会有多少水分从土层内部输送至表面来补充，这种情况属于充分供水条件下的土壤蒸发，此时蒸发强度主要取决于气象条件。

通常将土壤供水充分时，由气象条件决定的最大可能蒸发强度称为潜在蒸发强度或大气蒸发能力，习惯上称为土壤蒸发能力 E_m，简明扼要地说，土壤蒸发能力就是充分供水条件下的蒸发率。

对于某一土体来说，当气象条件相对稳定时，在这一阶段的土面蒸发强度则保持一稳定状态，故将该阶段称为稳定蒸发阶段（图 7-2 中的 a-b 段）。在这个阶段内的蒸发率接近自由水面的蒸发率，但由于重力水很快就会渗漏，土壤含水量迅速下降，因此稳定蒸发阶段一般只能保持较短的时间。

(2) 蒸发强度随含水率降低的阶段。随着土壤蒸发的不断进行，土壤含水量不断减小。当其含水率小于田间持水量时，土壤中毛管水的连续状态将逐渐遭到破坏，毛管水开始变得不连续，土壤表层的含水率随之减少，土壤的供水能力受到限制。在这种情况下，由于土壤含水量不断减小，供给土壤蒸发的水分会越来越少，以至于蒸发强度将相应的随土壤含水率的减少而减小。这一阶段一直持续到土壤含水量减至毛管断裂含水量为止，如图 7-2 中的 b-c 段。在此阶段，蒸发强度主要取决于土壤特性，即含水量的大小。

（3）水汽扩散阶段。当土壤含水率继续减少到小于土壤毛管断裂含水率时，土壤的蒸发进入第 3 阶段，即水汽扩散阶段。此时土壤中的毛管水不再呈连续状态存在于土壤中，依靠毛管作用向土壤表面输送水分的机制将遭到完全破坏。土壤水分只能以膜状水或气态水形式向土壤表层移动，土壤的输水能力明显减弱，已难以满足表土蒸发的需水要求。因此，在土壤表面形成一个干土层。干土层形成以后，毛管传导作用停止，土壤水向土层的导水率接近零，水分只能在干土层以下的土壤颗粒表面汽化，并以气态水经干土层的孔隙散失到大气中去。

这一阶段的蒸发强度大小主要受制于土层内水汽扩散的能力。如果土壤水分扩散经过的干土层孔隙度小，扩散则慢，水分散失的就更少。因此这一阶段的蒸发强度很小且基本保持稳定，如图 7-2 中的 c-d 段。在此阶段，蒸发强度的大小既不受大气蒸发能力的控制，也不随土壤含水率而变化，且水分的蒸发不是在土壤表面进行的。

二、土壤蒸发的确定方法

土壤蒸发的确定方法目前主要有空气动力学方法、热量平衡法、综合法、水量平衡法、经验公式法以及器测法等，由于前 3 种方法与水面蒸发的计算方法基本相同，在此不再介绍。下面主要介绍水量平衡法、经验公式法和器测法。土壤蒸发的大小通常以单位时间蒸发的水层深度表示，即蒸发率，以 mm/d 或 mm/h 计。

1. 水量平衡法

根据水量平衡原理，对于某一流域的土壤蒸发来说，Δt 时段内土壤水分的变化应满足以下关系式：

$$\Delta W = I - O + P - E_w + G \tag{7-34}$$

式中：ΔW 为 Δt 时段内土体蓄水量的变化量；I 为 Δt 时段内土体接受的灌溉入渗量；O 为 Δt 时段内土体发生的深层渗漏量；P 为 Δt 时段内渗入土体的降水量；G 为 Δt 时段内地下水对土体的补给量；E_w 为 Δt 时段内土壤的蒸发量。

根据式（7-34），在确定了其他水量平衡要素后，可计算出 Δt 时段土壤的蒸发量，即

$$E_w = I - O + P + G - \Delta W \tag{7-35}$$

可以看出，式（7-35）与确定水面蒸发量的公式相似，只是含义有所不同。

2. 经验公式法

土壤蒸发经验公式的建立原理与水面蒸发相同，因此公式的结构与水面蒸发经验公式的结构相似，即

$$E_s = A_s(e_s' - e_a) \tag{7-36}$$

式中：E_s 为土壤蒸发量，mm/d；A_s 为质量交换系数，其值取决于气温、湿度、风速等气象条件；e_s'为土壤表面水汽压，hPa，当表土饱和时 e_s'等于饱和水汽压 e_s；e_a 为大气水

汽压，hPa。

3. 器测法

目前，用以测定土壤蒸发量的仪器很多，常用的有苏联 ГГИ－500 型土壤蒸发器以及大型蒸渗仪（lysimeter）。ГГИ－500 型土壤蒸发器由内外两个铁筒组成，内外筒直径分别为 25.2cm 和 26.7cm，相应的筒身为 50cm 和 60cm。内筒用于土壤切割和装填，外筒用于保护内筒在长期称重使用过程中不致变形。

大型蒸渗仪由蒸渗测箱系统、称重系统等构成，面积由几平方米到十几平方米不等，一般埋设于地表以下，可通过定期对蒸渗仪上的土壤进行称重来计算某一时段的蒸发量。除了称重式之外，大型蒸渗仪还有水力式的，即通过水的浮力进行称重。

器测法一般适用于单点土壤蒸发量的测定，对于大面积土壤蒸发量的测定，由于植被、土壤特性等下垫面条件的复杂性，因此器测法的应用受到很大限制。

三、影响土壤蒸发的因素

根据前述，土壤蒸发主要受制于两大因素：其一为气象因素，即大气蒸发能力；其二为土壤特性。决定大气蒸发能力的主要气象因子有温度、湿度、风速、气压等。而决定土壤特性的因素主要有土壤含水量、土壤孔隙性、土壤温度分布特点以及地下水埋深等。由于气象因素对土壤蒸发的影响与水面蒸发相似，不再分析讨论。下面重点分析讨论土壤特性对土壤蒸发的影响因素。

1. 土壤含水量

土壤含水量是影响土壤水分蒸发的主要因素。土壤含水量接近饱和含水量时，土壤蒸发实质上接近自由水面蒸发，蒸发强度比较稳定并按蒸发能力进行。随着土壤含水量的减少，土壤的供水能力受到限制，非饱和水力传导度降低，蒸发强度相应减小。当土壤含水量减少至非饱和水力传导度接近于零时，土壤蒸发主要以水汽扩散方式进行，蒸发强度很低且基本稳定。

2. 土壤孔隙性

土壤的孔隙性一般指孔隙的形状、大小和数量。土壤孔隙的形状、大小和数量不同，则土壤水分存在形态和连续性也就不同，蒸发也会有所不同。以孔隙的大小为例，直径为 0.1～0.001mm 的孔隙，毛管作用最为明显，直径大于 8mm 时则基本不存在毛管作用。而直径小于 0.001mm 的孔隙由于只存在吸湿水和薄膜水中，因而也不存在毛管作用。因此，孔隙直径集中在 0.1～0.001mm 范围内的土壤，其蒸发量肯定大于其他孔径的土壤。

此外，土壤孔隙性与土壤的质地、结构和层次关系密切。例如黄土型黏壤土的毛管孔隙发育最好，所以蒸发也最大。砂土、重壤土和团聚性少的黏土次之，轻质砂土、团聚性强的黏土其毛管孔隙发育最差，其蒸发也最小。对于分层的土壤来说，其土层交界面处的孔隙状况与均质土壤明显不同，当土壤质地为上粗下细时，交界面附近的孔隙上大下小；反之，则上小下大。由于相同含水率条件下，水分总是保持由大孔隙向小孔隙运动的趋势，因此，相同条件下前者的蒸发要大于后者。

3. 温度梯度

土壤温度梯度对水分的影响较为复杂。首先，温度梯度影响到土壤水分运行方向，温度高的地方水汽压大，表面张力小；反之，温度低，水汽压小，表面张力大。气态水总是从水汽压大的地方向水汽压小的地方运行，液态水总是从表面张力小的地方向表面张力大的地方运行。因此，土壤水分由温度高的地方向温度低的地方运行，且参与运行的水分数量取决于土壤的初始含水率。土壤含水率过大或过小时，参与运行的水分都比较少，只有在毛管断裂含水率附近的中等含水率才会使参与运行的水分比较多。此外，由于温度梯度的存在，使得水汽在蒸发层下面发生浓集过程，当土壤中存在冻土层时，土壤水分是向冻土层运行，从而在冻土层底部区域的含水率较高，而在冻土层以下区域土壤含水率则相对较低。

4. 地下水埋深

地下水埋深对土壤蒸发的影响，是通过影响水面以上土壤含水量的分布起作用的，地下水埋深越浅，毛管水活动层距土壤表面越近，则越有利于向土面输送水分，土壤蒸发也越大。如果地下水面接近地面，因为蒸发表面积增大了，反射率减小了，其蒸发量甚至大于水面的蒸发量。反之，地下水埋深越大，毛管上升水的上界面距地面越远，则向土表输送水分越困难，因此，土壤蒸发也越小。

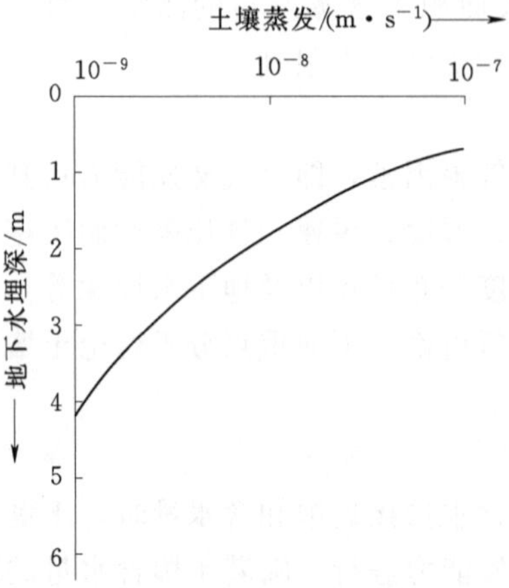

图 7-3 土壤蒸发与地下水埋深关系

总之，随着地下水埋深的增加，土壤蒸发呈递减趋势，但地下水埋深对蒸发量的影响通常存在一临界范围。一般来说，当地下水埋深大于 4m 时，则地下水埋深的变化对土壤蒸发的影响趋于零，一般称此时的地下水深度为临界深度。土壤蒸发与地下水埋深的关系如图 7-3 所示。

除以上因素外，土壤的色泽也影响土壤的蒸发量。如色泽深的土壤吸收太阳辐射的能力强，土温升高快，蒸发量大。一般来说，黄色土壤的蒸发量比白色土壤大 7%左右，棕色土壤的蒸发量又比黄色土壤大 12%左右，黑色土壤的蒸发量比棕色土壤的大 13%左右。此外，地形特征也对土壤的蒸发量有一定的影响，如地势高的土壤蒸发量较地势低的大；粗糙地面的蒸发量较平坦地面的大；南向斜坡的土壤蒸发量比北向斜坡大。

第四节 植 物 散 发

植物散发又称植物蒸腾，是指植物从土壤中吸取水分，输送到茎和叶面，然后大部分水分又从茎和叶面逸散到空气中的现象，即植物散发是蒸发面为植物叶面和茎的一种蒸发。

一、植物散发的机制

植物在进行散发时，首先是植物根系吸取土壤水分，水分通过植物茎内导管移动至叶部，然后在叶部气孔下腔的叶肉细胞内汽化并逸入大气中。根压和散发拉力是植物散发的驱动力。所谓根压，就是指在根和土共存的系统中，由于根系中溶液浓度通常大于根系周围土壤中水的浓度，因而存在渗透压（也称为溶质势梯度）即根压。

这种根压有时可高达十余个大气压，使得根部细胞的水势降低，与周围土壤溶液之间的水势差扩大，进而影响根系的吸力。这种由于植物散发作用使得土壤中水分源源不断地进入根部并向上传导的吸力，称为散发拉力。一般情况下，散发拉力是植物吸收水分的主要驱动力，只有当散发作用较小时，根压对水分上升才起较大作用。

通常，植物吸收的水分有1%～5%被植物利用，而95%以上的水分则通过叶面的气孔散失到大气当中。植物散发的数量，不仅取决于植物的生理特征，同时也受外界环境如大气、土壤水分等影响。因此植物散发过程，是一种物理—生理过程，与水面蒸发和土壤蒸发相比要复杂得多。

二、植物散发的确定方法

与土壤蒸发和水面蒸发相比，植物散发量的确定比较复杂，一般可归纳为直接测定法和间接计算法两种。

1. 直接测定法

根据测量方法的不同，直接测定法又可以分为器测法、坑测法、气量计法及棵枝称重法等。

（1）器测法。器测法是将植物种植在不漏水的容器内，视植物生长需要随时灌水并记录灌水量，同时不定期进行称重，根据水量平衡原理，即可求出某一时段内植物的散发量。

（2）坑测法。坑测法是通过两个试坑的对比来测定植物的散发量，其中一个栽植物，另一个不栽。坑的底部一端装有出水口，其余底壁都不透水。定期取土测定其含水量，两测坑土壤含水量之差即为散发量。有时为了确定水稻的蒸腾量，也可将直径30～60cm，深60～80cm的两个铁筒埋入田中，上口高出田面3cm，筒内土面与田面齐平。一个种水稻，一个不种水稻，两个筒内的水面维持相同深度，从所加水量之差，求得某一时段内水稻散失的水量。

（3）气量计法。气量计法是将研究植物置于装有吸水物质的玻璃罩下或冷却室中，根据吸水物质质量的增加，从而可计算植物析出的水量，即散发量。

（4）棵枝称重法。棵枝称重法是将整棵植物从土中拔出来，根系上涂蜡，以防止水分损失，然后每隔一定时间称重，从而求出其散失量。或将植物剪下部分枝叶，立即封蜡，称出一定间隔时间内的失水量，求出植物的散发速率并进而求出整株植物的散失量。也有将特制收集器裹在植株的周围，直接收集植枝分泌出的水分来确定其散发量。

目前，随着新技术发展，同位素示踪法等在测定植株散发量方面逐步得到应用。

以上这些方法虽然简单方便，但只能用于测定单棵植株或一定范围内某一种植物的散发量，而且测量过程中均改变了植物生态环境，所以测定精度受到一定程度的影响。

2. 间接计算法

间接计算法有水量平衡法、热量平衡法以及各种散发模型等，其中水量平衡法、热量平衡法与土面蒸发的计算过程类似，在此主要介绍气孔控制模型和林冠模型两种散发模型。

（1）气孔控制模型。植物叶面的气孔是水分散失的主要通道。在一定的水汽压差条件下水汽通过叶面气孔散失的水分主要受到气孔的大小、形状和数量的控制，同时在一定程度上还受到叶面以上空气阻力的制约。以这些因素为影响因子来分析计算植物散发量的模型称为气孔控制模型。

若散发速率以能量单位来表示时，则其表达式为

$$E_p=-0.013\frac{1}{T}\frac{e_{ls}-e_a}{r_s+r_a} \tag{7-37}$$

式中：E_p 为散发速率，兰勒/min；T 为温度，K；e_{ls} 为叶面温度下的饱和水汽压，Pa；e_a 为空气水汽压，Pa；r_s 为气孔阻力，与气孔开度的大小有关，气孔开度越大，阻力越小，s/cm；r_a 为叶面以上空气的阻力，s/cm。

对于式（7－37），r_s 和 r_a 的确定是关键。其中 r_s 是最主要的，通常 $1<r_s<10$，而 $0.1<r_a<1.0$ 即 r_s 要比 r_a 大一个数量级左右，对于木本植物来说更是如此。

若假定气孔是圆形的，直径为 d，叶面表皮层厚度为 l，则单位叶面面积的气孔阻力 r_s 可表示为

$$r_s=\frac{4l+\pi d}{4\pi nDd^2} \tag{7-38}$$

式中：D 为扩散系数，通常 $D\approx0.25$；n 为气孔密度，即单位叶面积上的气孔数量；l 为叶面表皮层厚度，$l\approx10^{-3}$cm；d 为气孔直径，μm。

由此，式（7－38）可进一步简化为

$$r_s=\frac{12.7+d}{nd^2}\times10^{-4} \tag{7-39}$$

对于 r_a 来说，不同植物类型的计算公式不同。如对于扁平落叶类树木，则有

$$r_a=2.7\sqrt{\frac{\omega}{\mu}} \tag{7-40}$$

式中：ω 为树叶的宽度或直径；μ 为风速，cm/s。

（2）林冠散发模型。林冠模型的基本原理是，任意森林面积上的散发量等于森林总叶面上各部分水汽通量之总和，亦即该森林覆盖面积乘以林冠的综合散发速率。如果全部树叶的平均散发速率为 $\overline{E}_f$，森林覆盖的水平面积为 A，森林的总叶面面积为 A'，则林冠散发模型的基本表达式为

$$E_fA=\overline{E}_fA' \tag{7-41}$$

式中：E_f 为林冠的综合散发速率，mm/d。

由式（7－41）可进一步得到

$$E_f\overline{E}_f\frac{A'}{A}=\overline{E}_f\alpha \tag{7-42}$$

其中

$$\alpha=\frac{A'}{A}$$

式中：α 为林冠的叶面积指数。

三、影响植物散发的因素

植物散发是发生在土壤—植物—大气系统中的自然现象，因此，它必然受到气象因素、土壤含水量和植物生理特性的综合影响。

1．气象因素

与土壤蒸发和水面蒸发相同，影响植物散发的主要气象因素有光照、温度、湿度、风

速、水汽压等。其中，光照和温度是植物散发能否进行的先决条件。光照或温度过低时，水分进出植物叶片的通道关闭，散发则不能进行。

(1) 光照可以提高大气温度，大气温度的增加则会使饱和水汽压增大，从而也增加了叶面和大气之间的水汽压差，因而光照越强，植物散发的速度越快。一般来说，白天的水分散发是夜晚水分散发的10倍就是这种原因。但当光照过强时，植物因吸收的水分不能满足散发的需求，因而散发速率也会下降。

(2) 温度包括大气温度和土壤温度。随着大气温度的增加，植物的散发速率会随之增加。此外，温度的变化还可通过影响植物体的生理过程而间接影响其散发。如当大气温度小于1.5℃时，植物的生长发育非常缓慢，散发也变得很小。土温增加时，土壤的黏滞系数变小，土壤中水分子的活跃度增加，更有利于根系从土壤中吸收水分，散发加强；反之，则散发减弱。

(3) 大气湿度也是影响散发的重要因素。大气的湿度通常用空气的水汽压与同一温度下的饱和水汽压之比来表示。大气相对湿度越大，空气中水汽分子越多，水汽压越大，植物叶面与大气的水汽压差越小，散发量也越小。如当大气温度保持在17～18℃左右时，平均相对湿度从91%降到75%，则日蒸发量从2.5mm增至6.3mm。在大气中水汽接近饱和的季节，植物散发速度较小。

(4) 风速对植物蒸散的影响比较复杂。一方面，由于风能将叶片上气孔周围的水汽带走，同时补充一些相对湿度较低的空气，从而增加了植物叶片与大气之间的水汽压差。因此，风速可以加快植物散发的速度；另一方面，若风速过强，则可以使水汽进出叶面的通道即气孔关闭，从而降低植物散发的速度。因此，可以说，微风可以增加植物的散发量，而强风可能会降低植物的散发量。

(5) 对于水汽压来说，当空气温度保持不变时，水汽压越小，空气中水汽分子数量越少，越有利于散发的进行。

2. 土壤含水量

土壤中能被植物吸收利用的水分主要有重力水、毛管水和部分薄膜水，这些水分也称为有效水分。当土壤含水量大于某一定值时，植物根系就可以从周围土壤中吸取尽可能多的水分来满足散发的需要，这时植物散发将达到散发能力，且在一定的时段内保持不变。当土壤含水量逐渐减小、且大于凋萎系数时，土壤的供水能力不断减小，散发率随之减小，直至土壤含水量减小到凋萎系数时，植物便会因为不能从土壤中吸取水分来维持正常生长而逐渐枯死，植物散发也趋于零。

3. 植物生理特征

植物生理特征包括植物类型、生长期和生长阶段等。不同种类的植物，由于其生理特征不同，即使在同一气象条件和同一土壤含水量情况下，散发率也会不同。例如同一条件下，阔叶树的散发量要明显大于仙人掌、针叶树等的散发量。同一种植物不同品系之间，因遗传因素、种植密度、生长状况的不同，其散发量也可能不同。即使同一植物同一品系之间由于其生长发育阶段不同，同一时间的散发量也有所不同。植物生长发育初期，叶面面积小，植物散发量较小，随着植物生长，叶面面积增大，其散发量会随之增大。但是，通常来说老龄树的散发速率要小于幼龄树的散发速率。此外，叶片的大小、形状、排列位置以及叶色的深浅也对植物散发有一定影响。

第五节 流域蒸散发

在研究水文循环各个环节以及进行水量平衡计算时，人们经常关心的是一定面积上的总蒸发量 E。流域的表面通常可划分为裸土、岩石、植被、水面、不透水路面和屋面等。在寒冷地带或寒冷季节，流域还可能全部或部分为冰雪覆盖。流域上这些不同蒸发面上的蒸发和散发总和称为流域蒸散发，又称流域总蒸发。一般情况下，流域内水面积占的比重不大；基岩出露、不透水路面和屋面占的比重也不大；冰雪覆盖仅在高纬度地区存在。因此，对于中、低纬度地区，土壤蒸发和植物散发是流域蒸散发的决定性部分，约为流域总蒸散发的95%以上。

一、流域蒸散发规律

一般情况下，流域蒸散发规律主要受土壤蒸发规律和植物散发规律的支配，而土壤蒸发规律又与植物散发规律相似。因此，只要进一步考虑土壤与植被相互作用对流域蒸散发的影响，就能够认识流域的散发规律。

事实上，根据前述讨论的土壤蒸发规律和植物散发规律，当流域十分湿润时，土壤的含水量很大。由于土壤水分供应充足，流域中无论是土壤蒸发，还是植物散发，均将达到蒸（散）发能力。在此稳定蒸散发阶段，临界土壤含水量因为植被的存在将小于田间持水量。

此后，随着流域内土壤水分的进一步消耗，土壤的供水能力逐渐减小，此时流域蒸散发将随土壤含水量的减少而减小。根据土壤水分的蒸发规律可知，此阶段将持续到毛管断裂含水率时为止。但对于流域来说，由于植物的存在，当流域土壤含水量减至小于毛管断裂含水率而大于凋萎系数时，植物散发大于土壤蒸发，流域总蒸散发仍将随土壤含水量的减小而继续减小，直到流域内土壤含水量小于凋萎系数时，植物因缺水发生枯萎和死亡，其蒸散发趋于零，流域蒸散发就只有土壤蒸发了，其蒸散发才趋于稳定。

因此，可以说，流域的蒸散发规律与土壤的蒸散发规律相似，也可分为3个阶段，只是流域蒸散发各阶段相应的临界含水率均小于土壤蒸发各阶段的临界含水率。

二、流域蒸散发的计算方法

确定流域蒸散发量的方法主要有两种：其中一种最直观的方法是，先分别求得流域内各种蒸发面上蒸发或散发量，然后用加权的方法来计算流域蒸散发量。但由于确定不同蒸发面上的蒸发或散发量比较复杂，因此一般不常采用。另一种方法是将流域作为一个整体，分析这个整体中蒸发、降雨和径流等各要素，再通过水量平衡法、热量平衡法、模式计算法、空气动力学法以及经验公式等方法确定流域的蒸散发。下面主要针对前3种进行介绍。

1. 水量平衡法

对于流域来说，采用第三章第三节中“流域水量平衡”方程来计算，在此不重述。

2. 热量平衡法

蒸发既是水量交换过程亦是热量交换过程，所以水量平衡与热量平衡之间有着紧密联系。在计算流域总蒸发的方法中，热量平衡法受到人们普遍重视。其一般表达式如下：

$$\frac{E}{P}=\varphi\left(\frac{R}{LP}\right) \tag{7-43}$$

式中：$\frac{E}{P}$为年蒸发系数，反映了多年平均降雨与蒸发的平衡关系；L 为蒸发潜热，J/g；$\frac{R}{LP}$为辐射干燥指数；R 为辐射平衡值，体现了热量平衡关系。

史拉别尔根据许多地区的长期观测资料，建立了蒸发量与降雨量及太阳辐射之间的关系：

$$E=P(1-e^{-\frac{R}{LP}}) \tag{7-44}$$

式中：E 为蒸发量，mm；P 为降雨量，mm；其余符号意义同前。

奥里杰科普提出用降水量和蒸发能力来计算区域蒸发量的计算公式，即

$$E=E_{\max}\text{th}\left(\frac{LP}{R}\right) \tag{7-45}$$

其中

$$E_{\max}=R/L$$

式中：$E_{\max}$为大气蒸发能力，mm/d；th 为双曲正切函数；其余符号意义同前。

M. И. 布德科对式（7-44）、式（7-45）进一步做了理论分析。他认为陆地表面平均总蒸发量与气象因素等密切相关。在一定条件下，主要取决于降水量和辐射平衡值的大小。

根据此情况，M. И. 布德科分析了两种极端情况下的水热平衡关系，当土壤处于极端干燥状态时，土壤会吸持全部降水并用于后期蒸发，因而地表几乎无径流产生，也即 $E/P\rightarrow 1$；当降雨总量很大，而土壤表面接受的热辐射量很小时，土壤将保持非常湿润的状态，其含水率足以满足蒸发的需求，而辐射平衡余热全部用以蒸发耗热。因此，用于水汽汽化的潜热较大，即 $LE\rightarrow R$。由于一般地区的实际情况处于这两种极端状态之间，因此认为对式（7-44）、式（7-45）取几何平均将更符合实际。

根据以上分析以及全世界不同气候类型的实测资料，布德科对史氏、奥氏公式进行了验证，并提出了另一计算流域蒸散发的公式，即

$$E=\sqrt{\frac{RP}{L}\text{th}\frac{LP}{R}\left(1-\text{ch}\frac{R}{LP}+\text{sh}\frac{R}{LP}\right)} \tag{7-46}$$

式中：th 为双曲正切函数；ch 为双曲余弦函数；sh 为双曲正弦函数；其余符号意义同前。

3. 模式计算法

由于流域的蒸散发量与土壤的含水量密切相关，因此，在不考虑蒸散发在流域面上不均匀的情况下，根据蒸发层土壤含水量分布就可以计算流域的蒸发量，这就是所谓的模式计算法。由于流域蒸散发规律与土壤蒸发规律相似，基本遵循3个阶段蒸发过程，如图7-4所示，因此可以按土壤蒸发规律建立模型。

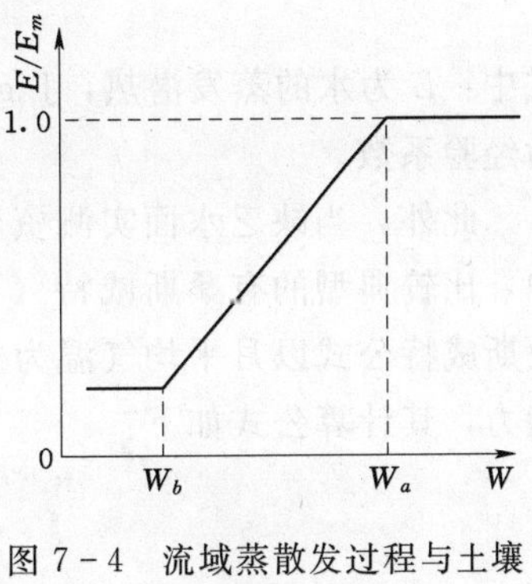

图7-4　流域蒸散发过程与土壤含水量的关系

在图7-4中，土壤含水量用 W 表示，第一个临界点

W_a 应略小于田间持水量，第二个临界点 W_b 也应比毛管断裂含水量小，大约在凋萎系数附近。根据图中的关系，某一时段内的蒸发量可表达如下：

$$E=\begin{cases}E_m（当 W\geqslant W_a）\\ E_m\dfrac{W}{W_m}（当 W_b<W<W_a）\\ CE_m（当 W<W_b）\end{cases} \tag{7-47}$$

式中：E 为时段内流域蒸散发量，mm；E_m 为时段内蒸发能力，mm；W_m 为流域最大含水量（常数），mm；C 为远小于 1 的系数。

根据以上蒸发规律建立计算模型时，将土层分为一层、二层和三层，蒸发模型也分别为一层模型、二层模型和三层模型（详见第十章第三节）。

在实际工作中，采用三层模式得到的各层蒸发量之和与实际蒸发量较为接近，基本可满足精度的要求。

三、流域蒸散发能力的计算

在利用分层法计算流域的蒸散发量时，无论采用哪种模式，均需要知道流域的蒸散发能力 E_m，而流域的蒸散发能力 E_m 难以直接测定。因此，采用间接分析法就成为确定蒸散发能力的主要途径。

由于流域蒸散发能力是一种充分供水条件下的蒸发率，它反映的是气象因素，所以与水面蒸发关系密切，而水面蒸发一般可以通过蒸发器（皿）直接观测。因此，根据水面蒸发资料来确定流域蒸散发能力在实际应用中受到广泛的关注。流域蒸散发能力与水面蒸发的关系一般可以表示为

$$E_m=\alpha E_w \tag{7-48}$$

式中：E_w 为水面蒸发率，mm/d；α 为蒸散发系数，与蒸发器（皿）的类型有关。

流域蒸散发能力除了与水面蒸发有关外，还与植物散发和地热传导等因素相关，因此，也有通过这三种因素来确定流域蒸散发能力的经验公式，即

$$E_m=\beta SE_w \tag{7-49}$$

式中：β 为植物散发系数；S 为地热传导系数；E_w 为水面蒸发率，mm/d。

对于式（7-49），由于植物散发在理论和实测方面都不太成熟，因此 β 只能作经验处理，而 S 的计算方法相对成熟，即

$$S=1-\phi[(T_0-T_d)/L] \tag{7-50}$$

式中：L 为水的蒸发潜热，J/g；T_0 为地表温度，℃；T_d 为地温相对稳定层的温度，℃；ϕ 为经验系数。

此外，当缺乏水面实测资料时，也可用其他经验公式来估算流域的蒸散发能力。其中，比较典型的有桑斯威特（Thornthwaite）公式，该公式在美国和日本使用较为广泛。桑斯威特公式以月平均气温为主要影响因子，来间接计算流域内一年中任一月份的蒸散发能力，其计算公式如下：

$$E_m=16b\left(\frac{10T}{I}\right)^a \tag{7-51}$$

其中 $$a=6.7\times10^{-7}I^3-7.7\times10^{-5}I^2+1.8\times10^{-2}I+0.49 \tag{7-52}$$

$$I=\sum_{j=1}^{12} i_j \tag{7-53}$$

$$i=\left(\frac{T}{5}\right)^{1.514} \tag{7-54}$$

式中：E_m 为流域的蒸散发能力，mm/月；T 为月平均气温，℃；I、i 分别为年和月的热能指数；b 为修正系数，为最大可能日照时数与12小时的比值（每月不同）。

【例7-1】 某地位于北纬53°，1953～1969年共18年的平均月气温如表7-1第（2）栏所列。试用桑斯威特（Thornthwaite）公式确定该地区的蒸散发能力。

解：（1）按式（7-54）计算各月的热能指数，列在表7-1的第（3）栏。

（2）按式（7-53）$I=\sum_{j=1}^{12} i_j=29.71\approx 30$

（3）由求得的年热能指数，按式（7-52）计算指数 a：

$$\begin{aligned}a&=6.7\times10^{-7}I^3-7.7\times10^{-5}I^2+1.8\times10^{-2}I+0.49\\&=6.7\times10^{-7}(30)^3-7.7\times10^{-5}(30)^2+1.8\times10^{-2}(30)+0.49\\&=0.018-0.069+0.54+0.49\\&=0.94\end{aligned}$$

（4）用下式计算未经日照单位修正的蒸发能力 E'_m，列于表7-1中的第（4）栏：

$$E'_m=16\left(\frac{10T}{I}\right)^{0.94}$$

（5）确定各月的日照单位修正系数 b。方法是先根据计算地区的纬度，查表7-2得各月最大可能平均的每日日照时数，然后再除以12h，结果列于表7-1中的第（5）栏。

（6）将表7-1中的第（4）栏和第（5）栏相乘，即得按桑斯威特公式计算得的各月蒸散发能力，列于表7-1中第（6）栏。

表7-1　　桑斯威特（Thornthwaite）公式计算流域蒸发能力

月份	平均气温/℃	i	E'_m/(mm·月$^{-1}$)	b	E_m/(mm·月$^{-1}$)
(1)	(2)	(3)	(4)	(5)	(6)
1	2.4	0.33	12.97	0.68	9.8
2	2.7	0.40	14.49	0.82	11.9
3	5.1	1.03	26.35	0.98	35.8
4	7.6	1.87	38.33	1.15	44.1
5	10.6	3.09	52.41	1.31	68.7
6	13.4	4.39	65.33	1.39	90.8
7	14.7	5.04	71.27	1.36	96.8
8	14.5	4.94	70.36	1.23	86.5
9	12.8	4.10	62.58	1.06	66.3
10	9.8	2.74	48.68	0.88	42.8
11	5.6	1.19	29.77	0.72	20.7
12	3.5	0.59	18.49	0.63	11.6

表 7-2 平均日最大可能日照时数 *N* 值 (h/d)

北纬	1月	2月	3月	4月	5月	6月	7月	8月	9月	10月	11月	12月
南纬	7月	8月	9月	10月	11月	12月	1月	2月	3月	4月	5月	6月
60	6.7	9.0	11.7	14.5	17.1	18.6	17.9	15.5	12.9	10.1	7.5	5.9
58	7.2	9.3	11.7	14.3	16.6	17.9	17.3	15.3	12.8	10.3	7.9	6.5
56	7.6	9.5	11.7	14.1	16.2	17.4	16.9	15.0	12.7	10.4	8.3	7.0
54	7.9	9.7	11.7	13.9	15.9	16.9	16.5	14.8	12.7	10.5	8.5	7.4
52	8.3	9.9	11.8	13.8	15.6	16.5	16.1	14.6	12.7	10.6	8.8	7.8
50	8.5	10.0	11.8	13.7	15.3	16.3	15.9	14.4	12.6	10.7	9.0	8.1
48	8.8	10.2	11.8	13.6	15.2	16.0	15.6	14.3	12.6	10.9	9.3	8.3
46	9.1	10.4	11.9	13.5	14.9	15.7	15.4	14.2	12.6	10.9	9.5	8.7
44	9.3	10.5	11.9	13.4	14.7	15.4	15.2	14.0	12.6	11.0	9.7	8.9
42	9.4	10.6	11.9	13.4	14.6	15.2	14.9	13.9	12.6	11.1	9.8	9.1
40	9.6	10.7	11.9	13.3	14.4	15.0	14.7	13.7	12.5	11.2	10.0	9.3
35	10.1	11.0	11.9	13.1	14.0	14.5	14.3	13.5	12.4	11.3	10.3	9.8
30	10.4	11.1	12.0	12.9	13.6	14.0	13.9	13.2	12.4	11.5	10.6	10.2
25	10.7	11.3	12.0	12.7	13.3	13.7	13.5	13.0	12.3	11.6	10.9	10.6
20	11.0	11.5	12.0	12.6	13.1	13.3	13.2	12.8	12.3	11.7	11.2	10.9
15	11.3	11.6	12.0	12.5	12.8	13.0	12.9	12.6	12.2	11.8	11.4	11.2
10	11.6	11.8	12.0	12.3	12.6	12.7	12.6	12.4	12.1	11.8	11.6	11.5
5	11.8	11.9	12.0	12.2	12.3	12.4	12.3	12.3	12.1	12.0	11.9	11.8
赤道0	12.0	12.0	12.0	12.0	12.0	12.0	12.0	12.0	12.0	12.0	12.0	12.0

思 考 题

1. 什么是水面蒸发、土壤蒸发、植物散发、流域蒸散发？
2. 水面蒸发的机制是什么？
3. 土壤蒸发的机制与过程是什么？
4. 影响水面蒸发、土壤蒸发和植物散发的因素是什么？
5. 确定流域蒸散发能力有哪几种方法？

第八章 径 流

径流（runoff）是指由大气降水所形成的、在重力作用下沿着流域地面和地下向河川、湖泊或水库等水体流动的水流。其中，沿着地面流动的水流称为地面径流（或地表径流）；在土壤中沿着某一界面流动的水流称为壤中流；在饱和土层及岩石中沿孔隙流动的水流称为地下径流；汇集到河流后，沿着河床流动的水流称为河川径流。径流因降水形式和补给来源的不同，可分为降雨径流和融雪径流，我国大部分河流以降雨径流为主。

径流过程是非常重要的水文现象，也是水文学研究的核心内容。在水文循环过程中，大陆上34%的降水转化为地面径流和地下径流汇入海洋。径流过程也是一个复杂多变的过程，与人类同洪旱灾害进行斗争，以及水资源的开发利用和水环境保护等生产经济活动密切相关。因此，揭示和了解径流的变化与规律，分析它与其他水文要素以及各影响因素之间的相互关系，掌握径流形成的基本理论与分析计算方法是十分重要的。

第一节 径流形成过程

流域内，自降雨开始到水流汇集到流域出口断面的整个过程，称为径流形成过程。径流形成过程是一个比较复杂的物理过程，水文学原理的最重要的内容之一就是在于揭示和探讨径流形成过程的物理机制，从而为降雨径流计算奠定理论基础。为了便于分析，一般把径流过程分解为流域产流过程和汇流过程两个阶段，用图8-1表达其过程和各阶段的关系。

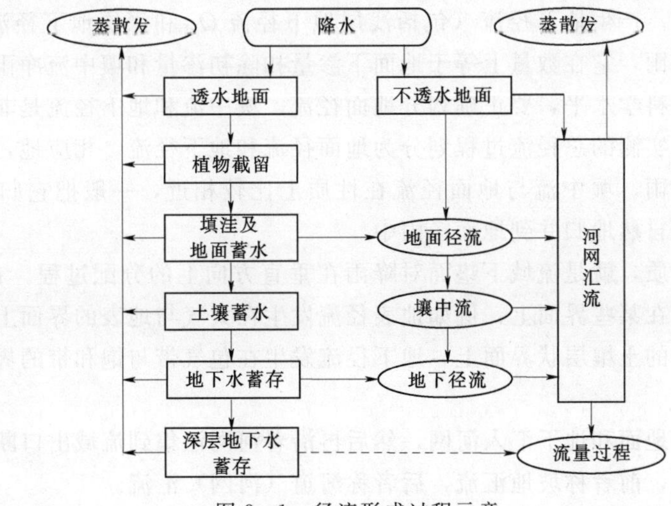

图8-1 径流形成过程示意

一、产流过程

雨水降到地面后，能形成地面、地下径流的那部分雨量称为净雨。因此，净雨和它形成的径流在总量上是相等的，但两者的过程完全不同。净雨是径流的来源，而径流则是净雨汇流的结果；净雨在降雨结束时就停止了，而径流还要持续很长一段时间。把降雨扣除损失变为净雨的过程称为产流过程。降雨不能产生径流的那部分降雨量称为损失量。降雨的损失，大体分为：

（1）植物截留 I_0 损失，指滞留在植物枝叶上的降雨量。降雨开始植物枝叶最大限度地吸附雨水，当达到其最大截留能力时，降雨就落到地面，截留的水量最终消耗于蒸发。

（2）雨期蒸发 E 损失，包括雨期的土壤蒸发和截留蒸发。

（3）初渗 F_0 损失：降雨初期，土壤干燥，下渗强度大，随着土壤含水量的增大，下渗强度逐渐减小。在降雨过程中，当降雨强度小于下渗强度时，雨水将全部渗入土中。渗入土中的水分，首先满足土壤吸水需要，滞蓄于土壤中，最终将消耗于蒸发，而不能形成地下径流。

（4）填洼 V_d 损失，植物截留以后降到地面的雨水，除去地面下渗，剩余的部分（超渗雨：当降雨强度大于下渗能力时，雨水按下渗能力下渗，超出下渗的雨水称为超渗雨）将沿坡面流动，只有把沿程的洼陷填满之后，才能流到河网中去。填充洼地的水量称填洼量，这部分水量最终消耗于下渗和蒸发。

产流过程中，净雨按产生的场所可分为以下 3 种：

（1）地面净雨。形成地面径流（Q_s）的那一部分降雨称地面净雨。它等于降雨减去植物截留、填洼、蒸发和全部下渗量，它从地面汇入河网，形成地面径流。

（2）壤中流净雨。形成壤中流（Q_l）的那一部分降雨称壤中流净雨。因为表层土壤多为根系和土壤动物活动层，比较疏松，下渗能力比下层密实的土壤大，降雨时，来自地面的下渗将有一部分被阻滞在上、下层交界的相对不透水的界面上，形成沿界面的侧向水流，在表层土壤中流入河网（或在地凹处露出地面而注入河网），因此被称壤中流。壤中流净雨在数量上应等于地面下渗量减去初渗量和深层下渗量。

（3）地下净雨。产生地下径流（包括浅层地下径流 Q_{g1} 和深层地下径流 Q_{g2}）的那一部分降雨称地下净雨，它在数量上等于地面下渗量扣除初渗量和壤中流净雨量。

就目前的水文科学水平，要正确划分地面径流、壤中流和地下径流是非常困难的，故实用上，一般只把实测的总径流过程划分为地面径流和地下径流。相应地，净雨也只分为地面净雨和地下净雨。壤中流与地面径流在性质上比较相近，一般把它归并到地面径流中，壤中流净雨也自然地归并到地面净雨中。

产流过程的实质，就是流域下垫面对降雨在垂直方向上的分配过程。在这一过程中，各种径流总是发生在某些界面上，例如地表径流发生在大气与地表的界面上，壤中流发生在上层粗、下层细的土壤层状界面上，地下径流发生在包气带与饱和带的界面上。

二、汇流过程

净雨沿坡地从地面和地下汇入河网，然后再沿着河网汇集到流域出口断面的整个过程称为流域汇流过程，前者称坡地汇流，后者称河道（河网）汇流。

1. 坡地汇流

坡地汇流可分为三种情况：一是坡面漫流，指地面净雨沿坡面流到附近河网的过程。在植被差、土层较厚的干旱半干旱地区，大暴雨时，在山坡上容易看到这种水流。它一般没有明显的沟槽，常是许多股细流，时分时合，雨强很大时形成片流。在植被良好、土层较薄的山坡上，其量较少，通常仅在坡脚土壤饱和的地方出现。坡面漫流速度快，将形成陡涨陡落的洪峰。二是壤中流，在植被良好、表层土壤疏松的大孔隙中，饱和壤中流也有较大的速度；对于较大的流域和历时较长的降雨，将是形成洪水的重要成分。三是地下径流，地下净雨向下渗透到地下潜水面或深层地下水体后，沿水力坡降最大的方向流入河网。深层地下水汇流很慢，所以降雨后，地下水流可以维持很长时间，较大河流可以终年不断，是河川的基本流量，简称基流。由于坡面漫流与壤中流很难区分开来，一般将两者合并称为地面径流。

在径流形成过程中，坡地汇流过程是对净雨在时程上进行的第一次再分配。降雨结束后，坡地汇流仍将持续很长一段时间。还需指出的是，降雨、产流和汇流，在整个径流形成过程中，在时间上并无明显界限，而是同时交替进行的。

2. 河道汇流

净雨经坡地汇流进入河道，在河道中从上游向下游运动称为河道汇流。然后，从支流流向干流，最后汇集到流域出口，这种汇流过程称河网汇流。坡地水流进入河道后，使河槽水量增加，水位升高，这就是河流洪水的涨水阶段。在涨水段，由于河槽贮蓄一部分水量，所以对任一河段，下断面流量总是小于上断面流量。随降雨和坡地漫流量的逐渐减少直至完全停止，河槽蓄水量减少，水位降低，这就是退水阶段。河槽蓄水量的增减现象称为河槽调蓄作用，河槽调蓄是对净雨在时程上进行的第二次再分配。对于比较大的流域，河道汇流时间长，调蓄能力大，降雨和坡面漫流终止后，它们产生的洪水还会延续很长的时间。

一次降雨过程，经植物截留、填洼、初渗和蒸发等损失扣除后，进入河道的水量自然比降雨总量少，而且经坡地汇流和河道汇流两次再分配作用，使出口断面的径流过程远比降雨过程变化缓慢、历时增长、时间滞后，图 8-2 显示了由降雨过程到径流过程的这种因果关系。

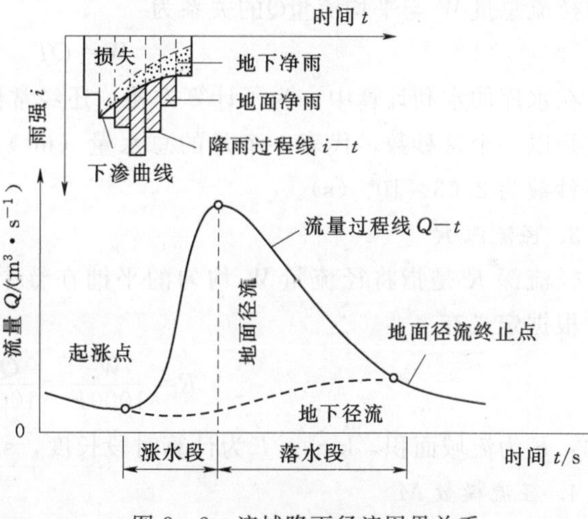

图 8-2 流域降雨径流因果关系

第二节 径流的表示方法

1. 流量 Q

流量 Q (discharge) 是指单位时间通过某河流断面的水量，以 m^3/s 计。流量有瞬时流量与平均流量之分。瞬时流量指某时刻通过河流断面的水量，一般用流量过程线表示，如图 8-3 中的 Q—t 线。流量过程线的上升部分为涨水段，下降部分为退水段，最高点称为洪峰流量，简称洪峰，记为 Q_m。平均流量指某时段内通过河流断面的水量与时段的比值，常用的时段有日、月、年、多年，对应的平均流量为日、月、年、多年平均流量，也有某些特定时段的平均流量。多年平均流量是各年流量的平均值，如果统计的实测流量年数无限大时，多年平均流量趋于一个稳定的数值，即正常流量。它是反映一条河流水量多少的指标，是径流的重要特征值。

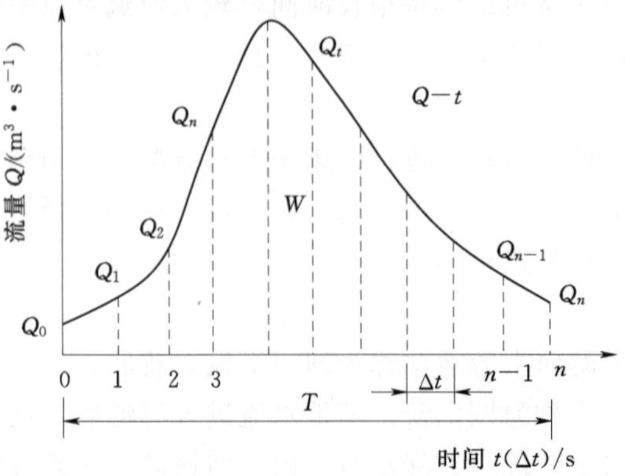

图 8-3 流量过程线及径流总量计算示意

2. 径流量 W

径流量 W 是指时段 T 内通过某断面的总水量，以 m^3 计。它等于流量过程线在时段 T 内的积分，如图 8-3 中的流量过程线与横坐标之间的面积。因此，常用数值积分法近似计算：将 T 划分为 n 个时段 Δt，即 $\Delta t = T/n$；然后按 Δt 把整个面积分成 n 个部分，近似用求梯形面积的方法求各时段的径流量；最后，把它们累加起来，即得 T 时段的径流总量 W，其计算式为 $W=(Q_0/2+Q_1+\cdots+Q_{n-1}+Q_n/2)\Delta t$（式中，各符号意义如图 8-3 所示）。历时 T 的径流总量 W 与平均流量 $\overline{Q}$ 的关系为

$$W=\overline{Q}T \tag{8-1}$$

在水库的水利计算中，为了计算方便，还经常使用另一种单位“(m^3/s)·月”，表示流量乘以一个月秒数，代表一个月的总水量（m^3），每个月按平均 30.4 天计算时，一个月的秒数为 2.63×10^6（s）。

3. 径流深 R

径流深 R 是指将径流量 W 均匀的平铺在整个流域面积上所得的水层厚度，以 mm 计。根据定义有

$$R=\frac{W}{1000F}=\frac{\overline{Q}T}{1000F} \tag{8-2}$$

式中：F 为流域面积，km^2；T 为计算时段长度，s；其他符号意义同前。

4. 径流模数 M

径流模数 M 是指单位面积上的流量，以 $m^3/(s\cdot km^2)$ 或 $L/(s\cdot km^2)$ 计。

$$M=Q/F \text{ 或 } M=1000Q/F \tag{8-3}$$

式中：当 Q 为洪峰流量时，M 为洪峰流量模数；当 Q 为年平均流量时，M 为年平均径流模数。

5. 径流系数 α

径流系数 α 是指某一时段的径流深 R 与相应的流域平均降雨量 P 之比。

$$\alpha=R/P \tag{8-4}$$

因为 R 是由相应的 P 扣除损失后所形成，所以对于闭合流域 R 必小于 P，所以 $\alpha<1$。

如果针对同一条河流，仅从数量上表征径流的大小尚可说明问题，如果与不同河流之间进行比较就显得牵强了。例如，$Q=1000\text{m}^3/\text{s}$ 在大江大河上可能是很普通的量级，甚至是枯水流量，而在小河上就是很稀遇的了。所以，水文上还常用频率来表征径流的大小，尤其是对某些水文特征值，如年最高水位、年最大洪峰流量、年最大次洪总量及年最大时段洪量等，用频率反映这些水文特征值出现的机会大小更为合适。

【例 8-1】 已知某站控制流域面积 $F=121000\text{km}^2$，多年平均年降水量 $\overline{P}=767\text{mm}$，多年平均流量 $\overline{Q}=822\text{m}^3/\text{s}$。根据这些资料，试求多年平均年径流量、多年平均径流深、多年平均径流模数及多年平均径流系数，如果流域是闭合的，再计算出多年平均蒸发量。

解：多年平均年径流量：$\overline{W}=\overline{Q}T=822\times365\times86400=259\times10^8$（$\text{m}^3$）

多年平均年径流深：$R=\dfrac{\overline{W}}{1000F}=\dfrac{259\times10^8}{1000\times121000}=214.0$（mm）

多年平均年径流模数：$\overline{M}=\dfrac{\overline{Q}}{F}=\dfrac{822}{121000}=0.0068$（$\text{m}^3/\text{s}\cdot\text{km}^2$）$=6.8\text{L}/(\text{s}\cdot\text{km}^2)$

多年平均年径流系数：$\alpha=\dfrac{\overline{R}}{\overline{P}}=\dfrac{214}{767}=0.28$

多年平均蒸发量：$\overline{E}=\overline{P}-\overline{R}=767-214=553.0$（mm）

第三节　洪水径流的分割与洪量计算

从径流组成角度上看，流域出口断面观测到的流量过程线包括地面径流、壤中流和地下径流；而从降雨角度上看，流域出口断面的流量过程线除本次降雨形成的径流外，还有前次降雨、下次降雨以及很久以前的降雨形成的径流成分。而研究分析降雨径流形成规律，计算本次降雨的径流量时，首先将不是本次降雨形成的径流成分分割出去；其次，不同径流成分的水流运动规律不同，因而需要对本次流量过程线进行水源划分，以便进行汇流计算。

一、地下径流标准退水曲线

洪水的退水流量来自流域蓄水的消退。天然状况下，地面蓄水（如湖泊、河网等）消退较快，地下蓄水消退缓慢，形成很不相同的退水过程。图 8-4 是对许多次洪水消退过程综合的流域退水曲线。上面的虚线簇反映地面蓄水的消退，各场洪水很不一致；下包线 Q_g-t 反映地下蓄水的消退，甚为稳定，称地下径流标准退水曲线。其绘制方法是：首先以相同的比例尺，在方格纸上绘出各场洪水的退水流量过程线；其次用一张透明纸先描绘出其中一条最低的退水过程线，然后移到另一场洪水的退水段，在保持时间坐标轴重合条件下左右移动透明纸，使方格纸上的退水过程线在后部与透明纸上的相重合，并把它也描绘在透明纸上，如此逐一描绘，就形成了图 8-4 所示的地下径流标准退水曲线。

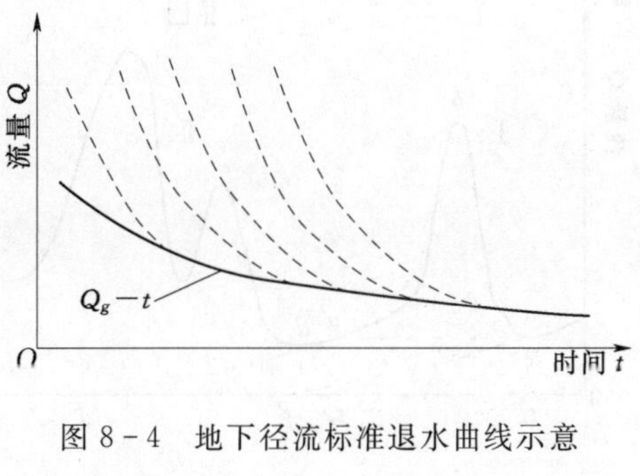

图 8-4　地下径流标准退水曲线示意

1. 地下退水曲线公式

在地下径流退水（或枯水期）过程中，由于降水量很小可忽略不计，近似认为流域地下蓄水量 W 与退水流量 Q 成正比，称此为线性地下水库，即 $W=K_gQ$，式中 K_g 为地下水消退系数（时间量纲）。再根据地下水库水量平衡原理得 $0-Q=\frac{dW}{dt}$。联立求解这两个方程，就可以得到地下径流标准退水曲线的数学表达式：

$$Q_t=Q_0e^{-\frac{t}{K_g}} \tag{8-5}$$

式中：Q_t 为 t 时刻地下水流量，m^3/s；Q_0 为初始地下水流量，m^3/s；K_g 为地下水退水参数。该式反映了在无降雨补给情况下的流域退水规律。

2. 退水系数的确定

根据实测流域退水曲线分析，各次退水过程基本相似，但退水曲线仍存在差别。主要原因在于消退系数不是常数：①流域蓄水量大，退水流量大，退水快，即 K_g 值小；②如果蓄水量集中在上游，则流程长，消退慢，K_g 值大；③如果流域的地表水蓄量较大，则退水快，K_g 值小。确定 K_g 值主要有以下两种方法。

(1) 选取退水期无雨的退水段，每隔相等的 Δt 读取一个流量值，即 Q_1、Q_2、…、Q_n，点绘 Q_i 与 Q_{i+1} 相关图，并定出平均关系线，由式 $\frac{Q_{i+1}}{Q_i}=e^{-\Delta t/K_g}$ 计算 K_g 值。若 Q_i 与 Q_{i+1} 为直线，则比值为常数，则 K_g 也为常数；若 Q_i 与 Q_{i+1} 为曲线，可在该曲线变化范围内，求得若干个 K_g 值，再取其平均值。

(2) 对标准退水曲线公式（8-5）两边取对数，得 $\ln Q_t=\ln Q_0-\frac{t}{K_g}$。由此可见，在半对数坐标上，$Q_t$ 与 t 的关系为直线。因此，该直线斜率（负值）的倒数即为 K_g。

二、洪水场次的划分及次洪量的计算

多数情况下，与次降雨所对应的径流过程不仅包括本次降雨形成的地面和地下径流，而且还包括前期降雨所形成的地下径流，如图 8-5 中虚线 ag 以下的水量，它表示如果没有降雨Ⅰ时，河中仍有持续的地下径流；另外，本次洪水尚未退完又遇降雨时，还会有后期洪水混入，如图 8-5 中第二场洪水Ⅱ。在计算一次降雨洪水时，应把这些非本次降雨产生的径流都划分出去，称洪水场次划分。由图 8-5 可知，如果能求得退水段曲线 ag 和 $ca'df$，便能求得降雨Ⅰ所形成的洪水量 W_R，即由 $abca'df$ 线与 agf 线所包围的面积。划分方法是：将透明纸上的标准退水曲线横坐标与径流过程线的横坐标重合，然后左右移动使退水曲线与 a 点相交，再用大头针沿退水曲线扎透若干点，最后在径流过程线上描出这些点得到 ag 线，就

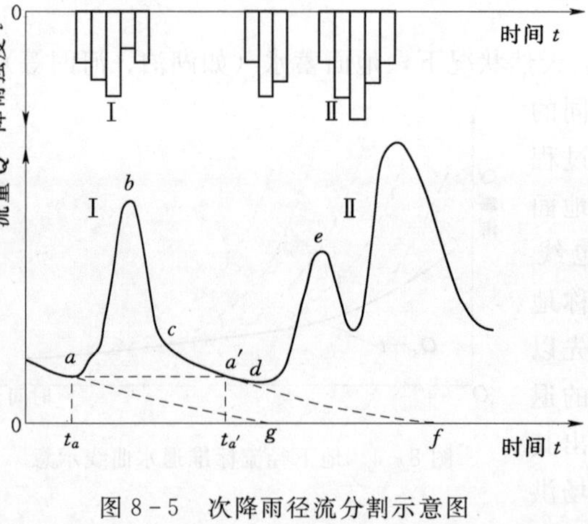

图 8-5 次降雨径流分割示意图

可将降雨Ⅰ以前的地下径流分割出去了。以同样的方法可得到 df 线，这样就可以把降雨Ⅱ产生的径流过程分割出去了。

实际上，f 和 g 两点会滞后很长时间，故 W_R 不宜按由 $abca'df$ 线与 agf 线所包围的面积直接去求。实用的方法是，近似认为前期降雨所形成的在 a 点以后的地下径流过程线 ag 与 a' 点（与 a 点同流量）以后的 $a'df$ 线趋势一致，即 ag 线向后平移至 t_a' 便可与 $a'df$ 线相重合。因此 W_R 可改用下面的办法计算：过起涨点 a 做一水平线，交本次洪水的退水过程线于 a' 点，则 $t_aabca't_a'$ 线与时间轴包围面积所代表的水量就等于 W_R。W_R 除以流域面积 F，即为本次降雨形成的总径流深 R，它包括地面径流和地下径流：

$$R=\frac{3.6\Delta t\sum_{i=1}^{n}Q_i}{F} \tag{8-6}$$

式中：R 为径流深，mm；Δt 为时段长度，h；Q_i 为第 i 时段末的流量值，m^3/s；F 为流域面积，km^2。

在上述计算中，只有起涨点 a 比较低，即 a 点的流量全为地下径流，才可能使 a 点和 a' 点有相同的退水过程。否则，若 a 点过高，则流量中可能包含有地面径流成分，使 a 点和 a' 点以后的退水过程线不一致。若遇这种情况，如图 8-5 中的第三个峰，则不宜单独作为一场洪水，应与前面的第二个峰一起作为第二场洪水。

三、地面地下径流的分割

地面径流和地下径流汇流特性不同，求得某场降雨形成的径流总量后，还需划分地面径流和地下径流，常用的方法如下。

1. 水平分割法

如图 8-6 所示，从实测流量过程线的起涨点 a 做一水平线交洪水过程退水段于 c 点，ac 线即可认为是该次洪水的地面地下径流分割线，它的上面部分为地面径流，下面部分为地下径流。这种方法简单易行，但只适用于地下径流所占比重小、洪水持续历时短的流域。而对地下径流所占比重大，洪水持续历时长的流域，斜线分割法较为合理。

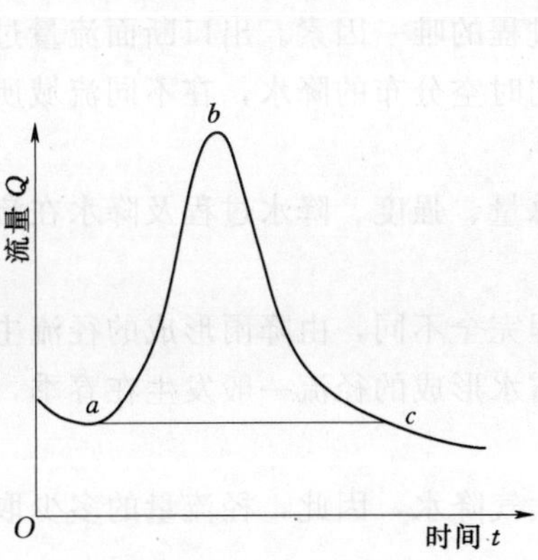

图 8-6　水平分割法

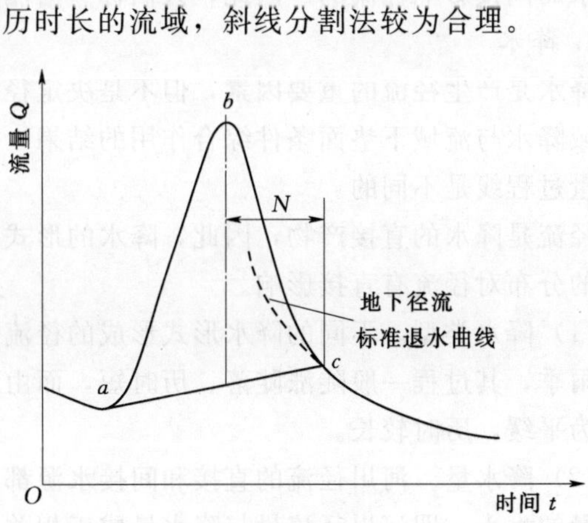

图 8-7　斜线分割法

2. 斜线分割法

如图 8-7 所示，从实测流量过程线的起涨点 a 到地面径流终止点 c 连一斜线 ac 近似作为洪水期间地下径流的实际涨水过程，该线即为地面地下径流分割线，它的上面部分为地面径流，下面部分为地下径流。c 点常用流域地下径流标准退水曲线确定，即将绘在透明纸上的标准退水曲线蒙在被分割洪水的退水段上（两图的比例尺要一致）。使横坐标重合，然后左右移动，当透明纸上的退水曲线与洪水退水段的尾部吻合后，则两线前方的分叉点 c 就是地面径流终止点。

3. 经验公式法

斜线分割法用地下径流标准退水曲线来确定地面径流的终止点，为了避免人为分析误差，也可按下述经验公式来确定地面径流终止点。

$$N=0.84F^{0.2} \tag{8-7}$$

式中：N 为洪峰出现时刻至地面径流终止点的日数，d；F 为流域面积，km^2。

有了地面地下径流分割线后，如图 8－6 和图 8－7 所示，ac 线以上 $abca$ 所包围的面积即本次洪水的地面径流量 W_s。W_s 除以流域面积 F，即为本次降雨形成的地面径流深 R_s，R_s 仍用式（8－6）计算。从总径流深 R 中减去 R_s，就得到本次降雨形成的地下径流深 R_g。

第四节 影响径流的因素

影响径流形成和变化的因素主要有 3 大类，即气候因素、流域下垫面条件以及人类活动。

一、气候因素

气候因素包括降水、蒸发、气温、气压、风、湿度等。降水是径流的源泉，径流过程是由流域上降水过程转化而来的。降水和蒸发的总量、时空分布、变化特性，直接导致径流组成的多样性、径流变化的复杂性。气温、气压、湿度和风是通过影响蒸发、水汽输送和降水而间接影响径流的。因此，人们称“河流是气候的产物”是不无道理的。

1. 降水

降水是产生径流的重要因素，但不是决定径流过程的唯一因素。出口断面流量过程线是流域降水与流域下垫面条件综合作用的结果，相同时空分布的降水，在不同流域所产生的流量过程线是不同的。

径流是降水的直接产物，因此，降水的形式、总量、强度、降水过程及降水在流域空间上的分布对径流有直接影响。

（1）降水类型。不同的降水形式形成的径流过程完全不同，由降雨形成的径流主要发生在雨季，其过程一般陡涨陡落、历时短，而由融雪水形成的径流一般发生在春季，其过程较为平缓，历时较长。

（2）降水量。河川径流的直接和间接水源都是大气降水，因此，径流量的多少取决于降水量的大小，即河川径流量与降水量成正相关。

（3）降水强度。降水强度对径流的形成具有十分显著的作用，暴雨强度越大，植物截留、下渗损失越小，雨水能够在较短时间内向河槽汇集形成较大的洪水。

（4）降水过程。降雨过程对径流也有较大影响，如降雨过程（雨型）先小后大，则降雨开始时的小雨使流域蓄渗达到一定程度，后期较大的降雨几乎全部形成径流，易形成洪峰流量较大的洪水；如果降雨过程先大后小，则情况正好相反。

(5) 降水空间分布。降雨在流域空间上的分布对径流也有影响，如果暴雨中心自上游向下游移动，由上游排泄出的洪水与下游形成的洪水叠加在一起，很容易形成较大的洪峰流量，反之，其洪峰流量则较小。另外，降雨笼罩的面积越大，形成的径流量也越大。

2. 蒸发

蒸发也是影响径流的重要因素之一，大部分的降雨都以蒸发的形式损失掉，而没能参与径流的形成。在北方干旱地区，80%～90%的降水消耗于蒸发，在南方湿润地区也有30%～50%。根据水量平衡方程，在一个较长的时间范围内，蒸发量越大，径流量越小。对于某一次降雨来说，如果降雨前蒸发量大，土壤含水量相对较低，雨水的下渗强度较大，土壤中可容纳的水量相对较多，因此，径流量相应的就少。

二、流域下垫面因素

流域下垫面条件包括：地理位置，如纬度、距离海洋远近、面积、形状等；地貌特征，如山地、丘陵、盆地、平原、谷地、湖沼等；地形特征，如高程、坡度、坡向；地质条件，如构造、岩性等；植被特征，如类型、分布、水理性质等。

(1) 流域地理位置。流域所处的地理位置不同，其气候条件差别很大。因此，受气候条件制约的径流，也就有其特殊性。

(2) 流域地形地貌。流域地形地貌一方面通过直接影响流域的汇流条件来影响径流，另一方面还通过影响气候因素而间接影响径流。如在迎风坡，降雨量增加，径流也相应增加；高程增高，气温降低，相应的径流量增加；坡度越大，径流的流速大，雨水下渗的机会减少，因此，径流量也越大。

(3) 流域面积。流域面积越大，自然条件越复杂，各种因素对径流的影响有可能相互抵消，也有可能叠加。一般而言，较大流域的径流量大，但变化较小。

(4) 流域形状。流域的形状主要影响径流过程线的形状。流域的形状不同，汇流条件不同，如扇形流域，洪峰流量相对较大且流量过程线尖瘦，而羽状流域，洪峰流量相对较小而流量过程线变化平缓。

(5) 流域地质与土壤条件。流域的地质条件和土壤特性决定着流域的入渗、蒸发和蓄水能力。若某一流域有着较为发达的断层、节理、裂隙，水分的下渗量就大，而径流量小；岩溶地区有着较大的地下蓄水库，因此，地下径流量较大。土壤性质主要通过直接影响下渗和蒸发来影响径流，渗透性能好的土壤，下渗量大而径流量小。另外，土壤和地质条件还可以通过植被类型和植被生长状况间接影响径流。

(6) 流域植被状况。流域的植被对径流影响较复杂，有些学者认为，森林蒸散发量大，因而依据水量平衡方程，河川径流量小。从另外一个角度说，由于植物截留，枯枝落叶层对雨水的吸收以及森林土壤有很好的下渗能力，在径流形成过程中的降雨损失量大，因此，森林有减少地表径流量的作用。正因为森林导致流域具有较强的下渗能力，使较多的雨水渗入地下，并以地下径流的方式缓慢补给河川径流。因此说，森林能增加河川枯水期的径流量。但是，森林增加的枯水期径流量是否同减少的地表径流量相抵消，还有着不同的看法。在美国和日本有人对森林砍伐后和砍伐前的径流量进行对比研究后指出，砍伐森林能够增加流域的产水量；而在苏联，有人通过对有林流域和无林流域的产水量进行长期对比观测后认为，森林能增加流域产水量。

（7）流域内湖泊水库状况。流域内的湖泊和水库通过蓄水量的变化调节和影响径流的年际和年内变化，在洪水季节大量洪水进入水库和湖泊，水库和湖泊的蓄水量增加，在枯水季节，水库和湖泊中蓄积的水量缓慢泄出，蓄水量减少。因此，流域中如果有水库或湖泊，能够消减洪水，使洪水过程线变得平缓。

上述流域因素在空间上的随机组合，构成了下垫面条件的差异，这种差异导致了流域产流方式（指各种径流成分产流机制的组合）及产流条件上的差异。但流域下垫面是一个缓慢变化的因素。出口断面流量过程线是流域降水与流域下垫面因素、人类活动因素等综合作用的结果，相同时空分布的降水，在不同流域所产生的流量过程可能具有完全不同的特性。

总之，径流形成过程，除了降雨条件外的另一重要条件就是流域下垫面。只有当雨水降落在一个流域上，水流的运动过程才开始，也只有通过流域的下垫面，各种垂向、侧向的运行过程才能出现，并显示出它们在径流形成中的功能。

三、人类活动因素

人类活动对径流的影响主要是通过改变下垫面条件，直接或间接地影响径流大小、水质好坏和径流过程线形状。人类活动对径流有正反两方面的影响。人类可以通过修建各种水利及水土保持工程，如水库、淤地坝、水窖等蓄水工程，拦蓄地表径流、消减洪峰流量、调节径流过程。平整土地措施通过减缓原来地面的坡度、截短坡长、增加地表糙率，而增加了下渗量，延长了汇流时间，消减了洪峰，使流量过程线变得平缓。人类还可以通过植树造林，增加森林覆盖率，利用森林保持水土、涵养水源、增加枯水径流来对径流起到作用。另外，跨流域调水，将会直接影响径流量的增加或减少。

但是，不合理的人类活动，如过度的砍伐森林、陡坡开荒、没有任何保护措施的大面积开采地下各种资源等都会造成严重的水土流失；另外，工业生产的废弃物任意排放、农业生产中各种农药、化肥无节制的大量使用、生活垃圾的大量增加，不但破坏了土壤对径流的调节作用，还严重污染了水质。因此，必须提倡有序的人类活动，以保护人们的生存环境。

第五节 河川径流的时空分布

一、河流断面径流的时程分布

河川径流在一年内的时程变化过程及特性，称年内分布；径流在多年期间的变化特性称年际分布。

1. 径流的年内分布

径流的年内变化与分配过程，除了用逐日或逐月平均流量过程线表示以外，目前常用以下两种指标表示径流年内分配特征。

（1）以月（季）或旬的径流量占年径流量的百分比表示。

（2）以年内分配不均匀系数 C_{vy} 表示，计算式为

$$C_{vy}=\sqrt{\frac{1}{12}\sum_{i=1}^{12}(K_i-1)^2} \tag{8-8}$$

其中
$$K_i=\frac{Q_i}{\overline{Q}}$$

式中：Q_i 为各月平均流量，m^3/s；$\overline{Q}$ 为年平均流量，m^3/s；K_i 为 Q_i 的各月模比系数。

C_{vy} 表示径流年内分配不均的一个指标，C_{vy} 越大，表示径流年内分配越不均匀；反之，则径流年内分配越均匀。

在研究年内分配及进行水利计算时，常采用水文年度。水文年度是指与水文情况相适应的一种专用年度，根据总体蓄量变化最小的原则选择连续 12 个月，使跨年度的水量减到最小。水文年度一般是按照洪、枯水期在一年内的周期变化特点来划分的，它的开始时间是枯水期结束（或汛期开始）之日。水文年度的开始日期有两种不同的划分方法：一是以补给河流水源自然转变为起始日期划分，如从专靠地下水源补给转变为以地表水源补给为主的时候；二是根据降水的丰枯，选择降水量极少、地表径流接近停止时刻为开始日期划分。由此可知，不同水文年度的起始日期是不同的，为整理资料的方便，实际划分以某一月的第一日为年度的开始日期，如淮河流域从 6 月 1 日开始，东北地区从 5 月 1 日开始，南方各地从 3 月 1 日或 4 月 1 日开始。

径流的年内分配规律主要取决于补给水源，可以根据各个不同地区的代表站的典型流量过程线，综合分析出各地区的年内分配规律。我国大部分河流以雨水补给为主，由于降雨的年内分配不均，且全年降水主要集中在夏秋季，所以我国河川径流的年内分配总特点是：夏季丰水、冬季枯水，春秋过渡。

2. 径流的年际分布

径流的年际变化指年径流量的年际变化幅度和多年变化过程两个方面，年际变幅通常用年径流变差系数 C_v 以及实测最大年平均流量与最小年平均流量比值（年际极值比）来表示。多年变化过程则包括丰、平、枯水年组的特征及其周期规律。

年径流变差系数 C_v 的计算式如下：

$$C_v=\sqrt{\frac{\sum_{i=1}^{n}(K_i-1)^2}{n-1}} \tag{8-9}$$

其中
$$K_i=\frac{Q_i}{\overline{Q}}$$

式中：Q_i 为年平均流量，m^3/s；$\overline{Q}$ 为多年平均流量，m^3/s；K_i 为 Q_i 的年模比系数；n 为年径流系列长度。

年径流 C_v 值，反映年径流在年际间的相对变化程度。C_v 大，表明年径流的年际变化剧烈，不利于水资源的开发利用；C_v 小，表明年际变化平缓，有利于水资源的开发利用。影响 C_v 值大小的因素主要有：①径流量的多少，一般 C_v 值随径流量增大而减少；②补给来源，以雨水补给为主的河流，C_v 大；以地下水补给为主或以高山冰雪融水补给为主的河流，C_v 小。

年际极值比与 C_v 值有相似的变化规律，一般 C_v 大的河流，年际极值比也大，反之亦然。

径流的年际变化中还存在着连续丰水和连续干旱的周期变化趋势，但周期长度和变幅是不相等的，即在周期性趋势下，仍然表现出年径流变化的随机性。

二、我国河川径流时空分布

我国年径流的分布和年降水量分布大体一致，总的趋势是由南向北和由东向西递减；新疆、甘肃交界以西，则由西向东递减，具有明显的地域性分布规律。同时，由于我国地形错综复杂，加上下垫面条件的差异，使得年径流的分布更为复杂，呈现出局部多种非地域性变化。年径流不仅地区上变化明显，年内各月、年际亦有明显的不同。

1. 径流的空间分布

我国多年平均年径流总量约 27115 亿 m^3，平均径流深 284mm，年径流地理分布总趋势由东南向西北递减。多年平均径流深 100mm 等值线大致与多年平均降水量 400mm 等值线相当，走向一致，等值线以东为半湿润区和湿润区，等值线以西为半干旱区或干旱区。按径流深的大小，可将我国划分为丰水、多水、过渡、少水、干涸 5 个明显不同的地带。

(1) 丰水带。多年平均径流深大于 800mm，包括东南和华南沿海地区、台湾、海南、云南西南部及西藏东南部。年径流深的最大值在台湾中央山地和藏东南雅鲁藏布江下游靠近中印边界一带，可达 1000～3000mm。东南沿海主要山地 1600～2000mm。年径流系数一般在 0.5 以上，部分山地超过 0.8。

(2) 多水带。多年平均径流深为 200～800mm，包括长江流域大部、淮河流域南部、西江上游、云南大部及黄河中上游一小部分地区。部分山地的年径流深可达 1000～2000mm。年径流系数一般为 0.4～0.6。

(3) 过渡带。多年平均径流深为 50～200mm，包括大兴安岭、松嫩平原一部分、三江平原、辽河下游平原、华北平原大部、燕山和太行山、青藏高原中部、祁连山山区及新疆西部山区。此带内平原地区年径流深大部分为 50～100mm，年径流系数 0.1 左右。山区年径流深 100～200mm，年径流系数 0.2～0.4。

(4) 少水带。多年平均径流深为 10～50mm，包括松辽平原中部、辽河上游地区，内蒙古高原南部、黄土高原大部、青藏高原北部及西部部分丘陵低山区。本带内平原地区和黄土高原年径流深一般为 10～50mm，部分山区可达 50mm 以上。年径流系数一般为 0.1 左右，个别地区小于 0.05。

(5) 干涸带。多年平均径流深小于 10mm，包括内蒙古高原、河西走廊、柴达木盆地、准噶尔盆地、塔里木盆地、吐鲁番盆地。本带内不少于地区基本不产流，年径流系数只有 0.01～0.03。

2. 径流的时间分布

(1) 年内分布。径流的年内变化主要取决于河流的补给条件。我国大部分地区河川径流靠雨水补给，季节性变化剧烈，有明显的汛期和枯水期。汛期河水暴涨，容易泛滥成灾；枯水期水量很小，水源不足。汛期连续最大四个月径流量占年总径流量的 60%以上，其中长江以南、云贵高原以东和西南大部分地区为 60%～70%，松辽平原、华北平原、淮河流域大部分地区为70%～80%，广大西部地区为60%左右。以冰雪融水补给为主的河流，由于流域内热量的变化比雨量变化小，所以年内分配比较均匀。地下水补给比例大的河流，其年内变化也较小。大江大河因接纳了不同地区径流的汇入和地下径流的补给，径流的年内分配比较均匀。

(2) 年际分布。我国径流的年际变化在量上变化比降水大；在空间上，北方大于南方，水量越贫乏的地区，丰枯年间的水量相差越大。对于年径流 C_v 值来说，我国 C_v 值分布具有明显的地带性规律，表现出从东南向西北增大的趋势。长江以南一般在0.4以上，淮河、河海可达1.0以上，其中平原又大于山区。干旱地区、盆地间歇性河流在0.8以上，但西北内陆，以冰雪融水或地下水补给为主的河流 C_v 值较小，一般在0.1～0.3之间。以年际极值比为指标，长江以南各河一般小于3倍；淮河、海滦河各支流可达10～20倍，部分平原河流甚至更大。年径流的年际变化，不仅存在丰、枯交替，而且存在连续枯水年和连续丰水年的情况。如黄河在近百年中出现过1922～1932年共11年的少水期，该段年径流的平均值比正常年份少24%；也出现过1943～1951年连续9年的丰水期，该段年径流的平均值比正常年份多19%。松花江在近100年中也出现过1989～1908年连续11年和1916～1928年连续13年的少水期，平均年径流量比正常值少40%；也出现过1960～1966年连续7年的丰水期，平均年径流量比正常值大32%。海河近100年来连旱、连丰更频繁，如1919～1923年、1927～1931年、1941～1943年、1946～1948年、1965～1968年、1971～1972年等连续2～3年甚至5年的干旱；也出现过1954～1956年、1963～1964年等连续2～3年的洪涝。

关于径流年际变化过程的物理成因，目前虽有研究，但尚缺乏完整系统的理论。初步发现，丰、枯水的出现与太阳黑子相对数和大气环流因子变化有关。据研究，海河流域的丰水年一般出现在太阳黑子活动的低值年、高值年和高值年后两年的几率较大，而枯水年多出现在太阳黑子活动低值年的前2～3年。

思　考　题

1. 试阐述径流形成的过程。
2. 水源划分的方法有哪些？
3. 地下径流标准退水曲线是如何制作的？
4. 影响径流形成和变化的主要因素有哪几类？
5. 表征径流年内分配和年际变化的指标各有哪些？
6. 如何划分洪水场次？如何划分地表与地下径流？

习　题

1. 某站控制流域面积 $F=54500\text{km}^2$，多年平均年降水量 $\overline{P}=1650\text{mm}$，多年平均流量 $\overline{Q}=1680\text{m}^3/\text{s}$，试根据这些资料计算多年平均年径流总量、多年平均年径流深、多年平均流量模数和多年平均年径流系数。如果流域是闭合的，试计算流域多年平均蒸散发量。

2. 某闭合流域，面积为 $500km^2$，多年平均降雨量 $\overline{P}=1000mm$，多年平均流量 $\overline{Q}=6m^3/s$，试计算该流域的多年平均蒸发量。如果流域出口修一水库，水库的水面面积为 $10km^2$，当地蒸发器观测的多年平均年水面蒸发量为 950mm，蒸发器折算系数为 0.8，试问建库后该流域的径流量是增加还是减少？建库后的多年平均流量是多少？

第九章　产　流　机　制

就径流的来源而论，流域出口断面的流量过程是由地面径流、壤中流、浅层和深层地下径流组成的。深层地下径流作为基流，其数量很少，且较稳定，又非本次降雨所形成，故一般从次径流过程中分割出去。地面径流和壤中流直接进入河网，有时将二者合并称为直接径流（或地面径流）。各类径流的生成均依赖于包气带这一重要场所，同时，包气带也是各种径流成分的重要分配场所。

第一节　植物截留与填注

一、植物截留

植物截留是指雨水在植物枝叶表面吸附力、承托力和水分重力、表面张力等作用下储存于植物枝叶表面的现象。降雨初期，雨滴降落在植物枝叶上被枝叶表面所吸附而发生截留。在降雨过程中，截留不断增加，直至满足截留容量（又称饱和截留量）。植物枝叶截留的水分，当水滴重量超过表面张力时，便落至地面。截留过程延续于整个降雨过程，积蓄在枝叶上的水分不断地被新的雨滴所更替，当达到动态平衡时，截留量趋于稳定，此时的截留量称为截留容量（饱和）。雨止后，截留的水量最终耗于蒸发。

1. 植物截留能力

影响植物截留的因素很多，如以森林为例，按其性质可分为两类：第一类是林冠特征因素，如树种组成、林龄、冠层厚度、郁闭度（或茂密度）等；第二类是降雨以及伴随的气象因素，如雨量、雨强、风速及雨前枝叶的湿润程度等。以上第一类因素实际上反映了植物的截留潜力，而第二类因素则决定了实际截留量。对一个流域而言，影响截留量的因素还有植被的分布及植被度等。

对具体一种林分而言，在一次降雨过程中，林冠特征因素可认为是稳定少变的，降雨截留量的大小只与第二类因素有关。在第二类因素中，雨量是先决条件，雨强和风速是环境条件，雨前枝叶的湿润程度是初始条件。由于环境条件和初始条件的不同，在相同雨量情况下，林冠实际截留量也是不同的，有时甚至差别很大。如果在理想条件下（指雨强较小，无风，雨前枝叶十分干燥），对某一林分而言，只要雨量相同，那么林冠截留量应该是唯一的，其数值不会出现差异。更进一步说，在环境条件和初始条件最有利的情况下，林冠截留量与降雨量应该是单值函数关系，不同的雨量才会产生不同的截留量，这就是截留能力的概念。

如不考虑雨期蒸发，可以把林冠截留能力定义为“在理想状态下，林冠对降雨的截留量”，它仅与降雨量有关。根据这一概念不难理解，截留能力就是林冠对某一降雨量的最大截留量。采用植物截留能力这一指标，就可以在任意树种或林分类型之间进行截留作用的比较，因为该指标既不受初始条件和降雨期间环境因子的影响，也不受地域条件和具体降雨事件的限制，它仅与林冠特征有关。

在现实中，尽管上述理想条件可能很少出现，但截留能力作为植物对某一雨量的截留特征值是客观存在的，它与降雨量之间的函数关系也应该是存在的，而且是唯一的。然而，由于受到环境条件和初始条件的影响，林冠的实际截留量往往会小于截留能力。

根据以上描述，某一具体林分的实际截留量 I 和截留能力 I_p 可分别表示为

$$I=f_1(p,i,v,n) \tag{9-1}$$

$$I_p=f_2(p) \tag{9-2}$$

式中：I 为实际截留量，mm；I_p 为植物截留能力，mm；p 为降雨量，mm；i 为降雨强度，mm/h；v 为雨期风速，m/s；n 为雨前冠层枝叶湿度（即蓄水量），mm。

研究表明，植物截留能力与降雨量存在如下关系

$$I_p=S_m(1-e^{-kp}) \tag{9-3}$$

式中：S_m 为截留容量，mm；k 为与林冠特征有关的参数；其余符号意义同前。

2. 植物截留研究

树种不同，枝叶的茂密度也是不同的。茂密度大的植物截留量也大。茂密度也与树龄有关。树木自幼年至壮年的生长过程中，枝叶越来越密。而由壮年至老年期又出现自然的稀疏过程。有的观测结果表明，树龄在30～40年的植物，林冠截留量为最大。图9-1是实测云杉和桦的截留损失（即实际截留量与降雨量之比，也称为截留率）与降雨量的关系。

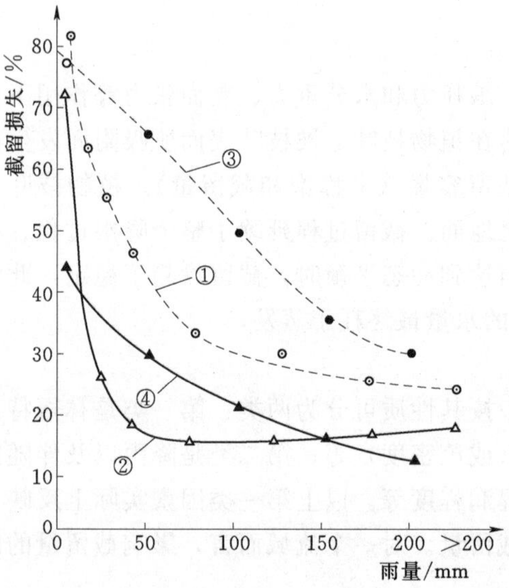

图9-1 云杉和桦的截留损失与降雨量的关系
夏季：①—云杉；②—桦 全年：③—云杉；④—桦

植物截留与降雨强度的关系，由人工降雨实验得知有如下几个特点：

(1) 降雨初期，雨水全部截留于枝叶表面，截留量与降雨强度 i 无关。

(2) 对给定的稳定雨强，有一个与之对应的最大稳定截留量 s_s。

(3) 随着降雨强度的增加，s_s 也增大，最后趋于一常数值，即植物截留容量 s_m。

霍顿（R. E. Horton）曾指出，降雨强度对 s_s 的影响也可用指数函数表示，即

$$s_s=s_m(1-e^{-\alpha i}) \tag{9-4}$$

式中：α 为经验常数。

风也是影响植物截留的重要因素。但风的影响有两种截然不同的情况：一种是因风吹摇动枝叶减少了截留量；另一种是因风吹增加蒸发量而增加截留量。这两种相反的效果表明，净截留量的增加或减少要根据实际情况作具体分析。

当植物满足饱和截留量时，雨后流域上的植物截留量可分为两部分，即植物枝叶的截留容量和雨期的蒸发量，即

$$V=s_m+\omega ET_R \tag{9-5}$$

式中：V 为流域平均截留量；s_m 为截留容量；ω 为植被度；E 为蒸发率；T_R 为降雨历时。

式（9－5）仅适用于一场暴雨的情况，而且必须满足雨量大于植物截留容量与蒸发量之和。如果雨量小于截留容量，该式不适用，此时可按霍顿概念，把式（9－5）改写为

$$V=(s_m+\omega ET_R)(1-\mathrm{e}^{-kp}) \tag{9-6}$$

式中：p 为降雨量；k 为经验常数。

因为微雨时的截留量大体上等于降雨量，所以当雨量近于零时，$\mathrm{d}V/\mathrm{d}p=1$。据此可对式（9－6）求导获得 k 值：

$$k=\frac{1}{s_m+\omega ET_R} \tag{9-7}$$

由式（9－6）表示的植物截留量、降雨量和降雨历时之间的关系如图 9－2 所示。

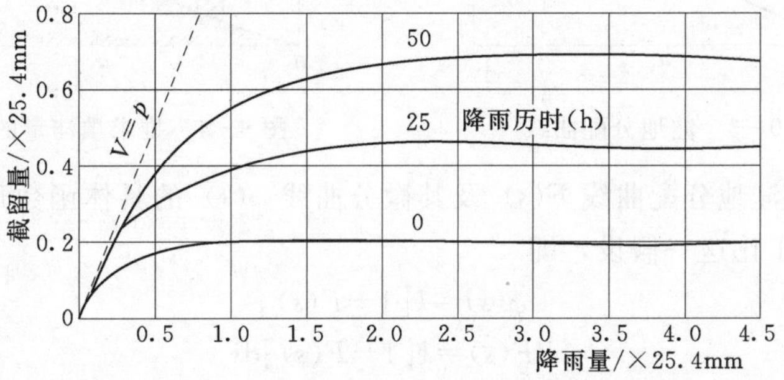

图 9－2　截留量与降雨量、降雨历时之间的关系

（s_m＝5.08mm，ω＝100％，E＝0.0025mm/h）

虽然植物截留对降雨的影响在大洪水中是不重要的，但某些类型植被的截留量，在一年中占年降雨量的比重却是相当可观的。

二、填洼

流域上的池塘、小沟等大大小小的闭合洼陷部分称为洼地。在降雨过程中被洼地拦蓄的那部分雨水称为填洼量。流域上各洼陷部分的面积和深度常常差别很大，而且在很大程度上与洼地的定义有关。相邻不同大小的洼地之间还有着重叠和不可分之关系，换言之，较大的洼地通常包括有若干个相邻的小洼地。

当降雨强度大于地面下渗能力时，超渗雨即开始填充洼地，当填洼量达到其最大容量后，就会产生洼地出流。在降雨过程中，流域上较小的洼地总是先行填满，然后才是较大者。雨止后，填洼量最终耗于下渗和蒸散发。

流域上填洼量的大小与洼地的分布和降雨量有关。设 s 为流域上的洼地蓄水深，a 表示蓄水深小于等于 s 的洼地面积占流域面积的比重，则 a 与 s 必存在正变函数关系，即 s 增大时 a 也必增大。两者之间的关系如图 9－3 所示，可表示为

$$a=F(s) \tag{9-8}$$

式（9－8）所表达的关系称为洼地分配曲线或填洼曲线。

若令 $\varphi(s)$ 为 $F(s)$ 的微分曲线，即

$$\varphi(s)=\frac{dF(s)}{ds} \tag{9-9}$$

或
$$F(s)=\int_0^s \varphi(s)ds \tag{9-10}$$

容易看出
$$F(\infty)=\int_0^\infty \varphi(s)ds=1$$

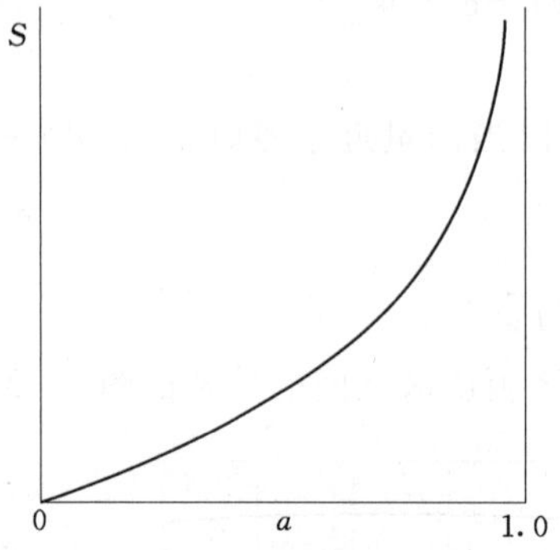

图 9-3 洼地分配曲线

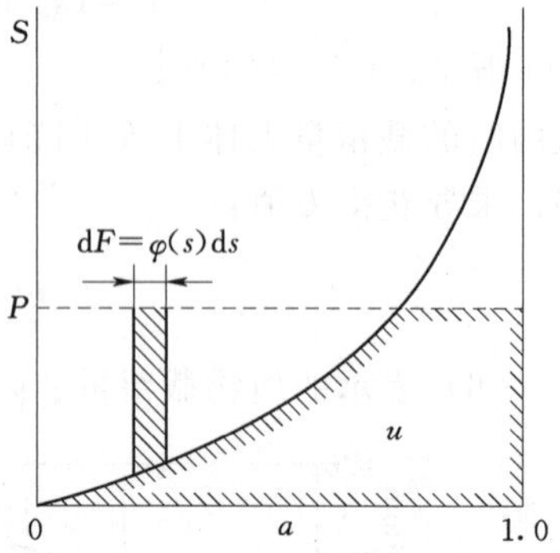

图 9-4 推求填洼量的示意

为了求得流域洼地分配曲线 $F(s)$ 及其微分曲线 $\varphi(s)$ 的具体函数形式，常使用 $\varphi(s)$ 与 $[1-F(s)]$ 成正比这一假设，即

$$\varphi(s)=k[1-F(s)] \tag{9-11}$$

或
$$dF(s)=k[1-F(s)]ds \tag{9-12}$$

积分式（9-12）得

$$F(s)=1-e^{-ks} \tag{9-13}$$

因而
$$\varphi(s)=ke^{-ks} \tag{9-14}$$

式中：k 为比例常数。

可见流域洼地分配曲线的微分曲线一般可用指数函数表示。

一旦有了流域的洼地分配曲线，就可据此建立降雨量与流域填洼量的定量关系，如不考虑降雨过程中的下渗和蒸散发作用，并假定降雨分布均匀和初始填洼量为零，根据图 9-4，则降雨量为 p 时的流域填洼量：

$$u=p-\int_0^p(p-s)\varphi(s)ds=p-\int_0^p(p-s)ke^{-ks}ds=\frac{1}{k}(1-e^{-kp}) \tag{9-15}$$

当 $p\to\infty$ 时，流域填洼量达到最大值 u_{max}，因此由式（9-15）得

$$u_{max}=\frac{1}{k} \tag{9-16}$$

由此可见，比例常数 k 即相当于流域最大填洼量的倒数。

将式（9-16）代入式（9-15），最终得到流域填洼量的公式为

$$u=u_{max}(1-e^{-p/u_{max}}) \tag{9-17}$$

当考虑降雨过程中的下渗和蒸散发量时，式（9-17）应改为

$$u=u_{max}(1-e^{-(p-F-E)/u_{max}}) \tag{9-18}$$

式中：F 为下渗量；E 为蒸散发量。

第二节　包气带的水文特性

一、包气带水分动态

包气带上界面为地面，它直接与大气接触，既是流域降雨的承受面，又是土壤水的蒸发面，下界面为地下水面。降雨下渗到包气带后，一部分被土壤吸收暂时储存在包气带成为土壤水，还有一部分被转化壤中流和地下径流。因此，包气带是各种径流成分生成的重要场所，它的水分动态直接关系到各类径流成分能否形成及形成的数量大小，因此，需首先采用水量平衡原理分析包气带的水分动态变化规律。

包气带水分动态是指包气带中水分含量及水分剖面的增长与消退过程，包气带与外界发生水分交换就是在其上、下界面进行的。

1. 包气带水分的增长

包气带水分的增长来源于上界面的降水（或灌溉）与下界面地下水的补给（如果存在地下水）。但在天然情况下，地下水的补给一般处于均衡状态，即蒸散发消耗多少，地下水就向上补给多少，因此上界面的降水是包气带水分增长的主要原因。

上界面以上的大气降水导致包气带水分增长的机理是下渗。按照下渗理论，这种机理可表述为：当雨强 i 大于上界面的下渗能力 f_p 时，实际下渗率 f 等于 f_p；当 $i \leqslant f_p$ 时，$f=i$。如果把一场降雨按强度变化划分为若干个不等的时段 Δt，于是包气带增加的总水量应为

$$I = \sum_{i>f_p} f_p \Delta t + \sum_{i \leqslant f_p} i \Delta t \tag{9-19}$$

至于一次降雨中湿润锋面所能达到的最大深度，则取决于降雨历时、强度、土壤的透水性和前期土壤含水量情况。图 9-5 给出了供水充分时不同下渗时间的土壤水分剖面，由此可见包气带水分因下渗而增长的情况。在干旱区，一次降水的下渗量在几毫米到几十毫米之间，下渗锋面所及的土层深度不大，而使土壤达到饱和的深度更小。干旱地区透水较差的土壤，通常一次降雨过程中下渗深度在 20cm 以内；长历时、低强度而雨量在 40～80mm 的降水，下渗锋面可达到 60～80cm。在湿润地区，地下水埋深较浅，土壤透水性较强，一次中等降雨，下渗锋面可达到 0.5m 以上。

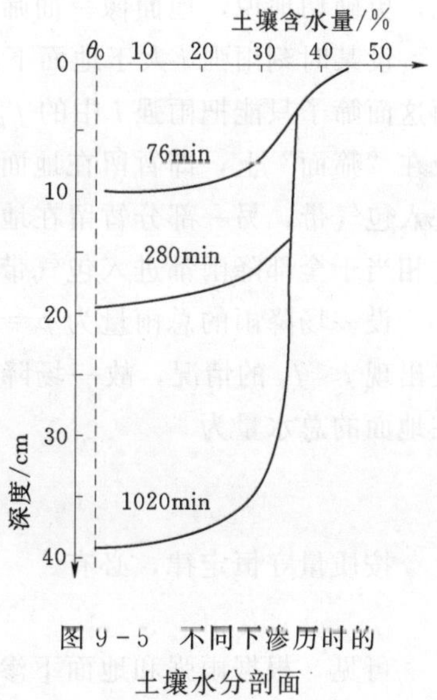

图 9-5　不同下渗历时的土壤水分剖面

2. 包气带水分的消退

包气带水分的消退同样发生在它的上、下界面上。上界面的水分消退是土壤蒸发和植物散发，下界面的水分消退是由于内排水，即包气带的水分到达地下水面而转化为地下径流的过程，或经由相对不透水层从坡脚流入河槽的过程。由于内排水主要发生在当包气带含水量达到田间持水量时，包气带存在自由重力水的情况，因此，一般来说，土壤蒸发和植物散发是包气带水分消退的主要方式，表层毛管悬着水带是包气带水分

的主要消退区。

因此，包气带土壤因降水（或灌溉）获得水分，因蒸散发消耗水分。自然界降雨和蒸散发都有一个变化过程，时而降雨大于蒸散发，时而降雨小于蒸散发。这必然导致包气带的土壤含水量有时增加，有时减少，呈现出一个土壤水分的消长变化过程。

中国幅员辽阔，地跨若干个不同气候带。通过对不同气候区、不同下垫面特征的径流实验站的实测资料分析比较，可以得出：

（1）在干旱地区，虽然包气带厚度达数十米以上，但其水分变化活动层也难以超过1m；而在湿润地区，即使包气带薄到不足1m，其水分变化活动层也很少小于0.5m。

（2）在干旱、半干旱地区，1m以下大体上为毛管断裂含水量；而在湿润地区，0.5m以下则基本上维持在田间持水量或田间持水量以上。

二、包气带对降雨的再分配作用

包气带中的孔隙和裂隙构成蓄水体，具有吸收、储存和输送水分的功能。这种功能将导致它对降雨起着调节与一系列再分配作用。水分在土壤的垂向运行过程中，包气带对降雨过程进行了两次再分配：第一次再分配发生在包气带上界面，即地面，在降雨强度大于下渗能力时，部分降雨形成地面径流，剩余降雨则下渗到土壤中；第二次再分配发生在包气带内部，它是对渗入土壤中的水分进行的分配，主要分为土壤蓄存部分和内排水部分。

1. 包气带地面对降雨的再分配作用

地面犹如一面“筛子”，地面的下渗能力好比“筛孔”。下渗能力大，表示筛孔也大，可以把大的雨强“筛入”包气带中。下渗能力小，表示筛孔也小，只能把小的雨强“筛入”包气带中。由于下渗能力随土壤含水量的增加而逐渐减小，直至达到稳定下渗率，因此，更确切地说，地面像一面筛孔会逐渐变小的“筛子”。

设某时刻雨强 i 大于地面下渗能力 f_p，即 $i>f_p$，此时实际下渗率为下渗能力 f_p，地面这面筛子只能把雨强 i 中的 f_p 这部分水量筛入包气带中，而（$i-f_p$）这部分水量则剩余在“筛面”上，即暂留在地面上。也就是说，包气带地面能把降雨分成两部分：一部分进入包气带，另一部分暂留在地面形成地表径流。对于 $i\leqslant f_p$ 的情况可作同样分析，显然这相当于全部降雨都进入包气带中的特例。

设一场降雨的总雨量为 $p=\sum i\Delta t$，由于在一场降雨中，有时出现 $i>f_p$ 的情况，有时又出现 $i\leqslant f_p$ 的情况，故一场降雨进入包气带中的总水量，用式（9-19）计算。而暂留在地面的总水量为

$$R_s=\sum_{i>f_p}(i-f_p)\Delta t \tag{9-20}$$

按质量守恒定律，必有

$$P=I+R_s \tag{9-21}$$

可见，根据雨强和地面下渗能力的对比关系，包气带地面总是要把所承受的降雨划分为两部分：一部分下渗到包气带中，一部分暂留在地面。包气带地面对降雨的这种再分配作用可形象化地称为“筛子”作用。

2. 包气带土层对下渗水量的再分配作用

降雨通过地面进入包气带土层中的那部分水量，即下渗水量 I，首先在土壤吸力作用

下被土壤颗粒吸附保持，成为土壤含水量的一部分，而其中的一些要以蒸散发 E 的形式逸出地面，返回大气。一场降雨过程中，若满足（$I-E$）$>D$（D 为包气带缺水量）时，剩余的部分水量（$I-E-D$）便可成为从包气带中排出的自由重力水（R_{sub}）。可见，下渗水量 I 被包气带土层划分为 E、D 和 R_{sub} 三部分，即

$$I=E+D+R_{sub} \tag{9-22}$$

由于

$$D=W_f-W_0 \tag{9-23}$$

所以有

$$I=E+(W_f-W_0)+R_{sub} \tag{9-24}$$

式中：W_f 为包气带蓄满，即达到田间持水量时的土壤含水量；W_0 为包气带初始土壤含水量。

若降雨结束时包气带仍未蓄满（雨末包气带含水量 W_e 未达到田间持水量），即（$I-E$）$<D$ 的情况，则 R_{sub} 必为零，这时式（9-24）变为

$$I=E+(W_e-W_0) \tag{9-25}$$

由上述分析不难看出，在包气带土层对下渗水量的再分配过程中，就 R_{sub} 是否存在而言，田间持水量 W_f 起着控制作用，它好像"门槛"一样，当满足 $I-E+W_0>W_f$ 时，表明包气带土层的含水量超过这一"门槛"，因此会有水分"溢出"包气带土层，成为 R_{sub}；而当满足 $I-E+W_0\leqslant W_f$ 时，则表明包气带土层的含水量低于这个"门槛"，因此就不会有水分"溢出"土层，即没有 R_{sub} 产生。由于这个缘故，包气带土层对下渗水量的再分配作用可形象化地称为"门槛"作用。

三、包气带水量平衡方程

包气带对降雨的两次再分配作用，即"筛子"和"门槛"作用，可以统一在包气带水量平衡方程式中。若包气带土层中的土壤性状相同，可将包气带视为单一层次：

（1）对于 $I-E>D$ 的情况，由式（9-21）和式（9-24）可得

$$P=E+(W_f-W_0)+R_s+R_{sub} \tag{9-26}$$

（2）对于 $I-E\leqslant D$ 的情况，由式（9-21）和式（9-25）可得

$$P=E+(W_e-W_0)+R_s \tag{9-27}$$

式（9-26）和式（9-27）就是包气带水量平衡方程式的通式，该式既适用于任一固定时段，也适用于一次暴雨过程。

若包气带的土壤结构含有多个层次，水量平衡方程式可以分层来建立，如图 9-6 所示。如果把包气带划分成 A、B、C、D 四层，则各分层的水量平衡方程式为

$$\Delta W_A=I-E_A-F_A-R_{sub,A}$$
$$\Delta W_B=F_A-E_B-F_B-R_{sub,B}$$
$$\Delta W_C=F_B-E_C-F_C-R_{sub,C}$$
$$\Delta W_D=F_C-E_D-F_D-R_{sub,D}$$

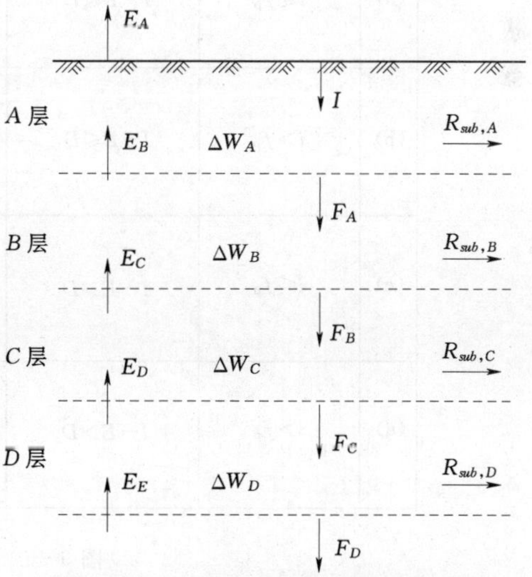

图 9-6　包气带分层水量平衡示意

式中：I 为从地面渗入土中的水量；其余符号意义由图 9-6 可知。

第三节　产　流　机　制

包气带既是径流的发生场，也是径流的分配场，各种径流成分都是包气带中发生和发展的。产流是指流域中地面径流、壤中流、地下径流等不同径流成分的形成过程，它是流域包气带与降雨、蒸发等因素相互作用的水文过程。本节只探讨各种径流成分形成的物理条件，而不涉及流域出口断面径流量的形成与分析计算。为了便于认识流域产流的条件和机制，首先从包气带中取出一个单位面积的垂直土柱作为分析研究对象，忽略它与周围环境的水分交换，从该微小单元的产流条件和机制入手研究产流是如何发生的。下一节将再探讨天然流域的产流条件和机制。

一、霍顿产流观念

1. 霍顿产流观念

霍顿（Horton）产流理论的基础是包气带的“筛子”作用和“门槛”作用，假定包气带是均质的，即上、下不存在层次。早在 1935 年，霍顿在他的著名论文“地面径流现象”一文中就指出，降雨产流受控于两个条件：一是降雨强度超过地面下渗能力；二是包气带的土壤含水量超过田间持水量。霍顿断言：①当 $i \leqslant f_p$，$I-E \leqslant D$ 时，将不产生任何径流，河流中仍处于退水阶段，如图 9－7（a）所示；②当 $i > f_p$，$I-E \leqslant D$ 时，河流中会出现尖瘦且大体对称的洪水过程线，这是由单一地面径流所形成，如图 9－7（b）所示；③当 $i \leqslant f_p$，$I-E > D$ 时，河流中出现矮胖且大体对称的洪水过程线，这是由单一地下水径流所形成，如图 9－7（c）所示；④当 $i > f_p$，$I-E > D$ 时，河流中出现一条明显不对称的洪水过程线，这是由地面径流和地下水径流混合而成，如图 9－7（d）所示。

(a)	$i \leqslant f_p$	$I-E \leqslant D$	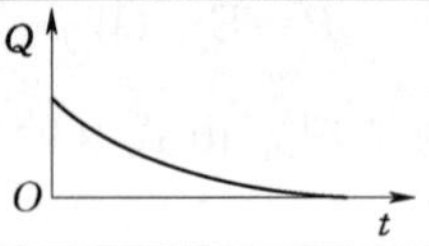	$R_s=0$ $R_g=0$
(b)	$i > f_p$	$I-E \leqslant D$	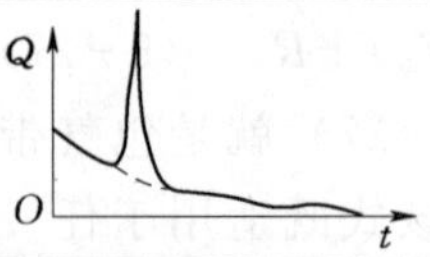	$R_s>0$ $R_g=0$
(c)	$i \leqslant f_p$	$I-E > D$	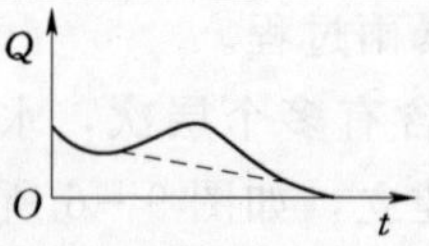	$R_s=0$ $R_g>0$
(d)	$i > f_p$	$I-E > D$	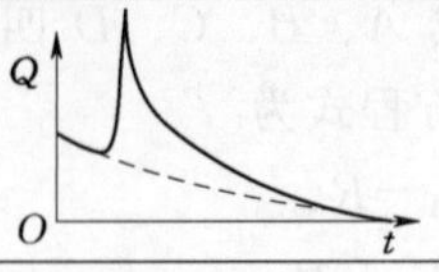	$R_s>0$ $R_g>0$

图 9－7　霍顿产流理论

霍顿产流理论阐明了均质包气带产流的物理条件，即超渗地面径流产流机制和地下径流产流机制。

(1) 超渗地面径流 R_s 产生的物理条件是降雨强度 i 大于地面下渗能力 f_p。因此，只要已知降雨过程中任一时刻的雨强和地面下渗能力，就可判断该时刻是否产生超渗地面径流。如图 9-8 所示，$t_0 \sim t_1$，$t_2 \sim t_3$，$t_4 \sim t_5$ 等时段内无超渗地面径流产生；$t_1 \sim t_2$，$t_3 \sim t_4$ 等时段内有超渗地面径流产生。因此，在图 9-8 所示的情况下，如果不计雨期蒸发，可求得所产生的总的超渗地面径流量为

$$R_s = \int_{i>f_p} (i - f_p)\mathrm{d}t = \int_{t_1}^{t_2} (i - f_p)\mathrm{d}t + \int_{t_3}^{t_4} (i - f_p)\mathrm{d}t \tag{9-28}$$

写成便于计算的有限差形式为

$$R_s = \sum_{i>f_p} (i - f_p)\Delta t = \sum_{t_1}^{t_2} (i - f_p)\Delta t + \sum_{t_3}^{t_4} (i - f_p)\Delta t \tag{9-29}$$

(2) 地下径流 R_g 产生的物理条件是整个包气带土壤含水量达到田间持水量。由下渗理论可知，在下渗过程中，从包气带上层到下层是依次逐步达到田间持水量的。整个包气带未达到田间持水量时，整个土层处于不稳定下渗阶段，上层的自由重力水只能为下层土壤所保持，而不能到达地下水面；整个包气带达到田间持水量时，则土层处于稳定下渗阶段，此时包气带中的自由重力水可以从地面一直到达地下水面。

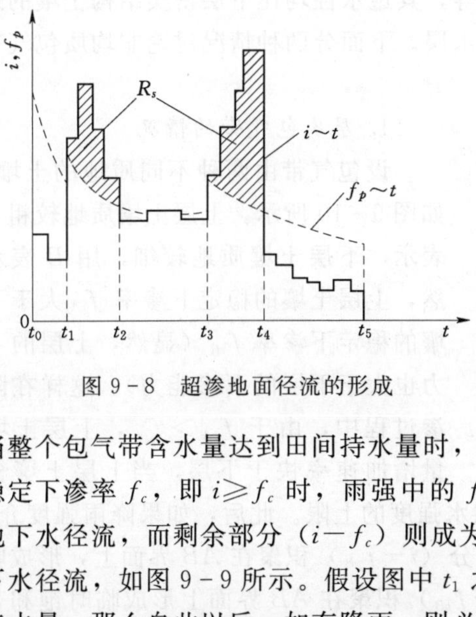

图 9-8　超渗地面径流的形成

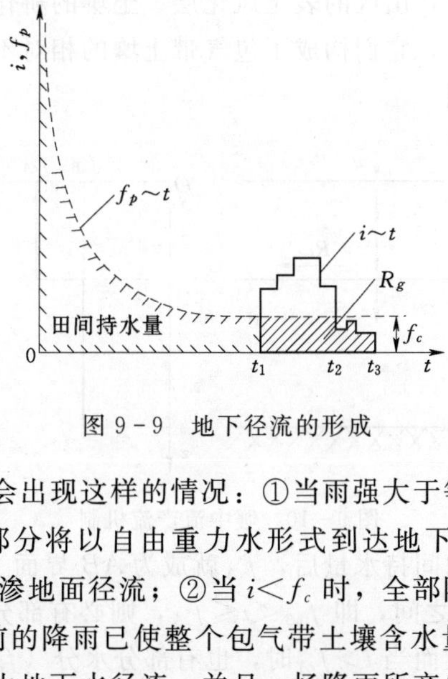

图 9-9　地下径流的形成

当整个包气带含水量达到田间持水量时，就会出现这样的情况：①当雨强大于等于包气带稳定下渗率 f_c，即 $i \geqslant f_c$ 时，雨强中的 f_c 部分将以自由重力水形式到达地下水面，成为地下水径流，而剩余部分 $(i - f_c)$ 则成为超渗地面径流；②当 $i < f_c$ 时，全部降雨成为地下水径流，如图 9-9 所示。假设图中 t_1 之前的降雨已使整个包气带土壤含水量达到田间持水量，那么自此以后，如有降雨，则必产生地下水径流，并且一场降雨所产生的地下水径流总量（不计雨期蒸发）可按下式计算：

$$R_g = \int_{i \geqslant f_c} f_c \mathrm{d}t + \int_{i<f_c} i \mathrm{d}t \tag{9-30}$$

写成便于计算的有限差形式为

$$R_g = \sum_{i \geqslant f_c} f_c \Delta t + \sum_{i<f_c} i \Delta t \tag{9-31}$$

2. 霍顿产流观念的局限性

霍顿产流观念虽然仅阐明了超渗地面径流和地下径流的产流机制，但是，无论过去还

是现在仍具有重要意义，这是因为他第一个提出了产流的主导因素，概括了径流生成的基本条件。20世纪60年代以后，由于对径流形成的机制开展了广泛深入的研究，发现这种传统产流观念与实际水文观象间存在着矛盾，可以概括为以下几方面：

（1）对于具有较大下渗能力的流域，当降雨强度 i 小于下渗能力 f_p 的情况下，有时也会有地面径流产生，并出现对应的洪水过程；有时又没有地面径流产生，但却在出口断面观测到与地面径流过程相似的洪水过程。

（2）对应一次降雨，有时出现形状有别的前后两次洪峰过程，前一个峰形高而尖瘦，后一个峰形矮而肥胖。

（3）有的流域在湿润季节，产生微小的降雨，即使是 $i<f_p$，在流量过程线上都可产生敏感的反应，呈现对应的起伏变化。

（4）全流域产流极其罕见，一般只是在流域的局部面积上产流。

上述现象说明霍顿的产流理论，并不能全面反映流域的产流规律，在产流条件、产流面积上都需要进行补充和完善。

二、壤中流（R_{int}）产流机制

在自然界中，由于种种原因，包气带的岩土结构多数情况下并非均质，如森林地区的腐殖层，山区的表土风化层、土壤的耕作层等，其透水性均比下层密实结构土壤的透水性强得多，它们构成了包气带土壤的相对不透水层。下面分两种情况讨论非均质包气带的产流机制。

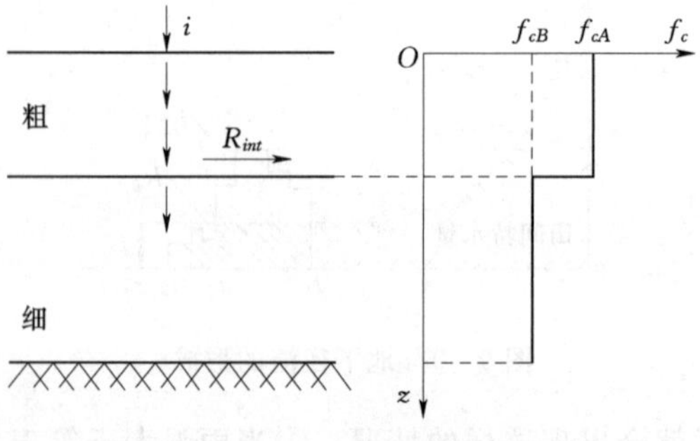

图9-10　壤中流产流机制

1. 层次包气带的情况

设包气带由两种不同质地的土壤构成，如图9-10所示。上层土壤质地较粗，用 A 表示，下层土壤质地较细，用 B 表示。显然，上层土壤的稳定下渗率 f_{cA} 大于下层土壤的稳定下渗率 f_{cB}（显然，上层的下渗能力也大于下层的下渗能力）。这样在降雨下渗过程中，由于 $f_{pA}>f_{pB}$，上层土壤含水量增加速率快于下层，当上层土壤含水量达到田间持水量后，f_{cA} 就成为 AB 界面上供水强度的上限。此后，如果降雨强度介与 f_{cA} 和 f_{pB} 之间，即 $f_{pB}<i\leqslant f_{cA}$，则必有部分水分（$i-f_{pB}$）积聚在 AB 界面上，形成临时饱和带。而当 $i>f_{cA}$ 时，也有部分水分（$f_{cA}-f_{pB}$）积聚在 AB 界面上形成临时饱和带。惟当 $i\leqslant f_{pB}$ 时，降雨才全部通过 AB 界面进入 B 层，而无水分积聚在界面上。积聚在 AB 界面上的水分，在适当的地形坡度条件下，可产生侧向流动。这种在两种不同透水性土壤的界面上形成的、在适当条件下可以沿界面流动的径流称为壤中流。由上所述，壤中流产生的物理条件是：

（1）包气带中必须存在相对不透水层，并且上层土壤的下渗能力大于下层。

（2）上层土壤含水量达到田间持水量。

（3）上层向界面上的供水强度大于下层下渗能力，界面上产生积水，形成临时饱和带。

（4）界面还需具有一定的坡度。

一场降雨产生的壤中流总量，如果不考虑雨期蒸发，可按下式计算：

$$R_{int}=\int_{f_{cA}\geqslant i>f_{pB}}(i-f_{pB})\mathrm{d}t+\int_{i>f_{cA}}(f_{cA}-f_{pB})\mathrm{d}t \tag{9-32}$$

写成有限差形式为

$$R_{int}=\sum_{f_{cA}\geqslant i>f_{pB}}(\bar{i}-\bar{f}_{pB})\Delta t+\sum_{i>f_{cA}}(\bar{f}_{cA}-\bar{f}_{pB})\Delta t \tag{9-33}$$

2. 包气带土壤质地随深度渐变的情况

当组成包气带的土壤质地沿深度逐渐由粗变细时，或由疏松变密实时，相应的稳定下渗率就沿深度逐渐由大变小，见图 9-11。如果在某时刻包气带中 z_i 深度以上的土层已达到田间持水量，z_i 相应的稳定下渗率为 f_{ci} 时，则当降雨强度 i 一直维持不小于 f_{ci} 时，一定时间后就可能在 z_i 深度处形成临时饱和带，产生壤中流。所以，在包气带土壤质地随深度渐变的情况下，形成壤中流的界面并非固定不变，而是随降雨强度的变化而变动。降雨强度越大，形成壤中流的界面越浅；反之则越深。

国内外许多径流实验及小流域观测资料表明，壤中流相当广泛地存在着，特别是在植被覆盖率比较大的山坡流域更为明显。图 9-12 为伊犁河山坡径流场的实测资料，图中尖锐后部的径流是坡脚 1～2m 内溢出的壤中流，其特征是退水段平缓，这是由流速较小的壤中流成分所造成的。

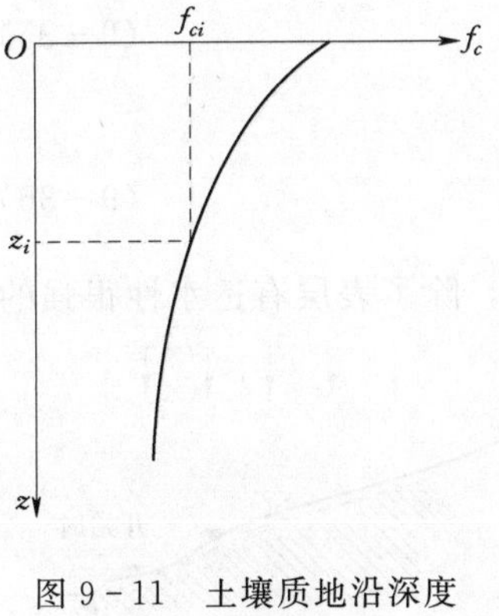

图 9-11　土壤质地沿深度渐变的情况

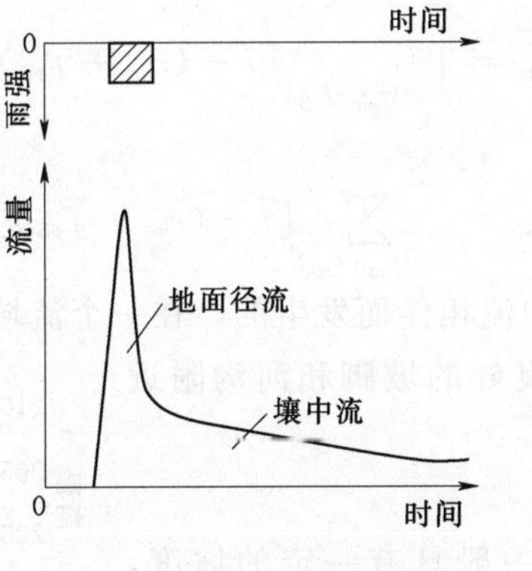

图 9-12　伊犁河山坡径流过程

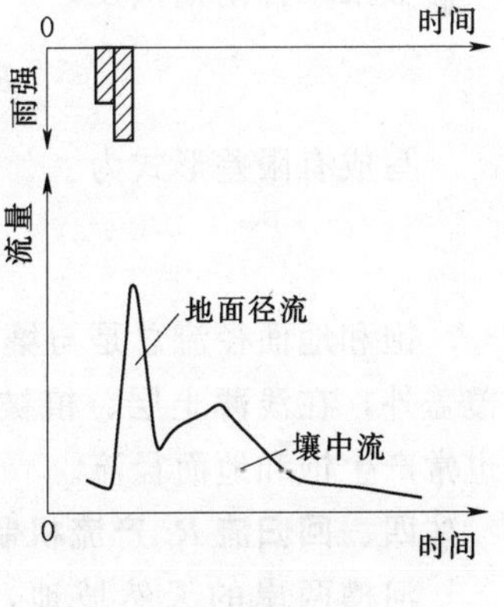

图 9-13　裴德河东发站一次流量过程

图 9-13 为裴德河东发站 1970 年 6 月的一次流量过程线，降雨为单峰，而洪水却为双峰，这是由于流速不同的径流成分所造成，第一个峰为地面径流形成，第二个峰为壤中流形成。

三、饱和地面径流 R_{sat} 产流机制

在很长一段时间内，人们发现对于表层透水性很强的包气带，例如具有枯枝落叶覆盖的林地，由于地面的下渗能力很大，以致实际发生的降雨强度几乎不可能超过它，但却仍有地面径流产生。这种现象，霍顿产流理论中的超渗地面径流是无法解释的。直到 20 世纪 70 年代初，邓恩（Dunne）等人在大量的观测和实验基础上，证实了除霍顿的超渗地面径流产流机制外，还存在饱和地面径流产流机制。

事实上，在表层土壤具有很强透水性的情况下，虽然雨强超过地面下渗能力几乎不可

能，但因为在包气带内部存在相对不透水层，所以可能发生雨强大于下层的下渗能力的情况。按照壤中流产生的条件，这时首先会产生壤中流。因此在上下层界面上就会出现临时饱和带。若雨强持续大于下层下渗能力，由于壤中流运动缓慢，这个临时饱和带就会不断向地面发展，最终到达地面。于是后续的降雨积聚在地面，不再是壤中流，而成为一种地面径流。以这种方式形成的地面径流称为饱和地面径流。由此可见，饱和地面径流产生的物理条件是：

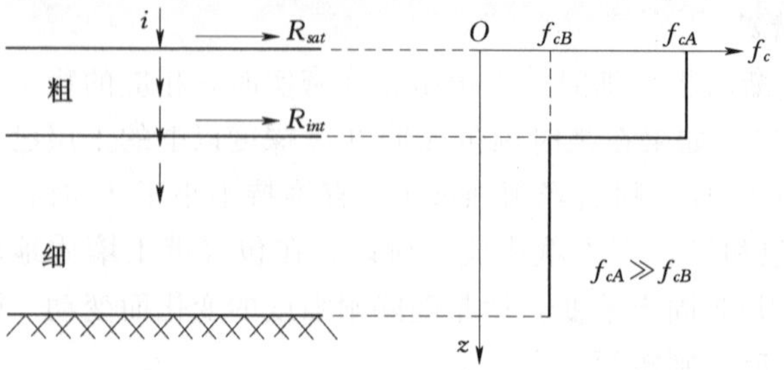

图 9－14　饱和地面径流形成机制

(1) 土壤存在相对不透水层，且上层的透水性远强于下层的透水性。

(2) 上层向相对不透水层界面上的供水强度大于下层的下渗能力。

(3) 上层土壤含水量全部达到饱和含水量。

由图 9－14 可知，饱和地面径流的产流强度可按下式计算：

$$r_{sat} = i - (r_{\text{int}} + f_{pB}) \tag{9-34}$$

式中：i 为雨强；r_{int} 为壤中流强度；f_{pB} 为界面下层的下渗能力。

如果不计雨期蒸发，一场降雨产生的总的饱和地面径流量为

$$R_{sat} = \int_{i>(r_{\text{int}}+f_{pB})} [i - (r_{\text{int}} + f_{pB})] \mathrm{d}t \tag{9-35}$$

写成有限差形式为

$$R_{sat} = \sum_{i>(r_{\text{int}}+f_{pB})} [\bar{i} - (\bar{r}_{\text{int}} + \bar{f}_{pB})] \Delta t \tag{9-36}$$

饱和地面径流总是与壤中流相伴而发生的。在一个流域中，除了表层有透水性很强的覆盖外，在浅薄土层、植被良好的坡脚和河沟附近也常产生饱和地面径流。

四、回归流 R_r 产流机制

河槽两岸的天然坡地，一般具有一定的坡度，在山坡上有浅薄土壤覆盖的情况下，由于地形坡度的影响，土层中形成的临时饱和带厚度沿坡度呈不均匀变化。一般而言，坡脚经常处于饱和含水量状态，坡顶则处于含水量相对较小的状态。在这种情况下，坡地上部形成的壤中流，由于坡度的作用，在到达坡脚附近时就会钻出地面成为饱和地面径流。这种原先为壤中流，后又渗出地面而变成饱和地面径流称为回归流。回归流的形成条件是：山坡上壤中流比较发育，而坡脚处又易形成到达地面的饱和带。

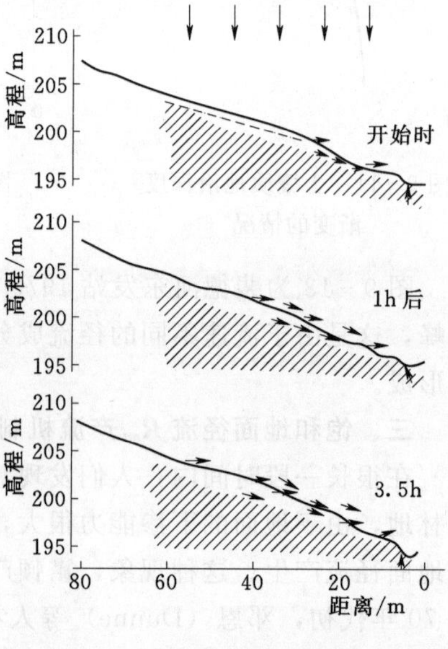

图 9－15　3.5h 内 54mm 降雨量的回归流发展示意

回归流并不是一种原生径流成分，而是从壤中流派生出来的一种径流成分。在降雨过程中，随着

山坡饱和面积的扩大，回归流发生的范围将不断扩大，如图 9－15 所示。

五、特殊包气带的产流机制

特殊包气带主要指以下两种情况：①包气带厚度为零；②包气带存在冻土层。以下分别进行讨论。

1. 包气带厚度为零

不透水基岩出露地面、河湖沼泽表面、城市等均可近似认为是包气带厚度等于零的情况。当包气带厚度为零时，其表面的下渗能力可视为零。因此，只要满足雨强大于蒸发强度 e，就会产流。这时一场降雨的产流量显然为

$$R_d = \int_{i>e} (i - e)\mathrm{d}t \tag{9-37}$$

写成有限差形式为

$$R_d = \sum_{i>e} (i - e)\Delta t \tag{9-38}$$

式中：e 为蒸发强度。

如果雨期空气湿度很大或降雨历时很短，蒸发量也可忽略不计。在不透水面积上形成的径流有时称为直接径流。

2. 包气带存在冻土层

高寒地区的冻土层具有下列特点：在冻结期间，相当于不透水层出露地面，这时包气带厚度等于零，但随着冻土表层的逐步融化，不透水界面由地面不断下移；在冻结过程中，由于水分向冻结面移动，所以上层土壤含水量较大；同时在冻结期间由于减少了蒸发消耗，也使得土层保持着比较多的水分；冻土层的冻结与消融过程使得土壤变得松散，从而增大了土壤的透水性。

根据冻土层的上述特点和冻土的消融过程，它容易具备产生饱和地面径流和壤中流的基本条件。事实上，在气温转暖初期，最初的融雪水和降雨以形成地面径流为主，随着冻土的融化，壤中流的比重会逐步增加。如为季节性冻土，且存在地下水位时，则逐步会有地下径流产生。但当不存在地下水位时，最后有可能变成只有超渗地面径流的情况。如为多年性冻土，那么即使在暖季，也保持着饱和地面径流和壤中水径流的混合产流机制。

六、产流条件分析与转化

1. 产流的基本条件

从土壤的透水性角度看，大气层可认为是绝对透水的，包气带相对于大气层而言，其透水性要差一些。因此，大气层与包气带的界面，即地面就可近似认为是相对不透水层，当雨强大于地面的下渗能力时，就具备超渗地面径流产生的基本条件。不透水基岩和地下水面，可看作是绝对不透水的，因此在这样的界面上也具备产流的基本条件，这就是地下径流产生的基本条件。在包气带内部，在两种不同透水性质土壤的界面上，当较强透水性的土壤位于界面以上时，也提供了产流的基本条件，这就是壤中流产生的基本条件。如果地下水面因土层饱和能达到地面，则地面就变成大气与水面的界面，大气是绝对透水的，水面是绝对不透水的，因此在它们的界面上也具备产流的基本条件，这就是饱和地面径流产生的基本条件。

分析归纳各种径流成分（超渗地面径流、地下径流、壤中流和饱和地面径流）的产流

机制可知，任何一种径流成分都是在两种不同透水性介质的界面上产生的，而且上层介质的透水性必须好于下层介质的透水性。反之，如果上层介质的透水性弱于下层介质的透水性，则在界面上不可能有水分积聚，上层传递的水分总是能全部通过界面进入到下层介质中去，故在界面上不可能产生任何径流。

2. 产流的必要条件

如果进一步讨论各种径流成分的产流量分析计算问题，则无论从下渗原理或水量平衡原理都可以得到统一的结论。如把界面作为下渗面，则产流量的大小显然取决于对界面的供水强度与界面下渗能力的对比关系。从这个意义上说，任何径流都是由“超渗”作用形成的，或者说是由“筛子”作用形成的。所以，产流的必要条件就是对界面的供水强度要大于界面的下渗能力。

若从界面以上土层的水量平衡方程来看，又可得出任何径流成分的径流量均由“门槛”作用形成的结论。事实上，对任何界面以上的土层均可写出下列形式的水量平衡方程式：

$$I=E+(W_e-W_0)+F+R \tag{9-39}$$

式中：I 为通过上层介质对界面的供水量，当界面为地面时它就是降水量；E 为通过界面的蒸散发量；F 为通过界面进入下层介质的下渗量；(W_e-W_0) 为界面以上介质的含水量的变化，当界面为地面时，$(W_e-W_0)=0$；R 为积聚在界面上的自由重力水。

显然，如果 W_e 小于界面以上土层的田间持水量，则不可能有自由重力水积聚在界面上，因而 $R=0$；但当 W_e 等于界面以上土层的田间持水量时，界面上就会逐渐有自由重力水积聚。在这种情况下，由于界面以上土层的透水性好于界面以下土层，界面上积聚的自由重力水就不会全部通过界面进入下层土壤中，因此，剩余的水分就在界面上形成径流。对任何一种径流成分都可以借助于相应的界面以上土层的水量平衡方程式来分析。所以说，从界面以上土层的水量平衡方程式来看，任何径流的产生都是由于“门槛”作用而形成的。

3. 产流条件的转化

如果进一步考虑到降雨强度和历时这一充分条件，情况就会变得更复杂些。例如，对某特定的包气带，当雨强小时可能只生成地下径流或壤中流；而对于久旱以后的大暴雨却可能只生成超渗地面径流。如果再考虑到降雨历时，则较短历时的小雨可能只生成地下径流或壤中水径流；而长历时小雨却可能还要生成饱和地面径流。若再考虑植被和前期土壤含水量情况，这种产流机制的转化关系可能还要变得更复杂。

综合以上讨论，可以得出单点产流规律，即界面产流规律：

（1）产流必须具备一个界面，也就是说各种径流都是发生在界面上。

（2）界面上部透水性要好于下部的透水性。

（3）对界面要有供水，且对界面的供水强度要大于界面下渗能力。

（4）界面还要具有坡度，各种径流在重力作用下发生流动才能汇入河道。

（5）产流机制是可以相互转化的。

第四节　产流类型与产流模式

根据上节分析，目前揭示出的基本产流机制有：超渗地面径流产生机制、地下径流产生机制、壤中流产生机制和饱和地面径流产生机制四种。在自然界中，由于包气带结构的复杂性和降雨特性的多变性，很少见到对于一种包气带只有一种产流机制的情况。流域中某一产流单元面积上，一般会出现一种或多种不同径流成分的组合，或者说具有一种或多种产流机制的组合。为研究方便，将一种或几种产流机制的可能组合称为产流类型。因此，一种产流类型一般具有几种径流成分相组合。

一、单点产流类型

决定产流机制组合的根本因素是包气带的土壤质地、结构、地下水位及植被条件等，在天然条件下，一般可将流域中单点产流机制的组合大体上划分为9个类型，即：

(1) R_s 型——单一超渗地面径流型。

(2) R_s+R_{int} 型——超渗地面径流和壤中流组合型。

(3) $R_{sat}+R_{int}$ 型——饱和地面径流和壤中流组合型。

(4) R_s+R_g 型——超渗地面径流和地下径流组合型。

(5) $R_{int}+R_g$ 型——壤中流和地下径流组合型。

(6) R_{int} 型——单一壤中流型。

(7) $R_s+R_{int}+R_g$ 型——超渗地面径流、壤中流和地下径流组合型。

(8) $R_{sat}+R_{int}+R_g$ 型——饱和地面径流、壤中流和地下径流组合型。

(9) R_g 型——单一地下径流型。

每种产流类型都有其产生的基本条件和影响总径流量的因素。为简明起见，表9-1中列出了产流类型与发生条件及影响总径流量的因素。

表9-1　产流类型、发生条件及影响总径流量的因素

编号	总径流组成	发生的基本条件	影响总径流的因素
Ⅰ	$R=R_s$	包气带很厚，土湿小，透水性差。雨强相对较大；包气带虽不很厚，但久旱以后遇到大强度暴雨	P, i, W_0, E
Ⅱ	$R=R_s+R_{int}$	相对不透水层很浅，但下层很厚，上层透水性差，下层更差，雨强相对较大；久旱以后遇到大强度暴雨	P, i, W_{0B}, E
Ⅲ	$R=R_{sat}+R_{int}$	相对不透水层很浅，但下层很厚，上层透水性极好，下层透水性很差，雨强几乎不能超过地面下渗容量，久雨之后	P, i, W_{0A}, W_{0B}, E
Ⅳ	$R=R_s+R_g$	包气带不厚，均质土壤，地面透水性一般，降雨历时较长	P, E, W_0
Ⅴ	$R=R_{int}+R_g$	包气带不厚，但相对不透水层较深，上层极易透水，下层略次。雨强相对不大，几乎不超过地面下渗容量	P, E, W_0
Ⅵ	$R=R_{int}$	包气带厚，相对不透水层浅，上层极易透水，下层透水性很差，雨强几乎不超过地面下渗容量	P, i, W_{0A}, W_{0B}, E
Ⅶ	$R=R_s+R_{int}+R_g$	包气带不厚，存在相对不透水层，地面透水性差，下层更差，雨强大，雨时长	P, E, W_0
Ⅷ	$R=R_{sat}+R_{int}+R_g$	包气带不厚，存在相对不透水层，地面极易透水，下层次之，雨强小，雨时长	P, E, W_0
Ⅸ	$R=R_g$	包气带不厚，均质土壤，极易透水，雨强几乎不超过地面下渗容量，雨时长	P, E, W_0

注　表中的 P 为降雨量，i 为降雨强度；E 为蒸散发量；W_0 为初始土壤蓄水量，W_{0A} 和 W_{0B} 为上层和下层的土壤初始含水量。

二、流域产流模式

上面介绍的9种产流类型，或称为基本产流模式，是针对流域中的某个固定点或一个极小单元面积而言的。一般认为在这个单元面积内，其下垫面条件及土壤组成情况是一致的。如果将着眼点扩大到几十或几百平方公里的范围，并将它看作为一个整体系统，那么有些产流类型的典型特点将被大大削弱。所以，对于大中流域，其产流类型归纳不出以上9种，但根据其产流特征和流量过程线的特征，仍可概括为3个类型，称为流域产流模式。

1. 降雨径流关系

为了从上述9种产流类型中概括出流域产流模式，在此引进次降雨径流关系的概念。次降雨量与相应径流量及影响因素之间的相关关系称为次降雨径流关系。由表9—1可以看出，从总径流的形成来看，次降雨径流关系只可能有3种情况：

（1）如果只产生超渗地面径流，则次降雨径流关系为

$$R=f(P,i,W_0,E) \tag{9-40}$$

（2）只要总径流中包含地下径流，次降雨径流关系就可表达为

$$R=f(P,W_0,E) \tag{9-41}$$

（3）当总径流中包含壤中水径流而不包含地下径流时，次降雨径流关系变为

$$R=f(P,i,W_{0A},W_{0B},E) \tag{9-42}$$

如果进一步把影响降雨径流关系的因素概括一下，上述3类次降雨径流关系又可变成两种情况：第一种情况为次降雨径流关系受雨强影响；第二种情况为次降雨径流关系不受雨强的影响。因此，如着眼于影响次降雨径流关系的因素，自然界中的产流可概括为两种基本模式。其一，如次降雨量和总径流量的关系不受雨强影响或与雨强关系不密切，即用式（9-41）表达时，则称为“蓄满”产流模式，即R_{sat}模式。其二，如果次降雨量和总径流量的关系受雨强影响或与雨强关系密切，即用式（9-40）和式（9-42）表达时，则称为“超渗”产流模式，即R_s模式。

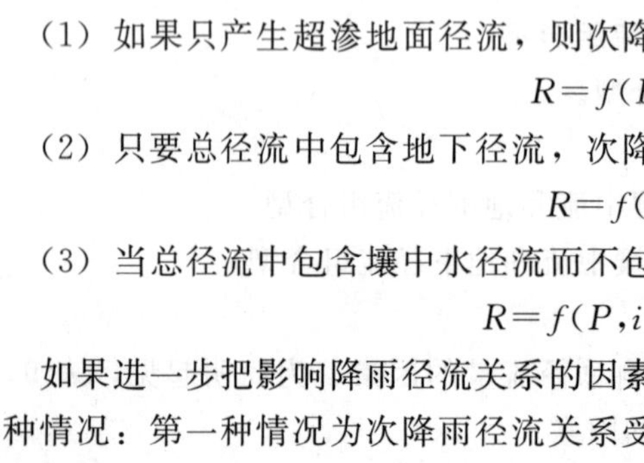

图9-16　R_s产流模式雨前雨后的土壤水分分布

（a）雨后下渗锋面位置；（b）土壤水分剖面

2. 超渗产流R_s模式

如图9-16所示，该模式是指流域产流机制以超渗地表径流为主要表现形式，一次降雨的产流过程取决于降雨强度与下渗能力的对比关系。如果将一场降雨划分为若干个时段，对于降雨强度超过下渗能力的时段，其产流量R_s可表达为

$$R_s=\sum_{j=0}^{n}(i-f_p)_j\Delta t_j \tag{9-43}$$

或

$$R_s=P-F \tag{9-44}$$

式中：P为降雨量，mm；F为累积下渗量，mm；其他符号意义同前。

当雨前起始土壤含水量已知时，则有

$$F=W_t-W_0 \tag{9-45}$$

式中：W_t 和 W_0 分别为雨末和雨前的土壤蓄水量，mm。

如果不考虑雨期的蒸发量，或将雨期的蒸发量从降雨量中扣除，在超渗地面径流模式条件下，则一场降雨的产流量可概括为

$$R_s = f(P, i, W_0) \tag{9-46}$$

3. 蓄满产流 R_{sat} 模式

如图 9-17 所示，该模式是指流域产流机制以饱和地表径流为主要表现形式，一次降雨的产流过程取决于包气带是否达到饱和及饱和面积的发展。当包气带满足其最大蓄水量 W_m 时，其产流量为

$$R = P - (W_m - W_0) \tag{9-47}$$

如果不考虑雨期的蒸发量，或将雨期的蒸发量从降雨量中扣除，在蓄满产流模式条件下，则一场降雨的产流量可概括为

$$R = f(P, W_0) \tag{9-48}$$

从式（9-48）可以看出，此种产流模式的产流量，只与降雨量和雨前流域蓄水量有关，而与降雨强度无关。

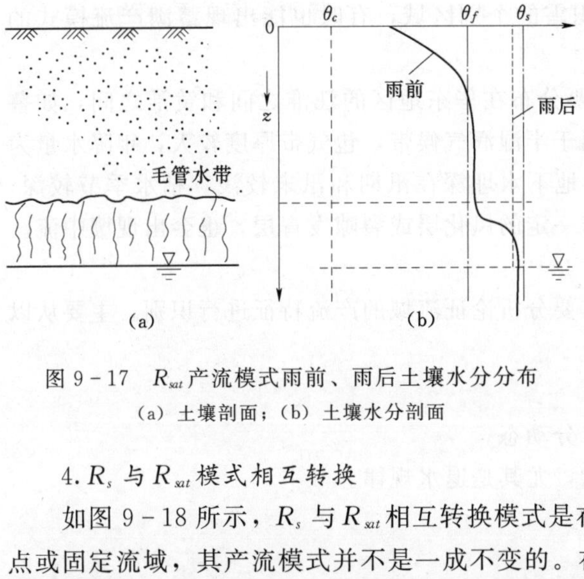

图 9-17 R_{sat} 产流模式雨前、雨后土壤水分分布

（a）土壤剖面；（b）土壤水分剖面

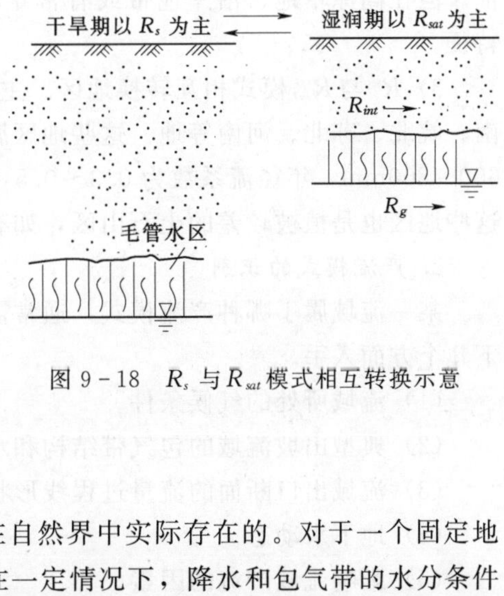

图 9-18 R_s 与 R_{sat} 模式相互转换示意

4. R_s 与 R_{sat} 模式相互转换

如图 9-18 所示，R_s 与 R_{sat} 相互转换模式是在自然界中实际存在的。对于一个固定地点或固定流域，其产流模式并不是一成不变的。在一定情况下，降水和包气带的水分条件等次要因素，可能会上升为决定产流机制存在的主导因素。这种产流模式的转换规律是：在年内，汛前汛初以超渗产流模式为主，汛期及汛末以蓄满产流模式为主；在多年中，干旱年份多以超渗产流为主，而在丰水年份多以蓄满产流为主。其产流量的计算，可针对不同时期，选择不同模式。

三、产流模式的识别

1. 影响产流的因素及我国产流模式的分布

（1）影响流域产流的因素。影响流域产流的主要因素有：

1）流域下垫面条件，如地形地貌特征、地质条件、植被类型与分布、土壤类型、分布与含水量大小、包气带的垂向和平向分布特征及地下水埋深等。

2）降雨特征，如降雨的时空分布。

3）流域蒸发，如蒸发量的时空分布。

4）人类活动，如人类活动显著地改变了流域下垫面条件（特别是土地利用变化）。在上述众多因素中，流域下垫面条件是缓变因素，可作为识别产流模式的依据。降雨、蒸发及土壤含水量等，属于瞬变和多变的因素，在产流计算中需要重点考虑。

（2）我国产流模式的分布。我国幅员辽阔，气候变化范围大，地形多样，具有各种类型的产流机制和产流特征。主要的产流模式分布如下：

1）以蓄满产流为主的地区。主要分布在淮河以南、降雨量比较丰富的湿润地区，这些地区的年径流系数大都在0.5以上，浙江、江西、湖南、福建等省最为典型。但在这些区域的个别地方，由于植被差、包气带较厚，也可呈现出超渗地表径流的产流特征。东北的松花江流域，虽然年降雨量只有500mm左右，但由于季节性冻土和永久冻土的存在，在森林茂密的区域土层较薄，表土疏松，下渗能力强，降雨量又相对集中，其产流特征基本表现为蓄满产流模式。再如，辽宁东部山区也表现出蓄满产流的特点。

2）以超渗产流为主的地区。主要分布在西北干旱地区，由于气候干燥，包气带深厚，地下水埋深大，一般降雨量很难使整个包气带达到饱和，因此多具有超渗产流模式的特征。但在高原草地、沼泽地带或有常年积雪的个别区域，有时也能出现蓄满产流模式的特征。

3）R_s与R_{sat}模式相互转换地区。主要分布在华东地区的江淮之间和黄淮之间，如鲁南、皖北、苏北、河南等地。这些地区属于半湿润气候带，包气带厚度较大，年降水量为600～800mm，年径流系数为0.3～0.5，地下水埋深在汛期和汛末较浅，枯水季节较深。这些地区也是植被较差的土石山区，如有一定的风化层或裂隙发育层，也会出现壤中流。

2. 产流模式的识别

某一流域属于哪种产流模式，通常需要分析论证流域的产流特征进行识别。主要从以下几个方面入手。

（1）流域所处的气候条件。

（2）典型山坡流域的包气带结构和水分动态。

（3）流域出口断面的流量过程线形状，尤其是退水规律。

（4）地下水动态。

（5）影响流域产流的因素。

如果在包气带较薄，植被良好，土壤透水性强的地区，一般都具有蓄满产流的特征，这些地区的特点是土壤经常比较湿润，地下水位埋深浅，毛管水带接近地表，土壤缺水量小，一次降雨的下渗锋面极易与支持毛管水带相联系。

如果地下水位埋深大，包气带深厚且透水性差，植被稀少，一般都具有超渗产流的特征，这些地区只有超渗地表径流，而壤中流或地下径流则没有或很少。一次降雨后，其下渗锋面一般在0.5m或更小的范围内，各次降雨的下渗锋面位置不定。

如果在干旱期，地下水位较低，出现中间包气带，汛初遇有强度大的暴雨时，则会以超渗产流机制为主。进入汛期直到汛末，由于连续降雨，地下水位逐步上升，中间包气带消失，有时地下水位也可能会上升到地表，在这期间的降雨则以蓄满产流为主。

思　考　题

1. 引起包气带水分动态变化的原因是什么?

2. 试详述包气带对降雨的"筛子"作用和"门槛"作用。

3. 试列出包气带水量平衡方程式和包气带分层水量平衡方程式。

4. 详述霍顿产流理论及不足之处。

5. 什么叫超渗地面径流、壤中流、饱和地面径流和回归流?试分别说明它们的形成机制。

6. 什么叫产流类型?它们的次降雨径流关系各有什么特点?

7. 如何正确理解"蓄满"产流模式和"超渗"产流模式?

8. 产流模式如何识别?

9. 为什么径流总是发生在界面上?

第十章 流 域 产 流

扣除损失之后形成径流的雨量称为净雨，形成地面径流的雨量称为地面净雨，形成地下径流的雨量称为地下净雨。这些分布在流域上各处的净雨，将形成流域出口断面的径流过程，它们在数量上应该是相等的。习惯上，称净雨量为产流量，将降雨过程转化为净雨的过程称为产流过程。流域产流计算是指由流域上的面雨量推求净雨量及净雨过程的计算。

在实际中，一般不再细分各种损失雨量，通常作为一个整体来考虑。另外，目前限于水文科学的发展水平，流域产流计算一般都是假设流域降雨均匀为基础的，所以本章介绍的方法限于中小流域。对于大流域，要进行流域分块，采用分布式水文模型计算，关于这方面的研究尚处在发展阶段。

在湿润地区，土壤包气带较薄，湿度较大，很容易被一次降雨蓄满，通常采用蓄满产流模式计算产流，既产生饱和地表径流，同时也产生地下径流。在干旱地区，土壤包气带较厚，一般很难产生地下径流，只有在降雨强度大于下渗能力时产生地表径流，通常采用超渗产流模式，或用初损后损法计算产流量。以上是两种极端情况，而在半干旱半湿润地区，以上两种情况兼而有之，需要分别对待，在不同的季节或年份相互转换计算模式。

第一节 产 流 特 征

一、产流面积统计特性曲线

产流面积的空间分布与发展，直接影响到流域产流过程、产流特征和产流量。由于不可能直接获得整个流域上产流面积的发展变化资料，所以只能根据不同的产流特点，采用统计特性曲线来研究产流面积的变化规律和产流特征。

1. 流域蓄水容量面积分配曲线

流域各处包气带的厚度及土壤特性都是不同的。当流域处于“最干旱状态”时，流域包气带各处都具有一个最大缺水量，而且这个最大缺水量都不相同，我们称之为流域各点的蓄水容量 W'_m。假如，将流域各处的 W'_m 自小至大排列，统计出小于等于某一 W'_m 的面积 F_R 占全流域面积 F 的比重，即 $\alpha=F_R/F$，则可绘出如图 10－1 所示的 W'_m—α 曲线，这就是流域蓄水容量面积分配曲线，简称流域蓄水容量曲线。图中 W'_{mm} 为流域中最大的点蓄水容量。由于流域各处蓄水容量在流域内的实际分布是很复杂的，使用直接测定的方法来建立蓄

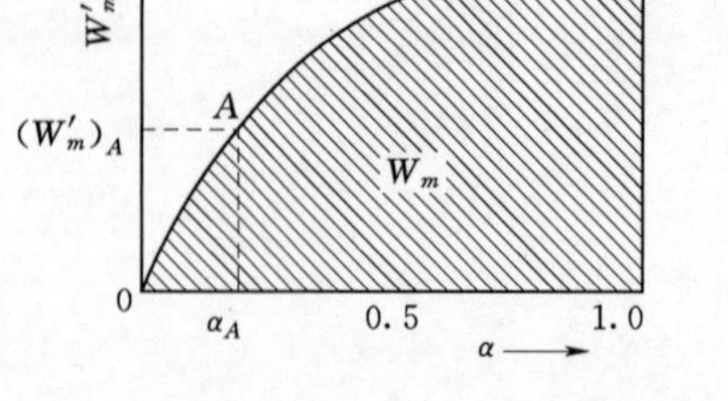

图 10－1 流域蓄水容量面积分配曲线

水容量曲线是困难的。通常的做法是通过实测的降雨径流资料来选配线型，间接确定流域蓄水容量曲线，相对面积与点蓄水容量的关系可表示成 $\alpha=f(W'_m)$。

按照流域蓄水容量曲线的概念，它具有以下性质：

(1) 流域蓄水容量曲线是一单增函数关系，其最小端表示流域中 W'_m 的最小值（一般为 0，但也可不为 0），其最大端表示流域中 W'_m 的最大值，即 W'_{mm}。

(2) 曲线上任一点的横坐标表示流域上小于等于 W'_m 的面积所占的比重。

(3) 曲线与横坐标所包围的面积等于流域蓄水容量（或最大持水量），即当流域各处包气带均达到田间持水量时的蓄水量 W_m，显然

$$W_m=\int_0^{W'_{mm}}[1-f(W'_m)]\mathrm{d}W'_m \tag{10-1}$$

(4) 流域蓄水容量曲线在具体流域上是唯一的，且 W_m 是常数。

(5) 这条曲线不能表明流域上包气带具体地点的蓄水容量是多少，或者说具体地点的缺水量大小。

2. 流域下渗能力面积分配曲线

在一定的初始土壤蓄水量 W 条件下，流域各处的下渗能力是不同的。这取决于流域土壤、植物和包气带土壤含水量及垂直分布。如果以地面下渗能力为纵坐标，以小于等于该下渗能力所占面积与流域面积之比为横坐标，则所得的曲线称为流域下渗能力面积分配曲线，简称为流域下渗能力分配曲线，如图 10-2 所示。

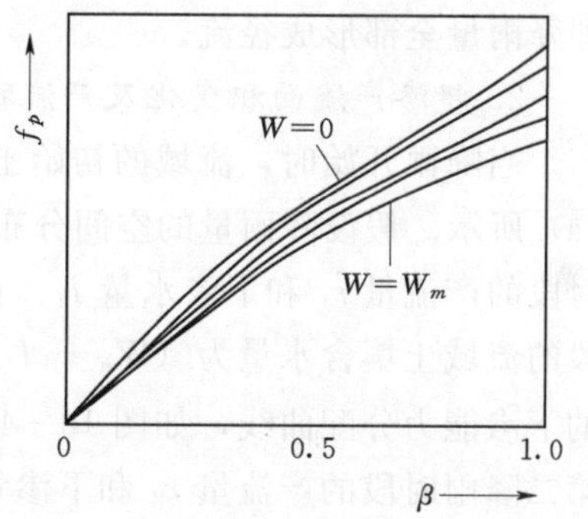

图 10-2 流域下渗能力面积分配曲线

流域下渗能力分配曲线具有以下性质：

(1) 一个流域的下渗能力分配曲线不是唯一的，而是一组以初始流域土壤蓄水量 W_0 为参数的曲线簇。

(2) 当全流域处于最干旱状态时，下渗能力分配曲线就是曲线簇的上包线，当全流域处于最湿润状态时（流域包气带全部达到田间持水量），下渗能力分配曲线就是曲线簇的下包线，这个下包线也就是全流域的稳定下渗率分配曲线。

(3) 该曲线不能给出流域上具体地点的下渗能力。

二、产流面积变化及产流特征

1. 蓄满产流面积的变化及产流特征

蓄满产流的总径流量受控于包气带的田间持水量，根据包气带水量平衡方程式 $R'=P-E-(W'_m-W'_0)$，当 $(P-E)>(W'_m-W'_0)$ 时产流，否则不产流。因此，在降雨空间分布均匀情况下，蓄满产流面积变化可用流域蓄水容量曲线加以说明。假设降雨开始时流域是最干旱的，即 $W_0=0$，如图 10-3 所示，则不难看出产流面积变化有如下特点：

(1) 随着降雨量的不断增加，产流面积也不断增大。

(2) 产流面积的变化与降雨强度无关。

(3) 全流域蓄满产流的条件是 $\sum(P-E)\geqslant W'_{mm}$。

当 $W_0\neq 0$ 时，类似的分析与上面相同。

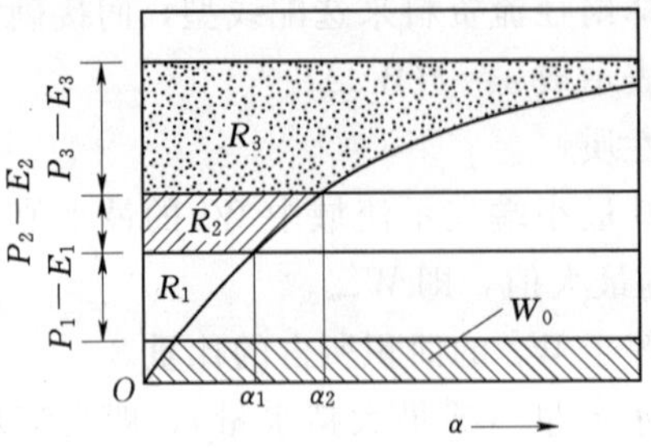

图 10-3 蓄满产流过程示意

显然，在蓄满产流的情况下，一次降雨的产流量，只取决于降雨量和雨前流域蓄水量，而与降雨的时间变化过程（降雨强度）无关，这是蓄满产流计算的主要依据。流域蓄水容量曲线的形状和 W_0 决定了各时段降雨所形成的径流量。降雨量相同，W_0 越大，则产流面积也越大；反之亦然。根据以上所述，蓄满产流的特征可概括为：

（1）先满足包气带蓄水容量的地方先产流。

（2）随着降雨的持续，产流面积不断扩大，产流量也增大。

（3）对同一降雨量，包气带初始蓄水量越大，则产流量越大，反之就小。

（4）在未满足全流域最大蓄水容量以前，径流系数小于 1；满足以后径流系数等于 1，即降雨量全部形成径流。

2. *超渗产流面积变化及产流特征*

当降雨开始时，流域的初始土壤含水量为 W_0，相应地下渗能力分配曲线为图 10-4（a）所示。假设降雨量的空间分布是均匀的，若第一时段的平均雨强为$\bar{i}_1$，则分别得第一时段的产流量 r_1 和下渗水量 I_1。由于第一时段下渗量 I_1 补充了土壤含水量，所以第二时段的流域土壤含水量为（W_0+I_1），相应地采用第二时段初始土壤含水量为（W_0+I_1）的下渗能力分配曲线，如图 10-4（b）所示。若第二时段的平均降雨强度为$\bar{i}_2$，则分别得第二降雨时段的产流量 r_2 和下渗量 I_2。又由于 I_2 又补充了土壤含水量，所以第三时段的流域土壤含水量又增加为（$W_0+I_1+I_2$），再利用初始土壤含水量为（$W_0+I_1+I_2$）的下渗能力分配曲线，如图 10-4（c）所示，求得 r_3 和 I_3。如此继续下去，就可以求得一场降雨的地面超渗径流及产流面积变化过程。

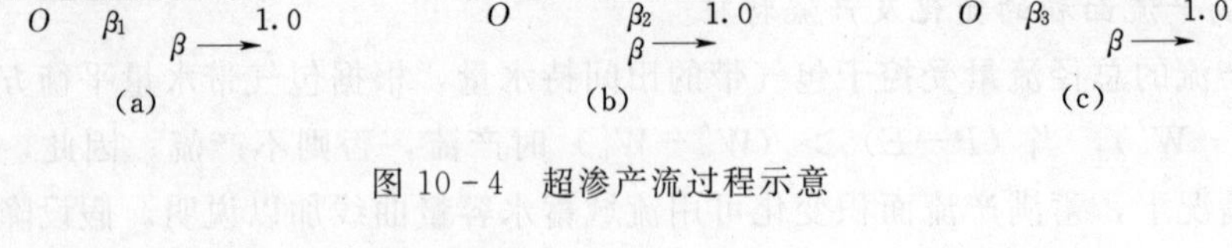

图 10-4 超渗产流过程示意

根据上述，超渗地面径流产流面积变化有如下特点：

（1）随着降雨历时的增加，产流面积时增时减。

（2）产流面积的大小与降雨强度和初始土壤含水量有关。

（3）一次降雨全流域超渗产流与局部超渗产流可能交替出现。

从以上产流过程不难看出，时段产流量的大小取决于两个因素：一是初始土壤含水量

（确定采用哪条下渗能力分配曲线）；二是降雨强度与下渗能力的对比关系。当把降雨强度过程与下渗能力面积曲线联系起来时，可以清楚地表达出产流面积的变化、产流量大小以及整个产流过程的变化与发展，它们基本上反映了超渗地面径流产流的基本特征，可概括为：

（1）降雨强度大于下渗强度时，产生超渗地面径流。

（2）产流量与降雨强度及下渗能力有关，而下渗能力又取决于土壤蓄水量。

（3）产流面积并不是随降雨的持续而增长，有增有减，它与雨强及下渗能力有关。

第二节　降雨径流经验相关法

降雨径流经验相关法是以实测资料为基础，将径流量与影响径流的主要因素建立的经验相关图。由于各流域的具体条件不同，相关图中考虑影响因素的多少也不同。比如影响径流的因素有降雨量 P、降雨开始时的流域蓄水量 W（或前期影响雨量 P_a）、降雨历时或降雨强度等。按照所考虑的因素个数不同分为三变量（$P—P_a—R$）降雨径流相关图和多变量降雨径流相关图。三变量相关图，在湿润、半湿润地区使用效果较好。在干旱、半干旱区，影响产流的因素较为复杂，常使用多变量相关图。这些图反映了这些流域的产流规律，因此，当我们已知流域降雨、降雨前流域蓄水量等因素时，可由该图查出相应的产流量。这种推求径流量的方法简单，又有一定的精度，所以实际工作中应用较为广泛。降雨径流相关图大体可分为两大类：一种是按地面径流深和其他因素点绘的相关图，称为降雨地面径流相关图，这种类型的相关图是基于超渗产流模式建立的，国外的降雨径流相关图多为此种；再一种是按总径流深与其他因素间的关系点绘的相关图，称为降雨总径流相关图，这种类型的相关图是基于蓄满产流模式建立的。两种降雨径流相关图在称呼上一般不加区别，应用时应注意区分。本节重点介绍基于蓄满产流模式建立的三变量降雨径流相关图。

一、流域前期影响雨量分析

降雨开始时流域的干湿程度，对本次降雨产生的径流量影响极大，它是产流计算中的重要因素之一。雨前流域蓄水量 W 是三变量降雨径流相关图的一个重要参数，由于计算该值比较麻烦，常用前期影响雨量 P_a 代替。

1. 前期影响雨量的计算

前期影响雨量 P_a 也可称为流域蓄水量或流域含水量，它是通过人们的感性认识进行模拟而获得的一种土壤湿度指标。由于雨前土壤蓄水量与前期各次降雨量有关，例如前期降雨与本次降雨的时隔越近，则影响越大，反之则越小。因此，可以采用一个小于 1 的影响系数 K，称为折减系数，来反映前期雨量的影响程度。如果用 K 的 n 次方来表示这种影响程度，那么前期影响雨量可以用下式模拟计算：

$$P_{a,t}=KP_{t-1}+K^2P_{t-2}+\cdots+K^nP_{t-n} \tag{10-2}$$

式中：$P_{a,t}$ 为降雨开始时的蓄水量，即 t 日初的前期影响雨量，mm；P_{t-1}、P_{t-2}、…、P_{t-n} 为本次降雨前 1 天、前 2 天、…前 n 天的降雨量，mm；n 值一般取 10～15d，最多取 30d；式（10-2）也可写成以下形式：

$$P_{a,t}=K(P_{t-1}+KP_{t-2}+\cdots+K^{n-1}P_{t-n})=K(P_{t-1}+P_{a,t-1}) \tag{10-3}$$

如果第 $t-1$ 天的降雨产生径流量为 R_{t-1}，则式（10-3）原则上应修改成：

$$P_{a,t}=K(P_{t-1}+P_{a,t-1}-R_{t-1}) \tag{10-4}$$

但在实际应用中，由于 R_{t-1} 不易求得，故一般用式（10-3）计算 P_a，再考虑使算出的 P_a 不能超过流域最大影响雨量 I_m，即

$$\text{当 } P_{a,t}>I_m \text{ 时}, P_{a,t}=I_m \tag{10-5}$$

利用式（10-3）及式（10-5）通过逐日计算求得每日的 P_a 值，一直算到降雨开始前。流域最大影响雨量 I_m 的意义与流域蓄水容量相同，表明流域上的土壤蓄水量应该有一个上限，计算出的蓄水量不应大于最大蓄水量 I_m，所以计算 $P_{a,t}$ 时要用 I_m 作控制。由式（10-2）可知，离开本日越往前的雨量对本日的 $P_{a,t}$ 影响越小，因此，一般可以用以下方法确定初始 P_a 值：如前期很长一段时间无雨，可令 $P_a=0$；而在一次大雨后，可认为 $P_a=I_m$。

【例 10-1】 某流域根据过去资料分析，得知 $K=0.9$，$I_m=100$mm。1997 年 5 月 10 日发生一次大雨，根据表 10-1，求该流域 5 月 10 日雨前的影响雨量 $P_{a,t}$。

解： 利用式（10-3）及式（10-5），从 4 月 30 日逐日递推计算，如表 10-1 所示，得 $P_a=77.8$mm。

表 10-1　某流域 5 月 10 日雨前 P_a 计算

时　期	4月						5月									
	25 日	26 日	27 日	28 日	29 日	30 日	1 日	2 日	3 日	4 日	5 日	6 日	7 日	8 日	9 日	10 日
雨量/mm	0	0	0	0	0	0.5	124.3	0	6.7	0	19.5	30.7	6.6	0	0	63.0
P_a/mm						0	0.45	100.0	90.0	87.0	78.7	88.0	100.0	95.9	86.3	77.8

注　4 月 30 日以前很久无雨，可假设该日的 $P_a=0$。

2. I_m 值的确定

流域最大影响雨量也称流域最大含水量或流域蓄水容量，是个相对值。其意义是：在流域土壤水分充分蒸发以后，需要通过降雨补充而达到田间持水量时的最大值，在同一流域上通常作为一个稳定值，但在不同流域上取值是不同的。如果在整个流域上，久旱之后有大雨，雨后土层的蓄水量刚好完全得到满足，即恰好达到田间持水量，同时没有多余的水渗漏到深层地下水中，也没有地面径流产生，则本次降雨量将全部损失，并达到最大损失量。在这种情况下，降雨量扣除雨期蒸发量后，就应理解为 I_m。但是在实际工作中，很难分析判断哪场雨恰好属于这种情况。所以，通常的做法是：选取前期十分干旱的几次暴雨洪水资料，降雨量要相当大，能够保证全流域产流，通过水量平衡分析，长久无雨时可认为 $P_a\approx0$，利用水量平衡方程 $R=P-I_m-E$ 反求 I_m，即

$$I_m=P-R-E \tag{10-6}$$

式中：P 为降雨量，mm；R 为径流量，mm；E 为雨期蒸发量，mm。

再取各次暴雨洪水计算的平均值或最大值作为 I_m。根据我国经验，在湿润地区 I_m 值约在 80～120mm 之间。这样求出来的流域最大蓄水量，除包括土层的最大蓄水量外，还包括最大植物截留量和流域最大填洼量。一般后两项数量较小，故并入到流域土壤的最大

蓄水量中，不做单独分析计算。

3. K 值的确定

通常是按流域蒸发能力确定前期雨量的折减系数 K 值。流域蒸发量的大小与气象因素和土壤湿度有关。当土壤含水量为最大值 I_m 时，其流域蒸发为充分供水条件下的蒸发能力，用 E_m(mm/d) 表示。蒸发能力仅与气象因子有关，是随当日的气象条件变化的，各日取值不同，即 $E_m=E_m(t)$。若 t 日这一天的 $P_{a,t}$ 达到 I_m 值时，则流域实际蒸发量 $E(t)=E_m(t)$，即 $E(t)$ 与 $E_m(t)$ 比值等于 1。当流域 $P_{a,t}<I_m$，即属于不充分供水时的蒸发，流域的实际蒸发量 $E(t)<E_m(t)$，即 $E(t)$ 与 $E_m(t)$ 的比值小于 1。比值 $E(t)/E_m(t)$ 随土壤含水量的减小而减小。在无雨的情况下，土壤水分一天的消退量就是一天的蒸发量，即

$$E(t)=P_{a,t}-P_{a,t+1}=P_{a,t}-KP_{a,t}=(1-K)P_{a,t} \tag{10-7}$$

那么，当土壤含水量为最大值 I_m 时，则蒸发量为蒸发能力：

$$E_m=(1-K)I_m \tag{10-8}$$

由此得

$$K=1-\frac{E_m}{I_m} \tag{10-9}$$

根据试验研究，E_m 值与口径为 80cm 套盆式蒸发器同气象条件下水面蒸发量相近，因此，E_m 可用该蒸发器的观测值近似。如有其他仪器观测的水面蒸发资料，要进行折算。如口径为 20cm 小型蒸发皿的观测值，要换算成口径 80cm 套盆式蒸发器的水面蒸发量作为蒸发能力，折算系数的取值范围在 0.7～0.9 之间，与区域气象条件有关。蒸发能力随着地区、季节、天气的晴雨等条件变化。所以在同一地区，应按不同的月份和天气的阴、晴，采用不同的数值。目前，一般按晴天或雨天采用各月份的多年平均值，从而可以得到各月晴天的 K 值和雨天的 K 值。

【例 10-2】　某流域 $I_m=100$mm，6、7 两月的平均蒸发能力分别为 5.6 mm/d 和 6.8 mm/d。试计算 6、7 两月的折算系数 K。

解：根据式（10-9），6、7 两月的 K 值分别为

$$K_6=1-5.6/100=0.944$$
$$K_7=1-6.8/100=0.932$$

二、三变量经验相关图

除了降雨外，影响产流的主要因素是土壤湿度，即土壤含水量的大小。因此，可以建立降雨量、前期影响雨量与径流量三者之间（P—P_a—R）的经验相关图，也可采用第三节的方法计算流域蓄水量 W，建立 P—W—R 三变量相关图，以下主要介绍 P—P_a—R 三变量的经验相关图。

1. 相关图的建立

按照前述介绍的方法整理计算流域各次降雨的 P_a、P、R 资料后，以 P_a 为参数，就可以制作 P—P_a—R 三变量相关图了，如图 10-5 所示。

制作方法是：根据流域历年实测的降雨量、蒸发量及洪水资料，通过分析、计算，求得各次洪水的面雨量 P，总径流深 R 及雨前影响雨量 P_a，以次降雨量 P 为纵坐标，以相

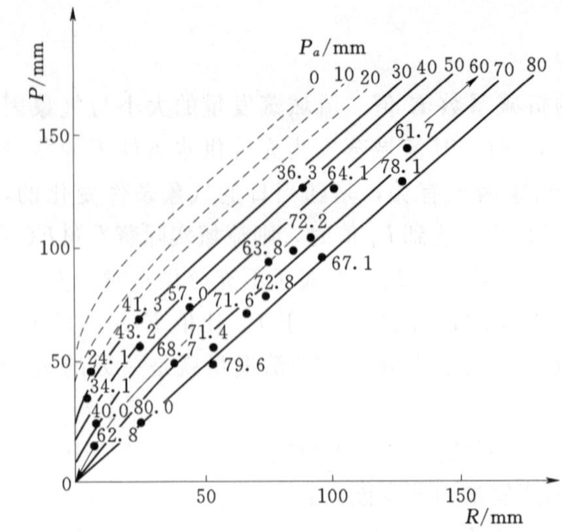

图 10-5 $P—P_a—R$ 相关图

应的径流深 R 为横坐标，便可按对应的 P、R 资料，在图上描绘出一个点，并把雨前的 P_a 值标注在点旁，如图 10-5 中各点上的数字。然后按点群分布趋势并照顾多数点据，绘出以 P_a 为参数的等值线，这就是流域以 P_a 为参数的三变量降雨径流相关图。

三变量相关图应符合以下规律：①P 相同时，P_a 越大，降雨损失越小，R 就越大，故 P_a 等值线的数值自左向右逐渐增大；②P_a 相同时，P 越大，降雨量损失相对就越小，dR/dP 也愈大，$P—R$ 关系线的坡度随 P 增大而减缓，趋于一个定值，使曲线变为直线，但直线坡度也不应小于 45°，这是因为降雨总是有损失。

在湿润地区，随降雨量的增大，降雨径流相关图的上段表现为一组平行等距离直线，这一点有利于曲线外延。相关图作好后，还应从总体上进行评定，看其是否达到一定的精度要求。如果达到了要求，则该图即可用于以后的产流计算。

有时会遇到降雨径流资料不多，相关点据较少，做出等值线相关图有困难，也可以做成如图 10-6 所示的（$P+P_a$）—R 的简化形式的相关图，因只绘一条相关线，点据少也可定线。

对于没有实测降雨径流资料的地区，可利用地形、土壤、植被、气候等条件相似的邻近地区的降雨径流相关图来估算产流量。

2. 降雨径流相关图的应用

当观测并计算出各时段的面雨量后，再计算出降雨开始的流域前期影响雨量 P_a，便可以从图上查算出各时段的面净雨量。例如，一次降雨按 Δt 分成了许多时段，时段雨量分别为 P_1、P_2、P_3、…，待求的时段净雨量分别为 R_1、R_2、R_3、…。由已知的 P_a 值，在相关图上（必要时需要内插 P_a 等值线）由 P_1 查得 R_1，由 P_1+P_2 查得 R_1+R_2，由 $P_1+P_2+P_3$ 查得 $R_1+R_2+R_3$；…依次类推。当逐时段累加的净雨量查出以后，就可以计算出各时段的净雨深，分别为：$R_1=R_1$，$R_2=(R_1+R_2)-R_1$，$R_3=(R_1+R_2+R_3)-(R_1+R_2)$，如图 10-7 所示。这样，就可以将暴雨的各时段净雨推算出来。

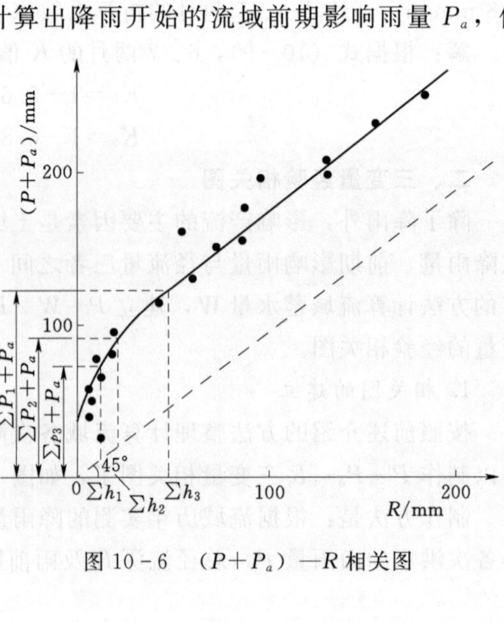

图 10-6 （$P+P_a$）—R 相关图

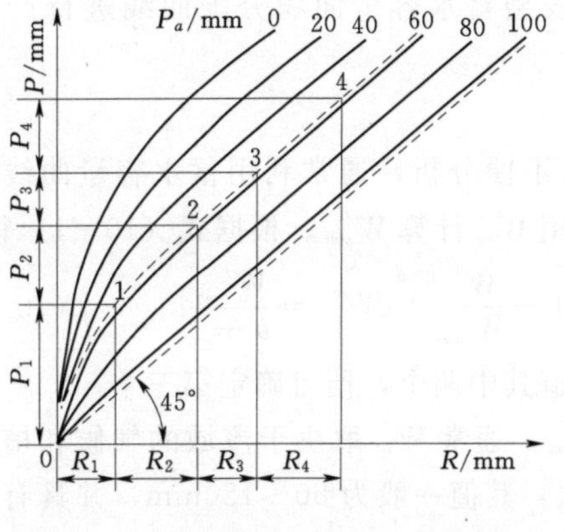

图 10-7　推求净雨（径流）及过程示意

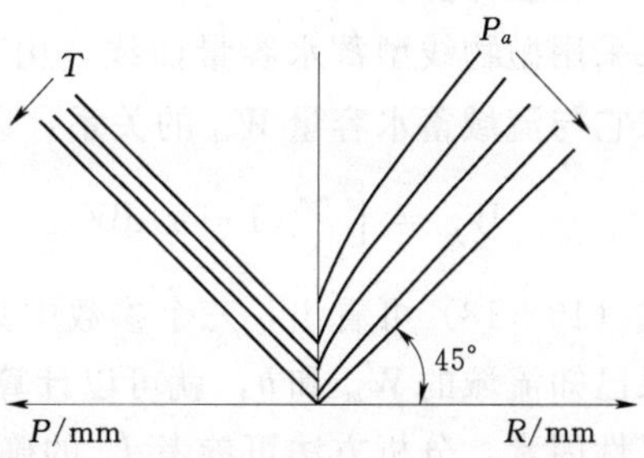

图 10-8　某流域 $P—P_a—T—R$ 四变量相关图

三、多变量降雨径流相关图

在干旱半干旱地区，降雨强度也通常是影响产流的重要因素，此时应在以 P_a 为参数的降雨径流相关图基础上，再增加降雨强度或降雨历时、降雨发生月份等有关参数，制成更多变量的多象限合轴相关图，图 10-8 是考虑了降雨历时的降雨径流相关图（$P—P_a—T—R$）。

第三节　蓄满产流模型法

在湿润地区，一般是以蓄满产流为主导型的产流模式，这种情况下可根据蓄水容量分配曲线，采用数学方法计算产流量。产流计算时，流域蓄水量也是以蓄水容量 W_m 为控制。对于流域中某点而言，蓄满前的降雨不产流，净雨量为零；蓄满后才产流，产流量（总净雨量）可用下面的水量平衡方程计算：

$$R'=P-E-(W'_m-W'_0) \tag{10-10}$$

式中：P、E 为某点的降雨量和雨期蒸散发量，mm；R'为某点有效降雨（$P-E$）产生的总净雨深，mm；W'_m为某点的蓄水容量，mm；W'_0为某点降雨开始时的实际蓄水量，mm。

式（10-10）是针对流域某一点的净雨计算方程，而对于一个流域，下垫面状况包括植被、包气带的厚薄、土质、土壤结构等在空间上分布不均匀，导致雨前流域土壤缺水量的空间分布也不均匀。由于在其他条件相同情况下，缺水量小的地方降雨容易蓄满而先产流，所以在全流域产流前，存在部分区域先蓄满、先产流的现象。一般用流域蓄水容量曲线表征流域土壤缺水量分布的这种不均匀性，并与式（10-10）联合求解，才能求得流域的径流量及过程。

在我国，流域蓄水容量曲线通常采用以下两种线型：

抛物线型
$$\alpha=1-\left(1-\frac{W'_m}{W'_{mm}}\right)^b \tag{10-11}$$

指数型
$$\alpha=1-e^{-kW'_m} \tag{10-12}$$

式中：b 和 k 为经验指数，反映流域各处蓄水容量 W'_m在空间分布上的不均匀性。根据在我国的应用情况，抛物线型适合于南方湿润地区和北方部分地区，指数线型在东北地区较为适用。因此，本节主要介绍利用抛物线型蓄水容量面积分配曲线进行产流计算问题。

一、产流量计算

如果采用抛物线型蓄水容量曲线，由于 W'_{mm} 不便分析，通常利用蓄水容量曲线的意义，寻求它与流域蓄水容量 W_m 的关系，以便利用 W_m 计算 W'_{mm}。根据式（10－1）得

$$W_m=\int_0^{W'_{mm}}(1-\alpha)\mathrm{d}W'_m=\int_0^{W'_{mm}}\left(1-\frac{W'_m}{W'_{mm}}\right)^b\mathrm{d}W'_m=\frac{W'_{mm}}{b+1} \tag{10-13}$$

从式（10－13）可看出，三个参数中只要知道其中两个，便可确定第三个。

如果已知流域的 W_m 和 b，就可以计算出 W'_{mm}。通常 W_m 取决于流域的气候和植被等地区分区性因素，分析方法可参考 I_m 的确定方法，其值一般为 80～150mm，并具有一定的地带性规律。b 值主要取决于流域地形、地质、土壤等非分区性因素，根据经验其值一般为 0.2～0.4。

假设降雨开始时，流域的初始蓄水量为 W_0，其对应的产流面积为 α_a，相应于 α_a 的最大点蓄水容量为 A，而 A 就是在流域蓄水容量面积分配曲线上与 W_0 相对应的纵标值，如图 10－9（a）所示，W_0 与 A 的关系为

$$W_0=\int_0^A(1-\alpha)\mathrm{d}W'_m=\int_0^A\left(1-\frac{W'_m}{W'_{mm}}\right)^b\mathrm{d}W'_m=\frac{W'_{mm}}{b+1}\left[1-\left(1-\frac{A}{W'_{mm}}\right)^{b+1}\right] \tag{10-14}$$

将式（10－13）代入式（10－14），整理后得

$$A=W'_{mm}\left[1-\left(1-\frac{W_0}{W_m}\right)^{\frac{1}{b+1}}\right] \tag{10-15}$$

已知参数 W_m 和 b，有了 A 后就可以计算产流量 R。

如果流域降雨量为 P，当 $P-E+A<W'_{mm}$ 时，流域为部分面积产流，如图 10－9 所示，由有效降雨量（$P-E$）减去降雨损失量 ΔW 得出产流量：

$$\begin{aligned}R&=(P-E)-\Delta W=(P-E)-\int_A^{P-E+A}(1-\alpha)\mathrm{d}W'_m\\&=(P-E)-(W_m-W_0)+W_m\left(1-\frac{P-E+A}{W'_{mm}}\right)^{b+1}\end{aligned} \tag{10-16}$$

当 $P-E+A\geqslant W'_{mm}$ 时，流域为全流域产流，有效降雨扣除损失量（W_m-W_0）后的水量即为产流量：

$$R=(P-E)-(W_m-W_0) \tag{10-17}$$

综上所述，蓄满产流模型的产流计算公式归纳为

$$R=\begin{cases}(P-E)-(W_m-W_0)+W_m\left(1-\dfrac{P-E+A}{W'_{mm}}\right)^{b+1} & P-E+A<W'_{mm}\\(P-E)-(W_m-W_0) & P-E+A\geqslant W'_{mm}\end{cases} \tag{10-18}$$

根据式（10－18）可设定不同的 W_0 值，就可计算出不同降雨量下的净雨量 R，这样就可建立起 $P—W_0—R$ 三者之间的函数关系，如图 10－9（b）所示。在应用中，当计算出每次雨前的 W_0 后，查 $P—W_0—R$ 关系图，即可获得该场降雨的径流量（净雨量）。

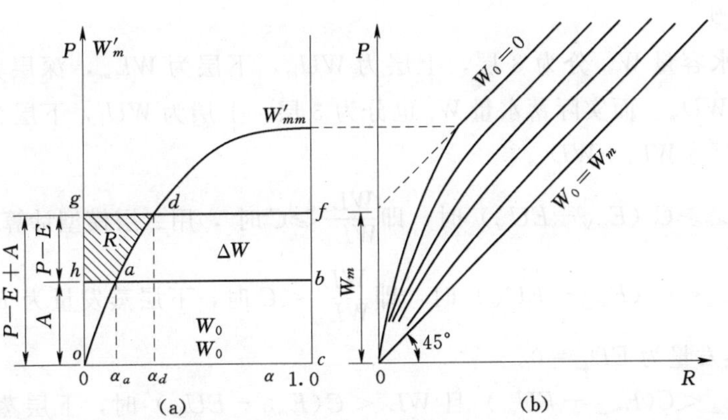

图 10－9　抛物线型蓄水容量面积分配曲线及降雨径流关系示意

二、流域雨前蓄水量 W_0 的计算

在蓄满产流模型计算中，需要确定出降雨开始时的流域蓄水量 W_0，才能算出各时段的净雨量 R。时段末的蓄水量也就是下时段初的蓄水量，可以通过水量平衡法反推 W，即

$$W_{t+\Delta t}=W_t+P_{\Delta t}-E_{\Delta t}-R_{\Delta t} \tag{10-19}$$

式中：W_t 为时段 Δt 初的流域蓄水量；$W_{t+\Delta t}$ 为时段末的流域蓄水量；$P_{\Delta t}$、$E_{\Delta t}$、$R_{\Delta t}$ 分别为时段降雨量、时段蒸发量及时段净雨量；单位均采用 mm。

如果取 Δt 为一天，对于无雨日，则式（10－19）可写成

$$W_{t+\Delta t}=W_t-E_{\Delta t} \tag{10-20}$$

对于有雨而不产流日，则式（10－19）可写成

$$W_{t+\Delta t}=W_t+P_{\Delta t}-E_{\Delta t} \tag{10-21}$$

以上各式是用实测逐日降雨、径流、蒸发资料反推逐日 W，E_t 可用蒸发模型计算，计算时提前若干天，一直算到降雨开始为止。目前通常采用以下 3 种模型计算 E_t。

1. 一层模型

假定流域的蒸散发量与蓄水量成正比，即：

$$E_{\Delta t}=E_m\frac{W_t}{W_m}$$

式中：E_m 为时段内流域蒸散发能力，mm。

2. 二层模型

将流域蓄水容量 W_m 分为上下两层，上层为 WU_m，下层为 WL_m，$W_m=WU_m+WL_m$。而实际蓄水量 W_t 也分为上下两层，上层为 WU_t，下层为 WL_t，$W_t=WU_t+WL_t$。当有雨时，先补充上层，上层满足后再补充下层。蒸发时，则先消耗上层再消耗下层。上层蒸发按蒸散发能力进行，下层的蒸散发量假定与该层的蓄水量成正比，即

（1）当 $P_{\Delta t}+WU_t\geqslant E_{m\Delta t}$ 时，上层蒸发量 $EU_{\Delta t}=E_{m\Delta t}$；下层蒸发量 $EL_{\Delta t}=0$；总蒸发量为 $E_{\Delta t}=EU_{\Delta t}$。

（2）当 $P_{\Delta t}+WU_t<E_{m\Delta t}$ 时，上层蒸发量 $EU_{\Delta t}=P_{\Delta t}+WU_t$，下层蒸发量 $EL_{\Delta t}=(E_{m\Delta t}-EU_{\Delta t})\dfrac{WL_t}{WL_m}$，总蒸发量为 $E_{\Delta t}=EU_{\Delta t}+EL_{\Delta t}$。

3. 3 层模型

将流域蓄水容量 W_m 分为 3 层，上层为 WU_m，下层为 WL_m，深层为 WD_m，$W_m=WU_m+WL_m+WD_m$。而实际蓄水量 W_t 也分为 3 层，上层为 WU_t，下层为 WL_t，深层为 WD_t，$W_t=WU_t+WL_t+WD_t$。

(1) 当 $EL_{\Delta t}\geqslant C(E_{m\Delta t}-EU_{\Delta t})$ 时，即 $\dfrac{WL_t}{WL_m}\geqslant C$ 时，用二层模型计算。

(2) 当 $EL_{\Delta t}<C(E_{m\Delta t}-EU_{\Delta t})$ 时，即 $\dfrac{WL_t}{WL_m}<C$ 时，下层蒸发量为 $EL_{\Delta t}=C(E_{m\Delta t}-EU_{\Delta t})$，深层蒸发量为 $ED_{\Delta t}=0$。

(3) 当 $EL_{\Delta t}<C(E_{m\Delta t}-EU_{\Delta t})$ 且 $WL_t<C(E_{m\Delta t}-EU_{\Delta t})$ 时，下层蒸发量为 $EL_{\Delta t}=WL_t$，深层蒸发量为 $ED_{\Delta t}=C(E_{m\Delta t}-EU_{\Delta t})-EL_{\Delta t}$。

总蒸散发量为 $E_{\Delta t}=EU_{\Delta t}+EL_{\Delta t}+ED_{\Delta t}$。

以上计算式中的 C 值是与深层蒸发有关的系数，根据经验，在北方半湿润地区可取值 0.09～0.12，南方湿润地区可取值 0.15～0.20，也可用实测资料优选确定。

三、产流过程计算

如果已知逐时段降雨量 P_i、蒸发量 E_i 和次降雨开始时的流域蓄水量 W_0，应用式 (10-15) ～式 (10-18) 可逐时段计算流域产流量 R_i 和流域蓄水增量 ΔW_i。

第一个时段，$i=1$，已知流域初始蓄水量 W_0，用式 (10-15) 计算 A_1，再用式 (10-18) 计算出 R_1，则 $\Delta W_1=P_1-E_1-R_1$，则下一个时段初流域蓄水量 $W_1=W_0+\Delta W_1$。

第二个时段，$i=2$，已知流域该时段初始蓄水量 W_1，用式 (10-15) 计算 A_2，再用式 (10-18) 计算出 R_2，则 $\Delta W_2=P_2-E_2-R_2$，则下一个时段初流域蓄水量 $W_2=W_1+\Delta W_2$。

……

以此类推，可计算出一次降雨过程中各时段的产流量。

【例 10-3】 某流域位于湿润地区，试用蓄满产流模型计算该流域次降雨过程对应的产流量。已知流域参数为：$W_m=100$mm，$b=0.3$，流域初始蓄水量 $W_0=80.0$mm，逐日降雨量、蒸发量和产流量计算过程见表 10-2。

表 10-2　　蓄满产流模型产流量计算示例　　单位：mm

日期 (月．日)	面雨量 P	流域蒸发 E	有效降雨 $(P-E)$	A	流域蓄水量 W	产流量 R
(1)	(2)	(3)	(4)	(5)	(6)	(7)
7.1	10.2	5.2	5.0	92.3	80.0	1.6
7.2	7.8	6.6	1.2	97.3	83.4	0.4
7.3		5.6	−5.6	98.5	84.2	
7.4		4.5	−4.5	90.2	78.6	
7.5	27.0	4.0	23.0	84.0	74.1	7.6
7.6	81.0	3.8	77.2	107.0	89.5	66.7
7.7	60.3	4.2	56.1	130	100.0	56.1
Σ	186.3	33.9	152.4			132.4

校核：$\Sigma(P-E)=\Sigma P-\Sigma E=186.3-33.9=152.4$；

$\Sigma R=\Sigma(P-E)-(W_2-W_1)=152.4-(100.0-80.0)=132.4$

四、径流成分的划分

1. 地面、地下净雨的划分

蓄满产流模型计算所得的产流量是逐时段的总净雨量，需要划分成地面净雨和地下净雨。根据蓄满产流的概念，只需求得稳定下渗率 f_c 便可将总净雨划分为地面、地下两部分。当包气带达到蓄满时产流，此时的下渗率称为稳定下渗率 f_c，即地下径流率。当雨强大于稳定下渗率 f_c 时，则产生地面径流，径流率为（$i-f_c$）。但是蓄满饱和，也可能发生在局部。

设时段内的降雨量为 $P_{\Delta t}$，蒸散发量为 $E_{\Delta t}$，产流面积为 F_R，因为只在产流面积上才发生稳定下渗，所以时段内所产生的地下净雨量为 $R_{g\Delta t}=\frac{F_R}{F}f_c\Delta t$。

由于时段内产生的总净雨量为 $R_{\Delta t}=\frac{F_R}{F}(P_{\Delta t}-E_{\Delta t})$，所以 $\frac{F_R}{F}=\frac{R_{\Delta t}}{P_{\Delta t}-E_{\Delta t}}$，即产流面积等于径流系数。根据以上情况：

（1）当 $P_{\Delta t}-E_{\Delta t}>f_c\Delta t$ 时，既产生地面净雨，同时也产生地下净雨。

地下净雨为

$$R_{g\Delta t}=\frac{R_{\Delta t}}{P_{\Delta t}-E_{\Delta t}}f_c\Delta t \tag{10-22}$$

地面净雨等于总净雨减地下净雨，即

$$R_{s\Delta t}=R_{\Delta t}-R_{g\Delta t} \tag{10-23}$$

（2）当 $P_{\Delta t}-E_{\Delta t}\leqslant f_c\Delta t$ 时，不产生地面净雨，$P_{\Delta t}-E_{\Delta t}$ 全部下渗成为地下净雨，所以在产流面积上形成的总净雨仅有地下净雨：

$$R_{g\Delta t}=R_{\Delta t} \tag{10-24}$$

在一场降雨过程中，地下总净雨量等于各时段地下净雨之和，即

$$R_g=\sum R_{g\Delta t}=\sum_{P_{\Delta t}-E_{\Delta t}>f_c\Delta t}\frac{R_{\Delta t}}{P_{\Delta t}-E_{\Delta t}}f_c\Delta t+\sum_{P_{\Delta t}-E_{\Delta t}\leqslant f_c\Delta t}R_{\Delta t} \tag{10-25}$$

因此，有了流域的 f_c，就可以用式（10-22）、式（10-23）和式（10-24）将时段的总净雨划分为地面净雨和地下净雨两部分。

【例 10-4】 某流域一次降雨过程，逐时段流域平均 $P-E$ 见表 10-3，求得各时段净雨深也列于表 10-3 中。已分析得本流域稳定下渗率 $f_c=0.4$mm/h，试划分地面、地下净雨。

表 10-3　　某流域地面、地下净雨计算表

时段序号	降雨历时 /h	$P-E$ /mm	R /mm	$\alpha=\frac{R}{P-E}$	按 $f_c=0.4$mm/h 划分地面、地下净雨	
					地下净雨 R_g/mm	地面净雨 R_s/mm
(1)	(2)	(3)	(4)	(5)	(6)	(7)
1	6	12.6	7.9	0.627	1.50	6.40
2	6	17.4	11.7	0.672	1.61	10.09
3	6	16.9	16.7	0.988	2.37	14.33

续表

时段序号	降雨历时/h	$P-E$/mm	R/mm	$\alpha=\frac{R}{P-E}$	按 $f_c=0.4$mm/h 划分地面、地下净雨	
					地下净雨 R_g/mm	地面净雨 R_s/mm
(1)	(2)	(3)	(4)	(5)	(6)	(7)
4	6	3.3	3.3	1.000	2.40	0.90
5	6	1.4	1.4	1.000	1.40	0
Σ			41.0		9.29	31.71

校核：$\Sigma R=\Sigma R_g+\Sigma R_s=9.29+31.71=41.0$

解：首先根据公式 $\alpha=\frac{R}{(P-E)}$ 计算每个时段的径流系数，计算结果见表中第（5）栏。然后根据（$P-E$）的值与 $f_c\Delta t$ 的值的大小，利用公式计算每个时段的地下净雨量，结果见表第（6）栏。时段总净雨量减去对应时段地下净雨即为时段地面净雨量，结果见表第（7）栏。

2. 稳定下渗率的确定

稳定下渗率 f_c 可以根据流域的实测雨洪资料，要按式（10－25）试算求得。方法是：从实测洪水过程线中分割出一次降雨过程所形成的地下径流总量 R_g，并计算出相应的产流过程 $R\sim t$，配合蒸散发过程，采用试算法求解，具体详见以下算例。

【例 10－5】 某流域一次降雨过程，见表 10－4 第（2）、第（3）栏，该次降雨形成的总净雨量 $R=118.1$mm，按以上方法求得的地下净雨 $R_g=38.5$mm，相应的降雨、蒸散发过程及产流计算所得的时段总净雨量、时段末的产流面积比值，列于表 10－4 中。试根据实测洪水径流过程，推求本次降雨流域的 f_c。

表 10－4　　某流域稳定下渗率的分析计算

时段数	降雨历时/h	$P_{\Delta t}-E_{\Delta t}$/mm	$R_{\Delta t}$/mm	$\frac{R_{\Delta t}}{P_{\Delta t}-E_{\Delta t}}$/mm	$f_c\Delta t$/mm		$R_{g\Delta t}$/mm	
					$f_c=2.0$	$f_c=1.6$	$f_c=2.0$	$f_c=1.6$
(1)	(2)	(3)	(4)	(5)	(6)	(7)	(8)	(9)
1	6	14.5	7.6	0.524	12.0	9.6	6.3	5.0
2	4	4.6	3.7	0.804	8.0	6.4	3.7	3.7
3	6	44.4	44.4	1.0	12.0	9.6	12.0	9.6
4	6	46.5	46.5	1.0	12.0	9.6	12.0	9.6
5	6	14.8	14.8	1.0	12.0	9.6	12.0	9.6
6	1	1.1	1.1	1.0	2.0	1.6	1.1	1.1
Σ	29	125.9	118.1				47.1	38.6

先假设 $f_c=2.0$mm/h 进行试算，按式（10－25）计算。

$R_g=\sum R_{g\Delta t}=6.3+3.7+12.0+12.0+12.0+1.1=47.1$mm，不等于已知的 38.5mm，见表中的第（8）栏。所以，要重新假设 $f_c=1.6$mm/h 进行试算，$R_g=\Sigma R_{g\Delta t}=5.0+3.7+9.6+9.6+9.6+1.1=38.6$mm，与已知的 38.5mm 基本相等，见第（9）栏。因此，本次洪水的 $f_c=1.6$mm/h，即为所求。

应当指出，在实际工作中，会遇到由各场洪水求得的稳定下渗率 f_c 变化较大的情况，这主要是流域降雨很不均匀和各地降雨过程不一致所造成的，因此对各场洪水试算的 f_c，综合分析后再确定流域使用的 f_c 值。若能考虑这一点，则可使流域的 f_c 比较稳定。例如广东省枫树坝水库，集水面积 5150km^2，f_c 的变化范围 1.0～1.5mm/h，取多数情况，可将 f_c 定为 1.2mm/h。

第四节　初 损 后 损 法

在干旱半干旱地区，地下水埋藏很深，流域的包气带很厚。由于包气带缺水量大，在降雨下渗过程中，整个包气带不易达到田间持水量，所以不产生地下径流，并且只有在降雨强度大于下渗强度的情况下才产生地面径流，这种产流方式称为超渗产流。如果这种产流方式始终贯穿于整个降雨过程，那么，在一般情况下只形成地表径流。在超渗产流方式下，进行产流计算常用的方法有初损后损法和下渗曲线法，本节先介绍初损后损法。

在一次降雨过程中，雨量的损失过程随时间变化，总的趋势是在降雨初期的损失强度大，以后逐渐减小而趋于稳定。因此，可将一次降雨的损失过程分为初期损失和后期损失两个阶段，所谓后期损失即为产生地面径流以后的损失，简称后损。如图 10－10 所示，从降雨开始到出现超渗产流，这一段称作初损阶段，这一阶段由于土壤相对干燥，下渗能力 f_p 很大，如果雨强 i 小于下渗能力，则降雨全部入渗，下渗量称为初损量，用 I_0 表示，历时记为 t_0。产流以后的降雨期为后损阶段，该阶段随着降雨的进行，流域土壤含水量不断增大，损失能力比初损阶段有所下降，实际上，后损也是经过由大而小以至稳定的过程，但在实际处理中，常把后损率概化为一个平均损失值，并以平均下渗率 $\overline{f}$ 表示（图中 t_s 内的水平虚线）。

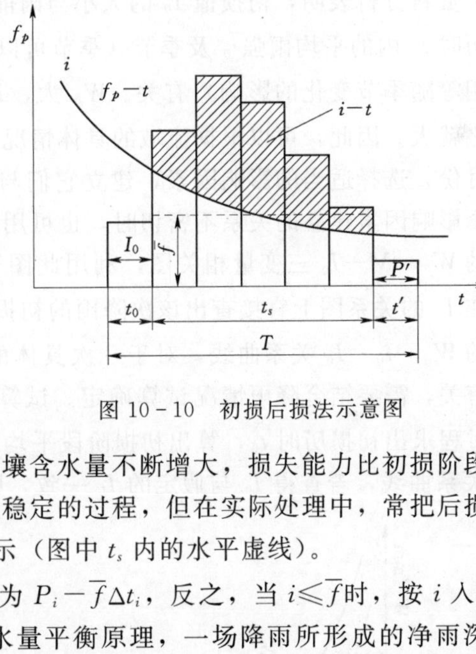

图 10－10　初损后损法示意图

当时段内雨强 $i>\overline{f}$ 时，按 $\overline{f}$ 入渗，净雨量为 $P_i-\overline{f}\Delta t_i$，反之，当 $i\leqslant\overline{f}$ 时，按 i 入渗，如图中的 P' 全部损失了，净雨等于零。根据水量平衡原理，一场降雨所形成的净雨深可用下式计算：

$$R=P-I_0-\overline{f}t_s-P' \tag{10-26}$$

式中：R 为净雨量，mm；P 为降雨量，mm；I_0 为初损量，mm，包括初期下渗、植物截留、填洼等；t_s 为后损阶段的超渗历时，h；$\overline{f}$ 为 t_s 内的平均下渗率，称平均后损率，mm/h；P' 为后损阶段非超渗历时 t' 内的雨量，mm。

各场暴雨的 I_0 及 $\overline{f}$ 并不相同，应通过实测暴雨洪水资料分析他们的变化规律，然后再依据具体情况，结合分析这些规律，确定相应的 I_0 及 $\overline{f}$ 计算办法，再进一步由降雨过程推算净雨过程。

一、初损量的确定

1. 分析次洪初损 I_0

流域较小时，降雨各处基本一致，汇流时间短，出口断面的洪水过程线 $Q—t$ 的起涨点大体反映了产流开始的时刻。因而在累积降雨过程线 $\sum P—t$ 上，起涨点前雨量的累积值作为初损，如图 10-11 所示。对于较大的流域，流域各处至出口断面的汇流时间差别较大，可分雨量站按各自的汇流时间来确定各自的产流开始时间，取各雨量站产流开始之前累积雨量的平均值，作为该次降雨的初损。也可按划分小流域的方法确定。

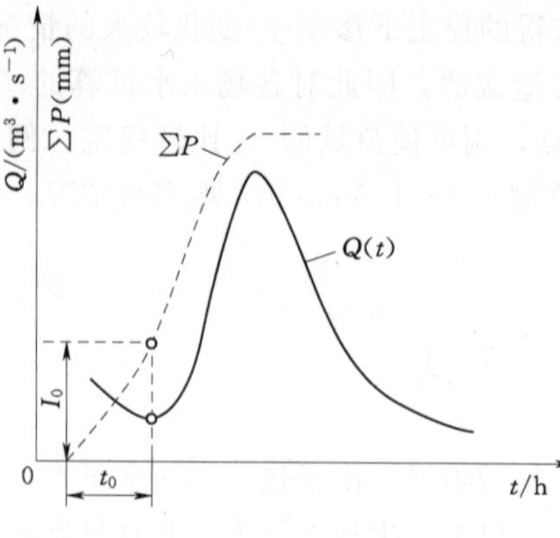

图 10-11　确定初损量示意

2. 综合分析 I_0 的变化规律及应用

资料分析表明，初损值 I_0 的大小与雨前土壤蓄水量 W_0（或前期影响雨量 P_a）、初损前历时 t_0 内的平均雨强 $\overline{i_0}$ 及季节（季节可以用月份 M 表示，这是考虑到 I_0 受植被和土地利用等随季节变化的影响）有关。W_0 大，I_0 小；反之则大。$\overline{i_0}$ 大，容易超渗，I_0 就小；反之就大。因此，可以根据流域的具体情况由各次实测降雨径流资料分析出的 W_0、$\overline{i_0}$ 值及月份，选择适当的影响因素，建立它们与 I_0 之间的相关关系，用于产流计算。如果用一个影响因素建立的关系不密切时，也可用两个影响因子。图 10-12 就是以月份 M 为参数的 $W_0—M—I_0$ 三变量相关图，利用此图于一次具体的降雨时，W_0、M 等为已知，因此在 I_0 的关系图上直接查出该次降雨的初损值 I_0。图 10-13 是以初损期平均雨强 $\overline{i_0}$ 为参数的 $W_0—\overline{i_0}—I_0$ 关系曲线，对于一次具体的降雨，W_0 是已知的，$\overline{i_0}$ 因为与初损 I_0 的历时有关，需要结合降雨情况试算确定。试算方法是：首先假定一个初损 I_0，以实测的降雨过程求出初损历时 t_0，算出初损阶段平均雨强 $\overline{i_0}$，然后由此 $\overline{i_0}$ 与已知的 W_0 查 $W_0—\overline{i_0}—I_0$ 关系曲线，若查得 I_0 与假定的 I_0 一致，则 I_0 即为要求的初损值，否则重新试算。

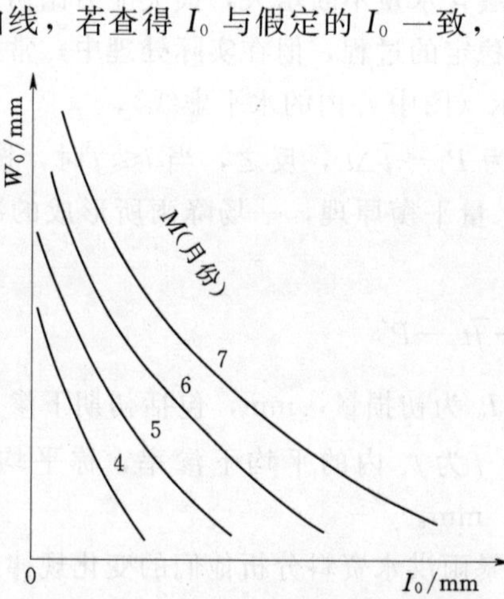

图 10-12　$W_0—M—I_0$ 关系曲线

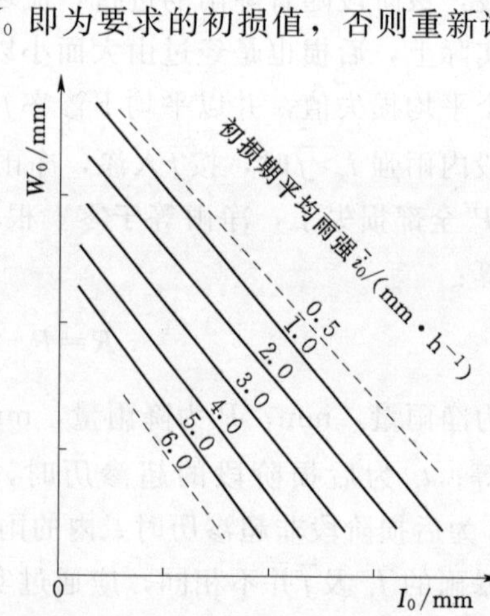

图 10-13　$W_0—\overline{i_0}—I_0$ 关系曲线

二、平均后损率的确定

1. 分析各场洪水平均后损率

初损量确定以后，平均后损率$\overline{f}$可用下式进行试算：

$$\overline{f}=\frac{P-R-I_0-P'}{t_s}=\frac{P-R-I_0-P'}{t-t_0-t'} \qquad (10-27)$$

式中：t为降雨总历时，h；其他符号意义同前。

在式（10-27）中，降雨总历时t减去初损历时t_0，再减去后损阶段非超渗历时t'就等于后损阶段超渗历时t_s。

对某一实测的暴雨洪水，当P、R及I_0已知时，可通过试算法确定$\overline{f}$，具体做法是：先假定一个$\overline{f}$，根据式（10-27）再计算$\overline{f}$，如计算结果和假设相符，则假定的$\overline{f}$就为该场暴雨的平均后损率；否则，重新假定，直到相符为止。如果各次洪水分析出的$\overline{f}$变化不大，为简单计，也可取其平均值作为流域采用值。

2. 综合分析$\overline{f}$变化规律及应用

如果通过多次雨洪资料分析得出的$\overline{f}$变化较大，也可建立$\overline{f}$与其影响因素之间的相关关系。实践表明，影响$\overline{f}$的主要因子有前期影响雨量P_a（或雨前土壤蓄水量W_0）、净雨历时t_s及超渗期的总雨量P_{t_s}等。P_a大，后期下渗能力较小，因此$\overline{f}$小；反之则大。后期净雨历时t_s大，入渗水量增多，下渗能力下降，$\overline{f}$减小；反之则大。超渗期（产流期）P_{t_s}大，雨强就大，会导致$\overline{f}$增大；反之减小。在分析了各场洪水这些影响因素的基础上，可选择对$\overline{f}$影响较大的一、二个主要因子，以图表或经验公式的形式建立它们之间的相关关系，如图 10-14 所示，用于产流计算。

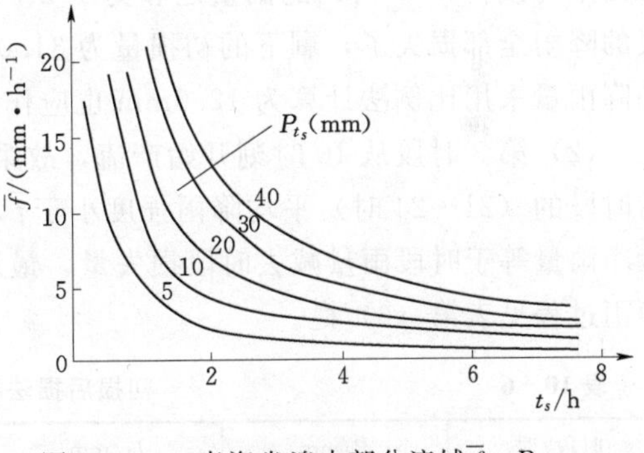

图 10-14　青海省湟水部分流域$\overline{f}$—P_{t_s}—t_s关系曲线

【例 10-6】　某流域一场实测降雨过程如表 10-5 第（1）、（2）栏。根据本次降雨形成的实测洪水过程线求得地面径流为R=43.8mm，查相关图得I_0=13.0mm，试算求$\overline{f}$。

表 10-5　　试 算 法 求 $\overline{f}$

日时	降雨量 P/mm	初损量 I_0/mm	$P-I_0$ /mm	净雨历时 t_s/h	后期雨强 i/mm	$\overline{f}$/ (mm·h^{-1})	$\overline{f}t_s$ /mm	径流量 R/mm
(1)	(2)	(3)	(4)	(5)	(6)	(7)	(8)	(9)
16 8								
14	4.2	4.2	0					
20	14.6	8.8	5.8	2.4①	2.4	1.35	3.2	2.6
17 2	31.6		31.6	6	5.3	1.35	8.1	23.5
8	25.9		25.9	6	4.3	1.35	8.1	17.8
14	3.2		3.2	(6)	0.53	(0.53)		
合计	79.5		66.5	14.4				43.9

①　为按比例法算出的净雨历时。

解： 首先从总雨量中扣除径流量和初损量 $P-R-I_0=79.5-43.8-13.0=22.7\text{mm}$，然

（1）假设 $P'=0$，$t'=0$，代入式（10-27），则 $\overline{f}=\dfrac{P-R-I_0}{t-t_0}=\dfrac{22.7}{20.4}=1.11$（mm/h），经检查发现后期 17 日 8～14 时的雨强值小于 1.11mm/h，所以应扣除这一时段的 P' 及 t'。

（2）再假设扣除 $P'=3.2\text{mm}$，$t'=6\text{h}$，再计算，$\overline{f}=\dfrac{22.7-3.2}{20.4-6}=1.35$（mm/h），然后再检查，符合要求。故本次雨洪的 $\overline{f}$ 等于 1.35mm/h。

三、地面净雨过程推求

如果已知 $\overline{f}$ 和 I_0，就可对已知的降雨过程推求地面净雨过程，用初损后损法计算地面净雨过程的关键是确定产流时刻。

【例 10-7】 一场降雨过程列入表 10-6 中的第（2）栏，降雨开始时的 $P_a=15.4\text{mm}$，经查流域的 $P_a \sim I_0$ 相关图，得初损量 $I_0=31.0\text{mm}$，流域的平均后损率 $\overline{f}=1.5\text{mm/h}$，试求净雨过程。

解：（1）累积降雨量达到初损量 31.0mm 时即是产流时刻。由降雨过程可知，第一、二两个时段（3～9 时）的雨量之和为 1.2+17.8=19.0mm，小于初损量，因此该两个阶段的降雨全部损失了，剩下的初损量为 31.0−19.0=12.0mm，因而第 3 时段的 9～10 时的降雨量采用比例法计算为 12.0mm 也应作为初损量全部损失了，初损历时 $t_0=7\text{h}$。

（2）第 3 时段从 10 时刻开始产流，故第 3 时段的后损量为 $2\times1.5=3.0\text{mm}$。因为最后时段的（21～24 时）平均降雨强度小于 $\overline{f}$，所以其后损量就等于该时段的降雨量。各时段净雨量等于时段雨量减去时段损失量，最后求得的净雨量（即径流深）为 29.4mm，其净雨过程见表第（6）栏。

表 10-6　　初损后损法推求净雨过程

时段/时	P/mm	I_0/mm	t_s/h	$\overline{f}t$/mm	$R(t)$/mm
(1)	(2)	(3)	(4)	(5)	(6)
3～6	1.2	1.2	0		
6～9	17.8	17.8	0		
9～12	36.0	12.0	2	3.0	21.0
12～15	8.8		3	4.5	4.3
15～18	5.4		3	4.5	0.9
18～21	7.7		3	4.5	3.2
21～24	1.9			1.9	0
合计	78.8	31.0	11	18.4	29.4

第五节　下 渗 曲 线 法

超渗产流方式只产生地面径流，判断一场降雨是否产生地面径流的标准就是实际雨强是否超过地面下渗能力。因此，用实测降雨强度过程 $i(t)—t$ 与下渗曲线 $f_p(t)—t$ 进行比较：当降雨强度超过下渗能力时就产生地面径流，这样就可以求得一场降雨的地面净雨量

及净雨过程，如图 10－15 中阴影部分。这种产流计算方法称为下渗曲线法，适用于流域面积较小，包气带厚度较大而且较均匀的情况。显然，这种产流方式的关键是确定流域下渗的变化规律，而流域的下渗规律用下渗曲线来表示。

一、下渗曲线的推求

流域的下渗曲线是从土壤完全干燥开始，在充分供水条件下，流域下渗能力随时间的变化过程，即下渗能力与下渗历时之间的关系曲线，如图 10－15 中的 $f_p(t)$—t 曲线。在实际降雨径流过程中，流域初始土壤含水量一般不等于 0，降雨强度并非持续大于下渗强度，不能直接采用流域下渗曲线推求各时段的实际下渗率。如果将下渗曲线转换为下渗能力与土壤蓄水量之间的关系曲线（f_p—W），就可以通过土壤蓄水量推求各时段的下渗能力了。

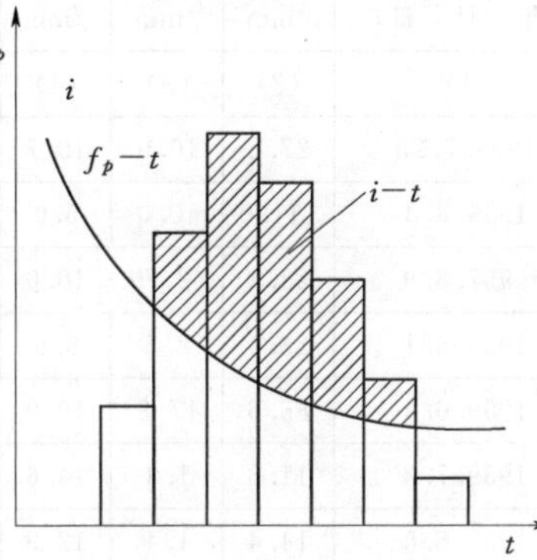

图 10－15　下渗曲线法

流域下渗曲线的确定，目前常用的有水文分析法及下渗模型法两种途径。水文分析法是根据实测的降雨过程和流量过程，求得下渗曲线。下渗模型法是应用下渗公式中 f_p—t 的函数关系，再结合水文资料推求下渗曲线。下面就常用的霍顿公式为例，说明下渗曲线的推求问题。

霍顿下渗曲线为

$$f_p(t)=f_c+(f_0-f_c)\mathrm{e}^{-\beta t}$$

对此式进行积分得累积下渗量：

$$F_p(t)=\int_0^t f_p(t)\mathrm{d}t=\int_0^t[f_c+(f_0-f_c)\mathrm{e}^{-\beta t}]\mathrm{d}t=f_ct+\frac{1}{\beta}(f_0-f_c)-\frac{1}{\beta}(f_0-f_c)\mathrm{e}^{-\beta t} \tag{10-28}$$

累积下渗量完全被土壤包气带吸收而损失。所以，$F_p(t)$ 也就是 t 时刻的流域土壤蓄水量 W_t。

当初始土壤蓄水量 W_0 不变，令$\frac{1}{\beta}$（f_0-f_c）$=a$，$f_c=b$，则：

$$F_p=a+bt-a\mathrm{e}^{-\beta t} \tag{10-29}$$

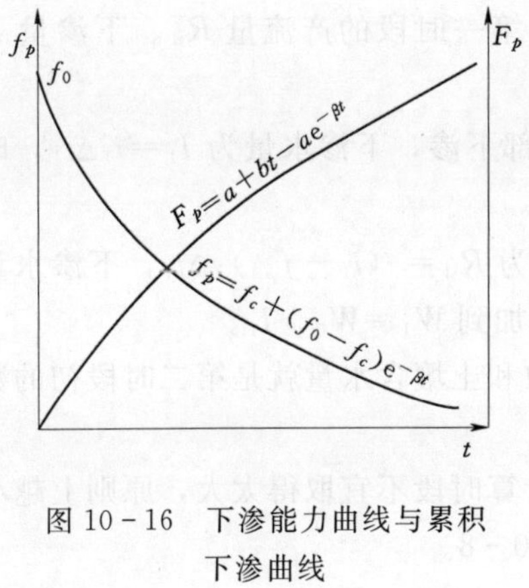

图 10－16　下渗能力曲线与累积下渗曲线

根据水量平衡原理，每次雨洪后的流域土壤蓄水量为 $F_p=W_0+P-R-E$（如果降雨历时不长，也可以忽略雨期蒸发量 E），相应的下渗历时 t 必是式（10－29）上的一点，如图 10－16 所示。因此，根据多次降雨径流资料可以得出 F_p—t 的经验关系曲线，然后拟合成公式（10－29）形式的经验方程，经验方程式的微分曲线就是下渗曲线。

【例 10－8】 试利用表 10－7 中大凌河上窝堡水文站的降雨径流资料推求下渗能力曲线。

根据表中 F_p 和 t 点绘 F_p—t 关系曲线后，拟合

的曲线方程为

$$F_p(t)=52.4+2t-52.4e^{-0.25t}$$

然后对 t 求导，得流域平均下渗曲线方程为 $f_p(t)=2.0+13.0e^{-0.25t}$。

表 10-7 推求下渗能力曲线计算表

日期（年.月.日）	P /mm	R_s /mm	W_0 /mm	t /h	F_p /mm	日期（年.月.日）	P /mm	R_s /mm	W_0 /mm	t /h	F_p /mm
(1)	(2)	(3)	(4)	(5)	(6)	(1)	(2)	(3)	(4)	(5)	(6)
1956.7.25	27.8	10.0	19.7	5	37.5	1959.8.7	45.4	5.8	9.2	12	48.8
1956.8.4	111.0	40.0	5.0	15	76.0	1959.8.8	48.8	11.5	24.2	12	61.5
1957.8.9	23.4	2.7	10.0	3	30.7	1960.9.3	23.6	1.2	11.0	4	33.4
1959.6.1	23.4	2.5	9.5	3	30.4	1961.7.1	41.6	3.3	16.0	8	54.3
1959.6.4	86.6	17.8	10.9	21	79.7	1961.7.2	35.0	0.5	19.0	9	53.5
1959.7.3	11.8	1.4	14.6	3	25.0	1962.7.2	68.5	2.6	8.1	15	74.0
1959.8.5	14.4	1.4	12.9	3	25.9	1962.7.25	184.0	68.2	26.9	45	142.7

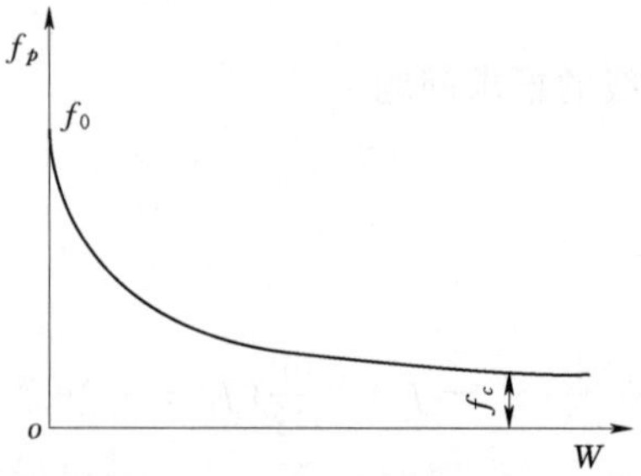

图 10-17 f_p—F_P（或 W）关系

根据图 10-16 中的 $f_p(t)$ —t 和 $F_p(t)$ —t 曲线也可以转换成 f_p—F_p 的关系曲线，如图 10-17 所示。由于累积下渗量 F_p 就是该时刻的土壤蓄水量 W，所以 f_p—F_p 关系曲线实际上就是代表了 f_p—W 曲线，该曲线反映了流域土壤含水量对下渗能力的影响。

二、应用 f_p—W 推求地面净雨

将降雨过程划分为不同的计算时段，时段长可以不等。根据雨强变化情况，将较为稳定的时段作为计算时段，当计算时段较短时，应用 f_p—W 曲线逐时段进行地面净雨的计算。步骤如下：

(1) 以第一时段初的流域土壤蓄水量 W_0，查图 10-17 的 f_p—W（W 与 F_p 意义相同）曲线，得本次降雨第一时段初的下渗能力 f_{p0}。如果时段不长，可以近似代表时段平均值。

(2) 将第一时段的平均雨强$\bar{i}_1$ 与 f_{p0} 进行比较，求第一时段的产流量 R_{s1}、下渗量 I_1 及时段末的流域土壤含水量 W_1。

1) 当$\bar{i}_1 \leqslant f_{p0}$时，本时段不产流。时段的降雨量全部下渗，下渗水量为 $I_1=\bar{i}_1\Delta t_1$，时段末流域土壤含水量由原来的 W_0 增加到 $W_1=W_0+I_1$。

2) 当$\bar{i}_1 > f_{p0}$时，本时段产生地面径流。则产流量为 $R_{s1}=(\bar{i}_1-f_{p0})\Delta t_1$，下渗水量为 $I_1=f_{p0}\Delta t_1$，时段末流域土壤含水量由原来的 W_0 增加到 $W_1=W_0+I_1$。

(3) 进入第二时段的计算。第一时段末的下渗能力和土壤含水量就是第二时段初的数值。其余步骤同上。

上述计算可列表进行，为保证这种算法的精度，计算时段不宜取得太大，原则上越小越好，同时也可忽略蒸散发对计算的影响，示例见表 10-8。

表 10-8　　　　**应用 f_p—W 曲线推求地面净雨量计算表**

日．时．分	P/mm	W/mm	I/mm	f_p/(mm·min^{-1})	R_s/mm
(1)	(2)	(3)	(4)	(5)	(6)
11.16.8	0	0			
9	0.3	0.3	0.3		
10	0.3	0.6	0.3	2.60	0
11	0.3	0.9	0.3	2.54	0
12	0.3	1.2	0.3	2.50	0
13	1.0	2.2	1.0	2.47	0
14	1.0	3.2	1.0	2.34	0
15	1.9	5.1	1.9	2.25	0
16	1.9	7.0	1.9	2.03	0
17	1.9	8.86	1.86	1.86	0.04
18	1.9	10.52	1.66	1.66	0.24
19	3.3	12.08	1.56	1.56	1.74
20	3.3	13.51	1.43	1.43	1.87
21	3.4	14.86	1.35	1.35	2.05
⋮	⋮	⋮	⋮	⋮	⋮

如果计算时段较大，要提高计算精度，应采用试算法，结合下面的例题说明其计算过程。

【例 10-9】 某流域一场降雨的降雨量为 81.0mm，各时段雨量如表 10-9 所示。降雨开始时土壤含水量 $W_0=51.4$mm，试根据流域的 f_p—W 关系曲线，推求产流量及过程。

表 10-9　　　　**应用下渗曲线推求净雨过程**

时间 时：分	Δt /min	P /mm	$\bar{i}$ /(mm·min^{-1})	W /mm	I /mm	f_p /(mm·min^{-1})	R_s /mm
(1)	(2)	(3)	(4)	(5)	(6)	(7)	(8)
10：23				51.4		0.190	
10：50	27	8.8	0.326	56.2	4.8	0.168	4.0
12：00	70	4.6	0.066	60.8	4.6	0.154	0.0
13：00	60	4.8	0.080	65.6	4.8	0.144	0.0
14：00	60	10.5	0.175	73.9	8.3	0.132	2.2
15：00	60	17.1	0.285	81.8	7.9	0.130	9.2
16：00	60	19.6	0.327	89.6	7.8	0.130	11.8
17：00	60	11.2	0.187	97.4	7.8	0.130	3.4
20：00	180	4.4	0.024	101.8	4.1	0.130	0.0

解：(1) 根据降雨开始时的土壤含水量 W_0 查 f_p—W 曲线，得降雨开始时的下渗能力 f_{p0}，假设第一时段末的下渗能力 f'_{p1}。计算第一时段平均下渗能力 $\overline{f}_{p1}=\frac{1}{2}(f_{p0}+f'_{p1})$。

(2) 将第一时段的平均雨强 $\overline{i}_1$ 与 $\overline{f}_{p1}$ 进行比较。如果 $\overline{f}_{p1}\geqslant\overline{i}_1$，不产流，雨量全部渗入土壤，成为土壤含水量的增加量 $I_1=\overline{i}_1\Delta t$。如果 $\overline{f}_{p1}<\overline{i}_1$，则超渗产流，产流量为 $(\overline{i}_1-\overline{f}_{p1})\Delta t$，下渗量为 $I_1=\overline{f}_{p1}\Delta t$。

(3) 计算第一时段末的土壤含水量。$W_1=W_0+I_1-E_1$（E_1 为第一时段的蒸发量），由 W_1 查 $f_p\sim W$ 曲线得 f_{p1}，如果 f_{p1} 与假定的 f'_{p1} 之差的绝对值小于给定的精度，则试算成功，否则，需要重新假定 f'_{p1} 后再计算，直至 f_{p1} 与假定的 f'_{p1} 之差的绝对值小于给定的精度。然后再转入第二时段的试算。这时，f_{p1} 就作为第二时段初的下渗能力，重复以上步骤。计算结果见表 10 - 9。

三、图解法计算产流量

图解法是直接应用累积下渗曲线 $F_p(t)$ —t 在图上确定超渗产流的地面径流量。如图 10 - 18 所示，具体图解步骤如下。

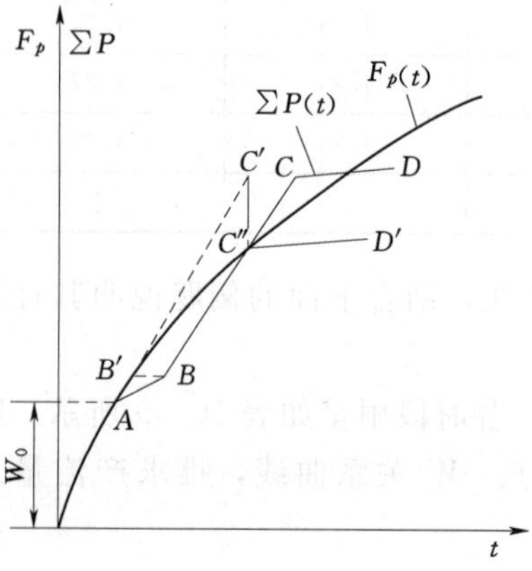

图 10 - 18 图解法推求地面净雨示意

(1) 绘制流域累积下渗曲线 $F_p(t)$—t。

(2) 根据降雨开始时的流域土壤含水量 W_0，在 $F_p(t)$—t 曲线上找出对应点 A。

(3) 自 A 点开始绘制降雨量累积曲线 $\sum P$—t，如图 10 - 18 中 $ABCD$ 所示。

(4) $F_p(t)$—t 和 $\sum P$—t 曲线的坡度分别表示下渗能力 f_p 和降雨强度 i，当降雨量累积曲线的坡度大于累积下渗曲线的坡度时，即产生径流，反之，不产生径流，只增加土壤含水量值，相应的改变下渗能力值。例如，在图 10 - 18 中的 AB 段，$i<f_p$ 不产流，这个时段的降雨量 $P=i\Delta t$ 全部下渗补充给土壤增加了含水量。将 BC 段平行移到 $B'C'$，该段 $i>f_p$ 产流，从 C' 点到 $F_p(t)$ —t 曲线的垂直距离 $C'C''$ 即为产流量。再将 CD 段平移到 $C''D'$，该时段 $i<f_p$，不产流。如此逐时段比较，就可求得一场降雨的超渗地面径流量及其时程分配。采用这种方法，每个计算时段也可以不同。

采用下渗曲线法进行产流计算时，应当注意到降雨强度时空分布的不均匀性对产流的影响，且流域不同地点的下渗特点也是存在差别的。因此，为了提高计算精度，降雨时段长度不宜大，常以 min 计，流域应按雨量站分布状况划分为较小的单元区域进行产流计算。

思 考 题

1. 在进行流域产汇流分析计算时，为什么还要将总净雨过程分为地面、地下净雨过程？

2. 简述蓄满产流模型法如何划分地面、地下净雨过程。

3. 什么是前期影响雨量？简述其计算方法与步骤。

4. 何谓超渗产流，何谓蓄满产流，它们的主要区别是什么？

5. 简述如何绘制流域降雨径流相关图（$P—P_a—R$）。

6. 用初损后损法计算地面净雨时，需确定初损量 I_0，试问影响 I_0 的主要因素有哪些？

7. 蓄满产流模型中稳定下渗率 f_c 与初损后损法中的平均后损率$\overline{f}$，在概念上有什么区别？计算方法上有何异同？

8. 什么是流域蓄水量面积分配曲线？

习　题

1. 某流域蓄水容量 $I_m=100$mm，6 月份流域日蒸发能力为 $E_m=5.0$mm/d。试根据下表所列数据计算 6 月 21～23 日的各日前期影响雨量 P_a 值。

表 10-10　　某流域 6 月 18～23 日雨量过程

日期/(月．日)	降雨量 P/mm	前期影响雨量 P_a/mm	备　注
6.18	78.2		经 18 日、19 日大雨，6 月 20 日 $P_a=I_m$
6.19	35.6		
6.20	10.1	100	
6.21	1.2		
6.22			
6.23			

2. 已知某流域一次降雨过程，已求得各时段产流量如下表所示。已分析得本流域稳定下渗率 $f_c=0.6$mm/h，试划分地面、地下净雨。

表 10-11　　某流域 4 月份的一次降雨及径流资料

日期/(日．时)	17.8～17.14	17.14～17.20	17.20～18.2	18.2～18.8	18.8～18.14
降雨量 P	4.2	14.6	31.6	25.9	3.2
净雨深 R	2.0	10.5	29.1	25.9	3.2

3. 已知某流域面积 $F=1800\text{km}^2$，某次暴雨洪水资料如下表所示，采用斜线分割法（地面径流终止点为 9 日 20 时）割除基流，用初损后损法扣损，试求该流域的平均后损率$\overline{f}$，并确定各时段的净雨及损失。

表 10-12　　某流域一次暴雨洪水资料

日期/(日．时)	6.20	7.2	7.8	7.14	7.20	8.2	8.8	8.14	8.20	9.2	9.8	9.14	9.20
实测流量 $Q/(\text{m}^3\cdot\text{s}^{-1})$	144	133	1593	1481	962	700	422	309	264	237	202	166	156
降雨量/mm		15.6	68.2	4.2									

4. 某流域下渗曲线及一次降雨过程资料列于以下两表中。已知降雨开始时流域蓄水量为15.9mm，若雨期蒸散发可忽略不计，试推求该次降雨的地面产流量。

表 10-13　　某小流域下渗曲线表

时间/min	0	4.7	11.7	22.1	37.7	59.3	84.5
f_p/(mm·min^{-1})	2.60	1.70	1.14	0.77	0.51	0.40	0.40

表 10-14　　某小流域一次降雨过程

日期/min	P/mm	时间/min	P/mm	时间/min	P/mm	时间/min	P/mm
36～37	2.0	40～41	0.9	44～45	0.7	48～49	1.5
37～38	2.6	41～42	0.7	45～46	1.4	49～50	1.1
38～39	2.0	42～43	0.8	46～47	1.3		
39～40	1.2	43～44	1.8	47～48	1.3		

5. 某流域一场降雨过程如下表所示，已知初损量 $I_0=30$mm，后期平均下渗率 $\overline{f}=2.0$mm/h，试用初损后损法列表计算地面净雨过程。

表 10-15　　初损后损法产流计算表

时段（Δt=6h）	1	2	3	4	合计
降雨量/mm	5	55	62	8	130
初损量/mm					
净雨历时/h					
后损量/mm					
净雨量/mm					

第十一章 流 域 汇 流

第一节 概 述

一、流域汇流过程

通过产流计算的净雨是散布在流域各处的，各处的净雨向流域出口断面汇集的过程称为流域汇流过程，由净雨过程推求流域出口断面径流过程的计算称为流域汇流计算。通常，对地面和地下净雨要分别推求出地面径流过程和地下径流过程，两者同时刻叠加后求出一场降雨的总径流过程。

净雨在向流域出口断面汇集的过程中，相继发生坡地汇流与河道汇流两个阶段，随着降雨的继续又同时交互发生。净雨经历了坡地汇流和河道汇流在时间上的两次再分配作用，坡面漫流、壤中流和地下径流汇集至出口断面所经过的时间不同，因此在出口断面洪水过程线的退水段上表现出不同的终止时间。一般而言，直接降落在河网水面的雨水所形成的出流终止最早，地面径流次之，壤中流再次，终止时间最迟的则是地下径流，如图 11－1 所示。

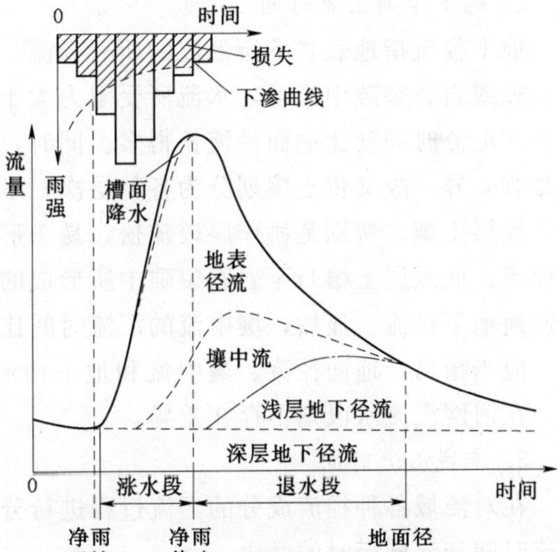

图 11－1 流域降雨径流形成过程示意图

在流域汇流计算中，当流域面积不是很大而且降雨较为均匀时，通常把坡地汇流和河道汇流作为一个整体来处理，当在较大流域的局部区域发生降雨时（如上游），先计算出局部流域的径流过程，再通过河道洪水演算求得下游河道断面的径流过程。

二、汇流时间

流域各处的净雨汇集至出口断面所经历的时间称为汇流时间 τ。由于净雨流到出口断面的途径不同，水流所受阻力不同，汇流速度及所需时间也就不同。因而需要分别对地面和地下径流的汇流时间进行分析。

1. 地面净雨汇流时间

地面径流汇流时间 τ_s 等于坡面漫流时间 τ_l 与河网汇流时间 τ_r 之和，即 $\tau_s=\tau_l+\tau_r$。坡面地表通常为植被、土壤或岩石及其风化物所覆盖。人类活动，如农田耕作、水土保持、植树造林、水利化和城市化等主要是在坡面上进行的。因此，坡面漫流形态十分复杂。水流流态、流向、过水断面等都在变化，同时在漫流过程中不断有雨水加入及渗入地下，又有微地形影响，坑洼积水，所以要从微观上全面描述漫流的流程变化是很困难的。坡面漫流一般为细沟状流，只有在雨强很大的条件下才可能接近片状流。坡面由于植被及耕作等因素的影响，糙率变化较大，相对于河道水流而言，坡面漫流的流速较小。加之坡面漫流流程较短，汇流时间也短，一般仅数十分钟。因此，目前还不能通过数学物理途径详细描述漫流沿程变化。

河道（网）汇流过程实质上是河流洪水波的形成和运动过程。由于天然河网是大小不同的支流交汇构成的，降雨时坡面漫流沿干、支流河道两侧相继汇入河流，各支流汇合处洪水波又在不同程度上相互干扰，同时河网还具备一定的调蓄能力，使部分水量暂时滞蓄在河网中，这就使得河网汇流也十分复杂。一般而言，河网中的水流流速要比坡面漫流流速大得多。但是河网汇流的流程又比坡面漫流的流程长得多。随着流域面积加大，河网汇流流程也加大，可为坡面漫流流程的数十倍乃至数百倍。因此，河网汇流时间通常远大于坡面漫流时间。只有当流域面积极小时，两者才可能具有相近的量级。

2. 地下净雨汇流时间

地下径流指地表之下所形成的所有径流。一般而言，下渗到地面以下的雨水由于在土壤孔隙或岩石裂隙中流动，水流所受阻力大于地面径流，流速比地面径流小很多，于是地下径流汇流时间就比地面径流长得多。同时，地面以下，各层土壤质地、结构以及地质构造都有差异，故又将土壤划分为各种层次，不同层次所形成的径流在汇流时间上也存在差异。浅层土壤，特别是耕作层较疏松，易于形成壤中流，其流速相对较大，又称为快速地下径流；而深层土壤乃至岩石裂隙中所形成的径流，即潜水径流，流速比壤中流小，故又称慢速地下径流。显然，壤中流的汇流时间比地面径流长，但比潜水径流汇流时间短。

应当指出，地面径流、壤中流和地下径流在汇流时间上的差异仅表现在坡地汇流阶段，在河网汇流阶段则不存在差异。

3. 流域汇流时间

在对流域各种径流成分的汇流过程进行分析时，还需要引入流域汇流时间、平均流域汇流时间和流域滞时的概念。

(1) 流域汇流时间 τ_m。流域汇流时间是指流域内流程最长的水质点流达出口断面所经历的时间，又称最大流域汇流时间，按下式估算：

$$\tau_m = L_m / \overline{v} \qquad (11-1)$$

式中：L_m 为自流域出口断面逆流向上至流域分水线的最远距离，m；$\overline{v}$ 为流域平均流速，m/s。

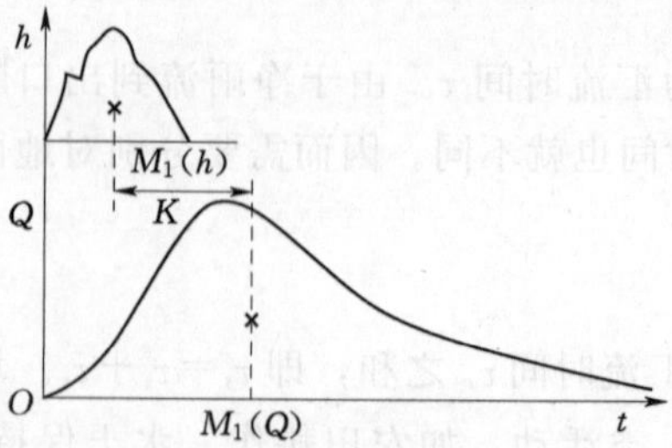

图 11-2　流域滞时示意

(2) 平均流域汇流时间 $\overline{\tau}$。平均流域汇流时间是指流域内各水质点流达出口断面所经历时间的平均值，即

$$\overline{\tau} = \frac{1}{A}\int_A \tau \mathrm{d}A \qquad (11-2)$$

式中：A 为流域面积，km^2；τ 为流域任一地点水质点流达出口断面的汇流时间，s。

(3) 流域滞时 K。流域滞时是指净雨形心与其相应的径流过程线形心之间的时差，如图 11-2 所示，表达式为

$$K=M_1(Q)-M_1(h) \tag{11-3}$$

式中：$M_1(Q)$、$M_1(h)$ 分别为流域出口径流过程线及相应净雨过程线的一阶原点矩。

当流域内各点流速变化不大时，可用下式估算

$$K\approx L_0/\overline{v} \tag{11-4}$$

式中：L_0 为流域形心至出口断面的直线距离，m。

第二节 地面汇流成因公式

一、等流时线汇流原理

流域上汇流时间 τ 相等点的连线称为等流时线，两条相邻等流时线之间的面积称为等流时面积，如图 11-3 所示。根据图 11-3，可分析流域上在不同净雨情况下所形成的出口断面径流过程。为叙述方便，图中将流域汇流时间 τ_m 按计算时段 $\Delta t=\Delta\tau$ 划分为两条等流时线、3 块等流时面积，即 $\tau_m=3\Delta t(3\Delta\tau)$。

1. 地面净雨历时 T_S 等于一个时段（$T_S=\Delta t$）

假设在图 11-3 所示的流域上有一均匀的地面净雨，净雨历时 $T_S=\Delta t$，净雨量为 R_S。净雨在流域出口断面形成的地面径流过程如下：

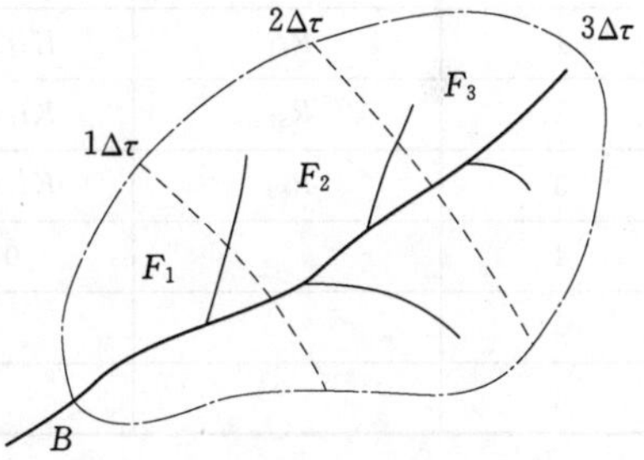

图 11-3 等流时线汇流示意

净雨刚开始 $t=0$ 时，尚未形成径流，故此时出口断面的流量为 0，即 $Q_0=0$。

第一时段末 $t=1\Delta t$，最初降落在 $1\Delta t$ 线上的净雨一边向下流动，一边沿途不断地汇集面积 F_1 上持续的降雨，当它到达出口断面时（$t=1\Delta t$）正好汇集了 F_1 上沿途产生的地面净雨。因此第一时段末流域出口的流量为 $Q_1=KR_SF_1/\Delta t=Ki_sF_1$（式中 K 为流量换算系数；当 F 单位为 km^2、Δt 单位为 h、R_S 单位为 mm、i_s 单位为 mm/h、Q 单位为 m^3/s 时，$K=0.278$）。

第二时段末 $t=2\Delta t$，最初降落在 $2\Delta t$ 线上的净雨，一面向下流动，一面沿途不断地汇集 F_2 上持续的降雨，当它到达 $1\Delta t$ 线的位置时净雨停止，这时汇集的流量为 $KR_SF_2/\Delta t$，以后因整个流域上净雨停止，所以再向下运动时将不再汇集雨水，该流量经过 $1\Delta t$ 后，即 $t=2\Delta t$ 时流到出口断面，故第二时段末流域出口的流量为 $Q_2=KR_SF_2/\Delta t=Ki_sF_2$。

第三时段末 $t=3\Delta t$，与上面相同的道理，出口断面处的流量为 $Q_3=KR_SF_3/\Delta t=Ki_sF_3$。

第四时段末 $t=4\Delta t$，净雨最末时刻降落在流域最远点的净雨正好经过 $3\Delta t$，即在 $4\Delta t$ 时刻流出断面，故此时出口断面的流量为 0，即 $Q_4=0$。

将上述分析结果绘出地面径流过程线 $Q—t$，如图 11-4（a）所示。Q_2 为洪峰流量，它是部分流域面积 F_2，即最大等流时面积上的净雨汇集形成的，称为部分面积汇流造峰，简称部分汇流造峰。

2. 地面净雨历时大于一个时段（$T_S \geqslant 2\Delta t$）

假设图 11-3 所示的流域上有另外一次净雨，历时等于 3 个时段，即 $T_S = 3\Delta t$，各时段的地面净雨量分别为 R_{S1}、R_{S2}、R_{S3}，这些净雨将在流域出口断面分别形成径流过程，可用上面相同的方法求得，如表 11-1 中的第（3）、（4）、（5）栏所列。因 R_{S1}、R_{S2}、R_{S3} 相继错后一个时段，所以在流域出口断面各自形成的径流过程也依次推迟一个时段。最后将同时刻的流量叠加，就得到总净雨 $R(R_{S1}+R_{S2}+R_{S3})$ 在流域出口断面形成的总径流过程，见第（6）栏。

将上述分析结果绘出地面径流过程线，如图 11-4（b）所示。表 11-1 中第（6）栏第三时段末的 Q_3 为洪峰流量，是全流域面积 $F(F_1+F_2+F_3)$ 上不同时段净雨同时汇集到出口断面所形成的，称为全部面积汇流造峰，简称全面汇流造峰。

表 11-1　　利用等流时面积计算地面径流过程

时间 t /Δt	地面净雨 R_S/mm	各时段净雨产生的地面径流过程 R_{S1}	R_{S2}	R_{S3}	全部净雨形成的地面径流过程 Q_S/($m^3 \cdot s^{-1}$)
(1)	(2)	(3)	(4)	(5)	(6)
0		0			$Q_0=0$
1	R_{S1}	Ki_1F_1	0		$Q_1=Ki_1F_1$
2	R_{S2}	Ki_1F_2	Ki_2F_1	0	$Q_2=Ki_1F_2+Ki_2F_1$
3	R_{S3}	Ki_1F_3	Ki_2F_2	Ki_3F_1	$Q_3=Ki_1F_3+Ki_2F_2+Ki_3F_1$
4		0	Ki_2F_3	Ki_3F_2	$Q_4=Ki_2F_3+Ki_3F_2$
5			0	Ki_3F_3	$Q_5=Ki_3F_3$
6				0	$Q_6=0$

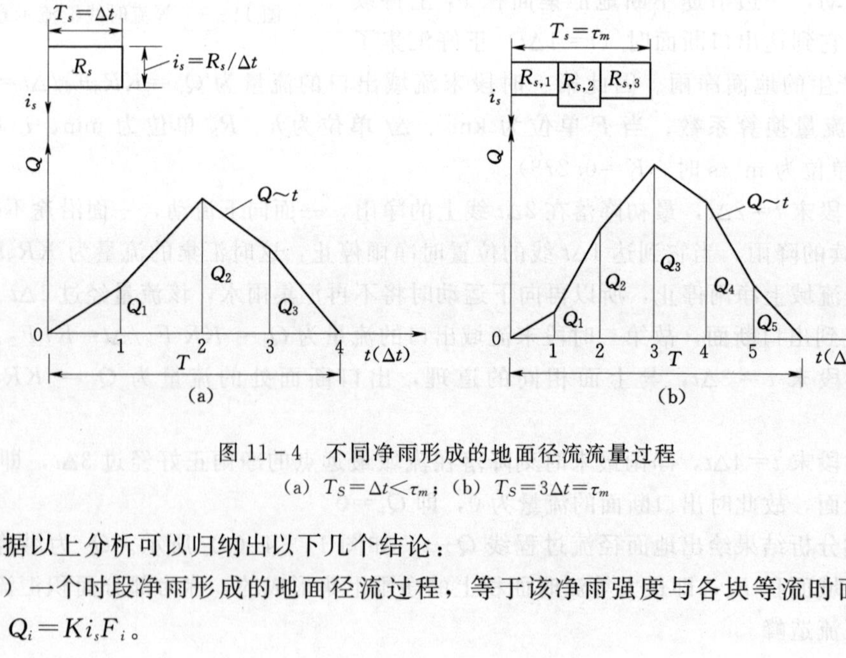

图 11-4　不同净雨形成的地面径流流量过程

(a) $T_S=\Delta t<\tau_m$；(b) $T_S=3\Delta t=\tau_m$

根据以上分析可以归纳出以下几个结论：

（1）一个时段净雨形成的地面径流过程，等于该净雨强度与各块等流时面积依次相乘，即 $Q_i = Ki_sF_i$。

(2) 多时段净雨形成的总地面径流过程，等于它们各自形成的地面径流过程同时刻相叠加。

(3) 当净雨历时 $T_S<\tau_m$，为部分汇流造峰；当净雨历时 $T_S\geqslant\tau_m$，为全面汇流造峰。

(4) 地面径流总历时等于净雨历时与流域汇流时间之和，即 $T=T_S+\tau_m$。

二、卷积公式

如果等流时面积上净雨质点的汇流时间为 τ，等流时面积记为 $dF(\tau)$，$t-\tau$ 时刻在等流时面积 $dF(\tau)$ 上形成的地面净雨强度为 $R(t-\tau)$，经历 τ 时间后，恰好在 t 时刻到达流域出口断面所形成的出口断面地面径流量为

$$dQ(t)=R(t-\tau)dF(\tau) \tag{11-5}$$

式 (11-5) 的物理意义为，t 时刻之前 $(t-\tau)$ 时刻降落的地面净雨，经过 τ 时间后，在 t 时刻流达了出口断面，它们是流域出口断面 t 时刻流量 $Q(t)$ 的一部分。对不同的 τ，满足式 (11-5) 的所有 $dQ(t)$ 之和，即为流域出口断面 t 时刻的全部流量，即

$$Q(t)=\int_0^t dQ(t)=\int_0^t R(t-\tau)dF(\tau) \tag{11-6}$$

等流时面积是汇流时间 τ 的函数，即 $dF(\tau)=\dfrac{dF(\tau)}{d\tau}d\tau$，代入上式得

$$Q(t)=\int_0^t dQ(t)=\int_0^t R(t-\tau)\frac{dF(\tau)}{d\tau}d\tau \tag{11-7}$$

上式称为地面径流成因公式。式中，$\dfrac{dF(\tau)}{d\tau}$称为流域汇流曲线，记$\dfrac{dF(\tau)}{d\tau}=u(\tau)$，也称为核函数。则式 (11-7) 可以写为

$$Q(t)=\int_0^t R(t-\tau)u(\tau)d\tau=\int_0^t R(\tau)u(t-\tau)d\tau \tag{11-8}$$

式 (11-7) 和式 (11-8) 也称为卷积公式。由这两式可知，流域出口断面的流量过程取决于流域内的产流过程和汇流曲线。当已知流域内降雨形成的净雨过程，则汇流计算的关键就是确定流域的汇流曲线。净雨过程可以通过产流计算获得，因此，只要确定出流域的汇流曲线，就可以推求流域出口断面的流量过程。

第三节 汇 流 曲 线

目前，汇流计算方法都是以线性汇流系统为依据，然后再进行非线性处理。为此，有必要了解线性汇流系统，从另一个角度再进一步介绍汇流曲线的相关概念。

一、线性时不变汇流系统

1. 汇流系统

通过某种关系将输入与输出联系起来的结构装置或过程都可称为系统，它主要有 3 部分构成，即系统输入 $I(t)$、系统输出 $O(t)$ 与系统作用 Ω。系统输出是系统对输入的响应，所以也称为系统响应，系统作用就是将系统输入转化为系统输出，系统的基本结构如图 11-5 (a) 所示。

水文学上也把汇流这种水文过程作为系统，称为汇流系统。例如河段汇流就是一个系

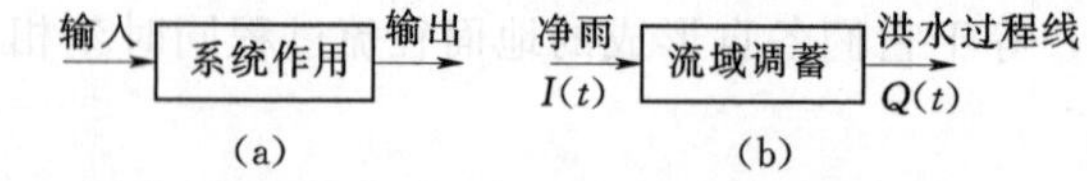

图 11-5 系统与流域汇流系统示意
(a) 系统；(b) 流域汇流系统

统，河段的调蓄作用即为系统作用，系统的输入就是上断面入流的洪水过程，系统的输出就是下断面出流的洪水过程；再如，流域汇流也是一种系统，其输入为净雨过程，输出为流域出口断面的径流过程，系统作用为流域的调蓄作用。如图 11-5 (b) 所示，流域出口断面的径流过程线 $Q(t)$ 即为流域汇流系统对净雨过程（输入）的响应，称为流域响应。

系统输入 $I(t)$、输出 $O(t)$ 及系统作用 Ω 三者之间的关系可表示为 $O(t)=\Omega[I(t)]$，系统作用 Ω 表示某种运算关系，也称为运算符，反映输入与输出之间的某种特定关系。

2. 线性汇流系统

当汇流系统既满足叠加性又满足倍比性时，称为线性汇流系统，否则就是非线性汇流系统。

(1) 叠加性。所谓叠加性是指 n 个输入之和产生的总输出（总响应）等于每个输入产生输出的代数和，即各输入产生的输出之间互不干扰。用数学形式表示为

$$\Omega\Big[\sum_{i=1}^{n} I_i(t)\Big]=\sum_{i=1}^{n}\Omega[I_i(t)]=\sum_{i=1}^{n}O_i(t) \tag{11-9}$$

(2) 倍比性。所谓倍比性是指一个输入的 n 倍施加于系统，产生的输出等于一个输入产生输出的 n 倍。用数学形式描述为

$$\Omega[nI(t)]=n\Omega[I(t)]=nO(t) \tag{11-10}$$

3. 线性时不变汇流系统

在线性汇流系统中，如果系统运算 Ω 中所有参数均不随时间变化（为常数），则称为线性时不变汇流系统。如果其中的参数至少有一个是随时间变化的，称为线性时变汇流系统。在汇流计算中，大多情况下假定汇流系统是线性时不变汇流系统，简称线性汇流系统。

4. 集总和分布式流域汇流系统

当把流域作为一个整体采用同一组参数进行汇流计算时，称为集总流域汇流系统；把流域按照一定要求划分为若干块（称为子系统），进行汇流分析计算时各块的输入不同或参数不同，最后按一定方式汇总得到流域汇流过程，即为分布式流域汇流系统，或称为分散式流域汇流系统。

二、汇流曲线

当线性汇流系统的输入为简单入流时，则系统产生的输出（响应）称为汇流曲线(concentration curve)，这些汇流曲线分别有 S 曲线、基本单位线 $u(\Delta t, t)$ 及瞬时单位线 $u(t)$。简单入流可以用简单函数来描述，如单位函数、单位矩形函数、单位瞬时脉冲函数。

1. S 曲线

当线性汇流系统的输入为单位入流时，则系统产生的输出为 S 曲线，以 $S(t)$ 表示，m^3/s。

所谓单位入流是指始终维持一个单位强度的入流（例如 1 个流量），单位入流用单位函数表示，即

$$H(t)=\begin{cases}0,(t<0)\\1,(t\geqslant 0)\end{cases} \tag{11-11}$$

其函数如图 11-6 所示。

如果单位入流不是从 $t=0$ 开始，而是延迟到 $t=\Delta t$ 开始，则称为延迟单位入流，延迟单位入流用延迟单位函数表示，即

$$H(t-\Delta t)=\begin{cases}0,(t<\Delta t)\\1,(t\geqslant \Delta t)\end{cases} \tag{11-12}$$

延迟单位函数如图 11-7 所示。延迟单位入流产生的输出称为延迟的 S 曲线，以 $S(t-\Delta t)$ 表示，m^3/s。

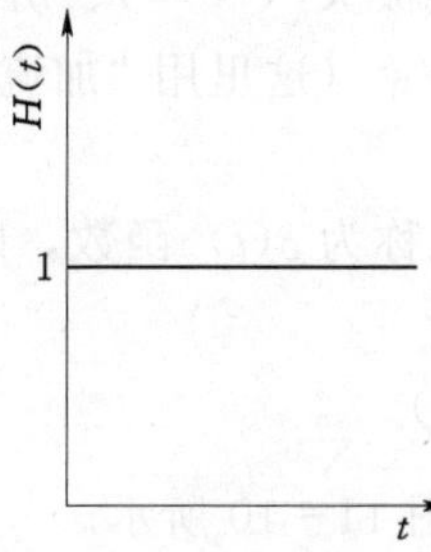

图 11-6　单位函数图形

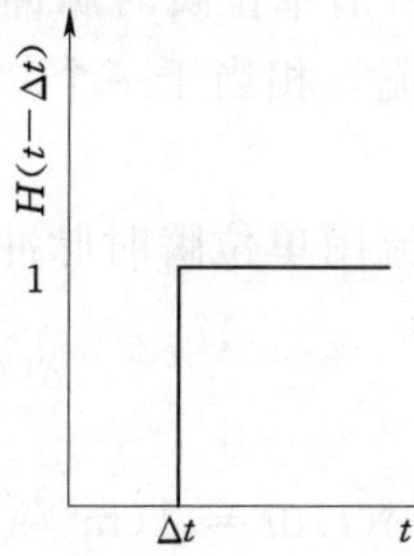

图 11-7　延迟单位函数图形

2. 基本单位线

当线性汇流系统的输入为单位矩形入流时，则系统产生的输出为基本单位线，以 $u(\Delta t,\ t)$ 表示，m^3/s。所谓单位矩形入流是指在一个有限时段 Δt 内维持一个单位强度的入流（1 个流量），单位矩形入流用单位矩形函数表示，即

$$I_{\Delta t}(t)=\begin{cases}0,(t<0)\\1,(0\leqslant t\leqslant \Delta t)\\0,(t>\Delta t)\end{cases} \tag{11-13}$$

其函数如图 11-8 所示。

如果单位矩形入流不是从 $t=0$ 开始，而是延迟到 $t=\Delta t$ 开始，则称为延迟单位矩形入流，延迟单位矩形入流用延迟单位矩形函数表示：

$$I_{\Delta t}(t-\Delta t)=\begin{cases}0,(t<\Delta t)\\1,(\Delta t\leqslant t\leqslant 2\Delta t)\\0,(t>2\Delta t)\end{cases} \tag{11-14}$$

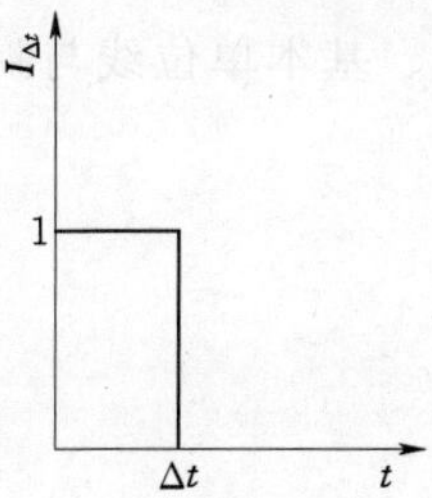

图 11-8　单位矩形函数图形

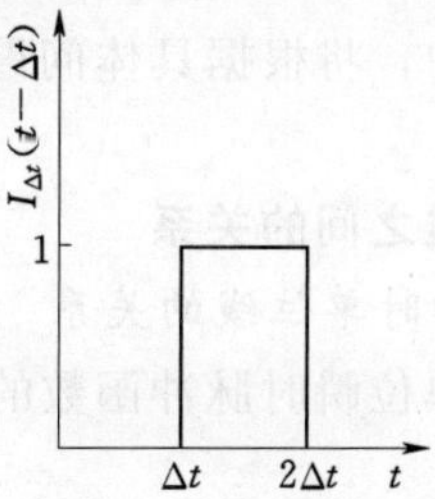

图 11-9　延迟单位矩形函数图形

延迟单位矩形函数如图 11-9 所示。延迟单位矩形入流产生的输出称为延迟基本单位线，以 $u(\Delta t, t-\Delta t)$ 表示，m^3/s。

不难理解，单位矩形函数与单位函数之间的关系为

$$I_{\Delta t}(t)=H(t)-H(t-\Delta t) \tag{11-15}$$

同理，公式（11-15）也适用于延迟单位矩形函数，即

$$I_{\Delta t}(t-\Delta t)=H(t-\Delta t)-H(t-2\Delta t) \tag{11-16}$$

对于延迟多个时段的单位矩形函数，可依次类推，分别写出它们的数学表达式。

3. 瞬时单位线

当线性汇流系统的输入为单位瞬时脉冲入流时，则系统产生的输出为瞬时单位线，以 $u(t)$ 表示，m^3/s^2。所谓单位瞬时脉冲入流是指强度极大（→∞）、历时极短（→0）、但总量为 1 个单位的入流，相当于一个“加流量”，m^3/s^2（这里用“加流量”是引用了力学中加速度的概念）。

单位瞬时脉冲入流用单位瞬时脉冲函数表示，也称为 $\delta(t)$ 函数，即

$$\delta(t)=\begin{cases}0,(t\neq 0)\\ \infty,(t\to 0)\end{cases} \tag{11-17}$$

式（11-17）满足 $\int_0^{\infty}\delta(t)\mathrm{d}t=1(m^3/s)$，其函数如图 11-10 所示。

如果单位瞬时脉冲入流不是从 $t=0$ 开始，而是延迟到 $t=\Delta t$ 开始，则称为延迟单位瞬时脉冲入流，用延迟 $\delta(t)$ 函数表示，即

$$\delta(t-\Delta t)=\begin{cases}0,(t\neq \Delta t)\\ \infty,(t\to \Delta t)\end{cases} \tag{11-18}$$

式（11-18）满足 $\int_{\Delta t}^{\infty}\delta(t-\Delta t)\mathrm{d}t=1(m^3/s)$，延迟 $\delta(t)$ 函数如图 11-11 所示。

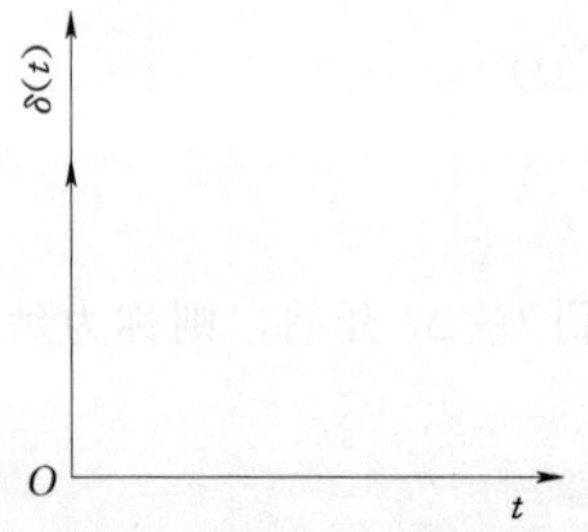

图 11-10 $\delta(t)$ 函数图形

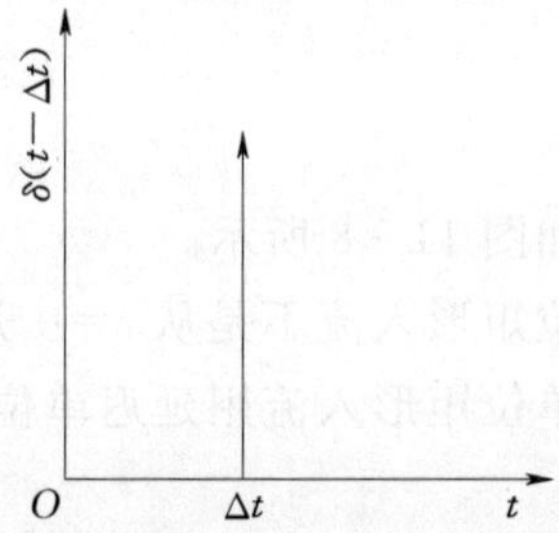

图 11-11 延迟 $\delta(t)$ 函数图形

延迟单位瞬时脉冲入流产生的输出称为延迟瞬时单位线，以 $u(t-\Delta t)$ 表示，m^3/s^2。在以后有关章节中，将根据具体问题分别给出 S 曲线、基本单位线与瞬时单位线的数学表达式。

三、汇流曲线之间的关系

1. S 曲线与瞬时单位线的关系

单位函数与单位瞬时脉冲函数的关系为

$$\delta(t)=\frac{\mathrm{d}H(t)}{\mathrm{d}t} \tag{11-19}$$

证明如下：先构造一个新函数 $\delta_\Delta(t)$，表达式为

$$\delta_\Delta(t)=\frac{H(t)-H(t-\Delta t)}{\Delta t}=\begin{cases}0,(t<0)\\1/\Delta t,(0\leqslant t\leqslant\Delta t)\\0,(t>\Delta t)\end{cases}$$

因此，按照单位瞬时脉冲入流的定义，$\delta(t)$ 函数即为函数 $\delta_\Delta(t)$ 当 $\Delta t\to0$ 时的极限，即 $\delta(t)=\lim\limits_{\Delta t\to0}\delta_\Delta(t)=\lim\limits_{\Delta t\to0}\frac{H(t)-H(t-\Delta t)}{\Delta t}=\frac{\mathrm{d}H(t)}{\mathrm{d}t}$得证。

上式表明，单位瞬时脉冲入流就是单位入流对时间 t 的一阶导数。因此不难理解，以下关系也是成立的：

$$H(t)=\int_0^t\delta(t)\mathrm{d}t \tag{11-20}$$

式（11-19）及式（11-20）称为简单输入之间的关系。

对于线性汇流系统，简单输入之间的关系也同样适用于系统的输出，即汇流曲线之间的关系为

$$u(t)=\frac{\mathrm{d}S(t)}{\mathrm{d}t} \tag{11-21}$$

或

$$S(t)=\int_0^t u(t)\mathrm{d}t \tag{11-22}$$

根据瞬时单位线的定义和水量平衡原理，瞬时单位线具有以下性质：$\int_0^\infty u(t)\mathrm{d}t=1(\mathrm{m^3/s})$

2. 基本单位线与 S 曲线的关系

对于线性汇流系统，根据单位矩形函数与单位函数之间的关系式（11-15），容易得出基本单位线与 S 曲线之间的关系，即

$$u(\Delta t,t)=S(t)-S(t-\Delta t) \tag{11-23}$$

同理，以上关系也适用于延迟的基本单位线与延迟的 S 曲线，根据式（11-16）得

$$u(\Delta t,t-\Delta t)=S(t-\Delta t)-S(t-2\Delta t) \tag{11-24}$$

对于延迟多个时段的情形，依次类推，可以分别写出它们之间的关系式。

因为瞬时单位线不能直接用于汇流计算，而是按式（11-22）将它转换成 S 曲线或按式（11-23）转换成基本单位线后才能使用。

第四节 地面净雨汇流计算

目前，地面净雨汇流计算广泛采用单位线（unit hydrograph）法。

一、单位线的概念

在单位时段 Δt 内、流域上分布均匀的单位地面净雨（一般采用 10mm），在流域出口断面形成的地面径流过程线称为单位线，也称为实用单位线，用符号 $q(\Delta t, t)$ 表示，$\mathrm{m^3/s}$。单位时段 Δt 常采用 3h、6h、12h 等为计算时段，单位线如图 11-12 所示。单位线的实质就是线性流域汇流系统的输入为单位矩形入流产生的输出，这个单位矩形入流在

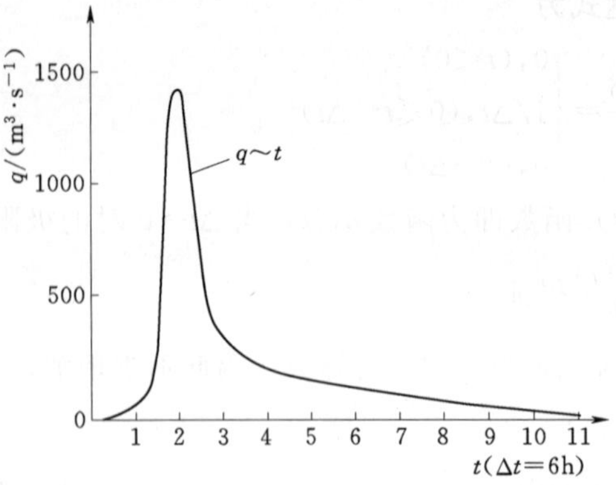

图 11-12　单位线示意图

Δt 时段内的流量不是 $1\mathrm{m^3/s}$，而是 $\frac{10F}{3.6\Delta t}$ $\mathrm{m^3/s}$。

根据单位线的概念和水量平衡原理，关系式 $\frac{3.6\Delta t\sum q_i(\Delta t,\ t)}{F}=10\mathrm{mm}$ 是成立的，因此

$$F=\frac{3.6\Delta t\sum q_i(\Delta t,t)}{10} \tag{11-25}$$

式中：$\sum q_i(\Delta t,\ t)$ 为单位线的纵坐标之和，$\mathrm{m^3/s}$；F 为流域面积，$\mathrm{km^2}$；Δt 为计算时段，h。

使用式（11-25），既可检验推求的单位线是否正确，又可根据单位线推求流域面积。不同的流域，都应分析并使用自己的单位线，不可相互混用。

单位线的推求有直接法和间接法，由于这两种方法内容较多，篇幅较长，将分别在后面两节中介绍，本节首先介绍如何使用单位线进行地面净雨的汇流计算，简称“推流”。

二、两个基本假定

由于线性汇流系统的两个基本性质不完全符合实际水文现象，所以在水文学上又称之为两个基本假定，利用这两个基本假定既可推求单位线，又可用单位线进行汇流计算。

1. 倍比假定

在同一流域上，如果同一时段 Δt 内地面净雨分别为 h_1、h_2，则它们形成的地面径流总历时、涨洪历时与退洪历时完全相同，而相应位相的流量大小与净雨量成正比，即 $Q_a/Q_b=h_1/h_2$，如图 11-13 所示。

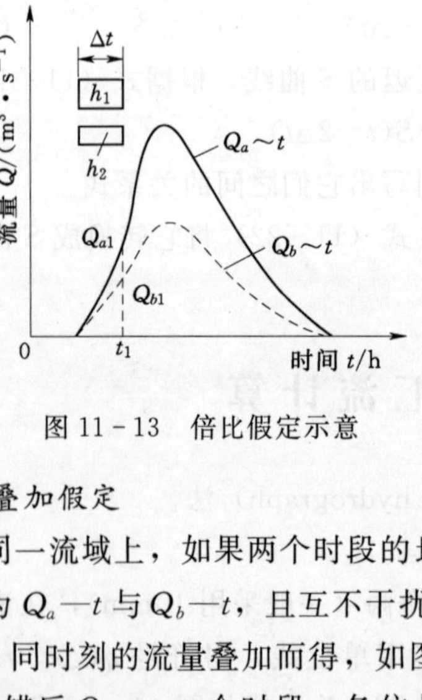

图 11-13　倍比假定示意

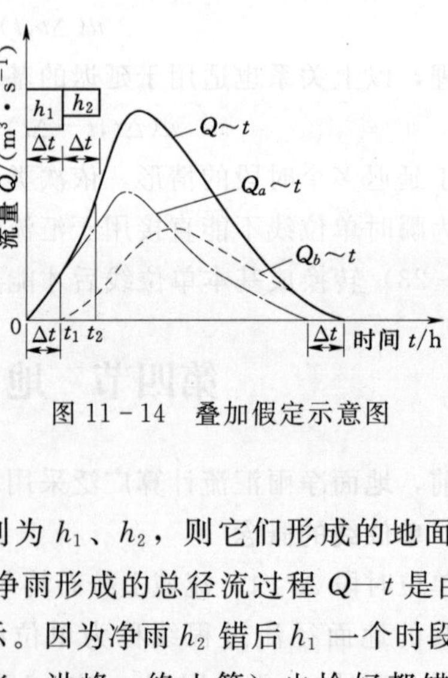

图 11-14　叠加假定示意图

2. 叠加假定

在同一流域上，如果两个时段的地面净雨分别为 h_1、h_2，则它们形成的地面径流过程分别为 $Q_a—t$ 与 $Q_b—t$，且互不干扰。两个时段净雨形成的总径流过程 $Q—t$ 是由 $Q_a—t$ 与 $Q_b—t$ 同时刻的流量叠加而得，如图 11-14 所示。因为净雨 h_2 错后 h_1 一个时段，所以 $Q_b—t$ 也错后 $Q_a—t$ 一个时段，各位相点（如起涨、洪峰、终止等）也恰好都错开一个 Δt，两者形状相似。

三、单位线的应用

单位线的应用就是地面径流的汇流计算方法。以下通过例题具体说明如何根据两个基本假定，应用单位线进行汇流计算推求流域出口断面地表径流过程。

【例 11-1】 某流域各时段地面净雨量列入表 11-2 中第（2）栏，第（3）栏是本流域使用的单位线，试推求流域出口断面的地面径流过程。

表 11-2　　单位线法推求地面径流过程线（$F=441km^2$）

时间/h	地面净雨 h/mm	实用单位线 q/($m^3 \cdot s^{-1}$)	15.0mm 净雨的径流过程/($m^3 \cdot s^{-1}$)	93.6mm 净雨的径流过程/($m^3 \cdot s^{-1}$)	76.7mm 净雨的径流过程/($m^3 \cdot s^{-1}$)	42.8mm 净雨的径流过程/($m^3 \cdot s^{-1}$)	总径流过程 $Q(t)$/($m^3 \cdot s^{-1}$)
(1)	(2)	(3)	(4)	(5)	(6)	(7)	(8)
0	15.0	0	0				0
6	93.6	5.6	8	0			8
12	76.7	24.7	37	52	0		89
18	42.8	78.3	117	231	43	0	391
24		30.0	45	733	190	24	992
30		20.0	30	281	601	106	1018
36		13.5	20	187	230	335	772
42		9.0	14	126	153	128	421
48		6.1	9	84	104	86	283
54		4.5	7	57	69	58	191
60		3.4	5	42	47	39	133
66		2.7	4	32	34	26	96
72		2.1	3	25	26	19	73
78		1.6	2	20	21	15	58
84		1.2	2	15	16	12	45
90		0.8	1	11	12	9	33
96		0.5	1	7	9	7	24
102		0.2	0	5	6	5	16
108		0		2	4	3	9
114				0	2	2	4
120					0	1	1
126						0	0
合计	228.1	204.2					4657

解：（1）根据倍比假定，以 $h/10$ 乘以单位线各时刻的纵标值，便得到各时段净雨所形成的地面径流过程。例如，第一时段净雨为 15.0mm，则用 15.0/10 分别乘以单位线各时刻的纵标值，得第（4）栏的 15.0mm 净雨产生的地面径流过程。同理，第（5）栏是用 93.6/10 乘以单位线各时刻的纵标值求得，但要注意 93.6 mm 的净雨是在第二时段产

生的，所以第（5）栏各计算值都要往后推迟一个时段。其余第（6）栏、（7）栏类推。

（2）运用叠加假定，由各时段净雨计算出的地面径流过程，再同时刻的流量相加而得到流域总地面径流过程，见第（8）栏。

（3）要对第（8）栏的计算结果进行验算是否有误。第（8）栏的合计数为 4657m^3/s，折算成径流深$\frac{\sum Q\times \Delta t\times 3.6}{F}=\frac{4657\times 6\times 3.6}{441}=228.1$mm，等于总净雨量，说明计算是正确的。

第五节　直接法推求单位线

根据以往的实测雨洪资料直接推求单位线的方法称为直接法。此方法是 1932 年谢尔曼（L. K. Sherman）提出的，所以用直接法推求的单位线也称为谢尔曼单位线，人们也常常称为经验单位线。

一、单位线的推求

根据流域实测雨洪资料，运用两个基本假定推求单位线，计算步骤大体如下：

（1）选择历时较短、孤立、分布较均匀的暴雨及相应的孤立洪水过程线，作为分析对象。如果很难选到恰好一个或二个时段降雨及相应的孤立洪水过程线，则从复合暴雨径流过程线中分解出相应于一个或二个时段暴雨所形成的洪水过程线。

（2）推求各时段地面净雨时，净雨历时要小于流域汇流时间，以接近涨洪历时的 1/3～1/4 为宜。

（3）在实测洪水过程线上，割除地下径流，求得地面径流深，使地面径流深等于地面净雨深。如不相等，应修正地下径流的分割，直至两者相等为止。

（4）由地面径流过程线与时段地面净雨量，应用两个基本假定分析计算单位线，并检验单位线的径流深是否等于 10mm。倘若不等，则要修正。

（5）根据数次暴雨洪水资料，分析得出几条单位线，再求出一条平均的单位线作为使用的依据。实际应用中，还可根据暴雨时空分布情况，选用不同的单位线。

1. 缩放法

如果恰好选取一个时段，在这个时段内流域上分布均匀的净雨 h 形成了一个孤立的地面洪水过程线，利用单位线的倍比假定，对该地面洪水过程线按倍比值 $10/h$ 乘洪水过程线的纵标值进行缩放，即可得到所推求的单位线。

2. 公式计算法

如果流域上某次洪水由几个时段的净雨复合形成，则用公式法逐一推求单位线各时段数值。设地面洪水过程线上各时段末的值分别为 Q_1、Q_2、Q_3、…，相应各时段末的单位线值分别为 q_1、q_2、q_3、…、0，各时段净雨量分别为 h_1、h_2、h_3、…，则根据两个基本假定可得：

$$0$$

$$Q_1=\frac{h_1}{10}q_1$$

$$Q_2=\frac{h_1}{10}q_2+\frac{h_2}{10}q_1$$

$$Q_3=\frac{h_1}{10}q_3+\frac{h_2}{10}q_2+\frac{h_3}{10}q_1$$

$$\vdots$$

$$0$$

从以上各式中解出各时段末的单位线值分别为

$$0$$

$$q_1=Q_1\ \frac{10}{h_1}$$

$$q_2=\left(Q_2-\frac{h_2}{10}q_1\right)\frac{10}{h_1}$$

$$q_3=\left(Q_3-\frac{h_2}{10}q_2-\frac{h_3}{10}q_1\right)\frac{10}{h_1}$$

$$\vdots$$

$$0$$

推求单位线时，要注意以下几点：

（1）净雨时段最好不要超过 3 个，否则就应用下面的试错优选法。

（2）当分析出的单位线绘在普通坐标上出现锯齿状不光滑现象时，要徒手修匀，并验算修匀后的单位线应折合为 10mm 的净雨深。

（3）按从前向后的顺序推求时，如果发生跳动、发散现象，可以改为按从后向前的顺序推求。

（4）单位线的初始值和末值均为 0，即：0、q_1、q_2、q_3、…、0。

（5）单位线时段数要满足要求，即等于实测洪水过程时段数减去净雨时段数再加 1，即：$M=N-L+1$（式中，M 为单位线的时段数，N 为地面径流的时段数，L 为地面净雨时段数）。

【例 11-2】 某流域面积为 441km^2，计算时段为 6h，地面净雨过程列入表 11-3 中第（3）栏，流域出口断面的地面径流过程列入表中第（2）栏，试推求单位线。

解：（1）将第（2）栏流量合计值换算为地面径流深：$h=W/F=\frac{965\times6\times3600}{441\times1000^2}\times1000=47.3\text{mm}$ 等于净雨量，符合要求。

（2）用公式初步计算求得的单位线列入第（4）栏。再由第（4）栏单位线纵标值绘在普通坐标纸上，修匀成光滑曲线，并使流量合计值折算成径流深等于 10mm，结果列入第（5）栏。

（3）根据修正后的单位线之和 204.2m^3/s，见第（5）栏，折合成流域上的径流深 R 正好等于 10mm，即：$R=\frac{\sum q\times\Delta t}{F}=\frac{204.2\times6\times3600}{441\times1000^2}\times1000=10.0\text{mm}$，验算结果正确。

（4）洪水时段数 N 为 19，净雨时段数 L 为 2，根据 $M=N-L+1$ 计算的单位线时段数 M 为 18，由第（6）栏可见，计算是正确的。

表 11-3　　经验单位线的推算（$F=441km^2$）

日期		地面径流过程 $Q/(m^3\cdot s^{-1})$	净雨过程 h/mm	单位线计算值 $q/(m^3\cdot s^{-1})$	单位线修正值 $q/(m^3\cdot s^{-1})$	时段数 $(\Delta t=6h)$
日	时					
(1)		(2)	(3)	(4)	(5)	(6)
23	7	0		0	0	0
	13	21	37.0	5.6	5.6	1
	19	97	10.3	24.7	24.7	2
24	1	315	0	78.3	78.3	3
	7	181		27.2	30.0	4
	13	108		21.7	20.0	5
	19	71		13.2	13.5	6
25	1	47		9.0	9.0	7
	7	32		6.1	6.1	8
	13	25		5.1	4.5	9
	19	19		3.8	3.4	10
26	1	14		2.7	2.7	11
	7	11		2.2	2.1	12
	13	8		1.6	1.6	13
	19	6		1.2	1.2	14
27	1	4		0.8	0.8	15
	7	3		0.6	0.5	16
	13	2		0.4	0.2	17
	19	1		0.2	0	18
28	1	0		0		
合计		965	47.3	204.4	204.2	

3. 分析法

分析法适用于两个时段净雨推求单位线，根据两个基本假定推求，以下结合例 11-3 说明计算步骤。

【例 11-3】 某流域面积为 $5253km^2$，2003 年 7 月 21 日有一次降雨过程，见表 11-4 第（6）栏，第（3）栏是实测洪水径流过程，试分析推求 $\Delta t=6h$ 的单位线。

解：（1）求地面径流深。用该流域的标准退水曲线求得该次洪水的地面径流终止点为 24 日 6 时，按斜线分割法求出地下径流过程，列于表第（4）栏。第（3）栏减第（4）栏得第（5）栏地面径流过程。于是可求出地面径流深为

$$R_s=\frac{\Delta t\sum Q_i}{F}=\frac{6\times3600\times4452}{5253\times1000^2}\times1000=18.3(mm)$$

（2）求地面净雨过程。流域前期影响雨量 P_a 为 59.2mm，用该流域的降雨地面径流相关图，查得两个时段的地面净雨深分别为 12.7mm 和 6.1mm，其总和为 18.8mm，比

实测的地面径流深 18.3mm 略大，故应进行修正。用 18.3/18.8 的比值分别乘以 12.7mm 和 6.1mm，结果列于表第（7）栏，总和正好等于实测值 R_S=18.3mm。

（3）推求单位线。联合使用倍比假定和叠加假定，将总地面径流分解为 12.4 mm 和 5.9 mm 分别产生的地面径流过程。第二时段净雨比第一时段净雨晚 6h，所以第二时段产生的径流也比第一时段晚 6h，因此第一时段产生的径流从 21 日 6 时开始记为 0，第二时段产生的径流从 21 日 12 时开始记为 0，见表中的第（8）栏、（9）栏。

首先应用叠加假定。21 日 12 时的总流量是由第一时段净雨产生的 12 时流量与第二时段净雨产生的 12 时流量叠加而成（同时刻流量相加），故第一时段净雨产生的 12 时流量应等于总流量减去第二时段净雨产生的 12 时流量，即第一时段净雨产生的 12 时的流量为 29－0＝29m^3/s，填入第（8）栏。

再应用倍比假定。第一时段净雨产生的 21 日 12 时流量与第二时段净雨产生的 21 日 18 时流量之比（相应流量之比）应等于两个时段净雨量之比，第二时段净雨产生的 18 时流量记为 x，则 $29/x=12.4/5.9$，得第二时段净雨产生的 18 时流量 $x=14m^3/s$，填入第（9）栏。

依次类推，反复应用叠加与倍比假定，就可求出两时段净雨产生的各时刻流量值。

（4）根据推求单位线的缩放法，利用第（8）栏或第（9）栏可直接计算出单位线，结果见第（10）栏。

（5）检查与修正单位线。由于两个基本假定不完全符合实际等原因，计算出的单位线有时出现不合理的现象，例如计算的单位线径流深不等于 10mm，或单位线的数值出现大小跳动［第（10）栏便是如此］，或单位线的时段数不满足要求等。若出现上述不合理现象时，则需绘出单位线的图形进行修正，使其成为光滑的铃形曲线，并且要满足单位线定义和时段数的要求。

（6）还应进行一次单位线的还原计算，检验应用单位线推算的总径流过程是否与实测值基本相符。本例中，对第（10）栏的单位线计算值进行了检验和修正后，满足各项要求，最后结果见表 11－4 第（11）栏。

表 11－4　　分析法推求单位线计算（$F=5253km^2$）

日期		时段数	实测径流 Q /($m^3·s^{-1}$)	地下径流 /($m^3·s^{-1}$)	地面径流 /($m^3·s^{-1}$)	流域降雨 /mm	地面净雨 /mm	各时段净雨形成地面径流/($m^3·s^{-1}$)		计算单位线 /($m^3·s^{-1}$)	修正单位线 /($m^3·s^{-1}$)
日	时							12.4mm	5.9mm		
(1)		(2)	(3)	(4)	(5)	(6)	(7)	(8)	(9)	(10)	(11)
21	6	0	80	80	0			0		0	0
	12	1	110	81	29	32.2	12.4	29	0	23	23
	18	2	1860	82	1778	15.7	5.9	1764	14	1423	1423
	24	3	1120	83	1037			198	839	160	338
22	6	4	682	84	598			504	94	407	215
	12	5	464	85	379			139	40	112	157
	18	6	335	86	249			183	66	148	110

续表

日期 日	日期 时	时段数	实测径流 Q /($m^3 \cdot s^{-1}$)	地下径流 /($m^3 \cdot s^{-1}$)	地面径流 /($m^3 \cdot s^{-1}$)	流域降雨 /mm	地面净雨 /mm	各时段净雨形成地面径流/($m^3 \cdot s^{-1}$) 12.4mm	5.9mm	计算单位线 /($m^3 \cdot s^{-1}$)	修正单位线 /($m^3 \cdot s^{-1}$)
(1)		(2)	(3)	(4)	(5)	(6)	(7)	(8)	(9)	(10)	(11)
	24	7	258	87	171			84	87	68	78
23	6	8	194	88	106			66	40	53	50
	12	9	148	89	59			28	31	23	25
	18	10	122	90	32			19	13	15	13
	24	11	105	91	14			5	9	4	0
24	6	12	92	92	0			0	2	0	
合计					4452	47.9	18.3			2436，合 10.0mm	2432，合 10.0mm

4. 试错优选法

试错优选法是先假定一条单位线，按倍比假定计算各时段净雨的地面洪水过程，然后再按叠加原理将各时段净雨形成的地面洪水过程叠加，得到总的地面洪水过程，若能与实测的地面洪水过程相吻合，则假设的单位线即为所求。否则，对原假设单位线进行调整，重新试算，直至吻合为止。该法应用电子计算机编成程序计算非常方便，当然，要事先确定优选标准或目标函数，使误差最小。

二、单位线时段转换

流域上 10mm 的净雨，如果时段不同则雨强就不同，它形成的径流过程也就不同，也就是说单位线的形状不同，如图 11-15 所示。因此，为满足不同时段汇流计算的需要，要将某种时段求出的单位线转换成另一种时段的单位线，单位线的时段转换借助于 S 曲线来实现。

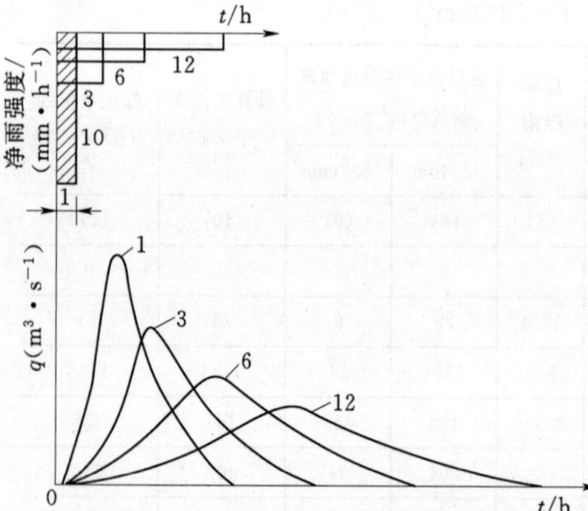

图 11-15 不同时段单位线的形状比较

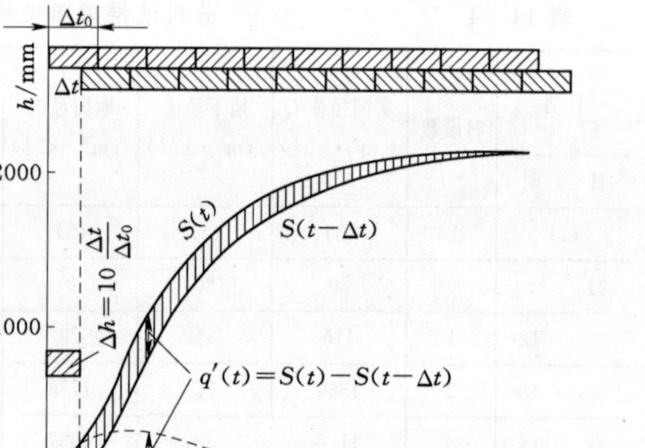

图 11-16 单位线时段转换示意

根据 S 曲线的定义，当线性汇流系统的输入为单位入流时，则系统产生的输出为 S 曲线。在这里，单位入流特指流域上输入强度持续为 $\frac{10}{\Delta t_0}$mm/h 的净雨，如果折合成流量则为 $\frac{10F}{3.6\Delta t_0}$$m^3/s$，这与第三节叙述的 S 曲线虽有所差别，但意义相同，如图 11－16 所示。

由单位线的概念可知，S 曲线就是单位线各时段末坐标值的累加曲线，因此 S 曲线可由单位线的纵标值逐时段累加求得，即 $S(t)=\sum_{i=0}^{m} q_i(\Delta t_0, t)$。显然，将 $S(t)$ 曲线向右平移 Δt 后可得到另一条 $S(t-\Delta t)$ 曲线，它表示时间错后 Δt、流域上输入强度持续为 $\frac{10}{\Delta t_0}$mm/h 的净雨产生的输出。根据式（11－23），$q'(\Delta t, t)=S(t)-S(t-\Delta t)$ 就是在时段 Δt 内，净雨量为 $\frac{10}{\Delta t_0}\Delta t$ 的矩形入流产生的输出，即时段单位线。根据线性汇流系统的倍比性则有

$$\frac{q(\Delta t, t)}{q'(\Delta t, t)}=\frac{q(\Delta t, t)}{S(t)-S(t-\Delta t)}=\frac{10}{(10/\Delta t_0)\Delta t}$$

所以时段为 Δt 的 10mm 单位线为

$$q(\Delta t, t)=\frac{\Delta t_0}{\Delta t}[S(t)-S(t-\Delta t)] \tag{11-26}$$

式中：$q(\Delta t, t)$ 为所求时段 Δt 的单位线，m^3/s；Δt_0 为原时段单位线的时段长，h。

【例 11－4】 某流域面积 $F=341km^2$，已知时段为 6h 的单位线，见表 11－5 中第（2）栏。试分别转换成时段为 3h 和 9h 的单位线。

解：（1）根据表 11－5 第（2）栏累加值与第（1）栏的对应时序绘出 $S(t)$ 曲线。由 $S(t)$ 曲线图查出第（3）栏各时序的 $S(t)$ 曲线值，列入第（4）栏。第（5）和第（8）栏分别为后移 3h 和 9h 的 S 曲线。第（7）栏 3h 单位线由第（6）栏按公式（11－26）计算，即乘以 6 除以 3，第（10）栏 9h 单位线由第（9）栏按公式（11－26）计算，即乘以 6 除以 9。

（2）单位线时段转换以后，还要进行验算，检查是否有误。例如本例转换的 9h 单位线各值之和为 105.3m^3/s，根据单位线定义再计算水深为 10mm；转换的 3h 单位线各值之和为 316m^3/s，折合水深也为 10mm，说明均是正确的。

（3）第（7）栏 3h 单位线如果绘在图上，会发生不光滑现象。此时也可徒手修匀，并保持各坐标值总和不变（即水量不变）。

三、存在的问题及处理

单位线是通过实测雨洪资料，并根据两个基本假定直接推求的，而实测洪水过程则是流域上各处地面净雨通过流域汇流形成的最后结果。因此，这种经验单位线也必然反映了在净雨汇流中的一切影响因素，如汇流速度及其变化、河网调蓄作用等，这是经验单位线的重要优点，所以这种经验单位线在地面净雨的汇流计算中得到广泛应用，效果较好。但是由于推求单位线的两个基本假定不完全符合实际水文现象，因此，这种经验单位线也存在一些问题，主要表现在以下方面。

表 11-5　　单位线的不同时段转换计算　　单位：m^3/s

时段数（Δt=6h）	6h 单位线	时序 /h	$S(t)$	$S(t-3)$	$S(t)-S(t-3)$	3h 单位线	$S(t-9)$	$S(t)-S(t-9)$	9h 单位线
(1)	(2)	(3)	(4)	(5)	(6)	(7)	(8)	(9)	(10)
0	0	0	0		0	0		0	0
		3	1	0	1	2			
1	2	6	2	1	1	2			
		9	8	2	6	12	0	8	5.3
2	15	12	17	8	9	18	1		
		15	31	17	14	28	2		
3	35	18	52	31	21	42	8	44	29.3
		21	74	52	22	44	17		
4	41	24	93	74	19	38	31		
		27	107	93	14	28	52	55	36.7
5	25	30	118	107	11	22	74		
		33	126	118	8	16	93		
6	15	36	133	126	7	14	107	26	17.3
		39	138	133	5	10	118		
7	9	42	142	138	4	8	126		
		45	145	142	3	6	133	12	8.0
8	6	48	148	145	3	6	138		
		51	150	148	2	4	142		
9	4	54	152	150	2	4	145	7	4.7
		57	154	152	2	4	148		
10	3	60	155	154	1	2	150		
		63	156	155	1	2	152	4	2.7
11	2	66	157	156	1	2	154		
		69	158	157	1	2	155		
12	1	72	158	158	0	0	156	2	1.3
		75	158	158			157		
13	0	78	158	158			158		
			158	158			158	0	0
合计	158					316			105.3

1. 净雨强度的影响

理论和实践都表明，其他条件相同时，净雨强度越大，流域汇流速度越快，采用大雨强洪水求出的单位线峰值较高，峰现时间提前；反之则情况相反，如图 11-17 所示。针对这一问题的处理方法是，分析出不同降雨强度的单位线，并研究单位线与雨强的关系，推求洪水时，选用与雨强相近的单位线。

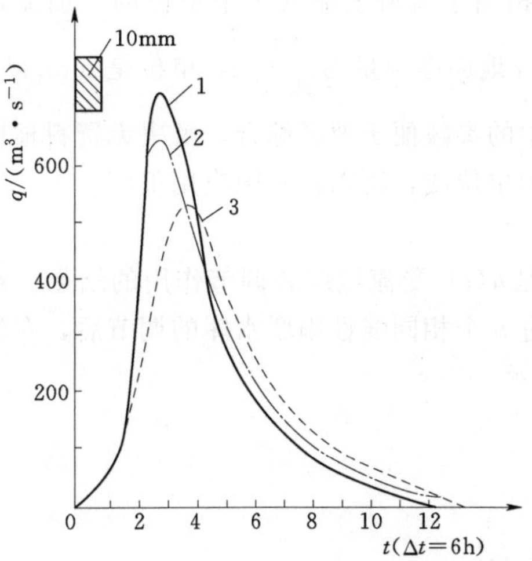

图 11-17 雨强对单位线的影响

1—雨强≥50mm/d；2—35mm/d≤雨强＜50mm/d；3—雨强＜35mm/d

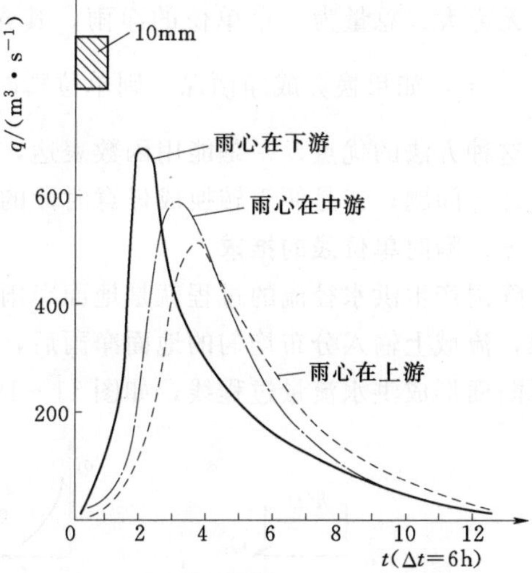

图 11-18 暴雨中心对单位线的影响

2. 净雨地区分布不均的影响

有时虽然降雨在流域上的平均强度相同，但是当暴雨中心靠近下游时，汇流途径短，河网对净雨的调蓄作用小，从而使单位线的峰值偏高，峰现时间提前；反之则情况相反，如图 11-18 所示。针对这种情况，应当分析出各种不同暴雨中心所在位置的单位线，推求洪水时，根据暴雨中心的位置选用相应的单位线。

3. 流域面积的影响

若暴雨洪水条件与单位线的基本假定相差太远，就不宜直接使用。例如，流域面积太大，暴雨在地区上的分布极不均匀，此时则应划分为单元小流域进行处理，分别推算洪水，然后通过洪水演算或洪水叠加，再求得整个流域的地面洪水过程。

第六节 间接法推求单位线

所谓间接法是指由瞬时单位线通过一系列转化而求得的单位线，人们也常常把用这种方法求得单位线后而进行的汇流计算称为瞬时单位线法。虽然间接法不直接用雨洪资料分析单位线，但仍然需要通过雨洪资料分析确定瞬时单位线的参数。该方法是 1945 年由克拉克（C. O. Clark）首先提出的，1957 年纳希（J. E. Nash）进一步导出了瞬时单位线的数学公式，并运用矩法确定公式参数，然后转换成实用单位线，所以用间接法求得的单位线也称为纳希单位线。

所谓瞬时单位线，正如第三节所述，是指把流域看作为线性时不变汇流系统，当系统输入单位瞬时脉冲地面净雨时所产生的输出。换言之，当流域上输入单位瞬时脉冲地面净雨时所形成的流域出口断面的径流过程称为瞬时单位线，用 $u(t)$ 或 $u(0, t)$ 表示，单位为 m^3/s^2。单位瞬时脉冲地面净雨用 $\delta(t)$ 函数表示，特指流域上分布均匀、时段无穷小、强度无穷大、总量为一个单位的净雨，其含义相当于流域上输入 1 个单位的"加流量"，即 $1m^3/s^2$，如果换算成净雨深，则单位瞬时脉冲地面净雨量为 $\frac{1}{1000F}$，单位是 mm/s^2。

这种方法的优点，一是能用函数表达，其中的参数便于地区综合，解决无资料地区的汇流计算问题；二是便于转换成任意时段的实用单位线，所以在我国应用很广。

一、瞬时单位线的推求

降雨产生洪水径流的过程就是地面净雨过程 $h(t)$ 受流域综合调节作用的结果。纳希设想，流域上输入分布均匀的地面净雨后，经过 n 个相同线性串联水库的调节后，在流域出口断面形成洪水流量过程线，如图 11－19 所示。

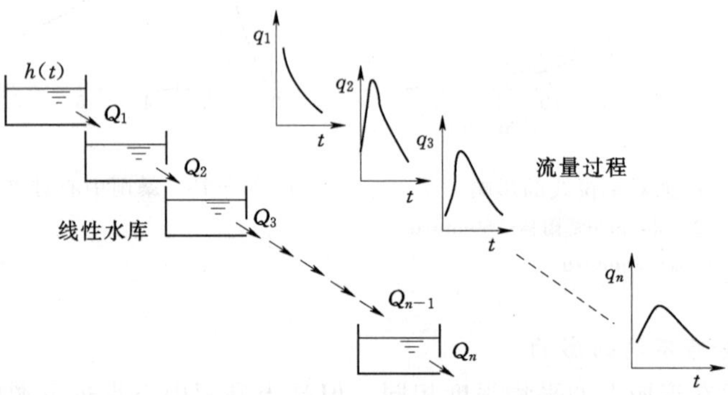

图 11－19　纳希汇流模型示意图

设串联水库的蓄量 W_i 与出流量 Q_i 之间为线性关系，即：$W_i = K_i Q_i$，称为蓄泄方程。式中，K_i 为蓄泄系数，$i=1, 2, \cdots, n$，n 为线性水库的个数。

对于第一个线性水库，用流量表示的净雨过程 $h(t)$ 作为输入，出流过程 Q_1 作为输出，则水量平衡方程为：$h - Q_1 = \frac{dW_1}{dt}$，将该水量平衡方程与水库的蓄泄方程 $W_1 = K_1 Q_1$ 联立求解，并以微分算符 D 表示 d/dt，得：$Q_1 = \frac{1}{1+K_1 D} h$。

第一个线性水库的出流 Q_1 就是第二个线性水库的输入，第二个线性水库用 Q_2 表示输出。根据第二个线性水库的水量平衡方程和蓄泄方程，得

$$Q_2 = \frac{1}{1+K_2 D} Q_1 = \frac{1}{1+K_2 D} \times \frac{1}{1+K_1 D} h$$

继续推演，不难得到经过 n 个线性水库调蓄后，最后的输出（流域出口断面的流量过程）应为

$$Q(t) = Q_n(t) = \frac{1}{1+K_1 D} \times \frac{1}{1+K_2 D} \times \frac{1}{1+K_3 D} \times \cdots \times \frac{1}{1+K_n D} h(t)$$

又假设 n 个线性水库的调蓄作用是相同的，即 $K_1 = K_2 = K_3 = \cdots = K_n = K$，故

$$Q(t) = \frac{1}{(1+KD)^n} h(t) \qquad (11-27)$$

根据瞬时单位线的定义，在式（11-27）中，当 $h(t)=\delta(t)$时，则 $Q(t)$ 就是瞬时单位线。通过拉普拉斯（Laplace）积分变换和逆变换，可求出瞬时单位线表达式为

$$u(0,t)=\frac{1}{K\Gamma(n)}\left(\frac{t}{K}\right)^{n-1}e^{-t/K} \tag{11-28}$$

式中：$\Gamma(n)$ 为 n 的伽玛函数，当 n 为整数时，$\Gamma(n)=(n-1)!$；n 为线性水库的个数或调节次数；K 为线性水库的蓄泄系数，具有时间因次；e 为自然对数的底。

瞬时单位线公式中有两个参数 n、K，如果求出这两个参数后，就可以得到瞬时单位线具体表达式了，瞬时单位线如图 11-20 所示。

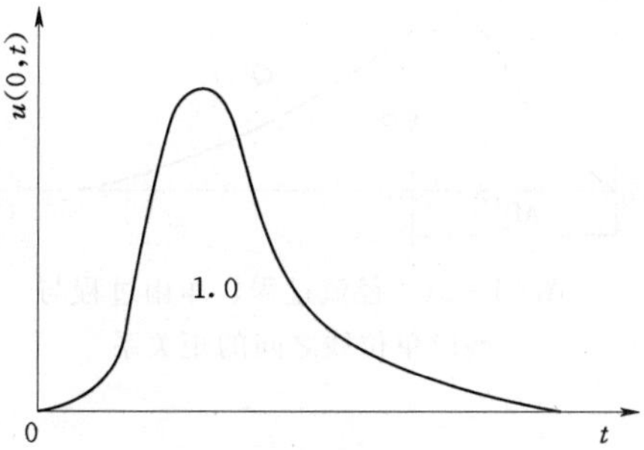

图 11-20　瞬时单位线示意

瞬时单位线公式（11-28）对时间求一阶导数，并使其等于 0，可求出瞬时单位线的峰现时间 $t_m=K(n-1)$；再代入式（11-28）可求得瞬时单位线的峰值 $u(t)_m=\dfrac{1}{K\Gamma(n)}\left(\dfrac{n-1}{e}\right)^{n-1}$。

瞬时单位线与时间坐标轴所包围的面积应等于 $1m^3/s$，即 $\int_0^\infty u(0,t)dt=1.0(m^3/s)$。

二、参数确定

纳希提出利用矩法确定参数 n、K 值。地面净雨过程 $h(t)$、瞬时单位线 $u(0,t)$ 和地面径流过程 $Q(t)$ 三者之间的关系如图 11-21 所示。可以证明，它们之间一阶原点矩和二阶中心矩有如下关系：

$$M_u^{(1)}=M_Q^{(1)}-M_h^{(1)} \tag{11-29}$$

$$N_u^{(2)}=N_Q^{(2)}-N_h^{(2)} \tag{11-30}$$

式中：$M_u^{(1)}$、$M_Q^{(1)}$、$M_h^{(1)}$ 分别为瞬时单位线 $u(0,t)$、地面径流过程 $Q(t)$ 与地面净雨过程 $h(t)$ 的一阶原点矩；$N_u^{(2)}$、$N_Q^{(2)}$、$N_h^{(2)}$ 分别为 $u(0,t)$、$Q(t)$ 与 $h(t)$ 的二阶中心矩。

瞬时单位线的一阶原点矩、二阶中心矩与参数 n、K 存在如下关系：

$$M_u^{(1)}=nK \tag{11-31}$$

$$N_u^{(2)}=nK^2 \tag{11-32}$$

由于二阶中心矩的计算较原点矩繁杂，故利用数学上已经得到证明的原点矩与中心矩的关系“二阶中心矩等于二阶原点矩减一阶原点矩的平方”，最后可得出 n、K 的计算公式如下：

$$K=\frac{M_Q^{(2)}-M_h^{(2)}}{M_Q^{(1)}-M_h^{(1)}}-(M_Q^{(1)}+M_h^{(1)}) \tag{11-33}$$

$$n=\frac{M_Q^{(1)}-M_h^{(1)}}{K} \tag{11-34}$$

式中：$M_Q^{(2)}$、$M_h^{(2)}$ 为地面径流过程 $Q(t)$ 与地面净雨过程 $h(t)$ 的二阶原点矩。

如图 11-22 所示，由实测地面净雨过程和地面径流过程计算各阶原点矩的公式如下：

$$M_h^{(1)}=\frac{\sum h_i t_i}{\sum h_i} \tag{11-35}$$

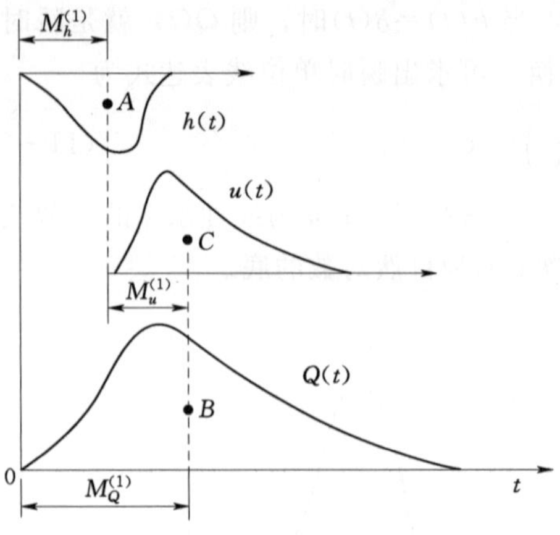

图 11-21 径流过程、净雨过程与瞬时单位线之间的矩关系

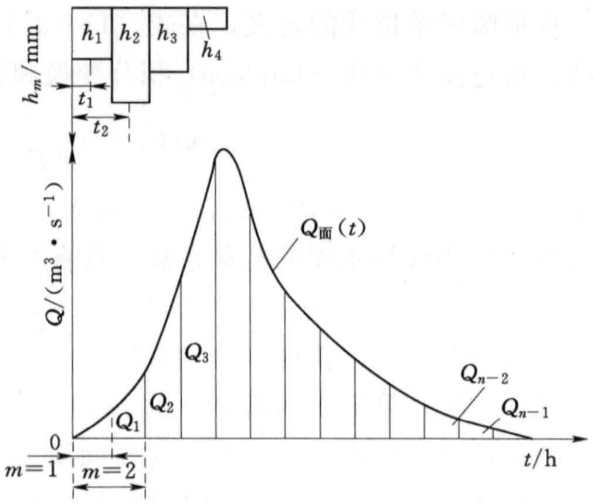

图 11-22 计算原点矩示意图

$$M_h^{(2)}=\frac{\sum h_i t_i^2}{\sum h_i} \tag{11-36}$$

$$M_Q^{(1)}=\frac{\sum Q_i m_i}{\sum Q_i}\Delta t \tag{11-37}$$

$$M_Q^{(2)}=\frac{\sum Q_i m_i^2}{\sum Q_i}\Delta t^2 \tag{11-38}$$

式中，$t_i=(m_i-1/2)\Delta t$，$m_i=1$，2，…，$n-1$。将式（11-35）～式（11-38）分别代入式（11-33）及式（11-34）即可求出 K、n。

计算时，一般要选择流域上分布均匀、强度大的暴雨所形成的孤立洪水过程线进行分析。利用矩法算出的 K、n 往往不是最终结果，还要利用 K、n 确定的瞬时单位线转换成实用单位线后，再进行洪水还原计算，若计算的洪水与实测洪水过程线吻合不好时，还要对 K 或 n 值进行修正。

K、n 综合反映了流域的调蓄特性。流域不同，K、n 值也不同，同一流域，这两个数值比较稳定，如果不太稳定，可取若干次的暴雨洪水资料进行分析，最后优选出 K、n 值。K、n 值对瞬时单位线的影响，如图 11-23 所示。

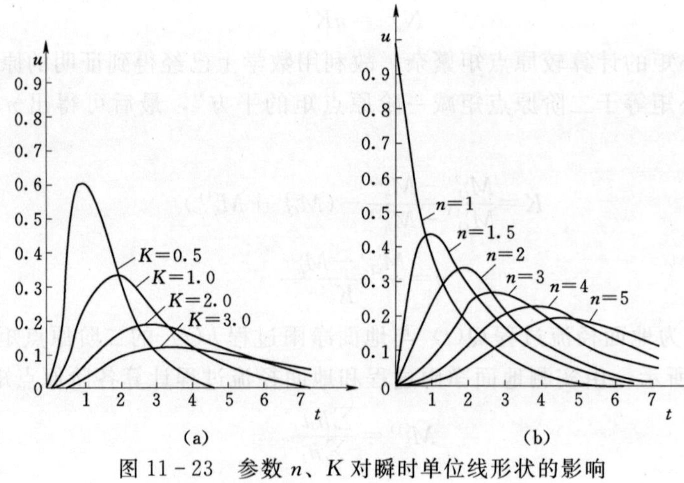

图 11-23 参数 n、K 对瞬时单位线形状的影响

如果流域上没有雨洪资料分析 K、n 值，可利用各省、区《水文手册》或水文图集中综合的 K、n，或使用综合单位线法进行汇流计算。

【例 11－5】 某流域面积 $F=349\text{km}^2$，一场分布均匀、强度较大暴雨产生的地面净雨过程如表 11－6 中第（2）栏。根据流域出口断面实测洪水过程，经过径流分割得到孤立洪水过程线，列入表 11－7 中第（2）栏。试根据地面净雨过程和地面洪水过程，计算瞬时单位线参数 K、n。

解：（1）计算本次降雨产生的地面径流量，如以径流深表示则应等于净雨量，以此验证径流成分分割的正确性。

（2）计算净雨过程和洪水过程的一阶、二阶原点矩，见表 11－6 及表 11－7。

表 11－6　　地面净雨过程原点矩计算

日期（月．日．时）	地面净雨 h/mm	t_i /h	h_it_i /(mm·h)	$h_it_i^2$ /(mm·h²)	备　注
(1)	(2)	(3)	(4)	(5)	
8.7.20					$M_h^{(1)}=\frac{\sum h_it_i}{\sum h_i}=\frac{1159.80}{138.6}=8.37\text{h}$ $M_h^{(2)}=\frac{\sum h_it_i^2}{\sum h_i}=\frac{12024.47}{138.6}=86.76\text{h}^2$
23	11.9	1.5	17.85	26.78	
8.2	23.8	4.5	107.10	481.95	
5	50.9	7.5	381.75	2863.13	
8	31.2	10.5	327.60	3439.80	
11	10.4	13.5	140.40	1895.40	
14	5.9	16.5	97.35	1606.28	
17	4.5	19.5	87.75	1711.13	
合计	138.6		1159.80	12024.47	

表 11－7　　地面径流过程原点矩计算

日期（月．日．时）	Q (m³/s)	m_i	Q_im_i (m³/s)	$Q_im_i^2$ (m³/s)	备　注
(1)	(2)	(3)	(4)	(5)	
8.7.20	0				$M_Q^{(1)}=\frac{\sum Q_im_i}{\sum Q_i}\Delta t=\frac{24784}{4479}\times 3=16.60\text{h}$ $M_Q^{(2)}=\frac{\sum Q_im_i^2}{\sum Q_i}\Delta t^2=\frac{168720}{4479}\times 3^2=339.02\text{h}^2$
23	69	1	69	69	
8.2	269	2	538	1076	
5	624	3	1872	5616	
8	909	4	3636	14544	
11	781	5	3905	19525	
14	536	6	3216	19296	
17	392	7	2744	19208	
20	291	8	2328	18624	
23	200	9	1800	16200	
9.2	143	10	1430	14300	
5	102	11	1122	12342	
8	71	12	852	10224	
11	47	13	611	7943	
14	26	14	364	5096	
17	11	15	165	2475	
20	5	16	80	1280	
23	2	17	34	578	
10.2	1	18	18	324	
5	0				
合计	4479		24784	168720	

（3）参数计算。根据以上两表备注栏中的计算结果，分别代入式（11－33）及式（11－34）得

$$K=\frac{M_Q^{(2)}-M_h^{(2)}}{M_Q^{(1)}-M_h^{(1)}}-(M_Q^{(1)}+M_h^{(1)})=\frac{339.02-86.76}{16.60-8.37}-(16.60+8.37)=5.68\text{h}$$

$$n=\frac{M_Q^{(1)}-M_h^{(1)}}{K}=\frac{16.60-8.37}{5.68}=1.45$$

三、实用单位线的推求

1. 将瞬时单位线转换成 S 曲线

在汇流计算中，必须将瞬时单位线转换成时段为 Δt、净雨量为 10mm 的实用单位线。先根据式（11－22）求出 S 曲线：

$$S(t)=\int_0^t u(t)\mathrm{d}t=\frac{1}{\Gamma(n)}\int_0^{t/K}\left(\frac{t}{K}\right)^{n-1}\mathrm{e}^{-t/K}\mathrm{d}\left(\frac{t}{K}\right) \tag{11-39}$$

S 曲线的单位是 m^3/s。当 $t\to\infty$ 时，则 $S\to 1$，即 $S(t)_{\max}=\int_0^\infty u(t)\mathrm{d}t=1(\text{m}^3/\text{s})$。

当 n、K 已知时，可用式（11－39）积分求得 S 曲线，其形状如图 11－24 所示。由于积分式（11－39）比较麻烦，现已制成以 n、t/K 为参数的 S 曲线查用表，见附录。

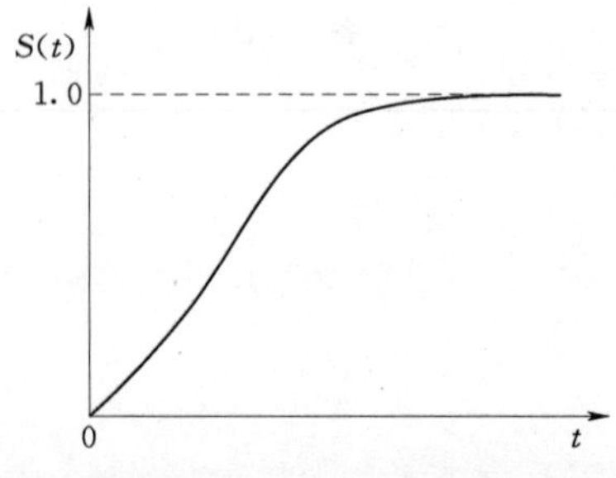

图 11－24　S 曲线示意

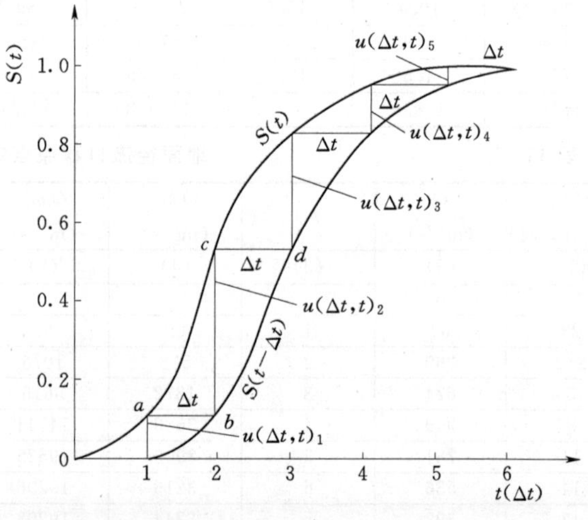

图 11－25　由 S 曲线转换基本单位线示意

2. 将 S 曲线转换成基本单位线

如果将 $t=0$ 为起点的 $S(t)$ 曲线向后平移一个时段 Δt，得到另外一条延迟的 S 曲线 $S(t-\Delta t)$，如图 11－25 所示。由式（11－23）可知，两条 S 曲线之间纵标差就是基本单位线，即 $u(\Delta t, t)=S(t)-S(t-\Delta t)$，如图 11－25 中的 $u(\Delta t, t)_1$、$u(\Delta t, t)_2$、…。将这些 $u(\Delta t, t)_i$ 重新绘一条曲线就是时段为 Δt 的基本单位线，如图 11－26 所示。基本单位线的水文学意义是指在 Δt 时段内流域上持续输入一个单位强度净雨所形成的出口断面地表径流过程。由于一个单位强度净雨为一个流量（$1\text{m}^3/\text{s}$），折算成水深为 $\frac{1}{F}\times 10^{-3}$

(mm/s)，因而 Δt 时段内的净雨深则为 $\frac{3.6\Delta t}{F}$ (mm)，折算成体积后就等于 $3600\Delta t$ (m^3)。

从图 11-25 可以看出，$u(\Delta t, t)_i$ 的累积值应等于 1，即 $\sum u(\Delta t, t)_i = 1$ (m^3/s)。不难理解，基本单位线所包围的面积应该为 $3600\Delta t \sum u(\Delta t, t)_i = 3600\Delta t(m^3)$。

过去乃至目前的教科书上都认为基本单位线是无因次的，这显然不妥。实际上，基本单位线的物理意义与实用单位线一样，也具有流量的因次。

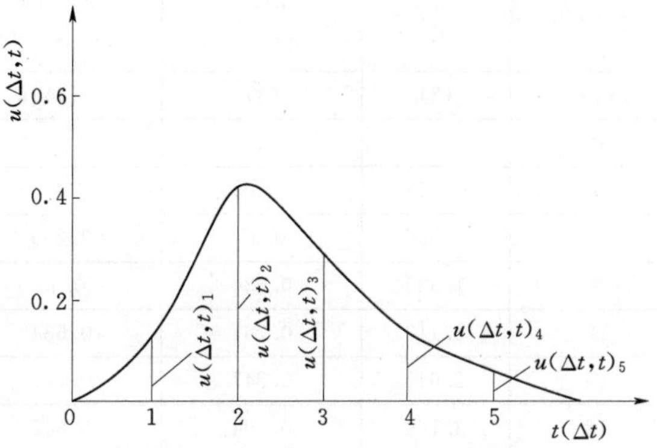

图 11-26　基本单位线示意

3. 将基本单位线转换成实用单位线

有了基本单位线，原则上就可以进行流域地面净雨的汇流计算了。根据基本单位线的水文学意义"在 Δt 时段流域上持续输入一个单位强度地面净雨所形成的出流过程"，而一个单位强度地面净雨是指 $1m^3/s$。如果 Δt 时段内的地面净雨量为 h，那么折算成流量为 $\frac{hF}{3.6\Delta t}$，再根据倍比假定，则在 Δt 时段内，地面净雨 h 形成的流域出流过程就是基本单位线的 $\frac{hF}{3.6\Delta t}$ 倍，即

$$Q = \frac{hF}{3.6\Delta t} u(\Delta t, t) \tag{11-40}$$

然后根据叠加假定，将各时段地面净雨形成的出流过程同时刻相加，就得出一次降雨形成的流域出口地面径流过程了。

然而，习惯上都是将基本单位线转换成 10mm 净雨单位线后再进行流域汇流计算。由于基本单位线是流域上在 Δt 时段内输入 1 个流量所形成的出流过程，而实用单位线是流域上在 Δt 时段内输入 10mm 净雨所形成的出流过程，那么 10mm 净雨折算成流量就应该等于 $\frac{10F}{3.6\Delta t}$。根据线性汇流系统的倍比性质，10mm 净雨形成的单位线 $q(\Delta t, t)_i$ 应该是基本单位线 $u(\Delta t, t)_i$ 的 $\frac{10F}{3.6\Delta t}$ 倍，因此可得到 10mm 净雨单位线的计算公式：

$$q(\Delta t, t)_i = \frac{10F}{3.6\Delta t} u(\Delta t, t)_i = 2.78\ \frac{F}{\Delta t} u(\Delta t, t)_i \tag{11-41}$$

式中：F 为流域面积，km^2；Δt 为时段长，h。

【例 11-6】　根据例 11-5 得出的参数，求 3h 的实用单位线。

解：取 $n \approx 1.5$，$K = 5.68$，利用 n、t/K 查附表，通过内插计算得 $S(t)$ 值，如表 11-8 中的第 (3) 栏所示。第 (4) 栏为错后 3h 的 S 曲线，第 (3) 与 (4) 两栏相减得第 (5) 栏的基本单位线，再按式 (11-41) 计算成 3h 的实用单位线，结果见第 (6) 栏。

最后根据第 (6) 栏的合计值进行验算：$\frac{\sum q(t)\Delta t \times 3600}{F \times 10^6} \times 1000 = \frac{323 \times 3 \times 3.6}{349} = 10$

(mm)，可知计算过程是正确的。

表 11-8　　由瞬时单位线推求实用单位线（Δt=3h）

时间 t/h	$\frac{t}{K}$	$S(t)$ /($m^3 \cdot s^{-1}$)	$S(t-3)$ /($m^3 \cdot s^{-1}$)	基本单位线 $u(3, t)$/($m^3 \cdot s^{-1}$)	实用单位线 $q(t)$/($m^3 \cdot s^{-1}$)
(1)	(2)	(3)	(4)	(5)	(6)
0	0	0		0	0
3	0.528	0.209	0	0.209	67.5
6	1.056	0.45	0.209	0.241	77.8
9	1.585	0.634	0.45	0.184	59.4
12	2.113	0.761	0.634	0.127	41
15	2.641	0.847	0.761	0.086	27.8
18	3.169	0.904	0.847	0.057	18.4
21	3.697	0.94	0.904	0.036	11.7
24	4.225	0.963	0.94	0.023	7.5
27	4.754	0.977	0.963	0.014	4.5
30	5.282	0.986	0.977	0.009	2.9
33	5.81	0.991	0.986	0.005	1.6
36	6.338	0.994	0.991	0.003	1
39	6.866	0.997	0.994	0.003	1
42	7.394	0.998	0.997	0.001	0.3
45	7.923	0.999	0.998	0.001	0.3
48	8.451	1	0.999	0.001	0.3
51	8.979	1	1	0	0
合计				1	323

四、瞬时单位线的非线性处理与地区综合

1. 瞬时单位线的非线性处理

在同一流域上，由每次暴雨洪水分析出的瞬时单位线参数 n、K 并不完全一致，它们随净雨强度和暴雨分布而变化。由图 11-23 可知，n、K 值不同，瞬时单位线也不同，称这种现象为瞬时单位线的非线性。为了克服这种影响以便更合理地推求洪水过程，一般要考虑处理。目前，采取处理办法很多，一般都是在分析 n、K 的基础上寻求它们与净雨强度的关系，以下介绍一种比较常用的处理方法。

(1) 降雨强度问题。经验表明，一个流域的 n 值比较稳定，可取为常数。瞬时单位线的一阶原点矩 $M_u^{(1)}$，简记为 m_1（$m_1=nK$）与平均净雨强度 $\bar{i}_s$ 关系比较密切，一般具有以下关系：

$$m_1=a(\bar{i}_s)^{-\lambda} \tag{11-42}$$

式中：m_1 为瞬时单位线 $u(t)$ 的一阶原点矩，即 $m_1=\frac{\sum u_i(t)}{\sum u_i(t)}t_i$；$\bar{i}_s$ 为平均净雨强度，mm/h；a 与 λ 为反映流域特征的系数和非线性指数，对固定的流域可取常数，根据实测

资料分析确定。

流域上有了具体的 m_1 与净雨强度的关系式后，由产流计算得到的地面平均净雨强度便可求出 m_1 值，再算出 $K=m_1/n$。

许多经验表明，当$\bar{i}_s$ 超过某一临界值$\bar{i}_{临}$后，m_1 也趋于稳定，基本上不再随净雨强度的增加而减小。

(2) 暴雨分布问题。可考虑暴雨中心位置的不同，分析出不同的瞬时单位线参数，应用时可对 n、K 的取值进行分类选取。

2. 瞬时单位线的地区综合

在不同的流域上，参数 n、K 也不同。所谓瞬时单位线的地区综合就是建立参数 n、K 与流域特征（如流域面积 F、河流长度 L、河道坡度 J 等）及暴雨特征（如净雨强度）之间的某些经验关系，其目的就是为了解决无资料地区的中、小流域地面净雨的汇流计算问题。有了这些关系，只要知道流域特征和暴雨特征便可求得参数 n、K，进而求得实用单位线进行汇流计算，推求地面洪水径流过程，所以这种方法也称为综合（瞬时）单位线法。

第七节 地下净雨汇流计算

在湿润地区的一次洪水过程中，地下净雨的比重一般可达总径流的 20%～30%，甚至更多。地下净雨的汇流计算也可采用单位线法，但地下净雨的汇流远较地面净雨慢，地下径流过程较为平缓，因此，地下径流过程的推求一般采用较为简化的方法，如概化三角形法、地下线性水库演算法。

一、概化三角形法

如果地下净雨比重不大，可将地下径流过程概化成三角形，如图 11-27 所示，其底宽 T_g 为地面径流过程线底宽的 n 倍（n 可取 2～3）。

概化三角形法主要是确定地下径流过程的峰值流量、峰现时刻及总历时。地下径流总量为 $W_g=1000R_gF$，又根据三角形面积计算公式 $W_g=\frac{1}{2}Q_{gm}T_g$ 得

$$Q_{gm}=\frac{2W_g}{T_g}=\frac{2000R_gF}{T_g} \quad (11-43)$$

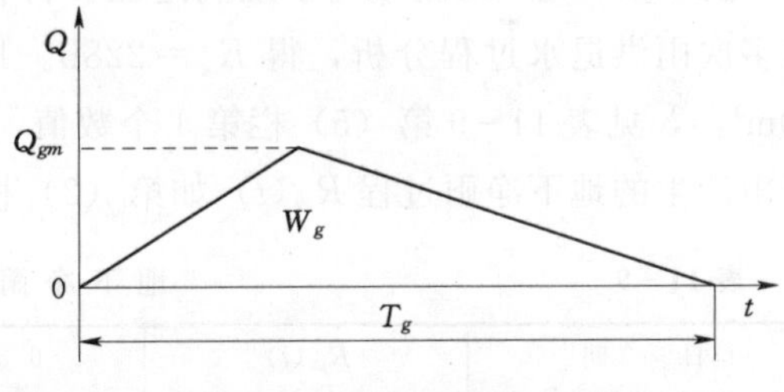

图 11-27 概化三角形法示意图

式中：W_g 为一次降雨产生的地下径流量，m^3；R_g 为地下净雨量，mm；Q_{gm} 为地下径流过程的峰值，m^3/s；T_g 为地下径流历时，s；F 为流域面积，km^2。

因为事先已经计算出了地面径流过程线，则地面径流历时 T_s 是已知的。一般情况下，将地下径流的峰值设置在地面径流过程线的终止点 T_s 处。如果取 $T_g=2T_s$，则地下径流过程线为等腰三角形。

二、线性水库演算法

该法是把地下径流的蓄泄过程视为一个线性水库，地下水的蓄量与出流量为线性关

系，即满足蓄泄方程：

$$W_g = 3600 K_g Q_g \tag{11-44}$$

式中：Q_g 为地下径流的出流流量，m^3/s；W_g 为地下水蓄量，m^3；K_g 为地下水蓄水常数，h。

地下净雨量为线性水库的入流，经地下水库调节后的出流过程就是流域出口断面的地下径流过程。因此，可写出水量平衡方程：

$$I_g - Q_g = \frac{dW_g}{dt} \tag{11-45}$$

式中：I_g 为地下径流入流率，即降雨对地下水的补给强度，m^3/s。

如果取计算时段为 Δt(h)，将水量平衡方程写为差分形式，并将蓄泄方程代入得$\overline{I}_g - \frac{Q_{g1}+Q_{g2}}{2} = 3600K_g \frac{Q_{g2}-Q_{g1}}{3600\Delta t}$，从中解出 Q_{g2}：

$$Q_{g2} = \frac{\Delta t}{K_g + 0.5\Delta t}\overline{I}_g + \frac{K_g - 0.5\Delta t}{K_g + 0.5\Delta t}Q_{g1} \tag{11-46}$$

式中：Q_{g1}、Q_{g2} 分别为时段初、末地下出流量，m^3/s；$\overline{I}_g$ 为时段内由降雨产生的地下径流率，即$\overline{I}_g = \frac{1000F}{3600\Delta t}R_{gi} = \frac{0.278F}{\Delta t}R_{gi}$。

将其代入式（11-46）得

$$Q_{g2} = \frac{0.278F}{K_g + 0.5\Delta t}R_{gi} + \frac{K_g - 0.5\Delta t}{K_g + 0.5\Delta t}Q_{g1} \tag{11-47}$$

式中：F 为流域面积，km^2；R_{gi} 为时段内的地下净雨量，mm（$i=1$，2，…，n，为净雨时段数）。

地下水的蓄水常数 K_g 可根据实测雨洪的退水资料推算。根据式（11-47）进行逐时段计算，就可求出地下径流过程。

【例 11-7】 某流域处于湿润地区，符合蓄满产流方式。流域面积 $F=5290km^2$。根据多次雨洪退水过程分析，得 $K_g=228h$。1985 年 4 月该流域发生一场洪水，起涨流量 $50m^3/s$，见表 11-9 第（5）栏第 1 个数值，计算时段 $\Delta t=6h$。通过产流计算，求得该次降雨产生的地下净雨过程 $R_{gi}(t)$ 如第（2）栏所列。试计算该次洪水的地下径流过程。

表 11-9　　地下净雨汇流计算

日　期 （月．日．时）	$R_{gi}(t)$ /mm	$6.366R_{gi}$ $/(m^3 \cdot s^{-1})$	$0.974Q_{g1}$ $/(m^3 \cdot s^{-1})$	Q_{g2} $/(m^3 \cdot s^{-1})$
(1)	(2)	(3)	(4)	(5)
4.16.14				50
4.16.20	3.3	21	49	70
4.17.2	8.1	52	68	120
4.17.8	8.1	52	117	169
4.17.14	3.2	20	165	185
4.17.20			180	180
4.18.2			175	175
			⋮	⋮

解： 将 $F=5290\text{km}^2$，$K_g=228\text{h}$，$\Delta t=6\text{h}$ 代入式（11-47），得该流域地下径流的演算式为：$Q_{g2}=\dfrac{0.278\times5290}{228+0.5\times6}R_{gi}+\dfrac{228-0.5\times6}{228+0.5\times6}Q_{g1}=6.366R_{gi}+0.974Q_{g1}$，取第一时段起始流量 $Q_{g1}=50\text{m}^3/\text{s}$，逐时段进行连续演算，计算结果见表 11-9 中的第（5）栏。

第八节　线性分布式流域汇流模型简介

前面介绍的产汇流计算方法，可以说是采用了流域集总产汇流模式，即都是将流域作为一个整体来考虑的，认为流域的下垫面条件相对比较均一，而且降雨量用的是全流域平均值。

在天然状态下的流域中，降雨的空间和时间分布大多是不均匀的，因而也就造成了净雨的时空分布也不均匀。例如在同一流域上有两次降雨，如果面平均雨量基本相同，但在流域内的空间分布不同，一次暴雨中心在上游，另一次暴雨中心在下游，由于净雨受到的调蓄作用不同，而在流域出口断面所形成的径流过程却大不一样。暴雨中心在上游时，洪水过程历时长，峰值流量小；暴雨中心在下游时，洪水过程历时短，峰值流量大。又如，对一个径流实验场的观测情况：径流场面积为 0.024km^2，有两次降雨，第一次总雨量为 24.8mm、雨强为 22.4mm/h，第二次总雨量为 26.6mm、雨强为 4.7mm/h，由此看出雨量大致相当，而雨强差别较大。但是，在流域出口断面形成的径流过程也大不一样，第一次降雨形成的径流过程陡涨陡落，明显地产生了地表径流，峰值流量高达 39.5L/s，第二次降雨形成的径流过程涨落缓慢，几乎没有地表径流产生，峰值流量仅为 8.5L/s。

如果流域内各处的下垫面条件（包括植被、土壤、地形和地质等）差异较大，使得流域各处产生的地表径流及地下径流也各不相同，而且流域各个部分对净雨的调节作用也有明显差别。在两个不同流域上比较，也会发现径流过程存在较大差异。例如，甲流域面积为 1203km^2，乙流域面积为 1072km^2，两者面积差不多，植被状况大体也接近，但甲流域为土壤，乙流域为有裂隙溶洞的石灰岩。甲流域上有一次 46mm 的降雨，乙流域上有一次 39mm 的降雨，观测到的结果为：甲流域洪峰流量为 $577\text{m}^3/\text{s}$，地下径流占的比重为 17.4%；而乙流域洪峰流量为 $342\text{m}^3/\text{s}$，地下径流占的比重为 43.1%。

综合以上情况说明，前面介绍的流域产汇流计算方法就难以适用，否则就会造成较大的计算误差。特别是对于降雨量的空间差异性和地质条件的差异性，如果采用集总模式计算产汇流，难以处理流域内净雨的空间变化，也难以处理各种径流成分的划分及流域的调蓄作用。

线性分布式流域汇流模型，就是把流域划分为若干个子流域或单元面积，并使各单元面积内的植被、土壤、地形和地质条件尽可能均一性。这样做的好处是：一是各单元可采用各自的降雨过程资料，通过产流计算求出各自的净雨过程，因而处理了流域内净雨的空间变化问题；二是对每一单元面积，可采用各自的线性蓄泄关系或汇流曲线，并考虑单元内水库、塘坝等调蓄作用，从而也处理了各单元面积上的净雨时程分配和调蓄作用问题。例如，按前面介绍的方法求得每一单元出口断面的流量过程，再通过河道洪水演算方法把各单元的流量过程演算到研究流域的出口断面，最后叠加得到研究流域的总流量过程。显然，单元面积划分的越小，就越接近实际降雨和净雨的分布情况，汇流过程的模拟计算也就越准确。

由于这种线性分布式流域汇流模型考虑的因素相对全面，应用也较为灵活，而且更为适合现有的资料条件。单元可按照雨量站控制的面积划分，也可按天然小流域划分。各单元面积上的汇流计算以及各单元上的流量向研究流域出口断面的演进计算，也可采用不同的线性汇流方法。线性分布式流域汇流模型的基本结构如图 11－28 所示，具体模型有多种形式，如改进的克拉克模型、杜格模型等。限于篇幅不多做介绍，可查阅相关书籍或文献。

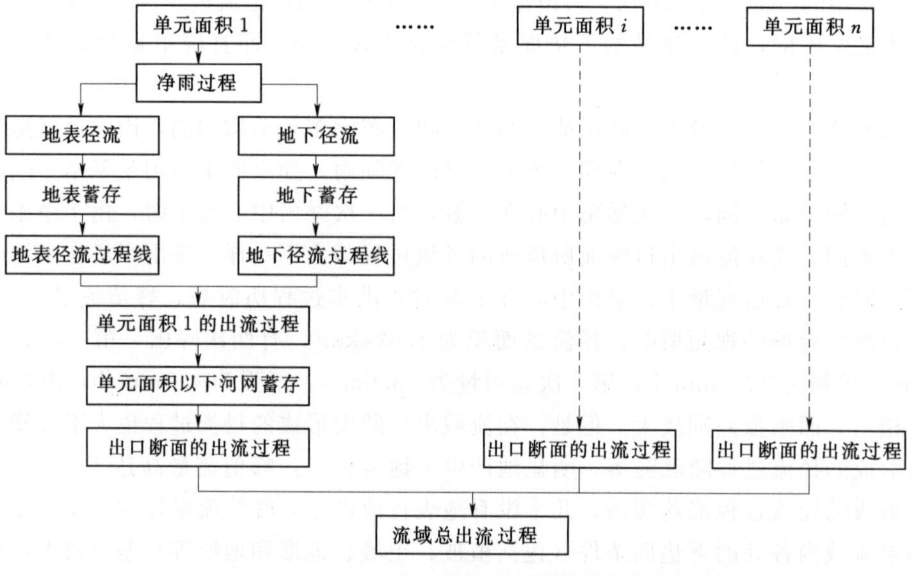

图 11－28 线性分布式流域汇流模型结构示意

思 考 题

1. 什么是线性汇流系统？

2. 什么是汇流曲线？

3. 什么是 S 曲线、基本单位线和瞬时单位线？S 曲线与瞬时单位线是什么关系？S 曲线与基本单位线是什么关系？

4. 什么是单位线？如何直接推求单位线？参数 n、K 对瞬时单位线有什么影响？

5. 两个基本假定的水文学意义是什么？

习 题

1. 已知某流域的 6h 单位线，试推求 3h 单位线，并求流域面积。

表 11－10 某流域的 6h 单位线

时段数（Δt=6h）	0	1	2	3	4	5	6	7	8	9	0
单位线/($m^3 \cdot s^{-1}$)	0	430	630	400	270	180	118	70	40	16	0

2. 某流域面积为 880km²，已知一次实测的洪水过程及与该次洪水对应的两个时段地面净雨，计算时段 $\Delta t=3$h。另一次净雨过程，计算时段为 $\Delta t=3$h。试推求：

（1）用分析法计算本次洪水的 3 小时单位线；

（2）将 3 小时单位线转化成 6 小时单位线；

（3）根据另一次净雨过程推求流域出口断面的地面径流过程。

表 11-11　　某流域的雨洪资料表

时段数	0	1	2	3	4	5	6	7	8	9	10	11	12	13	14
地面净雨 R_s/(mm)		14.5	9.3												
实测径流 Q_s/($m^3 \cdot s^{-1}$)	18	76	240	366	296	243	218	172	144	118	98	78	70	62	52
地下径流 Q_g/($m^3 \cdot s^{-1}$)	18	19	20	20	21	21	22	23	24	24	25	25	25	26	26

时段数	15	16	17	18	19	20
地面净雨 R_s/(mm)						
实测径流 Q_s/($m^3 \cdot s^{-1}$)	40	36	33	31	30	28
地下径流 Q_g/($m^3 \cdot s^{-1}$)	26	26	27	27	28	28

另一次净雨过程				
时段数（$\Delta t=6$h）	1	2	3	4
地面净雨量 R_s/mm	15.3	21.8	0.0	4.8

3. 利用习题 2 中的资料

（1）推求瞬时单位线参数 n、K 并转化成 6h 单位线；

（2）推求另一次净雨产生的地面径流过程。

4. 已知净雨强度为 10mm/h 的持续降雨形成的流量过程（即 S 曲线），如表 11-2 所示，试推求 $\Delta t=2$h 的单位线，并求流域面积。

表 11-12　　雨强为 10mm/h 的持续降雨形成的流量过程

时间/h	0	1	2	3	4	5	6	7	8	9
S 曲线/($m^3 \cdot s^{-1}$)	0	16	226	301	341	361	371	376	376	376

第十二章 河道洪水演算

河段洪水演算（flood routing）也称河道汇流计算，其主要内容就是由已知河段的上断面洪水过程，推算下断面的洪水过程。河段洪水演算主要有两类方法：一类是水力学方法，即以圣维南方程组为依据的演算；另一类是水文学方法，即以水量平衡方程和槽蓄方程联立求解为依据的演算。

第一节 河道洪水波

在无雨条件下，河道中的水流呈稳定流状态，当流域发生暴雨时，大量的地表径流汇入河道，河道流量急剧增大，使得原来的水体因受到干扰而形成洪水，洪水从上游向下游运动，这就是洪水波（flood wave）。由于突然注入一定水量而在河道内增加的流量称为波流量，波流量从上游向下游移动就产生了洪水波运动。少数情况下，河道洪水波则是由上游闸坝放水或偶发溃坝而形成。

一、洪水波的特征

1. 洪水波的形态特征

洪水波的形态特征包括波体、波高、波峰和波长。

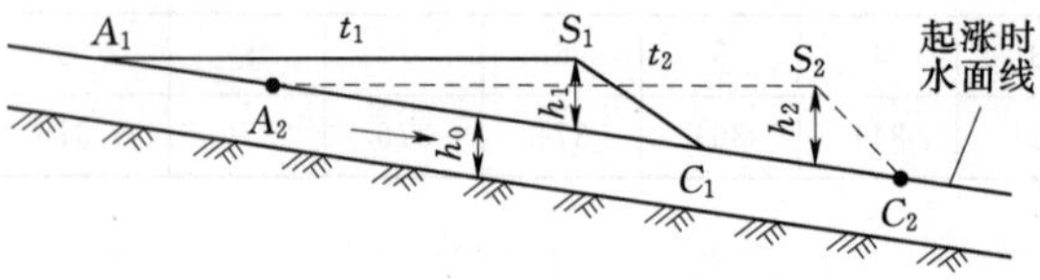

图 12-1 河道洪水波的传播与变形

（1）波体。在原稳定流水面之上附加的水体，如图 12-1 中的 $A_1S_1C_1A_1$ 中的水体。

（2）波峰与波高。波体的最高点 S_1 叫波峰，波峰至稳定流水面的高度 h_1 称波高。

（3）波长。波体的底宽称为波长，图 12-1 中 A_1C_1 线段的长度即为波长。洪水波的波长比波高大数千倍乃至数万倍，所以洪水波向下游运动属于缓变不稳定流。

（4）波前与波后。以波峰为界，位于波峰前部的波体称为波前，位于波峰后部的波体称为波后，图 12-1 中的 A_1S_1 部分为波后，S_1C_1 部分为波前。

2. 洪水波的运动特征

洪水波的运动特征有附加比降、相应流量和波速等。

（1）位相。洪水波轮廓线上任一点的相对位置，就是该点的位相。洪峰位于轮廓线上的最高点，因此波峰就是一个位相。同样，洪水波的波谷位于波体高度的最低点，也是一个位相。

（2）相应流量。洪水波波体上某一位相所对应的流量称为相应流量，又称传播流量。同一次洪水的河段上、下游断面的洪峰流量便是同位相的相应流量。虽然与相应流量对应的位相在洪水波运动过程中是不变的，但相应流量的数值一般并非固定不变，随着洪水波的传播，相应流量也随之变化。

(3) 波速。洪水波波体上某一位相点沿河道的运动速度称为该位相的波速。或者说，波速就是相应流量沿河道的运动速度。如果只考虑一维水流情况，则波速可表示为

$$C_k=\frac{\mathrm{d}x}{\mathrm{d}t} \tag{12-1}$$

式中：C_k 为波速，m/s；dx 为洪水波在微小时段 dt 内传播的距离。

(4) 附加比降。洪水波的水面比降 s 与稳定流的水面比降 s_0 的差值 $s_\Delta=s-s_0$，称为洪水波的附加比降。在河槽断面沿程变化不大的情况下，稳定流水面比降 s_0 近似等于河底比降（天然河道属宽浅型河槽，一般满足此近似条件）。由于洪水波波前水面比稳定流水面陡，所以，波前附加比降为正；由于洪水波波后水面比稳定流水面缓，所以，波后附加比降为负。

二、圣维南方程组

为了定量地描述河道洪水波运动的基本规律，需要以水力学的有关理论为基础，建立河道不稳定流运动的微分方程。天然河道的洪水波属于一种缓变不稳定流动，它的特点是：流线的曲率很小，基本上接近平行；动水压力的分布大致与静水压力分布相同。1871年法国科学家圣维南导出了描述河道不稳定流运动的基本微分方程组（详见《水力学》明渠非恒定流中的推导）。当无旁侧入流时，洪水波运动的圣维南方程组如下：

$$\frac{\partial Q}{\partial x}+\frac{\partial A}{\partial t}=0 \tag{12-2}$$

$$\frac{1}{g}\frac{\partial V}{\partial t}+\frac{V}{g}\frac{\partial V}{\partial x}+\frac{\partial y}{\partial x}+s_f-s_0=0 \tag{12-3}$$

式中：Q 为河道断面流量，m³/s；A 为过水断面面积，m²；x 为沿水流方向的坐标（河长），m；s_0 为河底比降，称为重力项；y 为水深，m；V 为断面平均流速，m/s；$s_f=\frac{V^2}{C^2R}$为摩擦阻力，称为摩阻项（其中 C 为谢才系数，m$^{1/2}$/s；R 为水力半径，m）；$\frac{1}{g}\frac{\partial V}{\partial t}$是由时间加速度引起的惯性项，称为局地惯性项；$\frac{V}{g}\frac{\partial V}{\partial x}$是由空间加速度引起的惯性项，称为空间惯性项；$\frac{1}{g}\frac{\partial V}{\partial t}+\frac{V}{g}\frac{\partial V}{\partial x}$两项之和统称为惯性项；$\frac{\partial y}{\partial x}$为附加比降；$s_0-\frac{\partial y}{\partial x}$为水面比降（由于波前$\frac{\partial y}{\partial x}$为负，波后$\frac{\partial y}{\partial x}$为正，所以在$\frac{\partial y}{\partial x}$前加负号）。

式（12－2）称为连续方程。

式（12－3）称为动力方程。

三、洪水波的变形

假设河段为宽浅矩形河段，区间无水量加入，则洪水波在向下游运动过程中将发生坦化变形和扭曲变形，如图 12－1 所示。

1. 洪水波的坦化

洪水波的坦化也称为展开变形。根据谢才公式可知，洪水波在运动过程中，由于附加比降的存在，波前比降大于波后比降，因而波前运动速度大于波后，所以波长不断增加，

即 $A_2C_2>A_1C_1$，波高不断降低，即 $h_2<h_1$，这一现象称作洪水波的坦化（展开）变形。洪水波的坦化表现在同一次洪水上、下游断面洪水过程线的差别上，就是下断面的洪峰低于上断面，而洪水历时却大于上断面，即洪水过程线变得平缓。

2. 洪水波的扭曲

对于宽浅矩形河道，水力半径可近似用水深代替。根据谢才公式，由于洪水波各位相的水深不同，波峰处最深，运动速度也最快，因此波峰位置不断前移，波前逐渐变短而比降变陡，即 $S_2C_2<S_1C_1$，波后逐渐拉长而比降变缓，这一现象称作洪水波的扭曲变形。洪水波的扭曲表现在上、下游断面的洪水过程线上，就是下游断面的涨洪历时小于上游断面，而退水历时却大于上游断面，涨水段变得更加陡峻。扭曲变形的最终结果是波峰破碎，最终导致洪水波的消失。

四、洪水波特征值出现顺序

对于孤立单一洪水波而言，在任意断面处洪水波特征值出现的顺序是：最大比降→最大流速 V_m→最大流量 Q_m→最高水位 Z_m。证明如下：

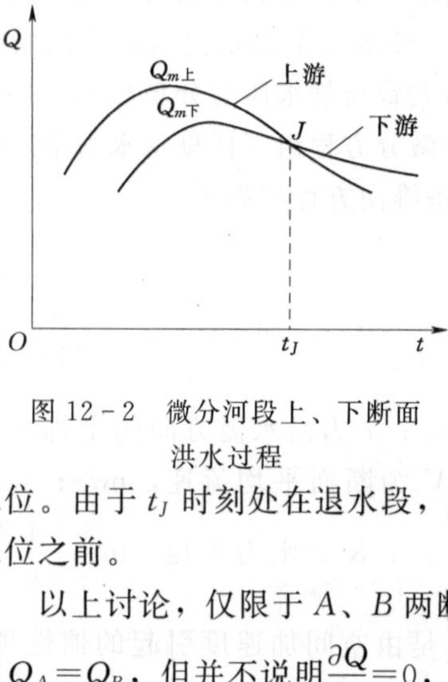

图 12-2 微分河段上、下断面洪水过程

（1）最大流量出现在最高水位之前。取断面 A 和 B，相距为微小距离 $\mathrm{d}x$。因洪水波在运动过程中使洪峰坦化，另由于波速 C_k 不是常数而使洪水波扭曲变形，致使 B 断面的流量过程线比 A 断面流量过程线峰值小而历时长，如图 12-2 所示。设两个过程线的退水段在 t_J 时刻相交，此时 $Q_A=Q_B$，故有 $\frac{\partial Q}{\partial x}=0$，由连续方程 $\frac{\partial A}{\partial t}+\frac{\partial Q}{\partial x}=0$，必有 $\frac{\partial A}{\partial t}=0$，由此推知，在 t_J 时刻断面积 A 有最大值，也就是在该时刻断面出现最高水位。由于 t_J 时刻处在退水段，所以最大流量已经出现，也就是说最大流量出现在最高水位之前。

以上讨论，仅限于 A、B 两断面为微分距离 $\mathrm{d}x$，如距离很大，在 Q—t 曲线上虽然仍有 $Q_A=Q_B$，但并不说明 $\frac{\partial Q}{\partial x}=0$，此时的 t_J 也不能代表最高水位出现的时刻。

（2）最大流速出现在最大流量之前。由 $Q=AV$ 可得

$$\frac{\partial Q}{\partial t}=V\frac{\partial A}{\partial t}+A\frac{\partial V}{\partial t} \tag{12-4}$$

当 $Q=Q_m$ 时，$\frac{\partial Q}{\partial t}=0$，这时 Z_m 尚未出现，水位还处在上涨阶段，即 $\frac{\partial y}{\partial t}>0$，$\frac{\partial A}{\partial t}>0$。根据式（12-4），必有 $A\frac{\partial V}{\partial t}<0$，而断面积 A 总是大于零的，故 $\frac{\partial V}{\partial t}<0$，说明流速已在减小，即 V_m 已出现。由此可知，V_m 出现在 Q_m 之前。

（3）最大水面比降出现在最大流速之前。对于宽浅河道 $R\approx y$，如洪水波运动属于缓变不稳定流，忽略惯性项，则有 $s_f=s_p$（此处 s_p 为水面比降）。由谢才公式，得 $V=C\sqrt{ys_p}$ 或 $V^2=C^2ys_p$，对 t 求导数得，$2V\frac{\partial V}{\partial t}=C^2y\frac{\partial s_p}{\partial t}+C^2s_p\frac{\partial y}{\partial t}$。当 $V=V_m$ 时，$\frac{\partial V}{\partial t}=0$，故

$$C^2 y \frac{\partial s_p}{\partial t} + C^2 s_p \frac{\partial y}{\partial t} = 0 \tag{12-5}$$

式中：s_p、y 均为正值。

由前述讨论知，当出现 V_m 时，Z_m 尚未出现，故水位仍在上涨中，即$\frac{\partial y}{\partial t}>0$，故由式（12－5）可推知$\frac{\partial s_p}{\partial t}<0$，说明此时水面比降已在减小，即最大水面比降出现在最大流速之前。

必须指出，上述 4 个最大特征值出现的顺序，只有在不稳定流条件下才符合这一规律；假如河道为稳定流，则这 4 个特征值应同时出现。

第二节 洪水波的分类

根据圣维南动力方程中各项的对比关系和数量级的大小，如果忽略某些次要项，可以将洪水波分为 5 类：①如果忽略惯性项和附加比降项称为运动波；②如果忽略惯性项称为扩散波；③如果忽略摩阻项和河底比降（重力）项称为惯性波；④如果忽略局地惯性项，称为对流运动波；⑤如果任何一项都不可忽略称为动力波。

目前，对运动波与扩散波的研究比较成熟，并得到了实际应用，以下主要阐述这两类洪水波。

一、运动波

山区河流的河底比降 s_0 较大，洪水波近似于运动波。惯性项和附加比降项很小可忽略不计，动力方程可简化为 $s_f=s_0$。

由谢才公式 $V=C\sqrt{Rs_f}$ 再结合 $Q=AV$，则摩阻项 $s_f=\frac{Q^2}{A^2C^2R}$，从而可得到

$$Q=AC\sqrt{Rs_0}=K\sqrt{s_0} \tag{12-6}$$

其中
$$K=AC\sqrt{R}$$

式中：K 为流量模数，即当 $s_0=1$ 时的流量，m^3/s。

由于流量模数 K 是断面形状或水深的函数，表明对于特定断面，水位与流量呈单值关系，即 $Q=f(h)$ 或 $Q=f(A)$。从而有$\frac{\partial A}{\partial t}=\left(\frac{dA}{dQ}\right)\left(\frac{\partial Q}{\partial t}\right)$，代入连续方程式（12－2），则有

$$\frac{dA}{dQ}\frac{\partial Q}{\partial t}+\frac{\partial Q}{\partial x}=0$$

令 $C_k=\frac{dQ}{dA}$（下面将证明$\frac{dQ}{dA}$为洪水波波速），上式就变为

$$\frac{\partial Q}{\partial t}+C_k\frac{\partial Q}{\partial x}=0 \tag{12-7}$$

式（12－7）是关于流量 Q 的运动波方程，它是仅含一个未知数的一阶偏微分方程。

又因 $Q=Q(x,t)$，$dQ=\frac{\partial Q}{\partial x}dx+\frac{\partial Q}{\partial t}dt$，所以

$$\frac{\mathrm{d}Q}{\mathrm{d}t}=\frac{\partial Q}{\partial x}\frac{\mathrm{d}x}{\mathrm{d}t}+\frac{\partial Q}{\partial t} \tag{12-8}$$

比较式（12-7）与式（12-8）两式［也可依据偏微分方程特征原理，式（12-7）等价于以下常微分方程组］得

$$C_k=\frac{\mathrm{d}x}{\mathrm{d}t}=\frac{\mathrm{d}Q}{\mathrm{d}A} \tag{12-9a}$$

$$\frac{\mathrm{d}Q}{\mathrm{d}t}=0 \tag{12-9b}$$

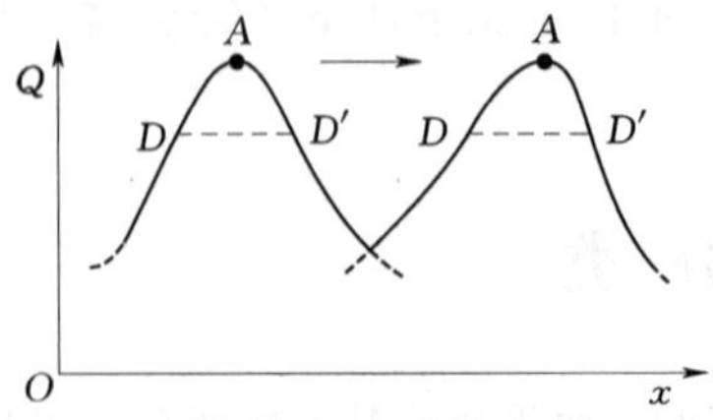

图 12-3　运动波的传播与变形

式（12-9a）是运动波的特征线方程，表明运动波总是向下游传播，且波速为 C_k。式（12-9b）是运动波的特征方程，表明洪水波在沿特征线方向运动时，任一相应流量都不发生变化，这意味着运动波没有坦化现象。洪水波是否有变形，则取决于波速 C_k 是否为常数，由于波速随水深和流量而变化，通常水深沿流程也是变化的，因而波速不是常数，所以运动波一般存在扭曲变形，即波前越来越陡，如图 12-3 所示。

二、扩散波

1. 扩散波方程

对于河底比降 s_0 较小的河段，附加比降$\partial y/\partial x$ 的作用不能忽略，两者之和仍比惯性项大的多时，可只忽略惯性项，此时为扩散波。扩散波的动力方程可简化为

$$Q=K\sqrt{s_0-\frac{\partial y}{\partial x}}\text{或}Q=Q_0\sqrt{1-\frac{1}{s_0}\frac{\partial y}{\partial x}} \tag{12-10}$$

式中：$Q_0=K\sqrt{s_0}$为稳定流流量，$\mathrm{m^3/s}$；其余符号意义同前。

若河槽为宽浅矩形，则 $R\approx y$，$A\approx By$，则式（12-10）可写为

$$\frac{\partial y}{\partial x}=s_0-\frac{Q^2}{C^2A^2R}=s_0-\frac{Q^2}{C^2B^2y^3} \tag{12-11}$$

将式（12-11）对 t 求导得

$$\frac{\partial}{\partial t}\left(\frac{\partial y}{\partial x}\right)=\frac{3Q^2}{C^2B^2y^4}\frac{\partial y}{\partial t}-\frac{2Q}{C^2B^2y^3}\frac{\partial Q}{\partial t} \tag{12-12}$$

将 $A=By$ 代入连续方程得

$$\frac{\partial y}{\partial t}=-\frac{1}{B}\frac{\partial Q}{\partial x} \tag{12-13}$$

再进一步对 x 求导数：

$$\frac{\partial}{\partial x}\left(\frac{\partial y}{\partial t}\right)=-\frac{1}{B}\frac{\partial^2 Q}{\partial x^2} \tag{12-14}$$

比较式（12-12）和式（12-14），合并可得到

$$\frac{3Q^2}{C^2B^2y^4}\frac{\partial y}{\partial t}-\frac{2Q}{C^2B^2y^3}\frac{\partial Q}{\partial t}=-\frac{1}{B}\frac{\partial^2 Q}{\partial x^2} \tag{12-15}$$

将式（12-13）代入式（12-15），整理后又可得到如下公式：

$$\frac{\partial Q}{\partial t}+C_k\frac{\partial Q}{\partial x}=\mu\frac{\partial^2 Q}{\partial x^2} \tag{12-16}$$

式（12－16）即为关于流量 Q 的扩散波方程。其中，$\mu=\dfrac{C^2By^3}{2Q}=\dfrac{Q_0}{2s_0B}$称为扩散系数或衰减系数；$C_k=\dfrac{3}{2}\dfrac{Q}{By}=\dfrac{3}{2}V$ 称为波速（式中，V 为断面平均流速，m/s；s_0 为水面比降；B 为水面宽，m。）

比较式（12－8）与式（12－16）两式［也可依据微分方程特征原理，式（12－16）等价于以下常微分方程组］得

$$\frac{dx}{dt}=C_k \tag{12-17a}$$

$$\frac{dQ}{dt}=\mu\frac{\partial^2 Q}{\partial x^2} \tag{12-17b}$$

式（12－17a）是扩散波特征线方程，表示扩散波以波速 C_k 向下游传播。式（12－17b）是扩散波特征方程，因为 $dQ/dt\neq 0$，表明洪水波沿特征线方向运动时，相应流量会产生变化，而变化程度取决于 μ 和 $\partial^2Q/\partial x^2$ 两个因素。

当 $\mu=0$ 时，式（12－16）即为运动波方程，也就是说运动波是扩散波的一个特例。

上述 C_k 和 μ 仅适用于宽浅矩形河道条件，这时扩散波与运动波的波速相同。

2. 扩散波洪峰衰减

将式（12－17b）中的 dQ/dt 用差分形式表示，并注意 $\Delta t=L_s/C_p$，可导出特定河段洪峰衰减值计算式：

$$\Delta Q_p\approx\mu_p\frac{L_s}{C_p}\frac{\partial^2 Q}{\partial x^2}\bigg|_p \tag{12-18}$$

式中：ΔQ_p 为洪峰衰减值，m³/s；μ_p 为洪峰衰减系数，m²/s；L_s 为河段长度，m；C_p 为洪峰波速，m/s；$\dfrac{\partial^2 Q}{\partial x^2}\bigg|_p$ 为洪峰处流量对距离的二阶导数。

因为$\dfrac{\partial^2 Q}{\partial x^2}\bigg|_p\approx-\dfrac{1}{C_p^2}\dfrac{d^2Q}{dt^2}\bigg|_p$，其中$\dfrac{d^2Q}{dt^2}\bigg|_p$是上断面入流过程线在洪峰处的二阶导数（因为在洪峰处$\dfrac{d^2Q}{dt^2}<0$，所以加负号），其近似计算式为

$$\frac{d^2Q}{dt^2}\bigg|_p\approx\frac{Q_{p+1}+Q_{p-1}-2Q_p}{(\Delta t)^2} \tag{12-19}$$

式中：Q_p 为 t 时刻洪峰流量，m³/s；Q_{p-1}、Q_{p+1} 分别为洪峰前后一个时段的流量，即 $t-\Delta t$ 和 $t+\Delta t$ 时刻的流量，m³/s；Δt 为计算时段，s。

依据上述近似，可求得长度为 L_S 的河段洪峰衰减值计算式：

$$\Delta Q_p\approx-\frac{\mu_pL_s}{C_p^3(\Delta t)^2}(Q_{p+1}+Q_{p-1}-2Q_p) \tag{12-20}$$

3. 扩散波的水位流量关系

由于$\partial y/\partial x$ 随洪水涨落而变化，涨洪时$\partial y/\partial x<0$，落洪时$\partial y/\partial x>0$，又根据式（12－10）可知，涨洪时$\sqrt{1-\dfrac{1}{s_0}\dfrac{\partial y}{\partial x}}>1$，故 $Q>Q_0$；落洪时$\sqrt{1-\dfrac{1}{s_0}\dfrac{\partial y}{\partial x}}<1$，故 $Q<Q_0$。表明扩

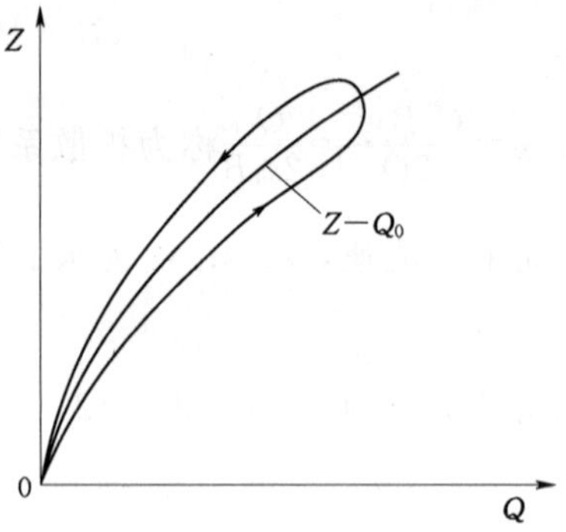

图 12-4　扩散波的水位流量关系

散波条件下的水位流量关系不是单值函数，同一水位时将有两个流量与之对应。亦即一次洪水过程中，若按时间顺序连接，水位流量关系是一条逆时针方向的绳套曲线，如图 12-4 所示。而绳套的大小取决于$\partial y/\partial x$与s_0的比值，一般而言，$\partial y/\partial x$与s_0比值越大，绳套越大。

三、洪水波的波速

波速是洪水波运动中的一个重要物理量，不同类型的洪水波，波速传播规律是不同的。现仅对天然河道中常出现的运动波的波速加以介绍。

对于运动波，因相应流量不衰减，故有 $\mathrm{d}Q=0$，所以由 $\mathrm{d}Q=\frac{\partial Q}{\partial x}\mathrm{d}x+\frac{\partial Q}{\partial t}\mathrm{d}t$ 得

$$\frac{\partial Q}{\partial x}\mathrm{d}x+\frac{\partial Q}{\partial t}\mathrm{d}t=0 \text{ 及 } \frac{\partial Q}{\partial x}\frac{\mathrm{d}x}{\mathrm{d}t}+\frac{\partial Q}{\partial t}=0$$

所以

$$\frac{\mathrm{d}x}{\mathrm{d}t}=-\frac{\partial Q}{\partial t}\Big/\frac{\partial Q}{\partial x} \tag{12-21}$$

式中，$\frac{\mathrm{d}x}{\mathrm{d}t}=C_k$，$C_k$ 为运动波的波速。

由连续方程得

$$\frac{\partial Q}{\partial x}=-\frac{\partial A}{\partial t}=-\frac{\mathrm{d}A}{\mathrm{d}Q}\frac{\partial Q}{\partial t} \tag{12-22}$$

将式（12-22）代入式（12-21）得

$$C_k=\frac{\mathrm{d}x}{\mathrm{d}t}=-\frac{\partial Q}{\partial t}\Big/\left(-\frac{\mathrm{d}A}{\mathrm{d}Q}\frac{\partial Q}{\partial t}\right)=\frac{\mathrm{d}Q}{\mathrm{d}A} \tag{12-23}$$

式（12-23）即为运动波的波速公式，又称“塞当”公式。

再进一步建立波速与断面平均流速的关系。由 $Q=AV$，对此式全微分，得 $\mathrm{d}Q=V\mathrm{d}A+A\mathrm{d}V$，因此，

$$\frac{\mathrm{d}Q}{\mathrm{d}A}=V+A\,\frac{\mathrm{d}V}{\mathrm{d}A}=V\left(1+\frac{A}{V}\frac{\mathrm{d}V}{\mathrm{d}A}\right)=\eta V \tag{12-24}$$

即

$$C_k=\eta V \tag{12-25}$$

式中，$\eta=1+\frac{A}{V}\frac{\mathrm{d}V}{\mathrm{d}A}$，称为波速系数。

对于天然河道$\frac{\mathrm{d}V}{\mathrm{d}A}>0$，故 $\eta>1$，即波速 C_k 大于断面平均流速 V。波速系数 η 与断面形状、流速有关，当采用不同流速公式时，几种简单断面的 η 值见表 12-1。

表 12-1 波速系数表

断面	曼宁公式 $V=\frac{1}{n}R^{2/3}s_0^{1/2}$	谢才公式 $V=C\sqrt{Rs_0}$
三角形	1.33	1.25
宽浅矩形	1.67	1.50
宽浅抛物线形	1.44	1.33

第三节 槽蓄方程与特征河长

一、河段槽蓄方程

1. 河段对洪水的调蓄作用

对一特定河段，在 dt 时段内其入流水量 $I(t)\mathrm{d}t$ 与出流水量 $O(t)\mathrm{d}t$ 之差应等于河段的蓄水增量 $\mathrm{d}W(t)$，即

$$I(t)-O(t)=\frac{\mathrm{d}W(t)}{\mathrm{d}t} \tag{12-26}$$

式（12-26）即为河段的水量平衡方程，如图 12-5 所示。水量平衡方程是连续方程推广到整个河段的必然结果。从河段上下游流量过程线可以看出，河段对洪水的调蓄作用表现如下：

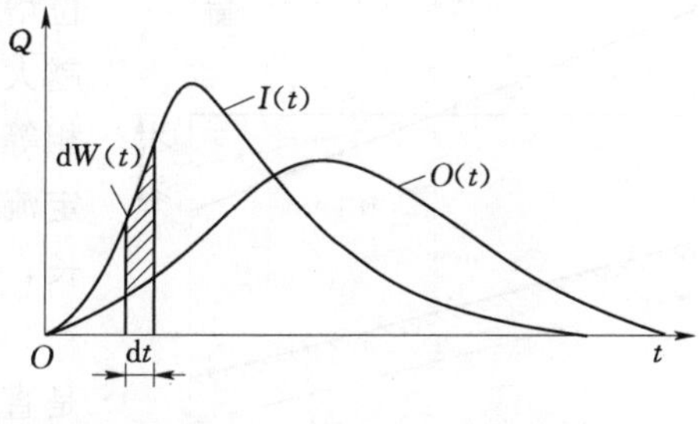

图 12-5 河段对洪水的调蓄作用

（1）当上断面入流大于下断面出流时，即 $I(t)>O(t)$，$\frac{\mathrm{d}W(t)}{\mathrm{d}t}>0$，河段槽蓄量增加，一部分洪量暂蓄在河槽中。

（2）当上断面入流小于下断面出流时，即 $I(t)<O(t)$，$\frac{\mathrm{d}W(t)}{\mathrm{d}t}<0$，河段槽蓄量减少，暂蓄的水量会逐步泄出河槽。

（3）当上断面入流等于下断面出流时，即 $I(t)=O(t)$，$\frac{\mathrm{d}W(t)}{\mathrm{d}t}=0$，河段的槽蓄量达到了最大，槽蓄量的最大值出现在下断面流量与上断面退水段流量的相交时刻。或者说，在稳定流情况下，河段槽蓄量是不随时间变化的。

2. 河段槽蓄方程

所谓河段槽蓄方程就是河段蓄水量（简称槽蓄量）与流量之间的关系。设某时刻槽蓄量为 $W(t)$，从河段水量平衡方程可知：

（1）稳定流时，河段蓄水量只取决于稳定流的流量 Q_0，因此

$$W(t)=W_0=f(Q_0) \tag{12-27}$$

式（12-27）表明稳定流情况下，流量与槽蓄量是单值函数关系。

（2）非稳定流时，某时刻的槽蓄量取决于河段中的水位沿程分布，即水面线的形状。但河段中每一断面的水位又与流量存在着一定关系。因此，槽蓄量是流量沿程分布及断面

水位流量关系的函数，即槽蓄方程表达为

$$W(t)=f[Q(x),z(Q)] \tag{12-28}$$

二、特征河长

1. 特征河长概念

为了建立河段槽蓄量与下断面流量成为单一关系的槽蓄方程，20 世纪 50 年代末前苏联加里宁和米留柯夫提出了特征河长（Characteristic River Length，即 CRL）的概念。

由前面分析得知，在非稳定流的情况下，各断面的流量是不同的，槽蓄量与流量的关系要复杂得多。如果假定水面线是直线，当河段的中断面水位保持不变时，根据谢才公式分析：

（1）涨洪时，由于水面比降增加而增加流量，且中断面以下各断面的增量是相同的；同时由于水位降低而减少流量，离中断面越远，各断面的减量就越大。然而，在中断面以下总可以找到一个增量与减量相等的断面，使两者相互抵消，从而使下断面保持稳定流时的流量不变。

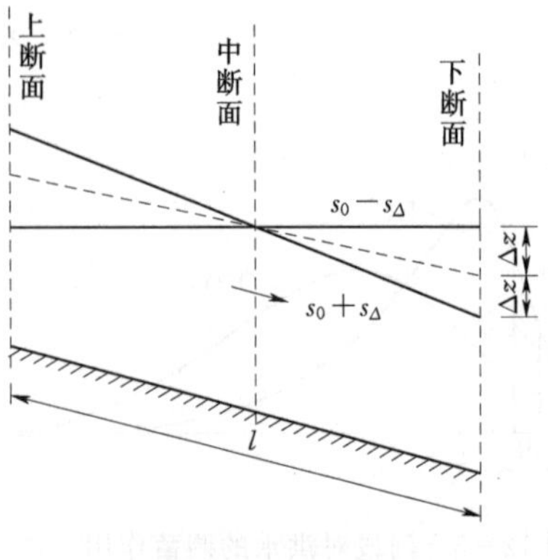

图 12-6　特征河长示意

（2）落洪时，由于水面比降减小而减少流量，并且在中断面以下各断面减量也是相同的；同时由于水位增加而增加流量，离中断面越远，各断面的增量就越大。然而，在中断面以下也可找到一个增量与减量相等的断面，使两者相互抵消，从而使下断面保持稳定流时的流量不变。具备上述条件的河段就是特征河长，如图 12-6 所示。

根据以上分析，特征河长可定义为：假定水面线是直线而且中断面水位不变，如果在河段的下断面，不管是涨洪还是落洪，由水面比降变化引起的流量变化正好与由水位变化引起的流量变化相抵消，从而使下断面保持稳定流时的流量不变，这样的河段长度就称为特征河长。根据定义不难理解，特征河长的槽蓄量与下断面流量成单一关系，即

$$W=f(Q_{下}) \tag{12-29}$$

称此式为特征河长的槽蓄方程，也称为槽蓄曲线或槽蓄关系，如图 12-7（a）所示。

如果断面不在特征河长的下断面，将会出现以下两种情况：

（1）如果下断面在特征河长之外，涨洪时由比降增加的流量小于由水位减小的流量，两者不能相抵消，从而使下断面流量总是小于原稳定流量；落洪时由比降减少的流量小于由水位增加的流量，两者不能相抵消，从而使下断面流量总是大于原稳定流量。由于中断面水位保持不变，槽蓄量也不变，槽蓄关系为逆时针绳套关系，如图 12-7（b）所示。

（2）如果下断面处在特征河长之内，涨洪时由比降增加的流量大于由水位减少的流量，两者不能相抵消，从而使下断面流量总是大于原稳定流量；落洪时由比降减少的流量大于由水位增加的流量，两者不能相抵消，从而使下断面流量总是小于原稳定流量。由于中断面水位保持不变，槽蓄量也不变，槽蓄关系为顺时针绳套关系，如图 12-7（c）所示。

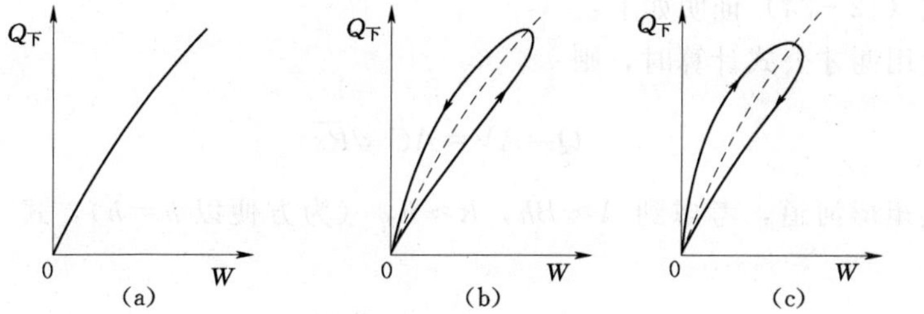

图 12-7 河段槽蓄关系

(a) 下断面在特征河长处；(b) 下断面在特征河长之外；(c) 下断面在特征河长之内

2. 特征河长计算公式

在洪水波条件下，任意断面的流量是水位和水面比降的函数，即 $Q=Q(z,s)$。由于特征河长下断面流量不变，其全微分应等于0，即

$$dQ=\frac{\partial Q}{\partial z}dz+\frac{\partial Q}{\partial s}ds=0 \tag{12-30}$$

由图12-6可知，由于在特征河长下断面处，$dz=-\frac{1}{2}l ds$，代入式（12-30）得

$$l=2\frac{\partial Q}{\partial s}\Big/\frac{\partial Q}{\partial z} \tag{12-31}$$

又因为在稳定流情况下，$Q_0=K\sqrt{s_0}$，对其微分$\frac{\partial Q_0}{\partial s_0}=\frac{K}{2\sqrt{s_0}}=\frac{Q_0}{2s_0}$，以稳定流关系代替非稳定流关系，得特征河长的计算公式：

$$l=\frac{Q_0}{s_0}\left(\frac{\partial z}{\partial Q}\right)_0 \tag{12-32}$$

式中：l 为特征河长，m；Q_0 为稳定流流量，m^3/s；s_0 为稳定流的水面比降（或河底比降）；$\left(\frac{\partial z}{\partial Q}\right)_0$ 为稳定流时的水位—流量关系的斜率，s/m^2。

在缺乏水位流量关系的情况下，对于宽浅矩形河道还可利用以下公式计算特征河长：

(1) 如果河道水力特性满足曼宁公式，则

$$l=\frac{3\bar{h}}{5s_0} \tag{12-33}$$

(2) 如果河道水力特性满足谢才公式，则

$$l=\frac{2\bar{h}}{3s_0} \tag{12-34}$$

以上两式中的$\bar{h}$为平均水深，m。实践证明，式（12-33）及式（12-34）都比式（12-32）的计算值偏小，尤其是式（12-33）偏小更多。为此还可以采用下面的半经验半理论公式计算特征河长

$$l=\frac{2h_m}{3s_0} \tag{12-35}$$

式中：h_m 为河流水位与断流水位之间的最大水深，m。

如果河底比较顺直，断面下游附近没有浅滩或石梁，可用河底高程作为断流水位。

现仅对式（12－34）证明如下：

断面流量用谢才公式计算时，则

$$Q=AV=AC\sqrt{Rs} \tag{12-36}$$

对于宽浅矩形河道，考虑到 $A\approx Bh$，$R\approx h$，（为方便以 $h=\overline{h}$），式（12－36）又可写成

$$Q=CBh^{\frac{3}{2}}s^{\frac{1}{2}} \tag{12-37}$$

对式（12－37）微分，则有

$$\mathrm{d}Q=CB\,\frac{3}{2}h^{\frac{1}{2}}s^{\frac{1}{2}}\,\mathrm{d}h+CB\,\frac{1}{2}s^{-\frac{1}{2}}h^{\frac{3}{2}}\,\mathrm{d}s \tag{12-38}$$

根据特征河长概念，对于缓变非稳定流运动，无论是涨洪还是落洪，在特征河长的下断面流量不发生变化，即 $\mathrm{d}Q=CB\,\frac{3}{2}h^{\frac{1}{2}}s^{\frac{1}{2}}\,\mathrm{d}h+CB\,\frac{1}{2}s^{-\frac{1}{2}}h^{\frac{3}{2}}\,\mathrm{d}s=0$，由此可得

$$3h^{\frac{1}{2}}s^{\frac{1}{2}}\,\mathrm{d}h=-s^{-\frac{1}{2}}h^{\frac{3}{2}}\,\mathrm{d}s \tag{12-39}$$

式中：Q 为断面流量，A 为过水断面面积，C 为谢才系数，R 为水力半径，s 为水面比降。

又由于 $\mathrm{d}s=-\mathrm{d}h/\left(\frac{l}{2}\right)$，代入式（12－39）得 $3lh^{\frac{1}{2}}s^{\frac{1}{2}}=2s^{-\frac{1}{2}}h^{\frac{3}{2}}$，从中解出 l 即可得到式（12－34）。彷此，对式（12－33）也可做出类似证明。

在计算特征河长时，如果使用的资料是断面值，那么特征河长应该从计算断面往上游方向量取。如果使用的资料是河段平均值，那么计算的特征河长就是河段平均值。

很显然，在特征河长条件下，槽蓄方程为 $W=f(Q_{下})$。如果 $W=K_lQ_{下}$，两者为线性关系，其中 K_l 为洪水波在特征河长的传播时间，可取为常数。

特征河长是反映河道水力特性的综合参数，而河道水力特性也决定了洪水波运动的特点，所以特征河长与河道洪水波也有密切关系。

对于宽浅矩形河道，由于$\frac{\partial z}{\partial Q}=\frac{\partial h}{\partial Q}=\frac{1}{B}\frac{\partial A}{\partial Q}=\frac{1}{BC_k}$，将其代入式（12－32）得

$$l=\frac{Q_0}{s_0BC_k} \tag{12-40}$$

再结合扩散系数的表达式，特征河长又可表示为

$$l=\frac{2\mu}{C_k} \tag{12-41}$$

【例 12－1】 使用资料见表 12－2，已知上下两断面附近河底平坦，可以用河底高程作为断流水位：雁翅站 $Z_0=270.94$m，三家店站 $H_0=102.85$m。分别利用公式（12－32）和公式（12－35）计算永定河雁翅至三家店河段的特征河长，并进行两式的比较。

解： 先用式（12－32）计算，结果见表 12－2。表 12－2 中 $S_0=\frac{\Delta Z}{\Delta L}$，$\frac{\Delta Z}{\Delta Q}$分别按河段上、下断面稳定流的水位流量关系，求得相应于第 1 栏流量值的斜率。

表 12-2　　利用式（12-32）计算特征河长（河段长度 $L=53$km）

Q /($m^3\cdot s^{-1}$)	雁翅水位 Z/m	三家店水位 Z/m	ΔZ /m	s_0 /%	雁翅 $\Delta Z/\Delta Q$	三家店 $\Delta Z/\Delta Q$	雁翅 l/m	三家店 l/m	河段平均 l/km
(1)	(2)	(3)	(4)	(5)	(6)	(7)	(8)	(9)	(10)
250	272.08	103.58	168.50	0.3179	0.0025	0.0025	196.6	196.6	0.20
400	272.42	103.85	168.53	0.3180	0.0022	0.0019	276.6	238.9	0.26
600	272.81	104.22	168.59	0.3181	0.0019	0.0017	358.4	320.7	0.34
700	272.99	104.38	168.61	0.3181	0.0018	0.0016	396.1	352.1	0.38

根据表 12-2 中两站的水位 Z 及断流水位 Z_0，就可以求出不同流量下的最大水深，然后取两站平均值作为河段的平均最大水深。同时利用表 12-2 中的水面比降 s_0 近似代替河底比降，代入式（12-35）进行计算，结果见表 12-3。比较表 12-2 与表 12-3 可以看出，两种公式的计算结果完全一致，所以利用公式（12-32）与（12-35）计算的特征河长具有相同的精度。

表 12-3　　利用式（12-35）计算特征河长（河段长度 $L=53$km）

Q /($m^3\cdot s^{-1}$)	雁翅最大水深 h_m/m	三家店最大水深 h_m/m	河段平均最大水深 h_m/m	河段平均比降 s_0/%	特征河长 l/m
(1)	(2)	(3)	(4)	(5)	(6)
250	1.14	0.73	0.94	0.3179	0.20
400	1.46	1.00	1.23	0.3180	0.26
600	1.87	1.37	1.62	0.3181	0.34
700	2.05	1.53	1.79	0.3181	0.38

三、洪水波传播时间

在河段中取一微分河长 $\mathrm{d}x$，洪水波的传播时间 $\mathrm{d}\tau$ 为

$$\mathrm{d}\tau=\frac{\mathrm{d}x}{c_k}=\frac{\mathrm{d}A}{\mathrm{d}Q}\mathrm{d}x \tag{12-42}$$

因此，洪水波在整个特征河长中的传播时间为

$$\tau=\int_0^l \mathrm{d}\tau=\int_0^l \frac{\mathrm{d}A}{\mathrm{d}Q}\mathrm{d}x$$

假设特征河长内每一断面的$\frac{\mathrm{d}A}{\mathrm{d}Q}$都相同，因而可以用下断面的$\frac{\mathrm{d}A}{\mathrm{d}Q_{下}}$来代替，于是

$$\tau=\int_0^l \frac{\mathrm{d}A}{\mathrm{d}Q_{下}}\mathrm{d}x=\frac{\mathrm{d}}{\mathrm{d}Q_{下}}\int_0^l A\mathrm{d}x=\frac{\mathrm{d}(Al)}{\mathrm{d}Q_{下}}$$

但知，Al 即为特征河长的槽蓄量 W，因此有

$$\tau=\frac{\mathrm{d}W}{\mathrm{d}Q_{下}} \tag{12-43}$$

式（12-43）表明，槽蓄曲线的坡度（槽蓄量对流量的导数，即斜率）就是洪水波在特征河长的传播时间。

第四节 线性运动波演算法

一、基本演算式

当运动波方程式（12-7）中的波速 C_k 为常数时，称为线性运动波，其通解为

$$Q(0,t)=Q(x,t+\tau) \tag{12-44}$$

式中：τ 为运动波在河段 x 上的传播时间。

式（12-44）表明，上断面洪水过程为 $Q(0,\ t)$，而下断面洪水过程为 $Q(x,\ t+\tau)$，两者形状相同，仅仅是延迟了时间 τ，如图 12-8 所示，因此，它难以反映天然河道中洪水的坦化变形。

若利用某种差分形式对式（12-7）进行近似求解，就可以利用运动波的数值计算来模拟洪水波的扩散或坦化现象。差分格式较多，常用的是康吉（Cunge）差分格式，如图 12-9 所示。

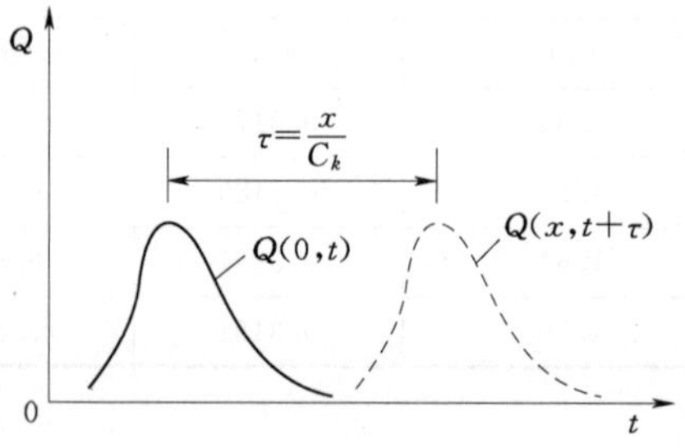

图 12-8 线性运动波传播

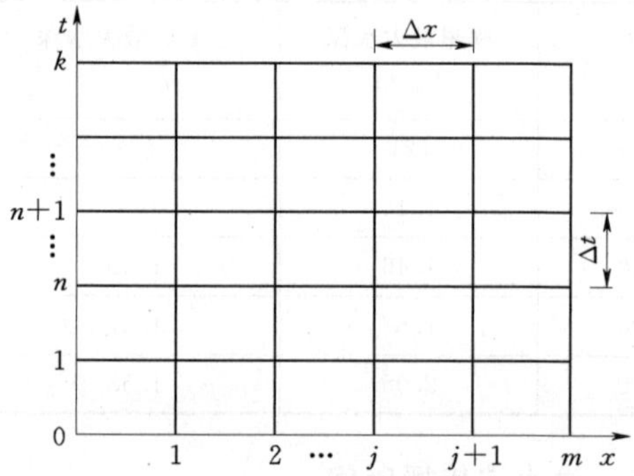

图 12-9 康吉差分格式

康吉差分式表达为

$$\frac{\partial Q}{\partial t}\approx\frac{X(Q_j^{n+1}-Q_j^n)+(1-X)(Q_{j+1}^{n+1}-Q_{j+1}^n)}{\Delta t} \tag{12-45a}$$

$$\frac{\partial Q}{\partial x}\approx\frac{Y(Q_{j+1}^{n+1}-Q_j^{n+1})+(1-Y)(Q_{j+1}^n-Q_j^n)}{\Delta x} \tag{12-45b}$$

式中：Q 为流量，上标表示时间，下标表示位置；X 为用于平均 n 和 $n+1$ 点时间导数的权重系数，$0\leqslant X\leqslant 1$；Y 为用于平均 j 和 $j+1$ 点空间导数的权重系数，$0\leqslant Y\leqslant 1$；Δx 为空间步长；Δt 为时间步长。

将式（12-45）代入式（12-7）得运动波的差分方程：

$$L_nQ\equiv\frac{1}{C_k}\frac{X(Q_j^{n+1}-Q_j^n)+(1-X)(Q_{j+1}^{n+1}-Q_{j+1}^n)}{\Delta t}+\frac{Y(Q_{j+1}^{n+1}-Q_j^{n+1})+(1-Y)(Q_{j+1}^n-Q_j^n)}{\Delta x}$$

$$=0 \tag{12-46}$$

式中：L_n 表示 Q 的差分算子；L_nQ 表示 Q 的差分方程。

可以证明，上述差分方程就是扩散波方程式（12-16）的二阶近似，此时扩散系数 μ 应满足

$$\mu=C_k\Delta x\left[\left(\frac{1}{2}-X\right)+\frac{C_k\Delta t}{\Delta x}\left(\frac{1}{2}-Y\right)\right] \tag{12-47}$$

虽然线性运动波方程不能描述具有衰减现象的洪水波，而当差分方程式（12-46）满足式（12-47）时，可以近似达到描述洪水波衰减和坦化现象的目的。

如果令 $Y=1/2$，式（12-47）变为

$$\mu=C_k\Delta x\left(\frac{1}{2}-X\right) \tag{12-48}$$

于是，差分方程又可写为

$$\frac{1}{C_k}\frac{X(Q_j^{n+1}-Q_j^n)+(1-X)(Q_{j+1}^{n+1}-Q_{j+1}^n)}{\Delta t}+\frac{0.5(Q_{j+1}^{n+1}-Q_j^{n+1})+0.5(Q_{j+1}^n-Q_j^n)}{\Delta x}=0 \tag{12-49}$$

再令 $K=\Delta x/C_k$ 代入式（12-49），并从中解出 Q_{j+1}^{n+1}：

$$Q_{j+1}^{n+1}=C_0Q_j^{n+1}+C_1Q_j^n+C_2Q_{j+1}^n \tag{12-50}$$

其中
$$C_0=\frac{0.5\Delta t-KX}{K(1-X)+0.5\Delta t},C_1=\frac{0.5\Delta t+KX}{K(1-X)+0.5\Delta t},C_2=\frac{K(1-X)-0.5\Delta t}{K(1-X)+0.5\Delta t} \tag{12-51}$$

式中：C_0、C_1、C_2 称为无因次的演算系数，并且容易证明 $C_0+C_1+C_2=1$。

式（12-50）表明，下断面 $n+1$ 时刻流量由3部分构成：一是上断面 $n+1$ 时刻流量乘以 C_0；二是上断面 n 时刻流量乘以 C_1；三是下断面 n 时刻流量乘以 C_2。

式（12-50）与式（12-51）构成了康吉线性运动波演算的基本公式，为了使公式能推求具有衰减特性的洪水波运动，参数 X 必须满足式（12-48）。

由式（12-48）可推导出 X 的表达式为

$$X=\frac{1}{2}-\frac{\mu}{C_k\Delta x} \tag{12-52}$$

由式（12-52）可知，X 与洪水波波速 C_k、扩散系数 μ 以及河段长度等因素有关。因 μ 总为正值，所以 $X\leqslant 0.5$。特别是当 $\mu=0$ 时，$X=0.5$，这时扩散波方程就变成了运动波方程。

由式（12-52）再结合式（12-41），又可导出 X 与特征河长的关系为

$$X=\frac{1}{2}-\frac{l}{2\Delta x}=\frac{1}{2}\left(1-\frac{l}{\Delta x}\right) \tag{12-53}$$

上述差分计算属于显示格式，依据数值分析理论，要使显示格式稳定，必须满足克朗(Crount)条件：即 $C_k\Delta t\leqslant\Delta x$。这就要求时间步长 Δt 和空间步长 Δx 在恰当范围内，以保持流量的线性变化。Δt 和 Δx 既不能太长也不能太短；若 Δt 太长，对于陡涨陡落的洪水在 Δt 内流量就不能保持线性变化；若 Δx 太长，在距离 Δx 内就不能满足流量沿程线性

变化；若 Δx 和 Δt 太短，则计算量过大。

二、康吉线性连续演算

原则上按照式（12－50）就可以进行洪水演算了。但是，实际河段往往比较长，不满足公式的使用条件，这时就要将演算河段按要求的条件划分成若干个子河段。

1. 子河段的划分

将实际演算河段 L 划分为若干个子河段 Δx 时，一般按上断面入流洪水过程的变化特点，先选定时间步长 Δt，再按 $\Delta x = C_k \Delta t$ 确定子河段数目，$m = L/\Delta x$。

2. 入流过程的处理

差分方程是微分方程的离散形式，故需要对入流过程离散化处理，才能进行连续演算。在此，首先需要引入单位脉冲序列和延迟单位脉冲序列的概念。在数学上，具有下述性质的函数称为单位脉冲序列：

$$\delta(n) = \begin{cases} 1,(n=0) \\ 0,(n \neq 0) \end{cases} \tag{12-54}$$

式中：n 为时间，仅取离散值（整数）。

具有下述性质的函数称为延迟单位脉冲序列：

$$\delta(n-s) = \begin{cases} 1,(n=s) \\ 0,(n \neq s) \end{cases} \tag{12-55}$$

式中：$s=1$，2，3，…为延迟时间，也仅取离散值（整数）。

一场实际洪水可以离散化成如图 12－10 所示的形式，采用单位脉冲序列和延迟单位脉冲序列函数表达这种离散化的上断面入流洪水为

$$I(n) = I(0)\delta(n) + I(1)\delta(n-1) + I(2)\delta(n-2) + I(3)\delta(n-3) + \cdots \tag{12-56}$$

3. 汇流系数

当河段上断面入流为单位脉冲序列时，在下断面所形成的出流过程称为汇流系数，以 $P(n)$ 表示，如图 12－11 所示。汇流系数也是一系列离散数据，且应满足：

$$\sum P(n) = 1 \tag{12-57}$$

对于延迟单位脉冲序列，对应的是延迟汇流系数，即 $\delta(n-s) \rightarrow P(n-s)$。

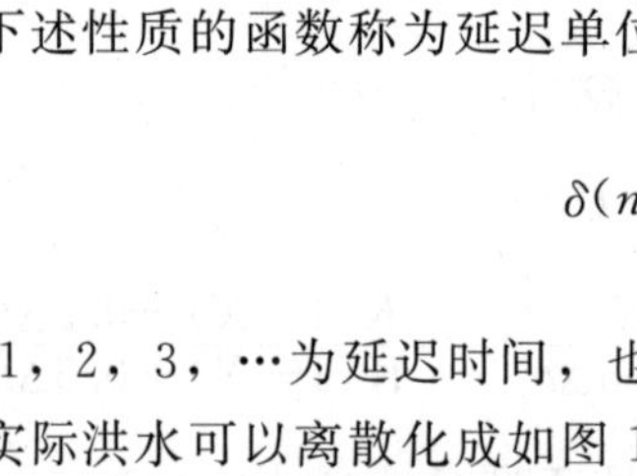

图 12－10　入流过程的离散化

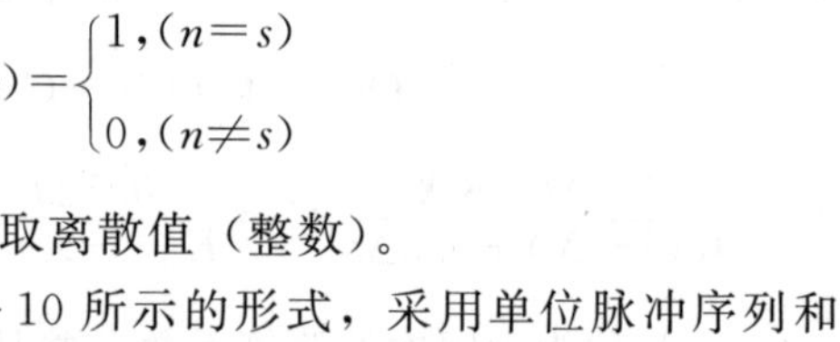

图 12－11　汇流系数示意

依据线性汇流系统的两个基本性质，式（12－56）所表达的上断面入流洪水传播到下断面的洪水表达式为

$$Q(n)=I(0)P(n)+I(1)P(n-1)+I(2)P(n-2)+I(3)P(n-3)+\cdots \quad (12-58)$$

式中：$Q(n)$ 为下断面的出流洪水序列；$P(n)$ 为汇流系数。

汇流系数 $P(n)$ 按以下原理求出：假设每一子河段的演算系数 C_0、C_1 和 C_2 都相等，且初始时刻沿河各断面流量为 0。当河段上断面仅 $t=0$ 时刻输入单位脉冲序列时，可由式（12-50）求得第一子河段下断面出流序列，即汇流系数：

$$P_1(0)=C_0$$
$$P_1(1)=C_1+C_0C_2$$
$$P_1(2)=C_2(C_1+C_0C_2)$$
$$P_1(3)=C_2^2(C_1+C_0C_2)$$
$$\vdots$$
$$P_1(n)=C_2^{n-1}(C_1+C_0C_2)\ (n=0,1,2,\cdots)$$

因第一子河段出流序列，就是第二子河段的入流序列，再次应用式（12-50）求得第二子河段的汇流系数：

$$P_2(0)=C_0^2$$
$$P_2(1)=2C_0(C_1+C_0C_2)$$
$$P_2(2)=2C_0C_2(C_1+C_0C_2)+(C_1+C_0C_2)^2$$
$$P_2(3)=2C_0C_2^2(C_1+C_0C_2)+2C_2(C_1+C_0C_2)^2$$
$$\vdots$$
$$P_2(n)=2C_0C_2^{n-1}(C_1+C_0C_2)+(n-1)C_2^{n-2}(C_1+C_0C_2)^2\ (n=0,2,3,\cdots)$$

依此类推，可得出第 m 个河段的汇流系数。

根据以上计算原理，当已知 C_0、C_1、C_2 及子河段数 m 时，河海大学赵人俊教授于 1962 年推出了河道汇流系数表，可查用。有了汇流系数，就可用式（12-58）由上断面离散化的洪水过程推求下断面离散化的洪水过程了。

【例 12-2】 某演算河段长度 $L=158$km，1974 年 10 月上断面有一次入流洪水，见表 12-5 第（2）栏。已知洪水波波速 $C_k=1.83$m/s，特征河长 $l=38$km，求下断面的洪水过程。

解：（1）为了保证时段内入流洪水呈线性变化，取 $\Delta t=6$h，$K=\Delta t=6$h。

（2）子河段长 $\Delta x=\Delta t\ C_k=6\times3600\times1.83=39.5$km，子河段数 $m=L/\Delta x=158/39.5=4$。

（3）计算子河段的 X 值。$X=(1-l/\Delta x)/2=(1-38/39.5)/2\approx0$。

（4）计算演算系数。将以上各值代入式（12-51），得 $C_0=0.333$，$C_1=0.333$，$C_2=0.333$，验证：$C_0+C_1+C_2=1$。

（5）计算汇流系数。根据演算系数和河段数 4，算出汇流系数（或查专用表），整个河段的汇流系数如表 12-4 所示。

（6）由汇流系数再按式（12-58）计算下断面的出流过程，结果见表 12-5 第 5 栏。

表 12-4　某河段汇流系数

时段	0	1	2	3	4	5	6	7	8	9	10	11	12
$P_4(n)$	0.012	0.066	0.155	0.214	0.203	0.151	0.095	0.054	0.028	0.013	0.005	0.002	0.001

表 12－5　某河段利用汇流系数进行洪水演算

日	时	I /($m^3 \cdot s^{-1}$)	$P_4(n)$	$I \times P_4(n)$																		$Q_{计算}$ /($m^3 \cdot s^{-1}$)	$Q_{实测}$ /($m^3 \cdot s^{-1}$)
				2560	7080	11600	14100	16600	18000	19400	19700	20000	19400	18800	17700	15200	13000	10800	10090	9380	…		
(1)		(2)	(3)	(4)																		(5)	(6)
2	14	0		0																		0	0
	20	2560	0.012	31																		31	
3	2	7080	0.066	169	85																⋮	254	
	8	11600	0.155	397	467	139															⋮	1003	1400
	14	14100	0.214	548	1097	766	169															2580	
	20	16600	0.203	520	1515	1798	931	199														4963	7160
4	2	18000	0.151	387	1437	2482	2186	1096	216													7804	
	8	19400	0.095	243	1069	2355	3017	2573	1188	233												10678	11900
	14	19700	0.054	138	673	1752	2862	3552	2790	1280	236											13283	
	20	20000	0.028	72	382	1102	2129	3370	3852	3007	1300	240										15454	15300
5	2	19400	0.013	33	198	626	1340	2507	3654	4152	3054	1320	233									17117	
	8	18800	0.005	13	92	325	761	1577	2718	3938	4216	3100	1280	226								18246	18000
	14	17700	0.002	5	35	151	395	896	1710	2929	3999	4280	3007	1241	212							18860	
	20	15200	0.001	3	14	58	183	465	972	1843	2975	4060	4152	2914	1168	182						18989	18900
6	2	13000			7	23	71	216	504	1048	1872	3020	3938	4023	2744	1003	156					18625	
	8	10800				12	28	83	234	543	1064	1900	2929	3816	3788	2356	858	130				17741	17800
	14	10090					14	33	90	252	552	1080	1843	2839	3593	3253	2015	713	121			16398	
	20	9380						17	36	97	256	560	1048	1786	2673	3086	2782	1674	666	113		10792	15800
7	2	7190							18	39	99	260	543	1015	1682	2295	2639	2311	1564	619		13084	
	8	5000								19	39	100	252	526	956	1444	1963	2192	2159	1454		11106	13400
	⋮	⋮																				⋮	⋮

第五节 线性扩散波演算法

当扩散波方程中的波速 C_k 和扩散系数 μ 均为常数、且河段下断面不受回水影响时，洪水波运动属于线性扩散波，扩散波方程 $\frac{\partial Q}{\partial t}=\mu\frac{\partial^2 Q}{\partial x^2}-C_k\frac{\partial Q}{\partial x}$ 称为线性方程。

一、定解问题的构成

假设一种最简单的情况：①原河道在洪水波来临之前无水，即 $Q(x,0)=0$ 为初始条件；②在河道无穷远处，仍然无水，即 $Q(\infty,t)=0$ 为下边界条件。上断面的输入 $I(t)$ 为上边界条件，线性扩散波构成的定解问题如下：

$$\begin{cases}\frac{\partial Q}{\partial t}=\mu\frac{\partial^2 Q}{\partial x^2}-C_k\frac{\partial Q}{\partial x} & \text{泛定方程}(x\geqslant 0,\ t\geqslant 0) \quad (12-59a)\\ Q(x,0)=0 & \text{(初始条件)} \quad (12-59b)\\ Q(0,t)=I(t) & \text{(上边界条件)} \quad (12-59c)\\ Q(\infty,t)=0 & \text{(下边界条件)} \quad (12-59d)\end{cases}$$

二、基本解

当上断面输入 $I(t)$ 为用简单函数表示的简单入流时，线性扩散波方程的解就称为基本解，即汇流曲线，基本解有以下 3 种情况。

1. S 曲线

当上边界条件为单位入流时，即在式(12-59c)中 $I(t)=H(t)$ 时，对方程组 (12-59) 经拉普拉斯 (Laplace) 积分变换，可得 S 曲线

$$S(x,t)=\frac{1}{2}\left\{\left[1-erf\left(\frac{x}{2\sqrt{\mu t}}-\frac{C_k}{2}\sqrt{\frac{t}{\mu}}\right)\right]+e^{\frac{C_k x}{\mu}}\left[1-erf\left(\frac{x}{2\sqrt{\mu t}}+\frac{C_k}{2}\sqrt{\frac{t}{\mu}}\right)\right]\right\} \quad (12-60)$$

式中：$erf(*)$ 为误差函数，表达式为 $erf(x)=\frac{2}{\sqrt{\pi}}\int_0^x e^{-x^2}dx$，其数值有专用表可查。

2. 基本单位线

当上边界条件为单位矩形入流时，即当 $I(t)=I_{\Delta t}(t)$ 时其基本解为基本单位线 $u(x,\Delta t,t)$。根据式 (11-15) 所表达的关系 $I_{\Delta t}(t)=H(t)-H(t-\Delta t)$，对于线性汇流系统，很容易得到基本单位线的表达式：

$$u(x,\Delta t,t)=S(x,t)-S(x,t-\Delta t) \quad (12-61)$$

3. 瞬时单位线

当上边界条件为单位瞬时脉冲入流时，即当 $I(t)=\delta(t)$ 时其基本解为瞬时单位线 $u(x,t)$。对方程组 (12-59) 经拉普拉斯积分变换，可得瞬时单位线

$$u(x,t)=\frac{1}{\sqrt{4\pi\mu t^{\frac{3}{2}}}}\frac{x}{}\exp\left[-\frac{(C_k t-x)^2}{4\mu t}\right] \quad (12-62)$$

以上各式中，x 为下断面离开上断面的距离，即河段长。根据以上各式，由 $u(x,t)$

求 $S(x,t)$，再由 $S(x,t)$ 求 $u(x,\Delta t,t)$，也可直接由式（12-60）求 S 曲线后再求 $u(x,\Delta t,t)$。

三、洪水演算

1. 入流洪水的近似处理

若把上断面一个复杂的实际洪水入流过程按 Δt 分成许多个底宽相等的矩形条块，如图 12-12 所示，则不难借助于单位矩形函数写出这个复杂入流洪水的近似表达式：

$$I(t)\approx\frac{I_1}{2}I_{\Delta t}(t)+\frac{I_1+I_2}{2}I_{\Delta t}(t-\Delta t)+\frac{I_2+I_3}{2}I_{\Delta t}(t-2\Delta t)+\frac{I_3+I_4}{2}I_{\Delta t}(t-3\Delta t)+\cdots$$

$$\approx\overline{I}_0I_{\Delta t}(t)+\overline{I}_1I_{\Delta t}(t-\Delta t)+\overline{I}_2I_{\Delta t}(t-2\Delta t)+\overline{I}_3I_{\Delta t}(t-3\Delta t)+\cdots \tag{12-63}$$

据单位矩形函数与单位函数之关系，式（12-63）又可改写为

$$I(t)\approx\overline{I}_0[H(t)-H(t-\Delta t)]+\overline{I}_1[H(t-\Delta t)-H(t-2\Delta t)]+\overline{I}_2[H(t-2\Delta t)-H(t-3\Delta t)]+\cdots$$

$$=\Delta\overline{I}_0H(t)+\Delta\overline{I}_1H(t-\Delta t)+\Delta\overline{I}_2H(t-2\Delta t)+\Delta\overline{I}_3H(t-3\Delta t)+\cdots \tag{12-64}$$

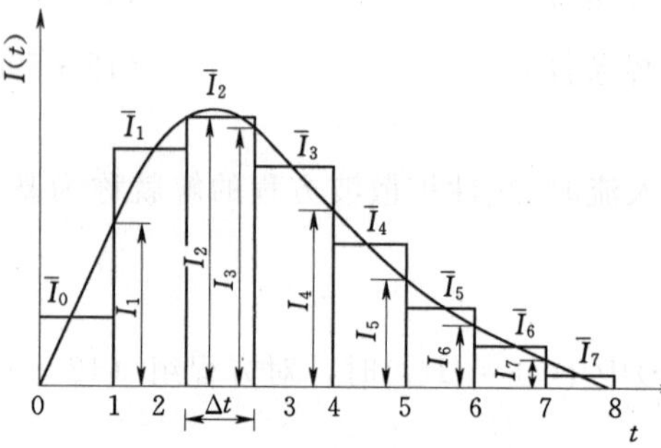

图 12-12 河段上断面洪水过程

式中：I_1、I_2、I_3、…分别为上断面入流洪水的离散值（仅取数值，不取单位）；$I_{\Delta t}(t)$、$I_{\Delta t}(t-\Delta t)$、$I_{\Delta t}(t-2\Delta t)$、…分别为单位矩形函数和延迟的单位矩形函数，$m^3/s$；$\overline{I}_0$、$\overline{I}_1$、$\overline{I}_2$、$\overline{I}_3$、…分别为上断面入流洪水的时段平均值，$m^3/s$；$H(t)$、$H(t-\Delta t)$、$H(t-2\Delta t)$、$H(t-3\Delta t)$、…分别为单位函数和延迟的单位函数，$m^3/s$；$\Delta\overline{I}_0$、$\Delta\overline{I}_1$、$\Delta\overline{I}_2$、$\Delta\overline{I}_3$、…分别为上断面入流洪水后一时段平均值与前一时段平均值之差，即时段增量（涨洪时为正，落洪时为负，仅取数值，不取单位）。

从式（12-63）和式（12-64）可以看出，任何一个复杂的入流洪水都可以用若干个单位矩形函数和单位函数近似表达，近似的精度显然取决于划分矩形条块时所采用的时段 Δt 的大小。Δt 越小，近似的精度就越高，但计算工作量就越大。

2. 下断面洪水演算式

当把演算河段作为线性汇流系统时，上断面输入的是单位入流或单位矩形入流，在下断面输出的就是 S 曲线或基本单位线，根据线性汇流系统的两个基本性质，就可以得出下断面洪水过程的表达式。

（1）当上断面入流洪水用式（12-63）表示时，下断面的洪水演算式为

$$Q(x,t)=\overline{I}_0u(x,\Delta t,t)+\overline{I}_1u(x,\Delta t,t-\Delta t)+\overline{I}_2u(x,\Delta t,t-2\Delta t)+\overline{I}_3u(x,\Delta t,t-3\Delta t)+\cdots \tag{12-65}$$

（2）当上断面入流洪水用式（12-64）表示时，下断面的洪水演算式为

$$Q(x,t)=\Delta\overline{I}_0S(x,t)+\Delta\overline{I}_1S(x,t-\Delta t)+\Delta\overline{I}_2S(x,t-2\Delta t)+\Delta\overline{I}_3S(x,t-3\Delta t)+\cdots \tag{12-66}$$

3. 参数确定

线性扩散波方程中包含两个参数，即波速 C_k 和扩散系数 μ。对于宽浅矩形河道，如果河道水力条件满足谢才公式，可用下式计算波速：

$$C_k=\frac{3V}{2} \tag{12-67}$$

如果河道水力条件满足曼宁公式，可用下式计算波速：

$$C_k=\frac{5V}{3} \tag{12-68}$$

波速 C_k 也可按下式计算：

$$C_k=\frac{x}{\tau_m} \tag{12-69}$$

式中：V 为断面平均流速，m/s；x 为河段长，m；τ_m 为洪峰在河段的传播时间，s。

【例 12-3】 长江上游金沙江龙街至巧家河段长 247km，河槽近似宽浅矩形，平均河底坡度为 0.00112。试根据龙街 1967 年 6 月一次洪水过程，利用线性扩散波演算法推算巧家断面的洪水过程。

解：（1）本次洪水涨落陡峻，为保证计算精度，取计算时段 $\Delta t=3$h。

（2）根据龙街和巧家两水文站的有关资料计算河段水力要素，如表 12-6 所示（表中 y 为平均水深，n 为糙率，H 为水位，B 为水面宽，V 为断面平均流速，s_0 为河底平均比降，A 为过水断面面积）。按式（12-68）计算参数 C_k 和 $\mu=\dfrac{Q}{2s_0B}$。经试算，本次洪水选用相应于洪峰流量时的参数值较为合适，即流量最大时的 $C_k=5.92$m/s，$\mu=19456\text{m}^2/\text{s}$。

表 12-6　龙街—巧家河段水力要素及 C_k、μ 计算

Q (m³/s)	龙街			巧家			河段						C_k (m/s)	μ (m²/s)
	H (m)	B (m)	V (m/s)	H (m)	B (m)	V (m/s)	s_0	B (m)	V (m/s)	A (m²)	y (m)	n		
(1)	(2)	(3)	(4)	(5)	(6)	(7)	(8)	(9)	(10)	(11)	(12)	(13)	(14)	(15)
2000	928.00	194	1.70	652.80	266	1.70	0.00111	230	1.70	1176	5.1	0.0584	2.83	3848
4000	931.35	219	2.40	655.00	294	2.90	0.00112	257	2.65	1509	5.9	0.0415	4.42	6815
6000	933.85	238	2.80	656.75	305	3.20	0.00112	272	3.00	2000	7.3	0.0423	5.00	8635
8000	935.95	256	3.10	658.25	315	3.30	0.00112	286	3.20	2500	8.7	0.0446	5.33	12198
10000	937.80	268	3.30	659.90	320	3.40	0.00112	294	3.35	2985	10.2	0.0474	5.58	14804
12000	939.50	277	3.50	661.50	326	3.40	0.00112	302	3.45	3478	11.5	0.0498	5.75	17326
14000	941.00	288	3.60	663.10	337	3.50	0.00112	313	3.55	3944	12.6	0.0515	5.92	19456

（3）计算 S 曲线。为便于按式（12-60）计算 S 曲线，可先对该式作简单的变量代换。令 $a=\dfrac{x}{2\sqrt{\mu t}}$，$b=\dfrac{C_k}{2}\sqrt{\dfrac{t}{\mu}}$，则式（12-60）变为 $S(a,b)=\dfrac{1}{2}[1-\text{erf}(a-b)]+\dfrac{1}{2}e^{4ab}\times[1-\text{erf}(a+b)]$。将 $x=247$km，$C_k=5.92$m/s，$\mu=19456\text{m}^2/\text{s}$ 代入上式得 $a=885.4/\sqrt{t}$，

$b=0.02122\sqrt{t}$。列表计算 S 曲线，如表 12-7 所示。

表 12-7　　扩散波演算法（龙街—巧家河段）S 曲线计算

时段数	t/h	t/s	$\sqrt{t}$	a	b	$a-b$	$a+b$	erf$(a-b)$	erf$(a+b)$	1−erf$(a-b)$	1−erf$(a+b)$	$S(t)$
(1)	(2)	(3)	(4)	(5)	(6)	(7)	(8)	(9)	(10)	(11)	(12)	(13)
0	0	0	0	∞	0	∞	∞	1.000	1.000	0	0	0
1	3	10800	104	8.51	2.21	6.30	10.72	1.000	1.000	0	0	0
2	6	21600	147	6.02	3.12	2.90	9.14	1.000	1.000	0	0	0
3	9	32400	180	4.92	3.82	1.10	8.74	0.847	1.000	0.153	0	0.077
4	12	43200	208	4.26	4.41	−0.15	8.67	−0.168	1.000	1.168	0	0.584
5	15	54000	232	3.82	4.92	−1.10	8.74	−0.880	1.000	1.880	0	0.940
6	18	64800	255	3.47	5.41	−1.94	8.88	−0.994	1.000	1.994	0	0.997
7	21	75600	275	3.22	5.84	−2.62	9.06	−1.000	1.000	2.000	0	1.000
8	24	86400	294	3.01	6.24	−3.23	9.25	−1.000	1.000	2.000	0	1.000
9	27	97200	312	2.84	6.62	−3.78	9.46	−1.000	1.000	2.000	0	1.000
10	30	108000	329	2.69	6.98	−4.29	9.67	−1.000	1.000	2.000	0	1.000
11	33	118800	344	2.57	7.30	−4.73	9.87	−1.000	1.000	2.000	0	1.000
12	36	129600	360	2.46	7.64	−5.18	10.10	−1.000	1.000	2.000	0	1.000
13	39	140400	375	2.36	7.96	−5.60	10.32	−1.000	1.000	2.000	0	1.000
14	42	151200	389	2.28	8.25	−5.97	10.53	−1.000	1.000	2.000	0	1.000

（4）计算基本单位线。利用求得的 S 曲线，就可按式（12-61）计算 $\Delta t=3\text{h}$ 的基本单位线，如表 12-8 所示。

表 12-8　　扩散波演算法（龙街—巧家河段）基本单位线计算

时段数	0	1	2	3	4	5	6	7	8	9
$S(t)$	0	0	0	0.077	0.584	0.940	0.997	1.000	1.000	1.000
$S(t-\Delta t)$		0	0	0	0.077	0.584	0.940	0.997	1.000	1.000
$u(\Delta t,\ t)$	0	0	0	0.077	0.507	0.356	0.057	0.003	0	0

按式（12-65）求巧家断面的洪水过程，如表 12-9 所示。河道原稳定流流量为 $Q_0=2490\text{m}^3/\text{s}$，见表中第（7）栏。表中第（2）栏为洪水入流过程（为明晰起见，将原稳定流分割出去，然后在演算结果中再加上即可）。第（6）栏为洪水波演算结果，第（6）、（7）两栏相加得计算的巧家断面的洪水过程，列入第（8）栏，第（9）栏为实测值，两者基本接近。

按式（12-66）求巧家断面的洪水过程，如表 12-10 所示，计算过程与表 12-9 基本相同。

表 12－9　　扩散波演算法基本单位线洪水演算(龙街—巧家河)

日	时	I /(m³·s⁻¹)	$\bar{I}$ /(m³·s⁻¹)	$u(3,t)$	$\bar{I}\times u(3,t)$											$\sum Q$ /(m³·s⁻¹)	Q_0 /(m³·s⁻¹)	$Q_{计算}$ /(m³·s⁻¹)	$Q_{实测}$ /(m³·s⁻¹)
					2165	7520	11060	10560	8580	6360	4180	2895	2510	2150	…				
(1)		(2)	(3)	(4)	(5)											(6)	(7)	(8)	(9)
18	17	0		0												0	2490	2490	2410
	20	4330	2165	0												0	2490	2490	2410
	23	10710	7520	0	0											0	2490	2490	2490
19	2	11410	11060	0.077	167	0										167	2490	2657	2490
	5	9710	10560	0.507	1098	579	0									1677	2490	4167	2490
	8	7450	8580	0.356	771	3813	852	0								5436	2490	7926	5950
	11	5270	6360	0.057	123	2677	5607	813	0							9220	2490	11710	10300
	14	3090	4180	0.003	6	429	3937	5354	661	0					⋮	10387	2490	12877	11400
	17	2700	2895	0	0	23	630	3759	4350	490	0					9252	2490	11742	11200
	20	2320	2510			0	33	602	3054	3225	322	0				7236	2490	9726	9750
	23	1980	2150				0	32	489	2265	2120	223	0			5129	2490	7619	8300
20	2	1640	1810					0	26	363	1488	1468	193	0		3538	2490	6028	6760
⋮	⋮	⋮	⋮						0	19	238	1031	1272	166		2726	2490	5216	5670
										0	13	165	890	1090		⋮	⋮	⋮	⋮

表 12-10 **扩散波演算法 S 曲线洪水演算(龙街—巧家河)**

日	时	I /(m³·s⁻¹)	$\bar{I}$ /(m³·s⁻¹)	$\Delta\bar{I}$	$S(t)$	$\Delta\bar{I}\times S(t)$											ΣQ /(m³·s⁻¹)	Q_0 /(m³·s⁻¹)	$Q_{计算}$ /(m³·s⁻¹)	$Q_{实测}$ /(m³·s⁻¹)
						2165	5355	3540	−500	−1980	−2220	−2180	−1285	−385	−360	…				
(1)		(2)	(3)	(4)	(5)	(6)											(7)	(8)	(9)	(10)
18	17	0			0												0	2490	2490	2410
	20	4330	2165	2165	0												0	2490	2490	2410
	23	10710	7520	5355	0	0											0	2490	2490	2490
19	2	11410	11060	3540	0.077	167	0										167	2490	2657	2490
	5	9710	10560	−500	0.584	1264	412	0									1676	2490	4166	2490
	8	7450	8580	−1980	0.940	2035	3127	273	0								5435	2490	7925	5950
	11	5270	6360	−2220	0.997	2159	5035	2067	−39	0							9222	2490	11712	10300
	14	3090	4180	−2180	1.000	2165	5339	3328	−292	−152	0					⋮	10388	2490	12878	11400
	17	2700	2895	−1285	1.000	2165	5355	3529	−470	−1156	−171	0					9252	2490	11742	11200
	20	2320	2510	−385	1.000	2165	5355	3540	−499	−1861	−1296	−168	0				7236	2490	9726	9750
	23	1980	2150	−360	1.000	2165	5355	3540	−500	−1974	−2086	−1273	−99	0			5129	2490	7619	8300
20	2	1640	1810	−340	1.000	2165	5355	3540	−500	−1980	−2213	−2049	−750	−30	0		3538	2490	6028	6760
⋮	⋮	⋮	⋮	⋮	⋮	2165	5355	3540	−500	−1980	−2220	−2173	−1208	−225	−28		2726	2490	5126	5670
						⋮	⋮	⋮	⋮	⋮	⋮	⋮	⋮	⋮	⋮		⋮	⋮	⋮	⋮

第六节　线性特征河长连续演算法

将演算河段按照特征河长划分为 n 个单元段，依特征河长概念，则每个单元河段的槽蓄量与其下断面的出流量都应为单值关系。假定每个单元河段的这种关系均属线性，于是可将演算河段看作是由 n 个线性水库串联而成的线性汇流系统，见第十一章图 11－19。

如果开始时刻全河段的流量均为 0，当第一河段的上断面为单位瞬时脉冲入流时，即可导出（详见第十一章第六节）瞬时单位线表达式，它与式（11－28）在形式上完全相同，即

$$u(x,t)=\frac{1}{K\Gamma(n)}\left(\frac{t}{K}\right)^{n-1}e^{-\frac{t}{K}} \tag{12-70}$$

式中：K 为线性水库的调蓄系数，即洪水波在特征河长内的传播时间，s；n 为特征河长的个数，即线性水库的个数；e 为自然对数底；x 为演算河段长度，m；其他符号意义同前。

根据式（12－70）求 S 曲线，即

$$S(t)=\int_0^t u(x,t)\mathrm{d}t=1-e^{-\frac{t}{K}}\sum_{i=0}^{n-1}\frac{1}{i!}\left(\frac{t}{K}\right)^i \tag{12-71}$$

有了 S 曲线（可查附表）就可以利用式（12－66）进行汇流演算了。如果将 S 曲线再转换为基本单位线，就可利用式（12－65）进行河段汇流演算了。

瞬时单位线中的 K 值用下式计算：

$$K=\frac{l}{C_k} \tag{12-72}$$

式中：$C_k=\frac{5}{3}V$；V 为断面平均流速，可用稳定流的谢才公式或曼宁公式计算，m/s。

【例 12－4】 某河段长为 112km，河底比降 $s_0=0.0004$，特征河长 $l=9.4$km，波速 $C_k=2.82$m/s，取计算时段 $\Delta t=3$h。试根据 1968 年 8 月上断面的一次洪水过程，计算下断面的洪水过程。

解：（1）计算子河段数。$n=L/l=112/9.4=12$。

（2）计算调蓄系数。$K=l/C_k=9400/2.82=3333.3\text{s}=0.924\text{h}$。

（3）计算 S 曲线，见表 12－11。

（4）计算基本单位线。先用表 12－11 中第 2 行的 t 值与第 3 行的 S 值作图，在图上每隔 3h 摘数，得到一组新的 S 曲线值，见表 12－12 第 2 行。第 3 行是延迟的 $S(t-\Delta t)$ 曲线，第 4 行是计算的基本单位线 $u(3,t)$。

（5）汇流计算。利用式（12－65）计算下断面的洪水过程，见表 12－13。

表 12－11　　**特征河长法 S 曲线计算**

$m=t/K$	(1)	0	1	2	3	4	5	6	7	8	9	10	11
$t=mK(h)$	(2)	0	0.924	1.85	2.77	3.69	4.62	5.53	6.46	7.38	8.31	9.24	10.15
$S(t)$	(3)	0	0	0	0	0.001	0.005	0.02	0.053	0.112	0.197	0.303	0.421
$m=t/K$	(1)	12	13	14	15	16	17	18	19	20	21	22	23
$t=mK(h)$	(2)	11.08	12.00	11.92	13.85	14.75	15.69	16.62	17.55	18.45	19.39	20.30	21.22
$S(t)$	(3)	0.538	0.656	0.74	0.815	0.873	0.915	0.945	0.965	0.979	0.982	0.992	0.996

表 12-12　　特征河长法基本单位线计算

t	(1)	0	3	6	9	12	15	18	21	24	27
$S(t)$	(2)	0	0	0.035	0.277	0.656	0.888	0.974	0.996	1.000	1.000
$S(t-\Delta t)$	(3)		0	0	0.035	0.277	0.656	0.888	0.974	0.996	1.000
$u(3, t)$	(4)	0	0	0.035	0.242	0.379	0.232	0.086	0.022	0.004	0

表 12-13　　特征河长法利用基本单位线进行汇流计算

日	时	I/(m³/s)	$\bar{I}$/(m³/s)	$u(3, t)$	$\bar{I}u(3, t)$							$Q_{计算}$/(m³/s)	$Q_{实测}$/(m³/s)
					0.035	0.242	0.379	0.232	0.086	0.022	0.004		
(1)		(2)	(3)	(4)	(5)							(6)	(7)
17	8	1950		0									
	11	2200	2080	0									
	14	2470	2330	0.035	70	(500)	(790)	(480)	(180)	(50)	(10)	2080	2080
	17	3340	2910	0.242	80	500	(790)	(480)	(180)	(50)	(10)	2090	2050
	20	6350	4840	0.379	100	560	790	(480)	(180)	(50)	(10)	2170	2150
	23	7150	6750	0.232	170	700	880	480	(180)	(50)	(10)	2470	2350
18	2	6580	6870	0.086	240	1170	1100	540	180	(50)	(10)	3290	3450
	5	5710	6140	0.022	240	1630	1830	680	200	50	(10)	4640	5710
	8	4520	5270	0.004	220	1670	2560	1120	250	50	10	5880	6650
	11	4300	4560		180	1490	2600	1570	420	60	10	6330	6400
	14	3980	4150		160	1280	2330	1590	580	110	10	6060	5900
	17	3700	3840		140	1100	2000	1430	590	150	20	5480	5250
	20	3450	3570		130	1000	1730	1220	530	150	30	4790	4710
	23	3200	3330		120	930	1570	1060	450	130	30	4290	4350
19	2	3000	3100		120	870	1460	960	390	120	20	3840	4000
	5	2750	2870		110	810	1350	890	360	100	20	2640	3700
	8	2550	2650		100	750	1260	830	330	90	20	3380	3400
	11	2400	2480		90	690	1180	770	310	80	20	3140	3200
	14	2300	2350		90	640	1090	720	290	80	20	2930	2980
	17	2180	2240		80	600	1000	670	270	70	10	2700	2780
	20	2100	2140		80	570	940	610	250	70	10	2530	2570
	23	2000	2050		70	540	890	580	230	60	10	2380	2400
20	2	1970	1980		70	520	850	540	210	60	10	2260	2320
	5	1900	1940		70	500	810	520	200	50	10	2160	2310
	⋮	⋮	⋮		⋮	⋮	⋮	⋮	⋮	⋮	⋮	⋮	⋮

第七节　马斯京根演算法

马斯京根演算法是 G. T 麦克锡于 1938 年提出的，最早在美国马斯京根河上使用，因此称为马斯京根法。

一、基本原理

当洪水波经过河段时，由于附加比降的影响，洪水涨、落时的槽蓄量有两部分组成：①柱蓄，即同一下断面水位的稳定流水面线以下蓄量；②楔蓄，即稳定流水面线与实际水面线之间的蓄量，如图 12-13 所示的阴影部分。

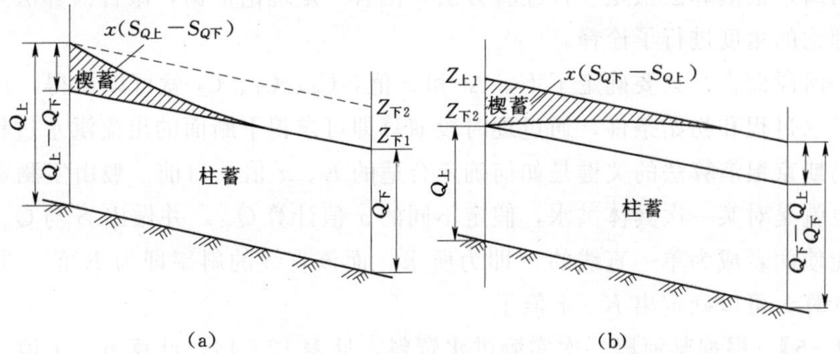

图 12-13　河段槽蓄量示意

(a) 涨水；(b) 落水

为了建立槽蓄方程，令 x 为流量比重因素，$S_{Q上}$、$S_{Q下}$ 分别为上、下断面在稳定流情况下的槽蓄量，S 为河段的总蓄量（包括柱蓄和楔蓄两部分）。于是可以建立蓄量关系：

(1) 涨水情况下，$S=S_{Q下}+x(S_{Q上}-S_{Q下})$。

(2) 落水情况下，$S=S_{Q下}-x(S_{Q下}-S_{Q上})$。

无论是涨水还是落水，以上两式是相同的，均可表达成：

$$S=xS_{Q上}+(1-x)S_{Q下} \tag{12-73}$$

在稳定流情况下，河段槽蓄量与流量存在线性关系，即：$S_{Q上}=KQ_上$ 及 $S_{Q下}=KQ_下$，将其代入式 (12-73)，得马斯京根蓄泄方程：

$$S=K[xQ_上+(1-x)Q_下] \tag{12-74}$$

令

$$Q_示=xQ_上+(1-x)Q_下 \tag{12-75}$$

则得槽蓄方程：

$$S=KQ_示 \tag{12-76}$$

式中：$Q_示$ 为示储流量，m^3/s；K 为稳定流情况下的河段传播时间，s。

二、演算公式

河段水量平衡方程式 (12-26) 可写为 $I(t)dt-O(t)dt=dW$。如果流量在 dt 时段内呈直线变化，则又可写成

$$\frac{\Delta t}{2}(Q_{上,1}+Q_{上,2})-\frac{\Delta t}{2}(Q_{下,1}+Q_{下,2})=S_2-S_1 \tag{12-77}$$

式中：$Q_{上,1}$、$Q_{上,2}$ 分别为上断面时段初、末的流量，m^3/s；$Q_{下,1}$、$Q_{下,2}$ 分别为下断面时段初、末的流量，m^3/s；Δt 为计算时段，s。

联立求解式 (12-74) 与式 (12-77) 得

$$Q_{下,2}=C_0Q_{上,2}+C_1Q_{上,1}+C_2Q_{下,1} \tag{12-78}$$

其中

$$C_0=\frac{0.5\Delta t-Kx}{K(1-x)+0.5\Delta t},C_1=\frac{0.5\Delta t+Kx}{K(1-x)+0.5\Delta t},C_2=\frac{K(1-x)-0.5\Delta t}{K(1-x)+0.5\Delta t}$$

式中：C_0、C_1、C_2 为演算系数，三者之和等于1。

从式（12－78）可以看出，马斯京根演算法与康吉差分演算法的计算公式完全相同。这说明，马斯京根演算法虽是一种经验方法，但有一定理论依据，康吉演算法对马斯京根演算法从理论的角度进行了诠释。

对某一河段而言，只要确定了 K、Δt 和 x 值，C_0、C_1、C_2 就可以求得，从而由上断面的入流洪水过程和初始条件，通过逐时段演算即可求得下断面的出流洪水过程。

应用马斯京根演算法的关键是如何确定合适的 K、x 值，目前一般由实测资料通过试算求出。也就是对某一次具体洪水，假定不同的 x 值计算 $Q_示$，并做出 S 与 $Q_示$ 的关系曲线，其中能使两者成为单一直线的 x 即为所求，而该直线的斜率即为 K 值。取多次洪水进行分析计算，可以确定出 K、x 值了。

【例 12－5】 根据某河段一次实测洪水资料，见表 12－14，计算 K、x 值，并用马斯京根法进行河段洪水演算。

解：（1）根据河段和资料情况，取 $\Delta t=6$h。

表 12－14　　马斯京根法 S 与 $Q_示$ 关系计算　　单位：m^3/s

日	时	$Q_上$	$Q_下$	$Q_上+q$	$Q_上+q-Q_下$	ΔS ($m^3/s\cdot h$)	S ($m^3/s\cdot h$)	$Q_示$ $x=0.4$	$x=0.45$
(1)		(2)	(3)	(4)	(5)	(6)	(7)	(8)	(9)
20	8	2050		2110					
	14	2860		2950					
	20	4300	2100	4430	2330	2030	0	2980	3090
21	2	4820	3250	4970	1720	970	2030	3870	3960
	8	4700	4620	4840	220	−100	3000	4650	4660
	14	4350	4900	4480	−420	−620	2900	4680	4650
	20	3750	4680	3870	−820	−890	2280	4310	4260
22	2	3200	4260	3300	−960	−940	1390	3840	3780
	8	2700	3700	2780	−960	−870	450	3300	3250
	14	2400	3300	2470	−830	−740	−420	2940	2890
	20	2200	2920	2270	−650	−550	−1160	2630	2600
23	2	2050	2550	2110	−440		−1710	2350	2330
	8		2210						
	14		2100						
合计		39380	40590						

（2）表中第（1）～（3）栏为实测值。由于有少量的区间入流，使上断面的入流总量39380（m^3/s）6h 比下断面的出流总量 40590（m^3/s）6h 少了 1210（m^3/s）6h，为了保持水量平衡，近似按比例将此水量分配到入流过程中，得到第（4）栏。

(3) 按照水量平衡方程式 (12－77)，分别计算各时段的槽蓄增量，即由第 (5) 栏时段初和时段末两数相加，再除以 2，其结果列于第 (6) 栏。累加第 (6) 栏得槽蓄量 S，列于第 (7) 栏。

(4) 分别假定 x 等于 0.4 和 0.45，按式 (12－75) 计算 $Q_{示}$，列于表中的第 (8)、(9) 栏。

(5) 按第 (7)、(8) 两栏的对应值，点绘 $x=0.4$ 的 S 与 $Q_{示}$ 关系线，如图 12－14 所示的虚线，结果两者是绳套关系。再点绘第 (7)、(9) 两栏 $x=0.45$ 的 S 与 $Q_{示}$ 关系线，发现两者基本合拢成单一直线，见图 12－14 中的点线。故选 $x=0.45$ 即为所求。求直线的斜率 $K=\Delta S/\Delta Q_{示}=4200/2100=12\text{h}$。

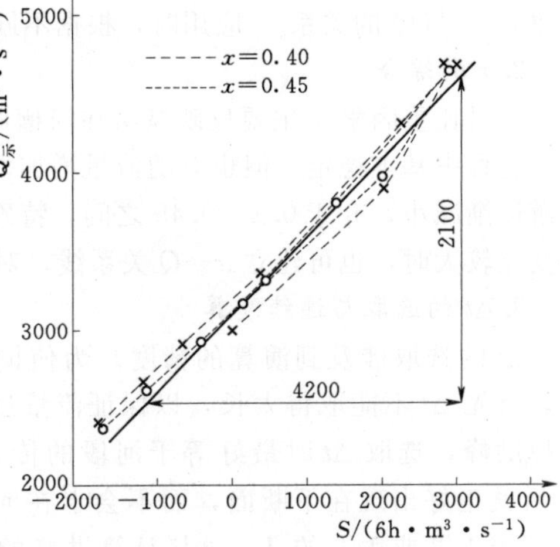

图 12－14　S 与 $Q_{示}$ 关系曲线

按上述步骤分别求出几次洪水的 x、K 值，如果各次洪水的值比较接近，则取平均值作为本河段使用值。如果变化较大，则需要进一步分析其变化规律，以便演算时依实际情况选用。

根据确定的 x、K 值和 Δt，求出演算系数 $C_0=-0.251$、$C_1=0.876$、$C_2=0.375$，三者之和等于 1。再代入式 (12－78) 求得演算方程为：$Q_{下,2}=-0.251Q_{上,2}+0.876Q_{上,1}+0.375Q_{下,1}$。

再取这次洪水为例，由上断面的入流过程推求下断面的出流过程，见表 12－15 第 (6) 栏。计算值与第 (7) 栏实测值相比，峰现时间一致，峰值偏小 5.3%。

表 12－15　　**马斯京根法洪水演算**　　单位：m³/s

日	时	$Q_上$	$C_0Q_{上,2}$	$C_1Q_{上,1}$	$C_2Q_{下,1}$	$Q_{下,2}$	$Q_{实测}$
(1)		(2)	(3)	(4)	(5)	(6)	(7)
20	8	2050				2050	2050
	14	2860	－720	1800	770	1850	2000
	20	4300	－1080	2500	690	2110	2100
21	2	4820	－1210	3760	790	3340	3250
	8	4700	－1180	4220	1250	4290	4620
	14	4350	－1090	4120	1610	4640	4900
	20	3750	－940	3810	1740	4610	4680
22	2	3200	－800	3280	1730	4210	4260
	8	2700	－680	2800	1580	3700	3700
	⋮	⋮	⋮	⋮	⋮	⋮	⋮

三、有关问题的讨论

1. K 值的综合

从计算 $K=\Delta S/\Delta Q_{示}$ 可知，K 具有时间因次，它基本上反映了河道稳定流的传播时间。理论和实践证明，K 随 Q 的增大而减小，因此当各次洪水分析的 K 值变化较大时，可建立 K 与 Q 的关系 。应用时，根据不同的 Q 选不同的 K 值。

2. x 的综合

流量比重因素 x 主要反映楔蓄在河槽调蓄作用中的影响。对于一定的河段，x 在洪水涨落过程中基本稳定，但也有随流量增加而减小的趋势。天然河道的 x，一般是从上游向下游逐渐减小，介于 0.2～0.45 之间，特殊情况下也有小于 0 的。实用中，当发现 x 随流量变化较大时，也可建立 x—Q 关系线，对不同的流量取不同的 x 值。

3. Δt 的选取与连续演算

Δt 的选取涉及到演算的精度。为使摘录的洪水值能比较真实地反映洪水的变化过程，首先 Δt 不能取得太长，以保证流量过程线在 Δt 内近于线性；其次，为了计算中不漏掉洪峰，选取 Δt 时最好等于河段的传播时间 T。这样，上游在时段初出现的洪峰，Δt 后就正好出现在下断面，而不会卡在河段中。但有时为了照顾前面的要求，也可取 Δt 等于 1/2 或 1/3 的 T，这样计算洪峰的精度就差了一些，但能保证不漏掉洪峰。若使两者都兼顾到，则可把河段划分成许多子河段，使 Δt 等于子河段的传播时间，然后进行连续演算，推算出下断面的流量过程，连续演算方法完全类似康吉线性运动波连续演算法。

4. 非线性问题

前面介绍的马斯京根法属于线性方法，其特点是两个基本方程式均为线性，两个参数 K 和 x 均为常数，这在许多情况下与实际不符，如考虑 K 和 x 不为常数，则成为非线性的马斯京根法。关于非线性马斯京根法的处理有多种，例如非线性马斯京根法的槽蓄方程可表示为：$W=K[xI+(1-x)O]^m$。其中，m 为反映非线性槽蓄关系的指数。此时，马斯京根法就有三个参数 K、x、m 需要估计，估计的方法显然不可以用试算法，但可以采用最小二乘法、遗传算法、混沌模拟退火算法等。

思 考 题

1. 什么是洪水波？洪水波分为哪几类，定义各是什么？
2. 什么是特征河长？
3. 马斯京根演算法的基本原理是什么？
4. 马斯京根演算法与康吉连续演算法的关系是什么？
5. 上断面入流洪水是如何进行近似处理的？
6. 河道洪水演算有哪些方法？

习 题

1. 沅陵至王家河河段长 112km，沅陵站断流水位（河底高程）为 87.25m，王家河站河底高程（断流水位）为43.80m。依据下表提供资料，分别利用式（12－32）和式（12－35）计算沅陵至王家河河段的特征河长，并比较结果。

表12－16　　沅陵、王家河两站水位、流量资料

Q(m^3·s^{-1})	沅陵水位 Z/m	王家河水位 Z/m	s_0
3000	90.78	47.16	0.0389
7000	93.06	50.10	0.0384
11000	94.81	52.35	0.0379
15000	96.38	54.30	0.0379
19000	97.85	56.18	0.0372

2. 某河段一次实测洪水资料如下表所示，试计算 x、K 值，并用马斯京根法进行河段洪水演算。

表12－17　　某河段实测流量资料

时间	日	1	1	2	2	3	3	4	4	5	5	6	6	7	7	8	8	9	9
	时	0	12	0	12	0	12	0	12	0	12	0	12	0	12	0	12	0	12
$Q_上$ /(m^3·s^{-1})		75	370	1620	2210	2290	1830	1220	830	610	480	390	330	300	260	230	200	180	220
$Q_下$ /(m^3·s^{-1})		75	80	440	1680	2150	2280	1680	1270	880	680	550	450	400	340	290	250	160	200
$q_区$ /(m^3·s^{-1})		0	37	73	110	73	37	0											

第十三章 专 题 水 文

根据涉及水文学研究的几个相关领域，本章简要地阐述7个方面的专题水文问题。这7个专题除了河流泥沙以外，基本上是按下垫面条件或区域特点考虑的，分别是湖泊水文、冰雪水文、湿地（沼泽）水文、森林水文、城市水文、河口水文，其中有些内容都是近几十年来逐步形成的边缘学科或交叉学科，了解这些内容，对扩大知识面、开阔视野具有重要意义。

第一节 湖 泊 水 文

湖泊是陆地表面具有一定规模的天然洼地蓄水体系，是湖盆、湖水以及水中物质组合而成的自然综合体。由于湖泊是地表的一种交替周期较长的、流动缓慢的滞流水体，加之它深受其四周陆地生态环境和社会经济条件的制约，因而，与河流和海洋相比，湖泊的动力过程、化学过程及生物过程均具有鲜明的个性和地区性的特点。在地表水循环过程中，有的湖泊是河流的源泉，起着水量储存与补给的作用；有的湖泊（与海洋沟通的外流湖）是河流的中继站，起着调蓄河川径流的作用；还有的湖泊（与海洋隔绝的内陆湖）是河流终点的汇集地，构成了局部的水循环。

陆地表面湖泊总面积约270万km^2，占全球大陆面积的1.8%左右，其水量约为地表河流溪沟所蓄水量的180倍，是陆地表面仅次于冰川的第二大水体。世界上湖泊最集中的地区为古冰川覆盖过的地区，如芬兰、瑞典、加拿大和美国北部。我国也是一个多湖泊的国家，湖泊面积在1km^2以上的有2300余个，总面积为71787km^2，占全国总面积的8%左右。我国湖泊的分布以青藏高原和东部平原最为密集。

一、湖泊类型

研究目的不同，划分湖泊类型的方法和依据也不同，主要分类方法有按湖盆成因、按湖水补给与径流的关系以及按湖水盐度分类等。

1. 按湖盆的成因分类

湖盆是湖泊形成的基础，湖盆的成因不同，湖泊的形态、湖底的原始地形也各异，而湖泊的形态特征往往对湖水的运动、理化性质、水生生物生长以及湖泊的演化，都有不同程度的影响，因而按湖盆成因分类，得到广泛的应用。天然湖盆是在内、外力相互作用下形成的，以内力作用为主形成的湖盆主要有构造湖盆、火口湖盆和阻塞湖盆等；以外力作用为主形成的湖盆主要有河成、风成、冰成、海成以及溶蚀等不同类型的湖盆。

（1）构造湖。由于地壳的构造运动（断裂、断层、地堑等）所产生的凹陷而形成。其特点是湖岸平直、狭长、陡峻，深度大。例如贝加尔湖、坦噶尼喀湖、洱海等。

（2）火口湖。火山喷发停止后，火山口成为积水的湖盆，其特点是外形近圆形或马蹄形，深度较大，如长白山上的天池。

(3) 堰塞湖。有熔岩堰塞湖与山崩堰塞湖之分。前者为火山爆发后由熔岩流阻塞河道形成，如镜泊湖、五大连池等；后者为地震、山崩引起河道阻塞所致，这种湖泊往往维持时间不长，又被冲而恢复原河道。例如岷江上的大小海子，是1932年地震山崩形成的。

(4) 河成湖。由于河流的改道、截弯取直、淤积等，使原河道变成了湖盆，其外形特点多是弯月形或牛轭形，故又称牛轭湖，水深一般较浅，例如，我国江汉平原上的一些湖泊。

(5) 风成湖。由于风蚀洼地积水而成，多分布在干旱或半干旱地区，湖水较浅，面积、大小、形状不一，矿化度较高。例如我国内蒙古的湖泊。

(6) 冰成湖。由古代冰川或现代冰川的刨蚀或堆积作用形成的湖泊，即冰蚀湖与冰碛湖，特点是大小、形状不一，常密集成群分布，例如芬兰、瑞典、北美洲及我国西藏的湖泊。

(7) 海成湖。在浅海、海湾、及河口三角洲地区，由于沿岸的沉积，使沙嘴、沙洲不断发展延伸，最后封闭海湾部分地区形成湖泊，这种湖泊又称碛湖，例如杭州的西湖。

(8) 溶蚀湖。由于地表水及地下水溶蚀了可溶性岩层所致，形状多呈圆形或椭圆形，水深较浅，例如贵州的草海。

2. 按湖水补排情况分类

可分吞吐湖和闭口湖两类，前者既有河水注入，又能流出，例如洞庭湖；后者只有入湖河流，没有出湖水流，例如罗布泊。

按湖水与海洋沟通情况可分外流湖与内陆湖两类。外流湖是湖水能通过出流河道汇入大海；内陆湖则与海隔绝。

3. 按湖水矿化度分类

按湖水含盐度的大小，可分为淡水湖、微咸水湖、咸水湖及盐水湖4类。淡水湖矿化度小于1g/L；微咸水湖矿化度在1～24g/L之间；咸水湖矿化度在24～35g/L之间；盐水湖矿化度大于35g/L。外流湖大多为淡水湖，内陆湖则多为咸水湖、盐水湖。

4. 按湖水营养物质分类

按湖水所含溶解性营养物质的不同，湖泊可分为贫营养湖、中营养湖、富营养湖3大基本类型。一般近大城市的湖泊，由于城市污水及工业废水的大量进入，多已成为富营养化的湖泊。

二、湖水的运动

湖泊虽属流动缓慢的滞流水体，但是，在风力、水力坡度力和密度梯度力及气压突变等的作用下，湖泊中的水总是处在不断地运动状态中。湖水运动具有周期性升降波动和非周期性的水平流动两种形式。前者如波浪、波漾运动，后者如湖流、混合、增减水等。通常波动与流动往往是相互影响、相互结合、同时发生的。湖水运动是湖泊最重要的水文现象之一，它影响着湖盆形态的演变、湖水的物理性质、化学成分和水生生物的分布与变化，因此，研究湖水的运动是有重大意义的。

1. 湖水的混合

湖水的混合是湖中的水团或水分子在水层之间相互交换的现象。湖水混合过程中，湖水的热量、动量、质量及溶解质等，从平均值较大的水域向较小的水域转移，使湖水表层吸收的辐射能及其他理化特性传到深处，并使湖底的营养盐类传到表层。

湖水混合的结果，使湖水的理化性状在垂直及水平方向上均趋于均匀，从而有利于水生生物的生长。湖水的混合方式有紊动混合和对流混合，前者也称紊动扩散，是由风力和水力坡度力产生的，后者也称对流扩散，主要是湖水密度差引起的。

湖水混合的速度会受到各水层阻力的影响，各水层密度差异越大，阻力就越大，这种阻力称为湖水的稳定度。当湖水密度随深度增大而增大时，就比较稳定，反之就不稳定。湖水稳定度一般可用垂直密度梯度来表示，即

$$E=\frac{d\rho}{dh} \tag{13-1}$$

式中：E 为湖水垂直稳定度的密度梯度，g/cm^2；ρ 为湖水密度，g/cm^3；h 为水深，cm。

另一种表示湖水稳定度的方法，是以要改变水团稳定度所需做的功来表示。在一个湖泊内，层间密度不同的湖水处于稳定的平衡状态时，水团的重心位置必低于湖水处于均匀状态时的水团重心位置，因此，所需做的功为

$$S_y=M\sigma \tag{13-2}$$

式中：S_y 为湖水稳定度，kgm；M 为整个湖水的质量，kg；σ 为层间密度不同的湖水与均匀状态的湖水两者重心间的距离，m。

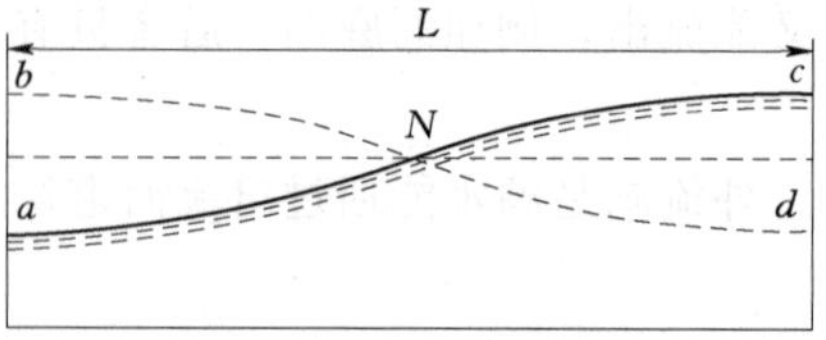

图 13-1　单节波漾

2. 湖泊波漾

湖泊整体或局部水域，由于风力、气压突变、地震等影响，发生周期性的摆动称波漾，也称驻波、定振波。波漾摆动的轴心称波节，波节处无水面升降运动，如图 13-1 中 N 点，波节两边水面交替发生顺向的倾斜，因而湖边水位有节奏的升降变化。两个波节间水位垂直升降变化的最大幅度处称为波腹，即图中的 ab 和 cd，也称为振幅。湖泊的波漾基本上是单节的，亦有双节或多节的，如图 13-2 所示。

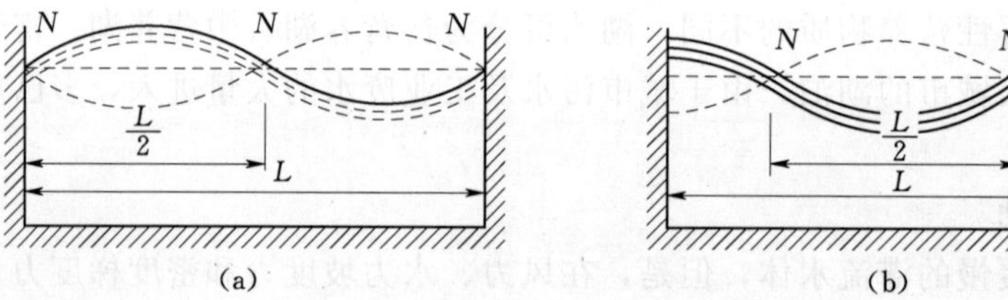

(a)　　(b)

图 13-2　双节波漾

影响波腹大小、周期长短的主要因素是湖盆形态、面积和湖水深度等。面积小、深度大的湖泊，通常波漾摆动快、周期短、水位变幅也大；反之则周期长、变幅小。例如日内瓦湖湖长 72km，平均水深 173m，其波漾平均周期为 73min，最大波腹可达 2m；而匈牙利的巴拉顿湖长 76km，平均水深仅 3m，其波漾平均周期长达 10～12h。同一湖泊也可有不同变幅和不同周期的波漾，例如洱海，长 41.4km，平均宽 6.3km，平均水深 10.5m，

测得波漾有两种周期，一为 167.5min，另一为 19.5min，而振幅相应为 70mm 与 16mm。分析表明，波漾周期和振幅的突变，与气压、降水和风场分布的突变有关。

波漾可视为两个方向相反，波长、周期相同的波浪叠加的结果。如果行进波遇到陡岸发生反射，在全反射的情况下，反射波与入射波的振幅、波长基本相同，两者相互叠加成波漾，叠加后其结果是波腹处的振幅为入射波的 2 倍，而波长不变。

单节波漾的周期按下式计算：

$$T=\frac{2L}{C}=\frac{2L}{\sqrt{gH}} \tag{13-3}$$

式中：T 为周期，s；L 为水体的长度，m；g 为重力加速度，m/s^2；H 为水深，m；C 为波漾的波速，m/s。

单节波漾的波长 λ 按下式计算：

$$\lambda=2L=CT \tag{13-4}$$

多节波漾，如 n 为波节数，则以上两式可化为

$$T=\frac{2L}{n\sqrt{gH}} \tag{13-5}$$

$$\lambda=\frac{2L}{n} \tag{13-6}$$

3. 湖泊增减水

由于强风或气压骤变引起的漂流，使湖泊迎风岸水量聚积，水位上涨，背风岸水位下降，前者称为增水，后者称减水。一岸增水，一岸减水，必然造成两岸水位差，湖面变成倾斜状态。倾斜的湖面反过来又阻滞着漂流作用，并在水下形成与漂流流向相反的补偿流。如图 13-3 所示，形成了全湖性的垂直环流系统，在深水湖岸，补偿流的范围可超过漂流的厚度，如果湖盆平缓，水的密度差别不大，补偿流的范围可达湖底。

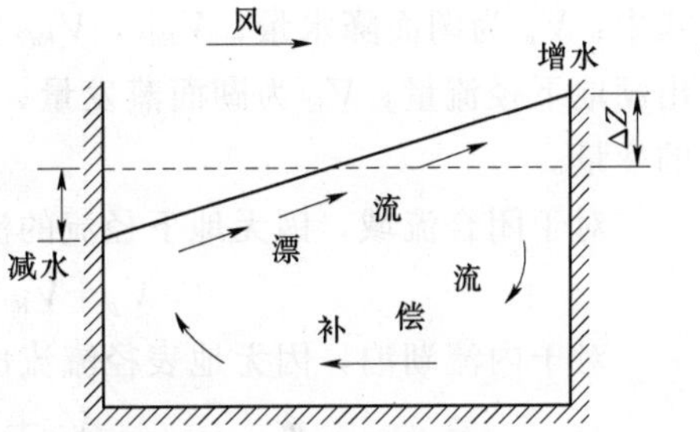

图 13-3　湖泊增减水示意

增减水的主要特征是水位变化，水位变化的幅度可以实测，也可通过下式近似确定：

$$\Delta h=C_s\frac{\tau_\alpha L}{\rho g H}\cos\alpha \tag{13-7}$$

式中：Δh 为增减水位变幅；C_s 为经验常数，可取 1～15；τ_α 为风应力；L 为水体长度；ρ 为水的密度；g 为重力加速度；H 为水体平均深度；α 为风向与 L 线方向的夹角。

由式（13-7）可见，水位变幅的大小决定于风力的强弱、湖盆的形态、湖水的深度等。通常浅水湖远大于深水湖，例如，平均水深为 10.2m 的洱海，一般测到的增减水水位变幅仅 80～90mm，这与该湖的风速较小也有关。而平均水深仅 1.9m 的太湖，在强风作用下增减水位变幅一般为 0.2～0.3m，如遇台风，变幅增大。例如，1956 年 8 月 1 日全湖水位不变情况下，迎风岸新塘和背风岸胥口水面一升一降，相差可达 2.45m，见图 13-4。

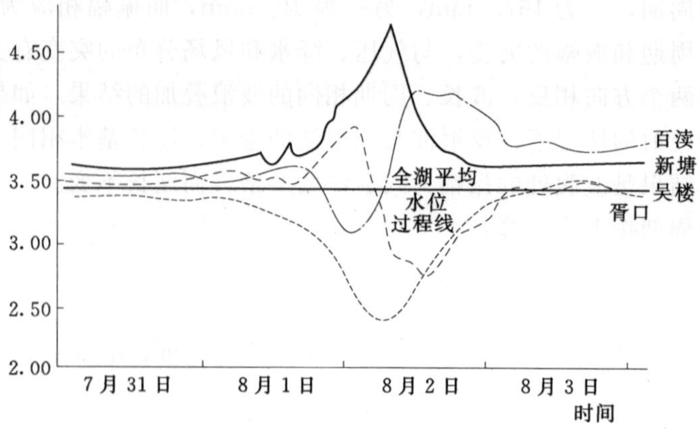

图 13-4 太湖增减水过程（1956）

三、湖泊水量平衡与调洪作用

1. 湖泊的水量平衡

（1）湖泊的水量平衡。由于入流和出流在数量上不尽相等而使湖泊水量发生变化，在计算时段内，湖泊水量的变化可用水量平衡方程式来表示：

$$V_p+V_{Rd1}+V_{Rg1}=V_E+V_{Rd2}+V_{Rg2}+V_q\pm\Delta V \tag{13-8}$$

式中：V_p 为湖面降水量；V_{Rd1}，V_{Rd2} 分别为入、出湖地表径流量；V_{Rg1}，V_{Rg2} 分别为入、出湖地下径流量；V_E 为湖面蒸发量；V_q 为工农业用水量；ΔV 为计算时段始末湖水贮量的变量。

对于闭合流域，因无地下径流的流入与流出，则式（13-8）简化为

$$V_p+V_{Rd1}=V_E+V_{Rd2}+V_q\pm\Delta V \tag{13-9}$$

对于内流湖泊，因无地表径流流出，则式（13-9）又可简化为

$$V_p+V_{Rd1}=V_E+V_q\pm\Delta V \tag{13-10}$$

据研究，我国湖泊补给水量年际变化较大，丰枯水年的水量比一般多为 2～5 倍，洪泽湖可达 23 倍，如图 13-5 所示。丰水年湖泊贮水量一般有所增加，而枯水年则减少，

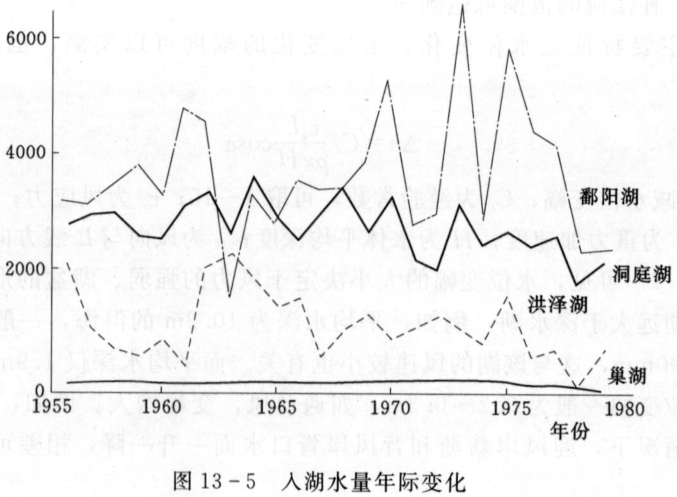

图 13-5 入湖水量年际变化

湖泊水量年内变化则更为显著，最大入湖月径流量与最小入湖月径流量的比值，鄱阳湖、太湖及洪泽湖为 6～15，如图 13-6 所示。而镜泊湖和乌伦古湖则可达 100 以上。年内分配随流域降雨的年内变化和湖泊储水能力大小而变。

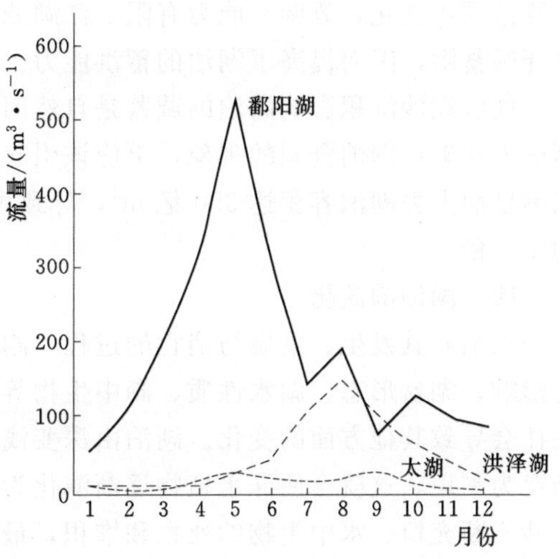

图 13-6 入湖水量年内变化

(2) 湖泊的换水周期。湖泊是换水缓慢的滞流水体，从湖内大量引水，导致湖泊水位下降，湖水面积缩小，使湖区生态环境发生一系列的变化，造成许多不利的影响。湖泊换水周期的长短，可以作为判断湖泊能否引水的一个参考指标。

$$T=\frac{W}{Q\times 86400} \qquad (13-11)$$

式中：T 为换水周期，d；W 为湖泊贮水量，m^3；Q 为年平均入湖流量，m^3/s。

式 (13-11) 表示湖泊贮水量被年平均入湖水量完全替换所需的时间，根据此式，可以计算湖泊的换水周期。

2. 湖泊的调洪作用

湖泊作为天然水库，除了能拦蓄本流域上游来水，减轻下游洪水的压力外，还可分蓄江河洪水，降低河段的洪峰流量，滞缓洪峰发生的时间，发挥调蓄作用。

以洞庭湖为例，洞庭湖是我国第二大淡水湖。它的水源北有松滋、太平、藕池、调弦（已封堵）4 处分泄长江水入湖（占入湖总水量 37.7%），南、西有湘、资、沅、澧 4 大水系入汇（占 53.9%），湖区四周小河注入（占 8.4%），各方水流入湖停蓄后，在湖区东北角经城陵矶出湖入长江。现有水域 2691km^2，最大水深 10.5m，最大容积超过 $200\times10^8m^3$，是调蓄长江中游干、支流洪水的重要天然水库。1954 年特大洪水时，洞庭湖削减了长江干流约 1/2 的洪峰流量，因而洞庭湖的调蓄洪水的作用，对保护荆江大堤及武汉安全，发挥了巨大的作用。近 30 多年来，洞庭湖的调蓄能力在不断地减弱，这是由于湖区泥沙淤积，湖泊容积不断减少所致。多年平均入湖泥沙达 1.335 亿 m^3，其中又以长江 4 口挟带的泥沙为主，约占其中的 82%，而多年平均出湖泥沙仅 0.351 亿 m^3，平均每年沉积在湖区的泥沙为 0.984 亿 m^3。洞庭湖通过蓄浑吐清，固然对减少长江干流河床泥沙的沉积、稳定干流河床起着有利的作用，但是，泥沙沉积湖底，日积月累就使洞庭湖的面积、容积逐年减小，从而削弱了其调蓄能力。据 1954 年及 1983 年湖区实测地形图对比，城陵矶水位 23m 时，容积减少 59%，33m 时，容积减少 40%。

一般与河流相通的外流湖均有调洪作用。鄱阳湖在一般年份可调节来水量的 15%～30%，而特大洪水年，如 1954 年，它削减了入湖峰量的 50% 以上，其削峰量为 23400m^3/s。

湖泊调蓄能力的大小，首先决定于湖泊容积，其次决定于内湖水位与外江水位之间的涨落关系及差值。以江汉湖群为例，在沿江口门未设控制闸前，江湖相通，内湖与外江水位涨落同步变化，故调节能力有限。江湖分家后，一般根据预报、汛前泄空湖容，洪水期再开闸蓄洪，因而提高了湖泊的蓄洪能力。

湖区泥沙沉积影响湖泊的调蓄是自然因素，而盲目围湖造田、人为因素削弱湖泊的调蓄能力和破坏湖泊资源的现象，更应该引起重视。据统计，仅洞庭湖、鄱阳湖、江汉湖群因围垦而失去湖泊容积达 350 亿 m^3，导致可调蓄的淡水资源损失相当于淮河正常径流量的 1.3 倍。

四、湖泊的演化

湖泊有其发生、发展与消亡的过程。湖泊一旦形成，由于自然环境的变迁，人类活动的影响，湖盆形态、湖水性质、湖中生物等均在不断地发生变化。其中湖泊形态的改变，往往会导致其他方面的变化。湖泊由深变浅、由大变小，湖岸由弯曲变为平直，湖底由凹凸变为平坦，这就会使深水植物逐渐演化为浅水植物，沿岸的植物逐渐向湖心发展。由于泥沙不断充填、水中生物的死亡和堆积，最后湖泊会转变为沼泽。干燥区湖泊由于盐分不断累积、淡水湖转化为咸水湖。盐度较小的湖泊其生物大致与淡水湖相同，盐度较大的湖泊，淡水生物很难生存。当水量继续蒸发减少，咸水湖可以变干，转化为盐沼，至此湖泊全部消亡。

1. 湖盆的演化

（1）湖岸的变形。湖盆未充水前，在一定的外力作用下具有相对稳定的坡度。当作用的外营力不发生改变时，岸坡基本上是稳定的。湖盆蓄水后，岸边土壤浸水，土壤中含水量增加，破坏了原先相对稳定的平衡条件，必然引起湖岸变形。

受湖水浸泡，结构受到破坏的湖岸土层，在波浪、湖流的冲击作用下发生崩塌、滑塌变形。岸壁滑塌物质往往一部分停积在岸边，另一部分随湖流挟走，在波浪长期的作用下，原岸线逐渐后退，该处形成侵蚀浅滩，波浪搬运的物质在岸脚堆积，继续向湖心方向发展形成淤积浅滩。当浅滩发展到足以消耗传至岸边波浪的全部能量时，湖岸便演化成相对稳定的形态。一般说，稳定的湖岸可由岸崖或岸壁、湖滨、岸边浅滩（包括侵蚀浅滩和淤积浅滩）及浅滩外缘斜坡等组成。

（2）湖底的沉积。湖底的演化主要是由湖底的沉积作用引起的。湖底的沉积物主要有外界输入和内部形成两个来源。外界输入的沉积物质主要是流域上的泥沙、尘土、盐类及其他元素，经径流或风力挟携入湖；内部形成的沉积物中，有湖岸崩塌的产物、因化学作用从湖水分解出来的盐类，以及湖中水生生物死亡后的残体等。所有这些入湖或湖内的物质、生物，均会由于力学作用、化学作用和生物作用而引起沉积，故湖底的沉积物又可分为机械沉积、化学沉积和生物沉积 3 种。泥沙淤积即属于机械沉积，流域上水土流失严重往往加剧了湖泊的泥沙沉积。例如，长江上游近些年来水土流失加剧，其中下游洞庭、鄱阳、洪泽、巢湖及太湖 5 大淡水湖泊的泥沙沉积也日趋严重。据统计，每年泥沙淤积量达 1.7 亿 t。泥沙沉积湖底后，使湖泊面积、容积日益缩小，从而调蓄功能也逐渐下降。

由于湖区不同部位动力特性的差异，泥沙在湖区的沉积有明显的分选性。粗粒沉积分布在河流入湖口附近，较细的沉积在口前湖滨，更细的随湖流至湖中部沉积。泥沙在湖底沉积过程中，也会发生交合作用，即发生理化与生化两种复杂的过程。在交合过程中，水底生物及河底上层土壤中的细菌起着重要的过滤、搅拌、分解作用，随着湖底沉积过程的发展，湖底起伏逐渐变平，当湖泊变浅时，深水部分产生的淤泥往往被浅水沉积物重新覆盖。

湖泊沉积物经过交合作用形成淤泥，包括有机和无机的微粒。深水湖沉积无机物质比重较大，浅水湖沉积有机物质比重较大，尤其是在湖水很浅、水色混浊、流动性小、水生生物多的富营养型湖泊中，最适于有机淤泥的沉积。有机淤泥又分腐泥与泥炭泥两类，前者也称骸泥，因其中含有不少植物遗体组成的有机残骸；后者含有丰富的、由极稳定的腐殖质组成的有机化合物。

2. 湖水的演化

湖水的演化是指湖水化学性质的改变。引起化学性质改变的因素有自然因素和人为因素两种。

在自然情况下，湖水性质的改变往往是由于气候的变化或盐分平衡发生变化而引起的。例如，气候不断变干，蒸发加强，盐分不断浓缩，碳酸盐型水可转化为硫酸盐型水，硫酸盐型水可转化为氯化物型水。当水的矿化度不断增加，水量不断减少，各种盐类均可析出而沉积于湖底。相反如果气候变湿，氯化物型水也可转化为硫酸盐型水，硫酸盐型水又可转化为碳酸盐型水。当然，湖水的这种转化过程是长期的，非常缓慢的。

人类活动因素主要是指工业废水、农田灌溉用水的排入，引起湖水性质的改变与演化。

3. 湖中生物的演化

湖泊水生物可分浮游生物、漂浮生物、自游生物和底栖生物等。不同的水生生物要求不同的湖泊环境。湖盆的演化、湖水水质的变化，必然使湖泊生物群落的组成结构、生物的种类、个数也相应发生变化，即影响着湖泊生物的多样性。

随着湖盆被沉积物充填的程度，环湖生长的草丛从四周向湖心扩展，而使湖心开阔的水面逐渐缩小，当湖泊水深减到一定程度时，植物就从湖底露出水面。生物残骸与泥沙沉积的日积月累，最终湖泊消亡成为沼泽。

第二节 冰 雪 水 文

冰雪水文是研究冰雪覆盖区冰雪的积累和消融机制及其与周围环境的相互关系的科学。是一门新兴的边缘学科。主要内容包括冰雪的物理性质、积累和消融的过程、冰雪径流形成的机制、计算和预报以及冰雪水资源的开发利用等。对提高水文学理论和解决干旱区水源、防止冰雪灾害等方面有很大意义。

降雪是降水的一种重要形式，在寒冷地区几乎是主要的水源。地面积雪融化所形成的径流称为融雪径流，它对灌溉、供水有重要作用，对我国西北干旱地区的经济建设具有特殊意义。但某些地区融雪径流也会形成洪灾。

一、积雪的形成与分布

如果空气中的水分在水汽张力小于 610.61Pa 的条件下降落，就会形成雪、霰等固体降水。当低层空气很冷时，雪花才不至于落到地面而全部融化，并且只有当近地面空气层温度在长时间内持续低于 0℃的地区，地面上才会有积雪。

在观测点向四周眺望，视野内大部分为雪所覆盖，那么此时可以作为积雪形成期。积雪的特征可用积雪时间、厚度、密度和含水量等来描述。由于受风、地形和植被的影响，积雪在流域上分布很不均匀。风速大于 2m/s 可吹走新雪，甚至掀走下层较密实的积雪。这使山顶和地形突起处几乎无积雪，而山谷、洼地以及障碍物前则形成雪堆。森林使风受到阻挡，造成林区边缘积雪厚而中心薄。

观测资料表明，区域各处的积雪厚度服从正态分布规律，因此，推求区域平均积雪厚度不需要定位观测，只要求测点分布均匀，取平均值即可。

大气固态降水的年收入等于年支出的界线，称为雪线。

二、融雪径流

1. 融雪出水的物理过程

融雪开始后，最初融化的雪水在积雪层形成薄膜水与悬着毛管水。随着融雪的延续，雪粒间孔隙水增加，当水的重力超过毛管力后出现重力水，重力水流至地面形成土层下渗。单位时间内从雪层流达地面的水量称为出水强度，当出水强度超过地面下渗率时，开始形成雪层与地面间的重力水和毛管水层。融雪过程中，薄膜水和毛管水沿垂向移动，重力水沿坡向流动。融雪水先损耗于下渗和洼蓄，而后沿坡向向下流动。融雪径流并非与融雪同时开始，而有滞后。融雪径流开始时，雪水温度升至 0.5～1.5℃，此时蒸发明显，不能忽视。

2. 融雪出水量的计算

融雪出水量可依据积雪观测资料计算，也可依据公式估算。

（1）依据积雪观测资料计算。依据区域内定期沿固定路线进行的积雪观测资料或卫星遥测资料，用下式计算融雪出水量：

$$M_T = M_1 - M_2 + \sum \Delta P \tag{13-12}$$

式中：M_T 为 t_1～t_2 时期内的融雪水量，mm；M_1、M_2 为 t_1 和 t_2 时刻的融雪水深，mm；$\sum \Delta P$ 为 t_1～t_2 时期内的降水量，mm。

积雪观测所需时间一般较长，此法只适用于较长时段（时期）的计算。

（2）依据公式估算。以度日法为例，相应于气温 1℃时的日融雪水量称为气温日融雪率，以 C_s ［mm/（℃·d）］表示，则日融雪出水量为

$$M_s = C_s (t - t_0) \tag{13-13}$$

式中：M_s 为日融雪量，mm/d；t 为日平均气温，℃；t_0 为基础温度，常取 0℃。

设融雪区内各块面积与全流域面积之比为 α，乘以 M_s 即得到全流域日平均融雪量。度日法是目前应用最多的计算融雪出水量的方法之一。

三、融雪径流特点

（1）融雪径流强度小、历时长，范围均匀，积雪层具有持水能力，可起调蓄作用。积雪层饱和后，融雪水沿底层流动速度小，所以融雪径流过程线变化平缓。

（2）日变化大而年变化小，这是因为气温的日内变化较大，而年际间变化较小。

四、冰川的形成及类型

1. 冰川的形成

地表固态降水的积累与演化，形成能自行流动的天然冰体称为冰川，它是陆地表面的

一种固态水体。冰川多分布于高山地区、河流的源头，在湿润年、冷季，大量固态降水积存，在干旱年、暖季，通过消融相变而补给河流，因此在地表水系统中，冰川积雪等固态水体起着储存和补给河流的作用。故有人把冰川看成是地表的天然“固体水库”。

地表冰川总面积为1620万km^2，占世界陆地面积11%，总储水量为2406万km^3，约占地表淡水资源总量的68.7%，假定冰川全部融化，将会使洋面上升60m以上，全球陆地则要被淹没150万km^2，约减少现有陆地面积的1%。目前全世界的冰川每年消融的总水量可达3000km^3（即3万亿m^3），约相当于全世界河槽总储水量的3倍。因此，冰川的积累和消融，积极参与了水圈的水循环，强烈地影响着地表的演化过程。

冰川冰是一种浅蓝而透明、具有塑性的多晶冰体。积累在雪线以上的雪，如果不变成冰川冰，就还是永久积雪，不是冰川。只有当多年积累起来的雪，逐渐演变成冰川冰之后，它才能沿斜坡流动，形成冰川。从新雪落地、积累、到变成冰川冰，经历着一个复杂的成冰过程，它实际上也是一种变质过程。成冰过程可分为雪的沉积、粒雪化及成冰作用3个阶段。

新雪落地一般都十分松软，孔隙很大，其密度为0.01～0.1g/cm^3，最小的甚至只有0.004g/cm^3，新雪堆积具有成层性的特点。

雪花晶体为了使自己内部能量达到最大限度的稳定，就必须使晶体所含的自由能最小。晶体的自由能主要是它的表面能，表面能的大小与晶体表面积成正比。各种几何形体中，球体表面积最小，也就最稳定，因而多角的雪花晶体要达到最理想的稳定状态，就必须圆化。新雪一经落地，这种自动圆化过程就开始了。圆化过程是通过雪粒枝角的升华和凹窝处的凝聚完成的。同时，小的雪粒通过升华—水汽迁移—凝聚的相变过程转移到大的冰晶上。圆化的趋势是大晶体合并小晶体，结果使雪层内晶体数目减少，单个冰晶体积增大，形成圆球状的雪粒，这就是粒雪化的基本过程。在低温干燥的情况下，粒雪化过程很慢，−20℃以下时，可达几个月，粒雪的扩大也是有限的。当气温较高，雪层中发生融水活动时，粒雪化就进行得十分迅速，新雪落地不过数天或数小时，就演变成粒状雪晶了。粒雪化的必然结果是增大积雪的单位体积容量，缩小孔隙度，同时引起雪面下沉，使积雪的厚度变薄。粒雪的密度一般为0.4～0.6g/cm^3，最高可达0.7g/cm^3，这时松散的雪粒就变成比较坚实的固结雪粒和聚合雪粒了。

粒雪变成冰川冰的成冰作用，按其变质性质，可分为冷型和暖型两种。

冷型变质成冰作用是在低温干燥的环境下，而且冰层温度梯度很小，巨厚的粒雪层对下部的雪层施加巨大的压力，晶粒间的接触面积增大，分子扩散作用和晶粒内部变形，从而排出空气，孔隙率趋向封闭，促使粒雪进行重结晶，形成密度为0.9～0.92g/cm^3的浅蓝色的冰川冰，因此这种成冰过程没有融水渗浸，为重结晶成冰过程，其特点是晶粒很小，常不足1mm。

暖型变质成冰作用是当气温较高接近0℃时，冰雪消融活跃，融水沿雪层内部的孔隙渗浸，渗浸融水携带的热量又部分地融化粒雪，出现融水放出热量时，部分融水冻结，这个过程反复进行，下渗的融水就逐渐以雪粒为核心，冻结或再结晶成冰。故属于渗浸成冰过程。渗浸成冰过程又视温度的高低和融水量的大小，分为冷渗浸重结晶、渗浸冻结和暖渗浸重结晶等不同的成冰过程。渗浸冻结冰的密度一般高于暖渗浸重结晶冰，因其所含的气泡少。我国冰川主要是由渗浸冻结或暖渗浸再结晶成冰过程形成的。

冰川自它的源头到末端，往往可穿越数千米的高度，其水热条件存在相当大的差别，在不同高度上，冰川表层的成冰作用也不同，即成冰作用具有按高度分带的特征，一般可区别成如表 13-1 所示的若干带。

表 13-1　　垂直高度成冰作用带

<table>
<tr><td rowspan="5">大陆型冰川</td><td colspan="2">干雪带（重结晶带）</td><td rowspan="5">海洋型冰川</td></tr>
<tr><td colspan="2">冷渗浸</td></tr>
<tr><td>渗浸带</td><td rowspan="2">暖渗浸—重结晶带</td></tr>
<tr><td>渗浸—冻结带</td></tr>
<tr><td colspan="2">消融带</td></tr>
</table>

冰川冰的结构是成层的，每年积累下来的冰层称年层。在每年夏季，由于新雪和雪粒融化形成一个浅黄色的污化面，故冰川层次反映了冰雪积累的周期变化，层理结构清晰的冰川冰，又具有塑性，因此受力后内部常产生褶皱、断裂等构造。

冰川冰在积累区形成之后，在定向应力作用下沿坡向下移动，于是就形成了冰川。

2. 冰川的类型

（1）按冰川形态和运动特性可划分为大陆冰盖和山岳冰川两大类。大陆冰盖也称大陆冰川，是补给区占优势的冰川，其特点是面积大，冰层巨厚，分布不受下伏地形的限制，冰川呈盾形，中部最高，冰体向四周辐射状挤压流动，至冰盖边缘往往伸出巨大的冰舌，断裂后入海，成为巨大的海洋漂浮冰。现在的大陆冰盖主要分布在南极和格陵兰两处，它们形成的年代很古老，在第三纪时就存在了。这两个冰盖的面积约为 1465 万 km^2，占全球冰川面积的 97%。冰盖的厚度达数千米，掩盖了南极大陆和格陵兰的真面目。据勘探查明，高达 2000～3000m 的山脉，低至海平面以下 1600m 的海渊，均为南极大陆冰盖的巨厚冰层所覆盖。

山岳冰川也称山地冰川，是运动占优势、积累与消融大致平衡的冰川。一般散布于高山地区，其规模与厚度远不及大陆冰盖。山岳冰川的运动基本上受下伏地形控制，以重力流方式向下滑动。现代山岳冰川主要分布在欧亚大陆和南、北美大陆的高山区。目前对这类冰川研究较多，下面所讲的运动、消融等，一般多指山岳冰川。

（2）按冰川发育的水热条件和物理性质可分大陆型和海洋型两大类。大陆型冰川又称冷冰川，成冰过程以渗浸冻结成冰作用为主。特点是：①补给少，降水不超过 1000mm；②温度低，雪线附近年平均气温低于－8℃，冰温恒为负；③雪线高，比海洋型冰川可高出 1000m；④消融弱，尾端进退幅度较小；⑤运动速度缓慢，一般年运动约 30～50m，侵蚀作用较弱。我国天山、祁连山的中部和东部，昆仑山、青藏高原山地至喜马拉雅山中段北坡和西段的冰川，均属大陆型冰川。

海洋型冰川又称暖冰川，成冰过程以暖渗浸重结晶成冰作用为主。特点是：①补给充分，雪线附近年降水量在 1000mm 以上；②冰川主体（恒温层）温度较高，10m 深处的冰温接近 0℃；③运动速度快，年运动约 100m 以上；④雪线分布低，冰面消融强度大，每年可达 10m 以上，而且冰川进退变化幅度也大，故冰蚀作用明显。我国西藏东南部喜马拉雅山脉东段、念青唐古拉山脉的东段和川滇横断山脉的冰川，即属海洋型冰川。

五、冰川的物质平衡与运动

1. 冰川的物质平衡

冰川上各种相态水的收入和支出之关系，称为冰川的物质平衡。冰川水体的收入，也就是冰川的积累；冰川水体的支出，主要指其通过消融脱离冰川。冰川的积累与消融是冰川参与水循环过程的两个主要环节，冰川积累与消融的平衡状态直接反映了冰川地区的气候变化，影响着冰川的运动，更决定了冰川动态，即是处于增长（即冰川前进）、稳定、还是消减（即冰川的后退）状态。

(1) 冰川的积累与消融。冰川积累主要来自降雪；其次为周围山坡峰岭上的风吹雪和雪崩。此外，少量来自表面水汽的凝结和冻结在雪内的雨水。冰川消融主要是指在太阳辐射、暖湿气流及其他有关热源的作用下，冰川发生融化或蒸发。因此，决定冰川积累的因素是冰川区的降水量，影响冰川消融的因素是冰川区的温度，反映冰川消融量的标志是冰川径流。冰川积累的年内变化可分冷季补给型和暖季补给型两类。欧洲的阿尔卑斯山和北美洲的阿拉斯加地区，冬季多降雪，故属冷季补给型，那里冷季以积累为主，暖季以消融为主。我国多数冰川受季风和内陆夏季热对流的影响，冬季虽然温度低，但降水量很少，故冷季积累微弱，而夏季降水量可占全年的60%～80%，故我国冰川多属暖季补给型，夏季既是主要的积累期，又是主要的消融期。

冰川区内积累和消融的空间分布与海陆高度、冰川朝向、坡度等有密切的关系。同一冰川，年最大累积区分布在粒雪盆后壁的中下部，海拔较高的背阳缓坡处也较多，陡峭的山顶则很少积累。而消融强度最大的出现在冰舌末端。此外，朝阳南坡的冰川分别比东、西坡大9.4%和26.8%，北坡消融最弱。世界各地的冰川，由于其规律不一，所处地理环境不同，故消融强度也各不相同。极地冰盖每年消融水深仅20～80cm，格陵兰平均为100cm/a，中纬度地区如天山冰川冰舌最大消融水深为2m/a，阿尔卑斯冰川为3m/a，西藏阿扎冰川为8m/a，巴托拉冰川由于冰川面积大，流程长，冰舌下伸低，已伸至海拔2500m左右的干旱高温的半荒漠地区，因此年消融水深可达18.4m/a，其消融期长达315天。

(2) 冰川物质平衡。冰川年总积累与总消融的差额，也就是冰川物质平衡的差额，如果为负值，则冰川退缩和减薄，正值则冰川前进和增厚。由于降水和气温的年际变化，常导致冰川物质平衡的多年变化。

以我国资料系列最长的乌鲁木齐河源1号冰川为例，自1959～1986年的28年中，多数年份该冰川出现负平衡状态，从多年总和看，负平衡值大于正平衡值，特别是1977年以来，除1982～1983年出现弱正平衡外，其他年份均为负平衡，从而导致该冰川自1962～1980年主流线长度缩短80m，冰川面积减少0.11km^2。这主要是由于气温上升及降水减少所致。据天山气象站资料，20世纪70年代与60年代相比，年平均降水量减少7.2mm，两者是吻合的，该冰川正负平衡值的多年变化与中国西部降水的多年变化规律是相当吻合的。

(3) 冰川的前进与后退。根据物质平衡的概念，冰川的收支对比发生变化后，当收入大于支出时，冰川前进，反之，支出大于收入时，冰川后退。

一般说冰川类型不同，所处地理位置不同，冰川的进退变化也具有差异性。但就全球来看，在相同的时间尺度内，冰川对气候波动的响应趋势是基本相似的。近 20 多年来，冰川状况有着明显的改变，由 60 年代初期的强烈退缩向缓慢退缩乃至出现相当数量冰川转向前进的情况。

2. 冰川的运动

冰川是一种运动着的冰体，运动使冰川具有生命力，对冰川的生存和发展具有重要意义。当冰川物质平衡与冰川运动相协调时，冰川保持稳定，若两者关系失调，则发生冰川前进或后退。冰川冰不断地从冰川上、中部向冰川尾端运动，冰川的运动不仅把大量的冰体从积累区运送到消融区，而且对冰川各层的热量平衡有巨大的影响，是造成冰川内部的褶皱、断裂等构造变化的动力来源，冰川运动是塑造地表的重要动力。

冰川运动的主要方式有两种：一为重力流；二为挤压流。在斜坡上因冰川自重而产生的沿坡向的分力大于冰川槽对冰川的阻力时，所引起的运动称为重力流；由于冰川堆积的厚薄不同使内部所受的压力分布不均，引起的冰川运动称挤压流。大陆冰盖的运动以挤压流为主，山岳冰川中重力流与挤压流两种运动方式均有，但以重力流为主。

与河水相似，影响冰川运动的主要因素是冰量（冰舌厚度）、坡降及冰槽断面面积等。冰川的垂线和断面流速分布，也具有自中央向两侧、自表面向底部逐渐减小的特征。但是，冰川的运动速度却只有河水流速的几万分之一，且平均流速的单位只能以 cm 计，如表 13－2 所示。冰川的运动有如下特点：

表 13－2　　冰 川 运 动 速 度

类型	名称	长度/km	观测部位		运动速度/($m \cdot a^{-1}$)	观 测 时 间
海洋型冰川	阿扎冰川	20	冰舌中部	A 剖面	270	1973.7.19
				B 剖面	438	1973.7.20
			冰舌下端		8	1973.8.8～9.9
	若果冰川	14	冰舌上段		130	1959～1975
			冰舌中段		71	1974.6.26～1975.7.16
	珠西沟冰川	9.4	冰舌上段		49.2	1976.6.19～8.19
大陆型冰川	中绒布冰川	15	冰舌中段		34.7	1959.3.29～5.8
	老虎沟冰川	9.8	冰舌平均		26	1959～1961
	七一冰川	3.5	雪线		11.3	1976～1977
			冰舌中部		6.0	
			冰舌下部		2.4	

（1）冰川的规模（冰量），对运动速度影响很大，冰量充裕的、长大的冰川运动速度大于短小的冰川。

（2）海洋型冰川因物质平衡水平高，故运动速度大于同一级别的大陆型的冰川。

（3）冰川运动速度沿程变化是，自补给区向雪线方向逐渐增大，雪线附近最大，雪线向尾端因消融逐渐增强，而运动速度又逐渐减小。

冰川运动速度季节变化具有夏（暖）快冬（冷）季的特性。夏季冰舌下部冰温增高，冰体黏聚力降低，塑性增大、易于流动，而且消融水大量渗入，使底部摩擦阻力减小、导致雪线以下夏季的运动速度相对增大。天山和祁连山的冰川冰舌区，夏季运动速度一般要比冬季快50%。

地表有一些冰川，长期内在运动速度的变化上，还具时缓时快周期性变速的特点，这种现象称为冰川跃动，或冰川波动。它是冰川运动的一种特殊形式。跃动期间冰流的速度可达1～10km/a，比平静期速度要快数十倍至数百倍。例如，1953年喀喇昆仑山南坡的库西亚冰川在不到3个月内突然前进12km。冰川跃动的原因说法不一，有人认为冰川的纵剖面是不稳定的，在平静阶段，冰川补给，累积区变厚，当其下部变得很厚、而冰面变得陡峻时，冰川基部的切应力分量已达临界值，从而跃动开始。跃动一旦形成，快速流动迅速向上下传播，累积区切应力分量就逐渐减小。当其达到一定低值时，跃动结束，从而进入新的平静期。冰川跃动常引起特大洪水。在印度河上游有一条冰川，周期性地进入主谷，当它拦截河流时，形成大湖，以后湖水溃决，又形成大洪水造成灾害。

六、冰川与积雪融水对河流的补给作用

1. 冰川融水对河流的补给作用

冰川融水调节着河川径流的年际变化，使年际变化趋于均匀，成为山区河流稳定可靠的水源。据统计，每年约有564亿m^3融水补给中国西部河流，占全国河川径流量的2%，相当于黄河入海的多年平均径流量，是西北河流水资源的重要组成部分。

（1）冰川融水径流的特征。夏季高温，冰川冰和冰川表面的积雪融水汇入河道、形成冰川融水径流，故它是季节性径流，是高山寒冷地区水资源的重要组成部分。

如前已述，不同类型的冰川，由于自然环境、水热条件及冰川性质各异，故冰川融水径流的特征值也相差悬殊。以西藏地区的冰川为例，大陆型冰川的平均年径流模数为19.3L/(s·km^2)，平均年径流深为608.7mm，而海洋型冰川的平均年径流模数为99L/(s·km^2)，平均年径流深为3126.5mm，可为大陆型冰川径流的5倍。

气温和辐射平衡有明显的日变化过程，因此冰川融水径流也具有日变化的特性。日出后，水位随气温升高而逐渐增高，午后降温，水位也随之降低，夜间气温降到0℃以下，消融停止，则流量最小或断流，径流日变化过程相应于气温日变化过程略为滞后。不同类型的冰川，其冰川径流日变化的过程和幅度也不同。

不同类型的冰川其融水径流年内变化的特性也不同。大陆型冰川径流年内变化很大，分配极不均匀，消融期短，流量高度集中在夏季7、8、9三个月，基流小，冬季甚至断流。海洋型冰川径流年内变化小，分配也较均匀，消融期长，基流大，一般不断流。

冰川径流的年际变化一般较小，通常融水径流年径流变差系数C_v值比降雨径流的C_v值小，显然这与冰川地区气温的年际变化不大有关。

（2）冰川融水对河流的补给作用。冰川融水对中国西部山区河流的补给起着重要作用，尤其是西部山区的内陆河流，冰川融水量约占其河川径流量的23%。据统计，中国西部山区冰川融水补给比重在25%以上的河流约有30条以上，比重在50%以上的也有12条，其中，天山南坡的木扎提河融水比重高达81%以上。冰川融水的补给加剧了这些河流径流年内分配的不均匀性，因为中国西北部高山区，高温及多雨期同在夏季，全年融

水 80%集中在 7～8 月，而年降水也有 60%～70%集中在夏季。春旱，而夏季水量过剩，这是中国河西地区和新疆天山南北坡河流普遍存在的严重问题。

冰川作为高山固体水库，具有多年调节河川径流量的作用。在低温湿润年份，因热量不足，冰川消融减弱，积累增加，而干旱少雨年份，晴天多热量大，冰川消融释放大量融水，故中国西部山区有冰川融水的河流，多雨年水量也不大，干旱年也不缺水，缓和了丰、枯水年的水量变化。这给中国西部干旱地区农业生产稳定发展提供了有利条件。

2. 积雪融水补给对河流水情的影响

除了高山雪线以上的永久积雪带之外，季节性积雪在我国分布很广。基本上以秦岭—淮河一线为界，其北每年冬季都有比较稳定的积雪。华北地区平均积雪日数为 15～30 天，东北和新疆北部约 90d 以上（稳定积雪厚度约在 10cm 以上，其北部一般可达 20～30cm），阿尔泰山和黑龙江北部几乎可达半年左右。

影响融雪的因素有三，暖气团来临、太阳辐射和降雨。暖气团挟带大量的热量来临时，气温急剧升高，使积雪迅速融化，热空气带来的水汽遇到雪面时降温发生凝结，1g 水汽凝结时放出的热为 597Cal（1Cal＝4.1868J），能使 7.5 倍的积雪消融。一般说融雪的热量中约有 70%来源于暖气团，太阳辐射的能量可使 30%～35%的积雪融化。降雨对融雪的作用不仅在于它带来的热量，主要在于它能破坏雪的结构，引起积雪物理特性的变化，从而加速了融雪过程。

决定融雪径流峰量的因素主要有积雪量、融雪的热量和强度。前者受冬季降雪量控制，后者主要受春季暖气团控制，暖气团影响的范围一般都比较广泛而均匀。此外，流域上的积雪具有内部调蓄作用，能暂时蓄积一定数量的水，融雪水漫流汇集因受积雪阻滞影响速度也较缓慢，因此，融雪径流过程线比降雨径流过程线缓和得多。由于春汛显著受温度的影响，流量过程线与气温变化往往有相应的关系，因此融雪径流具有日变化的特性，往往每天有一个峰。

七、冰川与大气、海洋的相变转换

1. 冰川对大气的影响

辽阔的南极冰盖是一个巨大的“冷源”，在那里形成一个稳定的高压中心。与北极相比，南极的冷高压既强又稳定。北极地区由于海洋性质的影响，每年 6～8 月由高压转变为低压，气旋活动经常可达北极；而南极的高压，甚至夏季也不消失，只是其强度略有降低而已。强大的冷高压使南极地面的盛行风常保持为南风和东南风，风速离大陆中心愈远愈大，当其吹至冰面陡急的冰盖边缘时，形成强大的下降风，年平均风速可达 20m/s，以致南极地区有“风极”之称。同时稳定的冷高压使气旋很难深入南极大陆，故在南极冰盖中心部分年降水量仅约数十毫米，与撒哈拉沙漠差不多。可以设想，如果北极不是海洋而是冰盖，北半球的气候也将会严酷的多。

山岳冰川规模虽不及冰盖，但它对气候也有明显的影响。据祁连山、天山和喜马拉雅山等高山冰川的气象观测，山区降水的垂直分布除在山地中部森林带出现丰沛的降水带外，在高山冰川带还存在另一个更大的降水带，冰川气象工作者称其为第二降水带。第二降水带的产生与冰雪下垫面的作用有关，在相同高度上，冰川表面气温一般比无冰川覆盖的山地低 2℃左右，而湿度却高的多，水汽容易饱和，故有利于产生降水。此外，冰雪覆盖的山头是个冷中心，同样能形成稳定的下沉气流，它紧贴冰川表面吹向下游，形成“冰川风”。在傍晚，冰川风和山风迭加在一起，风势特强，常超过10m/s，白天则因山谷风上吹而有所减弱。冰川风带来的冷空气，能在山谷中比较闭塞的部位停滞，造成局部逆温现象，这种逆温对植物生长有很大的影响，往往导致喜欢冷湿的冷杉林在谷底生长，而在山坡上却生长着喜干热的松树林和一些阔叶林。

2. 冰川与海洋的相变转换

地球上气候转冷的时候，冰川的规模就大，大量的水从海洋转移到冰川上储存起来，导致海面降低。气候转暖时，冰川退缩，大量的冰川融水又通过河流注入大海，导致海面抬升。例如，20世纪上半叶，全球气候变暖，从1900～1950年海面上升了6.1cm，相当于440km^{3}的水量从陆地转移到海洋中去；50年代以后，全球气候又有变冷的趋势，冰川前进扩大，这就会使海面逐渐下降。由于冰川进退所引起的海平面变化，甚至高差可达200m左右。第四纪以来由于冰期、间冰期的交替，世界洋面就这样反复地上升和下降，改变着地球上的海、陆的轮廓，例如，欧洲北部斯堪的纳维亚半岛，第四纪时是冰川作用的中心之一，自最后一次冰期结束后的近一万年内，由于上伏的大陆古冰盖的消退，地壳一直在抬升，波罗的海面积不断缩小，波的尼亚湾是原冰盖的中心，冰期时下沉最多，所以现在上升最剧烈，约每百年抬升90cm，芬兰南部每百年抬升60cm。古冰盖的边缘——瑞典南部，则每百年仅上升10cm，人们预言，由冰川引起的均衡运动完全恢复时，波的尼亚湾将不复存在，欧洲的瑞典、芬兰将连成一片，丹麦附近的陆地将与斯堪的纳维亚半岛连接在一起，波罗的海将成为一个封闭的湖泊。

第三节 湿 地 水 文

一、湿地研究概述

湿地也称为沼泽，被誉为“地球之肾”，湿地是地球上具有多种独特功能的生态系统，它不仅为人类提供大量食物、原料和水资源，而且在维持生态平衡、保持生物多样性和珍稀物种资源以及涵养水源、蓄洪防旱、降解污染、调节气候、补充地下水、控制土壤侵蚀等方面均起到重要作用。

19世纪是湿地科学创立期，俄国于1901年在爱沙尼亚建立了第一个沼泽实验室，1915年出版了《沼泽和泥炭地及其发育和结构》和《沼泽表生学分类尝试》两部奠基作。这一时期，欧洲则对沼泽物质来源、湿地成因、沼泽类型、沼泽演变与分布规律及开发利用进行了较为系统的研究，创立了湿地科学基本理论的雏形。

20世纪初，德国沼泽学家维别尔等学者深入研究了全欧洲典型沼泽地的发生发展过程，发现了各地沼泽演化中连续变化的相似性，提出了沼泽统一发育过程学说的理论。20世纪40年代，前苏联开始了湿地分类研究，并取得了较快的进展，发表了《苏联和西欧的沼泽类型及其地理分布》一书，该书成为世界上第一部比较系统的沼泽湿地专著，它的出版是湿地研究进入早期阶段的标志。这一时期，随着科学技术的发展，湿地研究取得了很大的进步，基本形成了一门独立的学科。

1971年在伊朗的拉姆塞尔镇通过了《关于特别是作为水禽栖息地的国际重要湿地公

约》(简称《湿地公约》)。1982年，在印度召开了第一届国际湿地研讨会，标志着世界湿地的研究进入了崭新的阶段。1986年W.J.Mitsch和J.G.Gosselink合著的《湿地》一书对世界湿地研究产生了很大影响。被公认是对湿地研究最全面、最系统的专著。

1992年7月31日我国正式加入《湿地公约》，并将中国湿地保护与合理利用列入《中国21世纪议程》和《中国生物多样性保护行动计划》优先发展领域，表明了我国对湿地保护与合理利用的充分重视。

1996年9月在澳大利亚召开了主题为“湿地的未来”的第五届国际湿地会议，主要议题是讨论如何增强湿地效益，防止和解决湿地丧失、功能衰退、生物多样性减少等问题及保护与重建湿地的策略和措施。大会的召开说明了湿地的恢复与重建已成为世界各国科学家普遍关注的热点。湿地的生态恢复是针对湿地生态的退化而言，湿地生态退化是指湿地生态过程及功能的削弱或失衡，包括湿地面积变化、湿地水文条件改变、湿地水质改变、湿地资源的非持续利用及外来物种的入侵等多种情况。

二、湿地的定义

由于湿地和水域、陆地之间没有明显边界，加上不同学科对湿地的研究重点不同，造成湿地的定义一直存在分歧。湿地(wetland)这一概念，在狭义上一般被认为是陆地与水域之间的过渡地带；在广义上则被定义为“包括沼泽、滩涂、低潮时水深不超过6m的浅海区、河流、湖泊、水库、稻田等”。《国际湿地公约》对湿地的定义是广义定义，这一定义包含狭义湿地的区域，有利于将狭义湿地及附近的水体、陆地形成一个整体，便于保护和管理。湿地的研究活动则往往采用狭义定义。美国鱼类和野生生物保护机构于1979年在“美国的湿地深水栖息地的分类”一文中，重新给湿地作定义为：陆地和水域的交汇处，水位接近或处于地表面，或有浅层积水，至少有一至几个以下特征：

(1) 至少周期性地以水生植物为植物优势种。

(2) 底层土主要是湿土。

(3) 在每年的生长季节，底层有时被水淹没。

定义还指湖泊与湿地以低水位时水深2m处为界，按照这个湿地定义，世界湿地可以分成20多个类型，这个定义目前被许多国家的湿地研究者接受。

按照广义定义湿地覆盖地球表面仅有6%，却为地球上20%的已知物种提供了生存环境，具有不可替代的生态功能，因此享有“地球之肾”的美誉。中国湿地面积占世界湿地的10%，位居亚洲第1位，世界第4位。在中国境内，从寒温带到热带、从沿海到内陆、从平原到高原山区都有湿地分布，一个地区内常常有多种湿地类型，一种湿地类型又常常分布于多个地区。中国1992年加入《湿地公约》，国家林业局专门成立了“湿地公约履约办公室”，负责推动湿地保护和执行工作。截至2009年11月，列入国际重要湿地名录的湿地已达37处。其实中国独特的湿地何止37处，许多湿地因为养在深闺无人识，至今仍无人问津。

三、湿地的功能

湿地的水文条件是湿地属性的决定性因素。水的来源(如降水、地下水、潮汐、河流、湖泊等)、水深、水流方式以及淹水的持续期和频率决定了湿地的多样性。水对湿地土壤的发育有深刻的影响。湿地可分为滨海湿地、河口湿地、河流湿地、湖泊湿地、沼泽湿地、人工湿地等类型。湿地是陆地上富有生命力的水体，在全球生态系统中起着特殊的作用，它具有以下主要功能。

(1) 湿地具有水资源功能。湿地可以涵养水源，其调节径流的能力与水库相同。大型湿地是天然的巨型水库，汛期存储过量的降雨，枯季再平缓地把径流释放出来，提高了可利用水资源量。

(2) 湿地具有调蓄洪水、减少洪灾的功能。湿地是洪水的天然调节器，可以削减洪峰，延缓洪水。鄱阳湖是我国第一大淡水湖，面积 2933km^2，从东、南、西三面接纳赣江、抚河、鄱江、信江、修水，再从北经湖口入长江。五大水系的洪水经过鄱阳湖调蓄后，一般削减洪峰15%～30%，极大地减轻了长江的压力。

(3) 湿地具有净化水质的环境功能。缓慢的水流有助于沉积物下降，也有利于与沉积物结合在一起的有毒物的储存和转化。许多湿地植物能有效地吸收水流中的有机营养物、无机营养物、有毒污染物和悬浮物，能极大地净化水质。

(4) 湿地具有保护生物多样性的功能。湿地是众多珍稀濒危物种的栖息地和繁衍的场所，在保护生物多样性方面有其他生态系统不可替代的作用；其生物多样性十分丰富，被人们称为“生物基因库”。

(5) 湿地具有巨大的经济功能。湿地生态系统由于特殊的水、光、热、营养物质等条件使其成为地球上最富有生产力的生态系统之一，为人类生产、生活提供多种资源。据美国科学家研究，每公顷湿地生态系统每年创造的价值达 4000～14000 美元，分别是热带雨林、农田生态系统的 2～7 倍和 45～160 倍。

(6) 湿地具有调节气候的功能。湿地是世界上最重要的温室气体排放源，对全球气候变化有重要影响。

四、湿地的水文过程研究

湿地发育于水、陆环境的过渡地带，水文过程在湿地的形成、发育、演替直至消亡的全过程中都起着直接而重要的作用。水文过程通过调节湿地植被、营养动力学和碳通量之间的相互作用而影响着湿地地形的发育和演化，改变并决定了湿地下垫面性质及特定的生态系统响应。同时，湿地的植被群落特征、地貌、下垫面性质和地质背景影响着湿地的水文过程。如在能量低的地方，沉积物和有机质的沉积影响着水文。黏土颗粒沉积于湿地的底层会使湿地的下垫面渗透性变差。同样地，有机质的积累会改变湿地的储水能力。湿地的植被通过拦蓄沉积物、给地表水遮荫、蒸腾作用调节着湿地的水文过程功能。另外，气候变化和人类活动等都以不同方式影响着湿地的水文系统和生态功能。研究湿地水文在流域水资源管理、生物多样性保护以及全球气候变化等方面有极其重要的意义。

1. 湿地与大气界面水文过程

植被对降水的再分配和蒸散作用是湿地水分和能量在土壤—植被—大气界面交换的主要途径。土壤—植被—大气界面水文过程直接制约着与湿地的生态系统结构密切相关的地表水深度和量，是影响湿地水量平衡的一个重要环节。

(1) 湿地对降水的再分配。湿地植被类型和分布影响着湿地的降水形式和时空分配特征，调控着湿地的水分和营养平衡。湿地上空的降水在植被影响下分成净降水、径流和植被截留蒸（散）发 3 部分。植被冠层截留的蒸（散）发量一般占总降水量的 10%～35%，是湿地水分损失的一个重要途径。已经有越来越多的学者将截留蒸发和植被蒸腾作用区分加以研究。

（2）湿地的蒸散作用。蒸散作用是湿地水分和热量输出的一个重要途径，尤其在干旱地区，蒸散作用是湿地水分消耗的主要方式。理论上，蒸散量不应超过潜在的开阔水体的蒸发量，但是许多研究结果表明在常年积水湿地中，水生植物的蒸散量大于开阔水体的蒸发量，即作物因子大于1。Boyd发现水生植被的作物因子在1.17～1.58之间，Typhalatifolia认为可达2.5。由于湿地植被生长速率的变化，作物因子也呈现季节性变化。另外，导热率相对较低的非维管束植被苔藓的蒸发效率比潜在的蒸发效率要低得多。以苔藓覆盖为主的沼泽的净热辐射量和蒸发量与几乎没有植被覆盖的沼泽一样，后者有明显的毛细水供应。

（3）湿地蒸散量的测量和估算模型。测渗仪、蒸发皿和地下水水位的昼夜波动是测量实际蒸散量（AET）的常用方法。在长期积水的环境，测渗仪可以区分蒸发和入渗及地下水排泄造成的地表水位波动。但是在间歇性积水的湿地，因为潮汐作用造成水位天天波动或地下水排泄是蒸散的重要水源，测渗仪的用处就不大了。用测渗仪测量弗吉尼亚盐沼的蒸散量与开阔水体的蒸发量并没有明显差别，但是在淡水潮汐湿地的平行研究中，蒸散量明显比开阔水体蒸发量大。其差别主要是由于淡水测渗仪的植被叶面积指数（LAI）更大。用蒸发皿和作物因子测实际蒸散量的方法缺点很多：测量费时费力，文献中关于湿地植被的作物因子数据不多，湿地植被的作物因子在时间上变化大。根据地下水水位昼夜波动法一般只适用于淡水湿地，而不适用于潮汐湿地。测量实际蒸散量的方法还有涡动相关法等。

估算湿地蒸发蒸腾量的模型主要有Penman模型（Penman开阔水体/潜在蒸发方程）、PM模型（Pennmn－Monteith潜在蒸散方程）、PT模型（Priestly－Taylor蒸散方程）。William使用PM和PT模型研究了美国俄勒冈Klamath盆地的以灯心草为优势植被的湿地的蒸散作用，发现这两个模型都较好地适用于被研究湿地的潜热通量的计算。当$\alpha=1.0$时（α为PT模型系数，α=实际蒸散量/平衡蒸散量），过高估计了潜热通量的PT模型，表明了PT模型并不适用于湿地植被的整个生长期。用PM或PT模型对湿地为期138天的蒸散作用观测表明，蒸散作用是该湿地的最大水量净损失。用PM模型计算的蒸散量是降水量加地表水储存变化量的64%，而用PT模型计算的蒸散量是降水量加地表水储存变化量的55%。South等报道了当$\alpha=1.0$时，密执根湖南端附近湿地植物处于生长中期的潜热通量。Lafleur等报道了当$\alpha=0.97$时加拿大Manitoba极地湿地的潜热通量。Brutsaert在总结了几处陆地湿地的研究工作后指出，当湿地的水供应不受严格限制的时候，潜热通量可以用来准确地估计平均蒸散作用。Souch等用涡动相关法测量了美国印第安那州两个湿地的蒸散量，并将该结果与PT、Penman和PM模型进行比较，发现在无常驻水时用非常小的表面阻力，在有常驻水时用零表面阻力，PM模型计算可得到非常好的结果。模型还被成功地应用于其他各类湿地，包括浅水沼泽、泥炭沼泽和盐碱沼泽。

但上述模型的缺点是所需测定参数繁多，结果误差也较大。Salvador等考虑大植物在气候变化下的生理反应，通过直接测量和检测刺激蒸腾作用的主要气候变量，计算了水分在不同植被蒸腾作用中的损失。该方法参数少，简单可行，仅考虑了太阳辐射、相对湿度和大气温度3个主要气候变量和叶片密度和植被覆盖率数据，结果相关性良好，适用于湿地水文管理。

2. 湿地地表径流及与地下水流的联系

（1）湿地明渠流和湿地片流。明渠流和流过浓密植被的片流是湿地主要的地表径流形式。在沟渠、植被相对较少，水流方向循着主要的泥沼河道方向，而且明渠流的速度比片流的速度要快。而片流的方向和速度由多个因素控制，即地形坡度、水深、植被类型、植被密度、土壤基底的厚度、和沟渠的距离、降水、蒸散作用等，故片流水文过程的模拟和计算相对复杂。结合连续性方程和动量方程，考虑降水、下渗率和蒸发率等因素，则得到湿地片流沿主方向的二维扩散方程：

$$\frac{\partial q_x}{\partial x}+\frac{\partial q_y}{\partial y}=-\frac{\partial h}{\partial t}+(R-I-ET-W) \tag{13-14}$$

$$S_{fx}=\frac{\partial h}{\partial x},S_{fy}=\frac{\partial h}{\partial y} \tag{13-15}$$

式中：h 为水头；S_{fx}、S_{fy} 分别为 x、y 方向的摩擦坡度；q_x、q_y 分别为 x、y 方向的片流通量；R 为降水率；I 为入渗速率；ET 为蒸发速率；W 为其他水源或汇水的流速。

如果考虑了植被、水深和粗糙度等因素，则特定方向的片流流量为

$$q=Kh^{\beta}S_f^{\alpha} \tag{13-16}$$

式中：α、β 分别为水头系数，其中 β 为植被和水深的函数；K 为渗透系数，为粗糙度系数 n 的倒数。

在大量季节性水流输入时，湿地和高地之间的水文联系常以地表径流为主。不同季节，湿地对降水径流输入的响应差别很大。当水位超过湿地洼地储水能力时，泥炭沼泽对湿地春季径流的响应非常迅速。在较干旱期，湿地成为孤立的集水小区而相对径流响应较慢。Devito 等发现了类似的结果，在加拿大、南部地盾的源头针叶林湿地对径流的缓冲能力小。在早季，北方森林流域的湿地土壤水分的亏损对随后的春汛径流具有大幅度的缓冲作用。

（2）湿地地下水与地表水流之间的水文联系。季节性积水的湿地或多或少都依赖于地下水，地下水和地表水存在明显的相互补给关系，尤其是地下水对湿地具有重要的顶托作用，因此地下水位的变化明显影响着这一类湿地的生态系统。但是，对于泥炭沼泽湿地来说，由于有机质高的阳离子交换能力、强烈的生物作用和土壤结构特征，地下水的水文过程就变得复杂多了。关于泥炭沼泽是否存在垂直方向的水力联系一直没有定论。以前的许多研究认为泥炭沼泽中的垂向水力联系是不明显的。Ingram 在分析高位泥炭沼泽时认为只存在横向水流，但是他认识到了地下水排泄补给泥炭地系统的潜在重要性。尽管 Gafni 等测到了明显的垂向水力梯度，他们认为在深层泥炭中的水流可以忽略不计。在 New found land 泥炭地的示踪法试验结果表明：大多数的水流是在活性层运动。

Siegel 构建了一个地下水流模型来评价 Glacial Lake Agassiz 泥炭地的水文，过程指出与穹隆状泥炭沼泽藓丘共生的水位脊可以使垂向水流穿过泥炭层。泥炭柱的垂向水力梯度和化学特征支持了在泥炭地中存在垂向水流的观点。流向泥炭地系统的区域地下水流和响应气候变化的孔隙水的临时释放可以被视为驱使泥炭地垂向水流运动的附加机制。碳的

同位素数据也证明了泥炭地中垂向水流的重要性。Wise 等指出，在湿地从上到下通常是从纤维土到半分解纤维土再到腐烂生物质土，水导率也依次降低。Wise 等对佛罗里达一季节性淹没的沼泽湿地—含水层相互作用（WAIT）实验研究表明，该湿地与含水层之间存在明显的水力联系。

Reeve 等通过改变局部和区域的地形变量和泥炭下垫面的土壤的渗透性，用数值模型模拟泥炭地水文过程。结果表明，泥炭沼泽是否存在垂向水力联系取决于沼泽的水文背景。当泥炭覆盖于低渗透性的沉积物之上时，横向水流是主要的。横向水流并不是因为惰性层的低渗透性，而是由于泥炭和下伏矿物质土的水导率的差异。当泥炭覆盖于高渗透性的沉积物之上时，穹隆状泥炭沼泽藓丘就发育垂向水流。

3. 外来压力对湿地水文的影响和湿地水文综合模型

（1）气候变化对湿地水文的影响。控制湿地发育和演化的降水和蒸散作用之间平衡的脆弱性决定了湿地对气候变化的脆弱性。加拿大中心气候模型 GCM1（Canadian Center Climate Model）和英国 HADCM2 模型（Hadley Center Model）的预测结果都表明，在21 世纪年均降水量的变化将显著地改变湿地水文和水生生态系统。Burket 认为相对较小的降水、蒸发及蒸腾变化只要改变地表水或地下水位几厘米就可足以让湿地萎缩或扩展，或者将湿地转变为旱地，或从一种类型转变到另一种类型。在 Luisiana、马里兰、墨西哥海湾和中大西洋海岸的沿海湿地丧失的部分原因就是因为海平面的上升。海平面的上升将通过生物因子和非生物因子等改变海草和盐碱水淹没的植被的群落。如海平面的上升能够削减根生植物可利用的光量，造成因为耐盐性不同的植被之间的竞争，改变整个湿地所处区域的水文体系。在永冻层地区，气候的变化对苔原、沼泽等湿地的水文有重大的影响。永冻层的融化会导致土壤移动、地形滑塌或沉陷、河流和湖泊沉积物负荷加大以及湿地地表和地下水系统的大规模的变化。在高山地区，如降水不增加，不断上升的气温预示着覆雪的时间和范围都将减少，并导致湿地结构和功能的改变。即使气温少许上升，都可能破坏高山“遗迹”植被和一些动物物种，因为它们很少有机会迁移到其他地方。在河流流域、湖泊边缘及其他一些低洼地带的湿地对降水和地下水的微妙变化很敏感，如果气温上升而降水减少或保持不变，则大多数的淡水湿地将干涸、面积缩小和转化成高地。另一方面，一些河岸、湖泊边缘湿地会随着降水量增加而扩展。

（2）人类活动对湿地水文的影响。土地利用明显地影响着湿地水文系统和整个湿地生态系统。任何改变降雪积累和春季径流的土地利用都会对草原湿地的水量平衡产生重要影响。Euliss 等发现草地湿地比开垦地湿地的水位波动小，意味着在极端降水下，开垦地的地表径流比草地湿地要大。Christie 等发现在草地长期覆盖下的土壤比附近开垦地下的土壤要干燥得多。De Jong 等在总结草原湿地水文后指出，草地和灌木覆盖下的土壤在冬季和早春时的水分的净下渗量为 5～100mm，而休闲耕地的净下渗量几乎为零。

泥炭开采是人类破坏湿地生态系统的另一个主要方面。人类开采后的泥炭地生态被废弃后很难恢复到原来的泥炭沼泽生态功能，因为泥炭开采改变了重建某些植被所必需的物理、水文条件。泥炭地的排干和开采降低了水位、剥离了鲜活分解程度低的地表层，剩余的泥炭则孔隙结构均一，容积密度高、持水能力高，使泥炭地上部层位调节径流和蒸散的能力以及通过收缩和膨胀来适应气候变化的能力逐渐丧失，最终后果是大幅度的水位波动和高的水面张力导致了沼泽植被生长环境的恶化。

流域水资源的开发利用也影响着湿地水文过程。Thompson 等对非洲 Hadejia－JAma′are 流域的数值模拟表明，在该流域的所有水资源开发计划的执行将会对洪泛区湿地和下游地区产生严重的后果。农业水灌溉将会消耗掉大量原来湿地所必需的水量。河流水流的衰减会导致雨季的泛滥，并使湿地的生产力锐减。

（3）湿地水文综合模型。到目前为止，大多数湿地水文模型是地表水文模型和地下水文模型单独开发的。最简单的湿地地表水文模型是记录降水、蒸散、河流的入流和出流计算湿地的水量平衡，这些模型通常视湿地为储水体，最大缺点是没有考虑下垫面土壤层，不能充分描述以地下水输入和输出为主的湿地的地下水的特征，不能预测如淹水等重要的空间分布参数。目前的大多数地下水模型也只是将湿地作为模型的普通水头边界节点，如 FLAT－WOODS 模型（森林湿地日水文循环模型）。该模型将包气带一维非饱和流子模型和水位以下的两维饱和流子模型相结合，但由于其大的空间尺度和模型结构，描述地下水和地表水之间相互作用有限。再如，Merritt 的模型尽管模拟了瞬时地下水流和湿地的片流，但是该模型没有考虑总的水文预算，如湿地明渠流等。

综合模拟湿地水文过程的模型还非常少，主要有 WETLANDS（多维水流和溶质迁移数值模型），J－MODFLOW（Jorge－MODFLOW 湿地模型）和 MIKE SHE（丹麦水利研究所（DHI）在欧洲系统水文模型（SHE）基础上开发的综合水文模型。WETLANDS 属多维水流和溶质迁移数值模型，将蒸发作用和多种植被的根区相结合，描述淹水区的季节性动态水位变化和地表水和土壤水、地下水之间的水文动力学联系。J－MODFLOW 是将 MODFLOW 与近似扩散波路径方程相耦合，将植被和土壤作为同一层，模拟浓密植被三维片流和湿地水文周期、地下水流、沟渠流、水的分流、降水和蒸发以及湿地含水层与明渠流之间的相互作用，可用于多种场合，特别适合模拟浓密植被片流和沟渠流，还可模拟土地利用造成的影响。MIKE SHE 模型则是迄今最为完整的湿地水文模型。该模型与 GIS 技术耦合，能模拟包括降水截流、蒸发，地表片流和沟渠流，未饱和带、饱和带、融雪、含水层与河流之间的水力联系，大孔隙流在内的所有主要的水文过程。模型的最大优点是能模拟几乎所有水文变量在时间和空间上的动态分布规律，即能完整地描述流域内任一时间的任何水文变量的空间分布。而且，还可以模拟土地利用和植被对湿地水文的影响，因而特别适用于权衡各种利益之下的湿地水文的可持续管理。

第四节　森　林　水　文

森林植被包括乔木、灌木、草本植物、凋落物层及根系层，是一个多层次的复合体，它具有重要的生态服务功能，如净化环境、保持水土、涵养水源，尤其是能够减防洪水的水文功能是一个不争的事实。森林水文效应是指森林覆盖对径流、蒸发、降水等水循环要素，及河流水情、地下水、水质、泥沙等水文现象的影响。

一、森林对降水的影响

1. 森林对大气降水的影响

森林枝叶繁茂，根系发达，能够吸收深层土壤水分供树木生理蒸腾消耗，致使林区近地空气层中的湿度较大，而森林蒸散水分需要消耗较多的热量，因而也使林地气温降低，形成林地上空的低温高湿的气候特征，容易产生一股湿润的冷气团，造成气流下沉，气压增加，促使水汽的凝结而形成雾，有利于形成水平降水。林木枝叶的表面积较大，能捕获较多的雾气量和露、霜、雾凇等。

成熟的林木一般高达十几米，森林的存在增加了地面的粗糙度，使近地面的水平气流受阻而上升，当气流由平坦的田野通过林区时也会产生涡动，气流的这种抬升和涡动有利于云的形成和降水。

森林对区域大气降水的影响，目前仍没有取得一致的认识。一种观点认为森林改变了当地的下垫面状况，即增加了地面的粗糙度，也增加了空气中的水汽量，从而改变了近地表层的小气候特征，因此可以增加该地区的降雨量。此外，森林还可影响水平降水，即增加凝结水。苏联学者尤金·布德科的研究表明，在前苏联欧洲部分，森林可增加降水量5%～10%，而在干旱半干旱地区对降水的影响则很小。在印度南部平原地区，造林后可增加大气降雨量12%。我国有学者研究表明，森林能使降雨量增加2%～5%，如果把森林增加的大气凝结水估算在内，则森林能提高降水量大约在10%左右。另据苏联的一项研究报道，有了森林一般可增加年降水量1%～10%。

另一种观点认为，森林对降雨的影响作用甚微，或者说森林不能增加降雨量。例如，我国著名水文地理学家黄秉维认为，有了水才能有森林，森林不能使林区及附近地区增加降雨量。还有人认为，森林增加降雨的观点是来源于观测误差，由于林区风力较非林区小，其测定的降雨值会偏高。

综合国内外研究成果及不同的学术观点，一般认为森林有增雨的效果，大约在3%～5%，但不会超过10%，并且这种增雨效果多为当地水汽所致，以水平增雨现象为主，森林对动力因子致雨的影响，其作用也不大。

2. 森林对降水的截留作用

在有林地区，由于林冠和枯枝落叶层的存在，对大气降水起到截留作用。当降水通过林冠时，将降雨量分为3部分，即树干茎流、林冠截留及林下穿透雨，而林下穿透雨又被枯枝落叶拦蓄后才能到达土壤表面。

树干茎流是指降水通过植被枝干或茎部而进入地表的部分，它以点的形式补给土壤部分水分和养分以供植物生长需要。每次降水事件中，每棵树形成的茎流大小与冠层投影面积和树皮的粗糙度等相关。茎流沿树干到达地面后以树干为中心迅速扩散入渗，补给茎干周围的土壤，其水量可以达到降水量的10多倍，造成了降水在湿地内部空间的高度不均匀分布。

林地上枯枝落叶层也能截留一定的降水量。枯枝落叶的截留能力与树种及枯枝落叶层的厚度有关，一般可持水10mm，最大持水量一般不超过20～30mm，枯枝落叶层的截留能力由其自身重量的%表示。川西高山区林下枯枝落叶层每公顷干重约40t，其最大持水量为600%，即截留能力相当于24mm。祁连山的苔藓云杉林，其枯枝落叶层的最大持水量为44mm，圆柏林仅不足3mm，苔藓灌木云杉林则为20.6mm，故不同条件下枯枝落叶的持水量相差甚大。

由于林冠及枯枝落叶层的截留作用，减少了直接到达地面的降水量，也削减了雨滴对土壤表层的溅击强度，避免了土壤板结，从而增大了下渗率。同时森林在土壤中大量根系的发育，对土壤有良好的改良作用，可以增加土壤的有机质、团粒结构及非毛管孔隙率，因而林地比非林地有较高的渗蓄能力，一般以稳渗率表示土壤的下渗能力。据中国科学院地理所的试验，林地稳渗率为黄土耕地的 2.4～2.9 倍，为疏草地的 1.6～1.8 倍。

通常约有 20%左右的年降水量为林冠所截留。林冠截留量主要与林木组成、林龄、郁闭度、前期降雨、雨强、降雨历时等有关。林冠截留的雨量最终消耗于蒸发。表 13-3 为我国一些地区森林最大截留量的实测资料。

表 13-3　　我国一些地区森林最大截留量实测资料　　单位：mm

森林种类	橡树	松树	杉树	幼松	苹果树	洋槐	油松	白杨
最大截留量	20	17	20	15	23	21	20	16
说明	四川凯江郁闭度49%	四川凯江郁闭度49%	湖南肖溪山郁闭度90%	黑龙江宾县	河北易县	河北易县	河北易县	河北易县

为了计算次降雨的截留量，可以引进水文学中“流域蓄水容量面积分配曲线”的概念，建立林冠截留降雨的定量关系：

当 $P<H$ 时　　$$I=\alpha W\left[1-\left(1-\frac{P}{H}\right)^{\beta+1}\right] \tag{13-17}$$

当 $P\geqslant H$ 时　　$$I=\alpha W \tag{13-18}$$

式中：I 为林冠截留量（即吸附量），mm；P 为降雨量，mm；W 为截留容量，是指当降雨量很大时，林冠层达到的饱和吸附量，mm；H 为林冠最厚密处，如树干处的截留量，mm；α 为林分的郁闭度（以小数计）；β 为反映林冠层分布特性的参数。

参数 W、H 及 β 三者之间有如下关系：$H=W(\beta+1)$，只要通过实测资料确定了其中两个，就可得出第 3 个。式（13-17）、式（13-18）是指被枝叶吸附的水量，如果考虑雨期的蒸发损失，则可以在式（13-17）、式（13-18）的基础上再增加一项蒸发量。即

当 $P<H$ 时　　$$I=\alpha W\left[1-\left(1-\frac{P}{H}\right)^{\beta+1}\right]+et \tag{13-19}$$

当 $P\geqslant H$ 时　　$$I=\alpha W+et \tag{13-20}$$

式中：e 为雨期蒸发强度，mm /h；t 为降雨历时，h。

以上公式中，没有仔细考虑雨强、风速等气象条件的影响，它们只能是反映林冠截留降雨量的平均情况，如果用来反映林冠的截留能力是比较合适的。

如果不计微量的树干茎流，大气降雨量扣除林冠截留量后，就是林下的净雨量 P'，即

当 $P<H$ 时　　$$P'=P-\alpha W\left[1-\left(1-\frac{P}{H}\right)^{\beta+1}\right] \tag{13-21}$$

当 $P\geqslant H$ 时　　$$P'=P-\alpha W \tag{13-22}$$

如果考虑雨期蒸发时，则

当 $P<H$ 时　　$$P'=P-\alpha W\left[1-\left(1-\frac{P}{H}\right)^{\beta+1}\right]-et \tag{13-23}$$

当 $P \geqslant H$ 时 $$P' = P - \alpha W - et \tag{13-24}$$

式中：各符号意义同上。

二、森林的蒸散发

林地蒸散发是植被截留蒸发、植物散发和土壤蒸发的总和。由于森林吸收更多的辐射能，加之根系埋深可达1.5～3m，给植物散发提供了更多的水分，故林地总覆盖中，植物散发量占比重最大。有人统计，每公顷森林每天要从地下吸收70～100t水，这些水大部分通过茂密的枝叶蒸腾到大气中去，植物蒸散量大于海水蒸发量的50%，大于土壤蒸发的20%。由于林中遮蔽、气温低、湿度大、风速小、紊动扩散受限制，加之林地土壤有枯枝落叶覆盖，土壤疏松，非毛管性孔隙多，阻滞了土壤水分向大气散发，故林内土壤直接蒸发所占比重最小，它小于同自然条件下无林地土壤的直接蒸发量，一般只相当无林地的2/5～4/5。

对于树木蒸腾的测量，可以采用测量树干的茎流量、测量叶片气孔中的水汽扩散速度或者整棵树木的水分消耗来推算，这方面有基于热传导原理的茎流仪、基于气孔水汽阻力的气孔计、基于称重法的蒸渗仪，通过这些测量可以得到单株树木的蒸腾速率，但用来计算森林群落或流域的总蒸腾量则要进一步考虑。

测量森林群落或流域的蒸散发量，传统的方式是采用流域水量平衡法，即在已经测到流域降水量 P、径流总量 R 和流域蓄水量变化 ΔW 的情况下，由水量平衡原理确定流域蒸散发总量：

$$E = P - R - \Delta W \tag{13-25}$$

对于短时段，ΔW 可能较大而且难以测量，因此式（13-25）难以应用。但是对于较长的时段，尤其是在一个水文周期中（例如水文年的始末），ΔW 比较小，可以忽略不计，则只要具有比较可靠的降水和河川径流观测资料，蒸散发总量就可以得到，这种方法常用于对比检验其他方法的测定结果。

另一种推算林地蒸散发的方法是基于气象学方法。采用自动气象站观测影响蒸发的气象环境要素，测定森林冠层覆盖特征和气孔阻力，即可运用Penman-Monteith修正式估算流域蒸散。

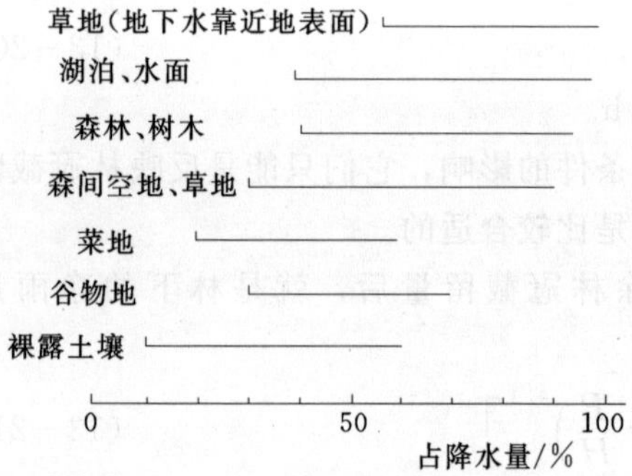

图13-7 各种下垫面条件下蒸散发量的比较

王正非等综合了一系列研究成果后，得出了如图13-7所示的一般性结论：除了湖泊、水面及沼泽地以外，有林地区比其他类型下垫面的蒸散发量要大得多。

三、森林对径流的影响

1. 森林对径流量的影响

20世纪60年代，鉴于对森林生态系统进行全面而系统研究的需要，以流域比对法研究森林生态系统对流域产水量的影响成为主流。美国在20世纪80年代就按照区域森林类型制定了旨在增加流域年产水量的森林经营指南。从各国研究来看，森林变化对流域产流的影响结果大相径庭。苏联Moiseev认为森林对小流域年产流量无明显影响，中等流域的森林覆盖率对年产水量影响显著，森林覆盖率每增加10%，河川径流量约递增19mm/a。英国的研究则认为森林植被可以减少产水量。Ruprecht等在澳大利亚的研究表明皆伐和择伐均会导致林地地下水位的上升和径流深的逐年增加。日本和德国的研究也表明森林采伐增加径流。苏联学者И.В. 伊万诺夫根据在苏联欧洲中部地带212个集水区的水文资料，结合森林植被分析认为森林植被率接近50%～60%时，河流径流量减少的最多。

通过室内模拟实验的方法，对有林地与无林地的地表径流进行对比实验分析，结果表明森林能够减少径流量、调节径流过程分配的初步结论。

森林对地下水的影响与地质、地貌、地下水位等各因素有关。一般认为森林山区下渗水量对地下水补给有利，降水的50%～80%可以渗入地下。林地树木根系发达，深入土层较厚，土壤动物种类繁多，森林植被对土壤具有疏松和改良作用，可以增加土壤的有机质含量、团粒结构及毛管孔隙率。因此，森林土壤孔隙多，毛细作用强，所以林地土壤的持水性较强。天然林的持水性好于人工林，成熟林好于中幼林。

根据对成熟林分土壤持水性的观测，一亩林地至少比一般无林地多蓄20m^3的水，假如有五万亩林地，所含蓄的水量就相当于一座100万m^3的小型水库。增加的土壤蓄水量主要是田间含水量，雨后消耗于蒸散发。森林植被增加土壤的持水量，可以减少净雨量，故人们又称森林为“绿色水库”。

2. 森林对汇流的影响

森林植被具有减小洪峰流量、延长洪水过程的调节作用。在林区，一方面地面净雨在汇流过程中，由于枯枝落叶层的阻碍，增加了地表水流的运动阻力，地表净雨在向河道汇集时，运动速度要比无林地慢。另一方面，由于在林地大大增加了地下净雨的比重，而地下净雨在多孔岩土中运动将是更缓慢的，一般是按照地下水运动规律向河道汇流。一场暴雨产生的地下径流，往往要经过数日，甚至数月才能从地下流到流域的出口断面。汇流速度的减小，必将使洪水涨落呈现出缓变的特点。

中科院地理所经过研究得出黄土高原地区无林、少林及多林情况下的地表径流汇流曲线，比较明显地揭示了森林植被对汇流的影响。单位线的峰值：

$$Q_m = q_F F^x \tag{13-26}$$

式中：q_F为时段1h、净雨为1mm的洪峰流量，m^3/s；F为流域面积，km^2；x为经验指数。根据3种不同下垫面情况，单位线峰值的经验公式为

黄土高原区 $$Q_m = 0.75F^{0.76} \tag{13-27}$$

高原沟壑区 $$Q_m = 0.235F^{0.76} \tag{13-28}$$

黄土森林区 $$Q_m = 0.095F^{0.76} \tag{13-29}$$

3. 森林对洪水的影响研究

湖南省在浏阳县宝盖洞径流实验站进行过观测，一个为有林的牛寨沟，面积为0.96km^2，另一个为无林的芭蕉冲沟，面积为1.22 km^2。对6次降雨的观测结果见表13-4所示。从表13-4中可以看出，森林对暴雨洪水均有一定的削减作用。据1960年7月25日一次降雨量为85.9mm的暴雨洪水实测资料分析，林地相当于提供了占洪水总量19.1%的滞洪库容。如果按此推算，降雨量在100mm以上时，11万亩（相当于73.3

km^2）的良好森林流域，约相当于一个防洪库容为 100 万 m^3 的水库。

表 13-4　湖南浏阳宝盖洞实验站有林与无林集水沟的洪水对比

测次	降雨量 /mm	芭蕉冲无林沟		牛寨有林区沟		洪峰模数削减率 /%	洪水量削减率 /%
		洪峰流量 /($m^3 \cdot s^{-1}$)	洪峰模数 /($m^3/s^{-1} \cdot km^{-2}$)	洪峰流量 /($m^3 \cdot s^{-1}$)	洪峰模数 /($m^3/s^{-1} \cdot km^{-2}$)		
1	35.5	0.155	0.135	0.063	0.063	52.0	56.3
2	46.1	0.292	0.254	0.164	0.169	33.5	60.7
3	26.3	0.140	0.122	0.095	0.098	19.7	3.6
4	14.0	0.066	0.057	0.022	0.023	59.7	76.1
5	17.2	0.066	0.057	0.026	0.027	52.6	28.6
6	38.4	0.184	0.160	0.108	0.111	30.6	16.7

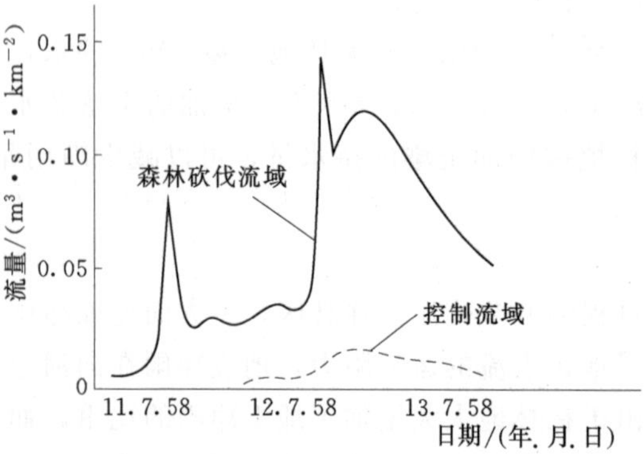

图 13-8　森林砍伐前、后洪水过程的比较

美国田纳西流域的实验资料表明，当森林覆盖率为 66%时，可削减洪峰流量 5%～27%，覆盖率为 98.4%时，可削减洪峰流量 70%～80%。大面积的毁林会使宝贵的水资源成为水患。图 13-8 为美国西弗吉尼亚州 Auegheny 山区流域的试验结果，同一场暴雨，对比森林砍伐前、后的洪水过程，后者比前者的峰值流量大 6 倍多。在我国东北地区，在森林面积为 500～1000km^2 的中小流域上，森林对洪峰流量的削减可达 80%～83%，个别可达 90%。

刘昌明等人研究认为，在黄河中游黄土高原地区，森林拦蓄洪水的作用，首先表现出对洪量的减少。据该地区有林和无林、大小不同流域的汛期平均产流量计算，在林区每年的洪量不超过 1000 m^3/km^2（相当于 1mm 的水深），把森林的蓄洪量视为下渗损失和森林截留综合作用的结果。其次，林区比非林区的洪峰流量模数小数十倍，小流域上甚至小百倍以上；森林流域汇流单位线的峰值比一般裸露区小 90%以上；洪水历时延长 2～6 倍以上，而且随流域面积的增加而增加；林区的涨洪历时比非林区滞后 3～15 倍。

据四川省 1981 年的洪水调查资料，在不同森林覆盖率的流域，洪水特征值相差较大。如涪江与沱江流域的降水量相近，涪江流域的森林覆盖度为 12.3%，沱江流域为 5.4%，而涪江较沱江的洪峰减小 30%，沱江的径流系数为 0.60，涪江为 0.47。

岷江上游的原始森林，经过上世纪 50 年代到 70 年代的乱采滥伐，到了 70 年代末森林覆盖率平均下降了 10%～15%。导致该流域的洪量增加了 38.3%，枯水径流减少了 10.8%，丰枯比由 6.68 增加到 7.72，岷江支流杂谷脑河由 7.6 增加到 8.24，黑水河由 8.04 增加到 9.79，致使该地区对洪水的调节作用大大削弱。另外，大面积采伐森林的结果，还显著地改变了岷江各支流地表径流与地下径流的比重，即地表径流与地下径流由原来的 7：3 变为 8：2。

中国科学院综考队在金沙江四级支流设置过 2 个对比小流域，面积分别为 1.15 和 0.8km^2，1984 年的同一场降雨，实测到无林小流域的洪峰流量模数为有林小流域的 2.5 倍。

美国卡罗来纳山区科韦达地方实验室的一项试验表明，采伐茂密的阔叶林并转换为农田和牧地，在集水面积为 9.31hm^2 的小流域上，发生了一场雨量为 41.9mm、强度为 1.693mm/min 的降雨后，洪峰流量模数为 11.27$m^3/s\cdot km^2$，而在采伐前同样大小的暴雨形成的洪峰从未超过 1.53 $m^3/s\cdot km^2$，而且采伐后洪峰出现时间也由原来的 35min 缩短到 15min。

在辽宁省抚顺五龙林场两个毗邻小流域的对比观测后，也得出了类似的结果。两个小流域都发育在同一山坡，其中，有林流域为 6.1hm^2，平均坡度为 28%（约 16°），形状系数为 1.17，园度率为 0.73，森林覆盖率为 100%，郁闭度为 0.84，以落叶松为主，伴有少量阔叶树，为 25～30 年生的人工林。无林流域为皆伐迹地，面积 6.0 hm^2，平均坡度为 25.1%（约 14°），形状系数 1.25，园度率 0.64，原为 25～30 年生的落叶松，皆伐后仍长有草本植物和灌木。从两个小流域特征看到，由于土壤条件相同，所以具有很强的可比性。在 3 年中（1994～1996 年）观测到 11 次较大降雨径流过程，结果见表 13－5。从表可以看到，对雨量超过 100mm 的大暴雨，有林流域比无林流域的洪峰流量偏小 20%～40%，对 100mm 以下的暴雨，有林流域比无林流域的洪峰流量偏小 40%～90%，分析洪水过程发现，有林流域比无林流域的洪水历时长 2～10h。

表 13－5　　辽宁抚顺五龙林场两个小流域洪峰对比观测结果

洪　号	雨　量 /mm	有林沟洪峰 /($10^{-3}\cdot m^3\cdot s^{-1}$)	无林沟洪峰 /($10^{-3}\cdot m^3\cdot s^{-1}$)	有林沟比无林沟减少 /%
9401	184.7	53.0	83.0	36.1
9501	54.4	0.8	10.0	92.0
9502	45.0	7.1	13.5	47.4
9503	29.0	1.1	3.1	66.7
9504	107.4	13.6	19.4	29.9
9505	94.5	10.1	20.6	51.0
9506	356.1	162.0	251.03	35.5
9507	65.8	15.8	20.7	23.7
9508	64.8	19.1	30.1	36.5
9601	169.0	212.0	272.0	22.1
9602	60.5	17.0	32.0	46.9

根据辽宁浑河上游红河流域的森林植被变化，通过建立降雨径流模型进行分析表明，森林植被条件好时，土壤渗透能力强，稳定下渗率大，地下径流比重大，森林植被对涵养水源、调节洪水的效果是明显的。

森林植被抵抗洪水的能力与森林类型、森林覆盖率、林分年龄、林相结构、森林蓄积量等因子有关。据研究，在诸多森林植被因子中，森林蓄积量最能反映出综合的防洪抗灾能力，当平均每亩林木蓄积量在 3.5m^3 左右时，可称为良好的森林植被，具有较强的抗灾能力；平均每亩蓄积量在 2.0m^3 左右时，可称为中等的森林植被，抗灾能力中等；每亩平均蓄积量在 1.0m^3 以下时，可称为稀疏的森林植被，抗灾能力也较差。

关于森林调节洪水的最佳覆被率及在流域上的分布问题，目前在我国开展的研究不多，苏联曾进行过较多探讨。A. A. 莫尔恰诺夫认为流域森林覆盖率为 30%～40%时，对洪水的调节功能最强；A. И. 伏伊柯夫认为，最大减少河流洪水量的森林覆被度约为 50%～60%。从以上可以看出，森林调节洪水的功能并不是 100%覆被率。森林在流域对洪水的最佳分布，一般认为分布在上部比分布在下部好，最不利的森林分布则是位于流域的下部或沿水系（河网）分布。

四、森林对河流泥沙的影响

河川径流中，或多或少都含有一定的泥沙量，河流泥沙俗称为固体径流。河流泥沙含量的多少，一是与暴雨量和暴雨强度有关，暴雨量和暴雨强度越大，洪水泥沙量也大；二是与流域的下垫面条件有关，如土壤性质及植被状况，植被条件好，洪水泥沙就少，植被条件差，洪水泥沙就多。影响暴雨洪水泥沙含量最主要的因素是森林植被的优劣，我国南方各流域，植被条件较好，河流泥沙较少，如长江宜昌站年输沙量为 4 亿 t，流域侵蚀模数为 445t/km^2；北方植被条件较差，河流泥沙较多，如黄河陕县站年输沙量为 17 亿 t，流域侵蚀模数为 2275t/km^2；两者相差 4 倍之多。黄河泥沙含量的平均值为 30kg/m^3，发生暴雨洪水时可达 575kg/m^3，大约相当于增加 20%的洪水量和洪峰流量。由此可见，流域的森林植被越差，暴雨洪水中的泥沙含量越多，就越增加暴雨洪量和洪峰流量，也就越加强了洪水的破坏力和防洪的难度。

在湿润地区，长江上游的岷江自上世纪 50 年代以来，由于大量采伐森林以及毁林开荒，岷江上游流域的森林覆盖率下降了约 20%，河流含沙量增加了约 3 倍。例如支流渔子溪上世纪的 60 年代较 50 年代的年输沙量增加了 2.7 倍。岷江正河在 50 年代的年平均含沙量为 0.15～0.26kg/m^3，到了 70 年代年平均含沙量达到 0.51～0.72kg/m^3，相差 3 倍左右。

在干旱地区，也有类似的研究结果。据甘肃西峰水土保持实验站进行了有林与无林小流域观测对比：王家河森林小流域面积为 47.08km^2，森林覆盖度为 90%，而相邻的党家川无林小流域面积为 45.70km^2。1962 年汛期的 7～10 月三次洪水的降雨量分别为 28.6mm、56.9mm 和 119.6mm，王家河流域径流的平均含沙量为 0.08kg/m^3，侵蚀模数为 0.12t/km^2，而党家川径流平均含沙量为 71.4kg/m^3，侵蚀模数为 127.0t/km^2。有林小流域比无林小流域减少泥沙 98.9%。

由以上实例可以看出，森林植被与洪水泥沙量的定量关系呈现负相关性。

五、滥伐森林的后果

历史上森林覆盖面积曾占陆地面积的 2/3，达 76 亿 hm^2，随着人口剧增，毁林垦荒，砍柴获薪，森林被大量砍伐。目前森林资源正以惊人的速度大量减少，每年达 1800 万 m^3，至 1962 年林地已减少至 55 亿 hm^2，而 1975 年更缩小为 26 亿 hm^2。我国海南岛原为森林之岛，建国初期林地占全岛面积的 23%，1979 年覆盖率只有 7%了，平均每年毁林

31万亩，比世界热带雨林损失的平均速度快3倍。

大面积毁林会使宝贵的水源变成水患。美国西弗吉尼亚州 Auegheny 山流域对比一场夏季暴雨后森林砍伐后的流量过程线与控制的流量过程线，前者比后者峰量增大6倍之多，径流总量也有十分明显的增加，同时，由于森林每年能从土壤中吸取50cm水深的水分，则森林的砍伐会使地下水位上升，减少地下水的调节能力，从而加剧了洪水灾害。丹麦森林试验站的研究结果表明，森林砍伐前地下水有明显的季节变化，夏季由于植物根系大量吸水，地下水有明显的下降，森林砍伐后季节变化趋势完全消失，终年保持较高的水位。

森林在未经砍伐前，一般河流的输沙量很低，砍伐后流域输沙量大增。如美国一个 $10km^2$ 的实验流域表明，森林砍伐前全流域悬沙产沙量每年900t，砍伐后第一年增为4600t，第二年为18000t。还有的实验表明，森林砍伐中的管理情况对含沙量也有影响。不砍伐的最大含沙量为15ppm（百万分之十五），有计划砍伐的为25ppm，乱砍伐的则达56000ppm。由此可见，毁林的后果会引起严重的水土流失，并导致水旱灾害频繁发生。

总之，森林通过调节径流、涵养水源、保持水土、改良水质以改善人类的生态环境的显著作用，已越来越引起人们的普遍重视，森林水文效应的研究对开发营造森林，对环境质量的控制与改善均有重要的实际意义和理论意义。

第五节 城 市 水 文

城市水文效应是指城市化所及地区内，水文过程的变化及其对城市环境的影响。

城市化的主要指标是：城市人口密度的增加，城镇建筑密度的增大，工、商企业高度密集的发展。其中人口密度增大是首要的，大量人口涌向城市，要求住房、交通、工商企业相应发展，则建筑面积迅速扩大。

城市化是促使自然环境变化的最强大的因素之一，城市化的过程，增进了人类社会与周围环境之间的相互作用过程。城市化除带来气候变化外，其水文效应主要反映在雨洪变化、水资源需要量增长及水质污染3个方面。

一、城市化对水文过程的影响

1. 城市化对降水的影响

城市兴建和发展后，城市气候和下垫面条件均发生明显的变化。由于城市人口、建筑及工业的高度密集，城市气候的热岛效应、凝结核效应（烟、尘增多），及高层建筑障碍效应的影响，城市地区雨岛效应也明显反映出来。

造成城市热岛的原因主要如下。

(1) 人为热源。

(2) 建筑材料的热容性。

(3) 建筑结构峡谷形式增加接受辐射的面积。

(4) 大气污染增强了吸收太阳辐射能力。

城市热岛现象会对水汽蒸发、空气对流产生明显影响，从而影响到降雨特性。

城区工厂生产，交通运输，人们日常活动使得城市上空大气中尘埃比天然情况下高出几倍至几千倍，使得城市空气污染加重，为城区降水提供了更多的凝结核。城市化尤其使对流层气象活动增加，引起局部区域降水增大，见表 13-6。通常城市的降雨量较四周的郊区农村约增加 5%～17%，汛期的雷暴雨量也增多 10%～40%。

表 13-6 城市与郊区水文要素比较

要素	与郊区比	要素	与郊区比
凝结核	多 10 倍	云量	多 5%～10%
微粒	多 10 倍	雾	多 30%～100%
日照	少 5%～15%	温度	0.5°～3°
降水总量	多 5%～15%	相对湿度	小 6%
降水日数	多 10%	风速	小 20%～30%
雷暴	多 10%～15%	无风日	多 5%～20%

2. 城市化对径流的影响

由于城市的发展，大面积的天然植被和耕地为街道、工厂、住宅等建筑物代替，下垫面的滞水性、渗透性、热力状况均发生明显的变化，对径流的影响体现在以下几个方面。

(1) 大规模建造房屋，铺砌道路，使下垫面不透水性大大增加，其结果是下渗量和蒸发量减少，而地表径流和径流总量增加，洪峰流量加大。

(2) 城市排水系统管网化，使暴雨径流尽快地就近排入水体，使洪水汇流速度增加，洪量更为集中。

(3) 对城市汇水河道整治与改建，整治后的特点是河道直线化，断面规则化，呈梯形或矩形，边坡用砖石衬砌。增加了河道输水能力，使洪量集中。

(4) 侵占天然河道洪水滩地，减小了洪水滩地储洪容量和泄洪能力，使城市遭遇大洪水时，河道调蓄能力减弱，洪水浸溢积聚城市地面而形成积水。

(5) 设立各种类型的控制性闸坝，进行人工调节，影响城市径流过程。

(6) 来自城市外的引水和城市本身污水排放，造成径流水量和水质的变化。

在城市，径流系数与地面不透水性有很大关系，地面不透水性越强，则径流系数越大。表 13-7 列出了几种指定下垫面条件下的径流系数。

表 13-7 各种地表覆盖的径流系数表

地表覆盖种类	径流系数	地表覆盖种类	径流系数
各种屋面、混凝土和沥青路面	0.90	干砌砖石和碎石路面	0.40
大块石铺砌路面、沥青表面处理碎石路面	0.60	非铺砌土地面	0.30
配碎石路面	0.45	绿地和草地	0.15

据 Espey 等 1967 年的研究表明：城市化后单位线洪峰流量近似于城市化前的 3 倍，涨峰历时缩短 1/3，并指出通常暴雨径流的洪峰流量可为城市化前的 2～4 倍，这取决于河道整治情况、不透水面积的比重、河道植被及排水设施等。城市化后由于河道漫滩被占用，过水断面减小，故洪水频率也随之增加。有人估算百年一遇的洪水出现几率可增加 6

倍。此外，由于雨期下渗量减小，使含水层的水量减少，从而导致河流枯季的基流也相应减小。因此，城市化后年径流总量虽有增加，但增加的幅度还不及一次雨洪水量那么大，一般说如果不包括城市需水、外引水量因素，在自然条件下，城市化后年径流量约增10%～20%，例如上海即增加20%左右。

二、城市水资源危机

近几十年来，城市迅速膨胀，大量人口涌向城市，全世界500万人口以上的城市数量不断增加，从1960年的12个增加到1980年的26个，近10年来增加速度更快。我国城市人口增长速度亦很快，1978～1988年中，有3亿农民转为城镇人口，20万人口的小型城市由1978年的92个增加到1987年的223个。这一时期建制镇就增加1000多个。全世界目前已有近50%人口居住在只占大陆面积5%的城市范围内。人口高度集中，工业迅速发展，城市需水量急剧增加，城市居民用水的消耗定额平均为农村居民的5～8倍，而且随着生活方式、卫生要求和经济条件的改变，居民需水量还要成倍增长，城市新兴的工业对水质、水量要求更高更多，因此城市需水的增长比人口增长还要迅速。例如上海市在1949～1980年间，城市人口增加1倍多，用水量增长了约7倍。城市的需水量普遍大大超过当地水源的供水能力。因此城市化的迅猛发展带来了严重的城市水荒，即城市水资源危机。

城市本身不能够产生水，而且需要大量消费水甚至污染水。任何一个城市仅靠本地天然径流或地下径流量，是根本无法满足供水需求的，例如上海市，本地天然径流量仅为18.6亿m^3，而1980年（丰水年）需水80.52亿m^3（中水年和枯水年则分别为89.07和104.07亿m^3），故必须引用黄浦江和长江等外来水。据1991年我国对434个城市调查，包括已经引用外来水后仍严重缺水的城市有40个，约占10%，一般缺水的为188个，约占43%。沿海14个开放城市中，有8个城市缺水，约占57%以上。

城市供水日益紧张，原来的地表水源和供水设施不能适应发展的要求，许多城市超量开采地下水，使地下水资源日趋枯竭，这不仅加深了水资源危机，甚至造成地面沉降的危害，建筑物毁坏和地下管道破裂，沿海城市还会导致咸水倒灌的恶果。北京市近年来由于超采地下水，地下水位每年下降1m，严重的地区地下水位已下降30m。天津已形成以市区为中心的下降漏斗，最低水位已达负63m，造成地面普遍下沉，严重地段已下沉2.4m。上海1921～1956年全市地面平均下沉1.76m，最大下沉量达2.63m，1967年采取回灌措施后虽趋于稳定，但目前每年仍有数毫米的下沉量。目前不少城市为了解决城市供水危机，不得不采取远距离调水的途径，如美国洛杉矶市自150英里以外的科罗拉多河引水；纽约甚至从阿帕拉契山地引水。我国的“引滦入津”，“引黄济青”，上海市的黄浦江上游引水工程及上海市第二水源工程，南水北调中线方案向北京引水等措施，都属于解决城市水资源危机的可取途径。但由于城市水资源的开发利用问题比较复杂，它既受城市性质、发展规模、布局、交通运输、人口密度，邻近地区发展状况，国家政策法令的影响。同时也受到地区自然条件及邻区水资源情况的影响，因此必须合理利用，从综合的城市生态角度考虑，以免导致生态环境的恶化。

三、城市化对水质的影响

城市工业废水和生活污水向河流排放，工业废气向大气排放形成酸雨下降，使天然水体受到污染，水质明显恶化。生活污水量与工业废水量的比例，因工业化程度而异，工业化程度高的城市可达1：9，一般约在3：1～1：3之间。如果进入水体的污染物质数量超过水体的自净能力，正常的生物循环和生态平衡遭到破坏，严重危及生活和生产，使水体受到严重污染。通常在枯水季节，河川基流减少，稀释能力削弱，水质更趋恶化，高温季节，有机质被厌气细菌分解的生化过程也能引起水体黑臭。故通常在城市化水平较高的下游水体一般均受到污染。天然水体水质恶化加剧了城市水资源紧缺的危机，上海市从水资源总量看，算是丰富的，但由于日排污量达500万t以上，导致黄浦江高温季节黑臭（枯水季节又受涨潮的咸水影响），故也成为缺水城市了。防止污染的基本措施是做好污废水处理，控制污染源，不使其进入天然水体。

四、城市雨洪管理模型

在城市排水系统的规划与设计中，不但考虑正常运用条件，而且要考虑到在非常条件下，即系统内出现回水、环流和超载等各种特殊情况时，系统的运行状态，以便对排水系统进行综合评价。还需研究生活污水、生产废水，以及暴雨径流污染冲刷对城市径流和承受水体水质的影响，确切了解城市水质变化规律，为城市污水处理设施的设计和污水处理方式的规划提供合理的依据。正是为了这一目的，美国环境保护局研制了雨洪管理模型（Storm Water Management Model），简称SWMM。

SWMM把排水系统划分成地面径流子系统，地下输送子系统，污水处理子系统和承受水体子系统4部分。以计算机程序形式表达，采用FORTRAN语言。子系统可以由流域的地表、管网、处理设施、承受水体的一些特征来表达。模型水量部分的输入是时段降雨过程，经地面径流子系统和地下输送子系统的扣损与调蓄计算，可以得出排水系统各节点及出口的流量过程线。在雨水及生活污水中的水质组分是BOD、悬浮固体、溶解氧和大肠杆菌，构成所谓“污染过程线”，考虑了排水系统、污水处理厂、承受水体对污染过程线的降解、稀释、扩散等作用。

城市水文效应实际上是城市人类活动与水相关关系的重要科学问题，城市水文学的研究既涉及多种学科，又可服务于城市建设，它在理论上与城市气候效应、环境效应、社会经济效应密切相关，在欧美等发达国家，城市水文学研究已蓬勃发展，今后我国在进一步广泛建立城市试验场和观测站的基础上，这一领域的研究将得到进一步的发展。

第六节 河 口 水 文

河口是河流的终段，是河流和受水体的结合地段。受水体可能是海洋、湖泊、水库和河流等，因而河口可分为入海河口、入湖河口、入库河口和支流河口等。习惯上河流指的是入海河口，本节重点讨论该类河口。

入海河口是一个半封闭的海岸水体，与海洋自由沟通，海水在其中被陆域来水所冲淡。入海河口的许多特性影响着近海水域，且由于水体运动的连续性，测验方法和分析技术上的相似，往往把河口和其邻近海岸水体综合起来研究，因此它是海岸带的组成部分。

早在公元前5世纪，古希腊已有许多有关河口的记载。18世纪末期，出现了关于三角洲的系统论述。20世纪30年代，R.J. 拉塞尔的《密西西比三角洲》，是一本重要的著作。50年代初期，И.В. 萨莫伊洛夫写出了世界上第一本综合性的有系统理论的河口专著——《河口》。与此同时，H.M. 施托梅尔和D.W. 普里查德等在河口的盐水和淡水的混合、河口潮汐动力学等方面的研究，取得了显著的进展。1966年，A.T. 伊彭主编的《河口海岸动力学》和G.H. 劳夫主编的《河口学》，反映了60年代的河口研究水平。K.R. 戴尔在1973年著的《河口学物理导论》和C.B. 奥菲瑟在1976年著的《河口及毗邻海域的物理海洋学》，反映了70年代河口研究的水平。

中国的入海河口众多，类型复杂。古代有河口记载的文献，尤其是地方志，极其丰富。东汉的王充，早在公元1世纪就已科学地解释过钱塘江涌潮的成因。在护岸防灾方面，中国从开发海岸平原资源以来就已有工程措施，有文学记载的始于公元3世纪。1950年以来，围绕河口的开发和治理，对长江、黄河、珠江、钱塘江等大河的河口，开展了较系统的观测、调查和研究，并进行了不同规模的治理。这不仅解决了河口治理中的一些实际问题，而且对河口的拦门沙、冲刷槽、分汊潮波变形和环流等一些理论问题的研究，也取得了进展。与此同时，研究手段也在不断改进，水工模型和数学模型已被广泛应用，遥感遥测等新技术也已开始应用于河口的研究。

一、入海河口的水文特性

入海河口是指河流与海洋相结合的地段。它既包括受到海洋因素影响的河流尾闾段，也包括受到河流因素影响的滨海地区。入海河口是地表液态水的输出通道，也是海洋液态水的输入进口。在海、陆间的水循环过程中，入海河口起着重要的传递纽带作用。

根据河、海的动力条件，可以将入海河口划分为不同的区段。河流的动力是径流，海洋则是潮流、海流等，河口可视为径流与潮流相互作用的区域，其上界为潮汐影响的上限（潮差为零处）——潮区界；下界为径流在海洋中扩散的末端——水下三角洲的前缘。根据径流和潮流对比程度的差异自上而下可把河口区划分为三段，如图13-9所示。自潮区界至潮流界（涨潮流上溯的上界，也是涨潮流速为零处）为近口段；自潮流界至口门为河口段；自口门至水下三角洲前缘为口外海滨段。在近口段内由于受潮水的顶托，水位虽有周期性的升降，但流向始终指向下游，径流作用占绝对优势，故近口段的水文属性和河槽演变规律与河流基本一致。河口段是径流和潮流作用势均力敌的区段，水流呈周期性往复流，水位也有周期性的涨落变化，动力条件与河槽演变特别复杂。口外海滨段径流因素的影响逐渐削弱直至消失，潮流，波浪等海洋因素则起主要作用，水文特性及演变规律与海洋相似。

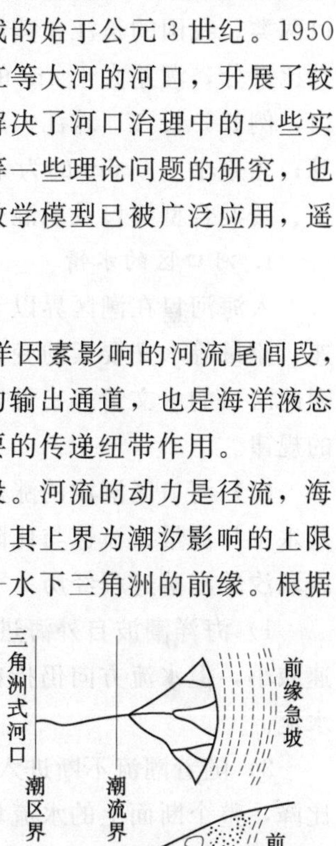

图13-9　入海河口的三个区段

径流和潮流两者相互消长，支配着河口区的水文特征，潮区界和潮流界是径流、潮流这一对矛盾相互作用的产物。由于径流有洪枯水期的变化，潮流也有大小潮之分，它们相互作用可能出现很多组合，使潮区界和潮流界的位置发生变化。以长江口为例，枯水大潮期，潮区界可抵距河口616km的安徽池州市的大通，潮流界可抵江苏的镇江附近。但洪水期，潮区界下移到距河口 400km 的芜湖，而潮流界也只达江阴以下。此外不同河流所处的地理位置不同，潮流的强弱也有很大差异，有些弱潮河口，河口区很短，上述 3 段就很难加以区分。

此外，入海河口也可根据化学性质分段：河水是淡水，海水是咸水，河口可视为盐水与淡水交汇的区域。其上界应为盐水入侵的上限，下界应为冲淡水影响所及的位置。根据咸水界的变化情况，将河口区分为河流段、过渡段和潮流段 3 个区段。以多年平均枯水大潮和多年平均洪水小潮为咸水界的上下极限。在咸水界下限以下的河段，潮流作用较强，称为潮流段；在咸水界上、下限之间的河段，径流与潮流两种力量强弱转换不定，称为过渡段；在咸水界上限以上的河段，以径流作用为主，称为河流段。

河口的分类目前尚不统一，从地貌形态看，可分为三角洲河口和喇叭形（三角港）河口两类。我国的长江，黄河，珠江等河口属前者，钱塘江等属后者。从径流和潮流强弱的对比来分，潮差大于 4m 的为强潮河口，例如，钱塘江；潮差在 2～4m 之间的为缓潮河口，例如，长江、珠江、辽河、瓯江等；潮差小于 2m 的为弱潮河口，例如，黄河，滦河等；潮差小于 0.5m 的为无潮河口，如多瑙河。从咸淡水混合来划分，可分为强混合型河口、缓混合型河口及弱混合型河口 3 类。

1. 河口区的水情

入海河口在潮区界以下均属受潮汐感应的河段，称感潮河段，而感潮河段的水位、流速、流量等水文要素的变化，不仅与河流下泄的径流有关，也与自海洋上溯的潮汐有关。因此河口的水文情势，可以由河口区潮汐水文特性来表征。它和海洋潮汐相比，有其特殊的规律。

（1）河口区潮汐的涨落过程。由于入海河口有潮汐的影响，水流呈往复周期运动，故其水位与流量、流速与比降的关系等，都不同于非感潮河段。在一个潮汐的周期内，河口区潮汐的涨落过程经历 4 个阶段：

1）海洋潮波自外海进入河口之初，海水因比重较大，从河底插入，使水位壅高，流速减小，但水流方向仍指向海洋称涨潮落潮流。此时断面上可能出现上下层方向相反的水流。

2）随着潮流不断进入，水位继续上涨，以至潮流速超过河水下泄的速度，水面呈逆比降，整个断面上的水流均指向上游，称涨潮涨潮流。其间当出现潮流速与河水下泄速度相互抵消的短暂时间时，断面流速为零，称为落潮憩流。

3）当海洋水已开始落潮，河口内的水位随之下降，水面逆比降渐渐变小，原涨潮的流速逐渐减小，但仍大于下泄径流的速度，故流向依然指向上游，称落潮涨潮流。

4）河口水位继续下降，下泄径流流速增大，水面恢复正比降，流向也指向下游，称落潮落潮流。在流向转向的期间，出现短暂的时间，面流速为零，称涨潮憩流。

由于潮流受径流及河口边界条件的影响，从落潮转向涨潮，并非迅速在全断面上同时发生，而是从底部到表面，从岸边到中泓逐渐完成的。一方面是由于正常的下泄径流速度分布的影响。另一方面，海水的比重大产生的异重流楔入的现象也是原因之一。因此，在涨潮中的某些时刻，过水断面上可能出现方向相反的两层水流，如图 13-10 所示。

（2）潮流量的变化。潮水河的水流属不稳定流，流量随时发生变化，而且流向亦有顺逆的变化，水位与流量没有稳定的关系，一个潮流期（一般指两个落潮憩流之间的时段）的水位流量关系通常是不规则的环形曲线。

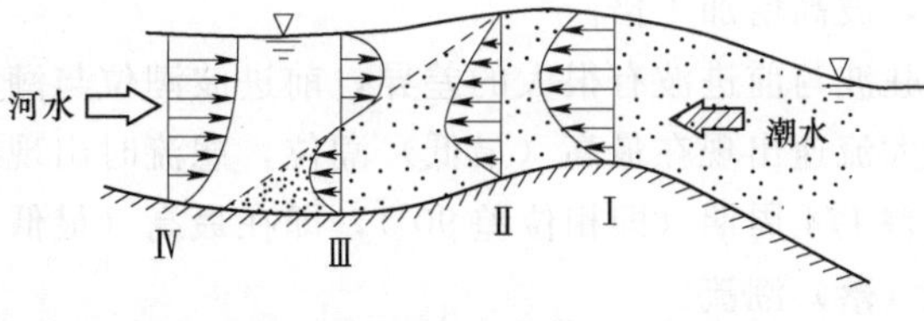

图 13-10 涨潮过程中垂线流速分布沿程变化示意图

对感潮河段的某一断面来说，任一瞬时，其流量、流速及过水断面面积三者关系仍符合 $Q=VF$ 的算式。但因三者在一个潮流期中均会发生周期性的变化，因此感潮河段的流量测验，必须测一个潮流期的全潮流量过程，一般测 25h，每小时测一次，测得一个潮流期的流量过程线，然后分别计算涨潮流输入的水量和落潮流输出的水量，由于河流总有下泄水量，故落潮总流量必大于涨潮总流量，其差值即为河流下泄的流量。

（3）河口潮波的变形。海洋潮波进入河口后，由于边界条件的变化和下泄径流的影响，潮波会发生变形。潮波变形主要表现在振幅（即潮差），潮形及水位和流速相位关系的变化 3 方面。

1）潮差的变化。潮波在向河口上溯过程中，一方面由于河床断面的收缩，产生能量集中和局部反射，产生的反射波与原前进波组成合成波，加大潮差；另一方面受摩擦阻力和径流顶阻的能量损耗，使潮差减小。两种效应的对比关系就决定了潮差的沿程变化。在断面骤然变狭的河口或海湾的近海段，潮波能量积聚甚于耗损，所以潮差具有从口门向内递增的趋势，但再向上游，能量损耗加大，故潮差又沿程减小。这种现象在钱塘江口最为明显，杭州湾口的金山历年最大潮差为 6.03m，至澉浦达 8.93m，澉浦以上潮差又逐渐减小，海宁为 7.26m，闸口为 3.57m，至汤家埠仅为 2.41m。在断面逐渐收缩的河口，潮差增大不甚显著，出现最大潮差的部位通常在口门附近或口外海滨，进口门后潮差就逐渐减小，例如，长江南支分流，潮差在口门铜沙浅滩的前缘达最大值，进口后愈向上游潮差愈小。潮差沿程递减的速度与下泄径流量成正比，故洪水期潮差沿程减小得快，枯水期则慢。

此外，潮波在传播过程中，受地球自转偏向力的作用，在北半球，使潮波振幅在垂直于传播方向上向右递增，即断面右侧的潮差大于左侧。长江口、杭州湾，均存在同一断面北岸岸潮差比南岸大的例子。

2）波形的变化。潮波是一种长波，它以 $c=\sqrt{gH}$（g 为重力加速度，H 为水深）的波速向前传播，由于水深比外海浅，潮差比外海大，波峰水深明显大于波谷水深，因此波峰线的传播速度大于波谷，潮波形状发生变形，前坡变陡，后坡趋坦，涨潮历时缩短，落潮历时延长，潮差越大，水深越小，潮波变形就越剧烈。在河形及底坡的影响下，由于波峰逐渐追及波谷，造成陡立的潮波前坡，并发生波峰破碎现象，称为涌潮。例如，钱塘江涌潮及长江北支的涌潮。

3）水位、流速相位关系的变化。河口区的河宽和水深常常是沿河不断变化的，这就会对潮波的运动产生影响，潮波是具有能量的，当向前传播的潮波推进到河道断面突然变小的地方时，一部分波能将反射回去，另一部分波能仍继续前进。当河口建闸后，在闸门关闭时，河道便处于完全封闭状态，这时潮波将完全反射回去，闸前原来的前进波变成了驻波，波高增加 1 倍。

驻波与前进波有很大的差异，前进波潮位与潮流过程的相位是一致的。即涨（落）潮时最大流速出现在最高（最低）潮位，憩流时出现在中潮位；而驻波潮位与潮流过程线的相位差 1/4 周期（即相位差 90°），即在最高（最低）潮位时出现憩流，在中潮位时出现最大涨（落）潮流。

事实上一般河口潮汐的前进波上溯过程中，虽然不会转变成驻波，但总是有部分波能被反射而导致潮汐变形，使河口区的潮位曲线与潮流曲线的相位发生一定程度的偏差。

2. 河口的盐淡水混合

入海河口是盐水与淡水交会的地方，从上游来的淡水径流下泄入海，而含盐分、密度较大的海水则随潮上溯，于是便发生盐水与淡水的混合和盐水的入侵问题。

(1) 咸淡水混合的类型。河口区中咸淡水的盐度、密度和含沙量不同，混合之后便会影响河口的动力状况和沉积情况。咸淡水混合程度可用混合指数来表示。混合指数是指涨潮期间内进入河口的淡水量与涨潮期间的潮流量的比值。根据混合指数值的大小，河口咸淡水的混合类型可以分弱混合型、缓混合型和强混合型 3 种。

1) 弱混合型。混合指数大于 0.7，即径流量比重大，淡水从上层流向海洋，而海水盐度及密度大，沿底层侵入，咸淡水分层清楚，故也称高度分层型。由于河水具有黏性，在两层界面附近流动的水体中有切变现象，界面将被推向下游直至表面产生足以对抗这个力的坡度，使下层盐水呈楔形。故这种河口也称盐水楔河口，如图 13－11 所示。盐水楔界面上下层水量交换很少，故上下层盐度差可超过 20‰，而水平方向的盐度差却很小。盐水楔的顶端附近是河口区淤积严重的地带，主要由于咸淡水相遇，流速减弱，物质沉积所致。同时盐淡水电解质不同的水体相遇，引起细粒物质絮凝也是原因之一。楔形顶上下移动的大小，主要取决于径流与潮流量的变化。但其位移的范围一般很小，美国密西西比河口西南水道，我国珠江口的磨刀门水道即属此类型。

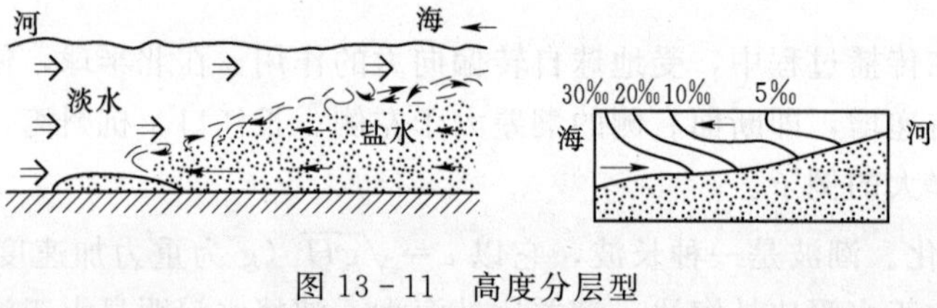

图 13－11　高度分层型

2) 缓混合型。混合指数在 0.2～0.5 之间，由于径流、潮流均较强，咸淡水间没有明显的界面，水平和垂直方向上均有密度梯度存在，底层咸水向上混合，上层淡水向下混合，表面淡水下泄，下层咸水上溯。为了维持水流的连续性，下层向陆流的水必须经过上层回到海洋，导致了从下向上的垂直方向的水流，如图 13－12 所示。底部咸水上溯的头部，有一个流速零点，称滞流点。这里是含沙量最大的地带，这里可以出现最大混浊带。河底泥沙沉积也多，容易产生浅滩，我国的长河河口基本属于此类型。

3) 强混合型。混合指数小于 0.1，潮汐作用占主导地位。咸淡水之间强烈混合，断面上的等盐度线近于垂直，盐度垂向差异一般小于 4‰，然而沿程盐度明显增加，即纵向

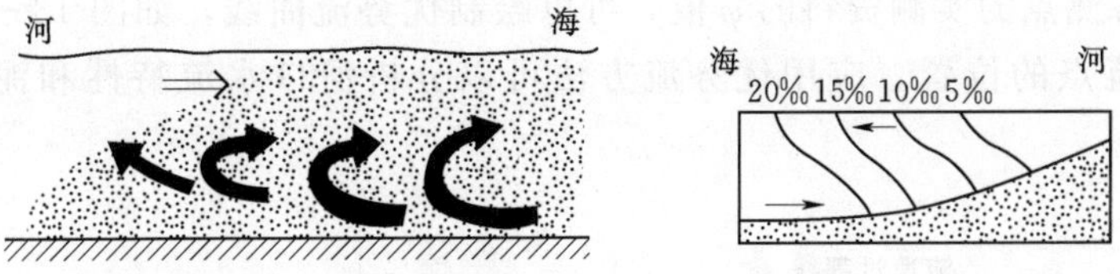

图 13-12　缓混合型

上盐度梯度明显。故这类河口也称垂直均匀混合型河口，如图 13-13 所示。在河宽较大的或三角港河口，由于地转偏向力的作用，横断面两岸边保留着盐度差；在北半球，面向海洋，涨潮流偏于左侧，落潮流偏于右侧，河口的左侧盐度较高，而右侧较低。英国的泰晤士河、我国的钱塘江河口均属此类。

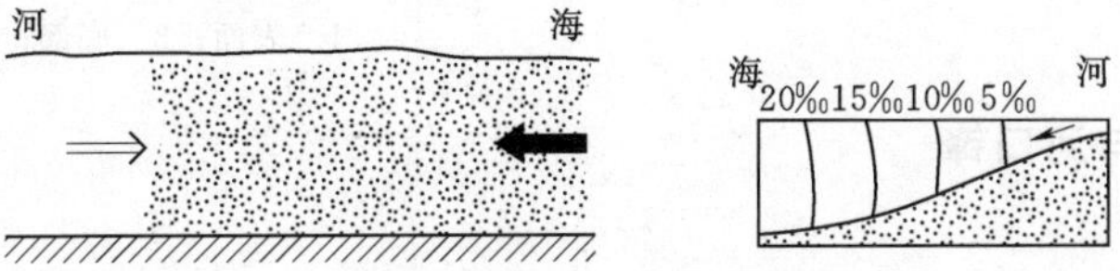

图 13-13　强混合型

应该指出，混合类型的划分是以径流、潮流对比为指标的。同一河口洪水期与枯水期，径流、潮流量对比关系不同，故河口混合属性也会转化。例如，长江口洪水小潮汛时期属于高度分层型，而平时则属于缓混合型。

(2) 咸淡水混合对河口水流的影响。在盐水入侵的范围内，因受密度梯度的影响，垂线流速分布与无潮河流有较大的差别。在涨潮流期间，密度梯度与水面坡降一致，有加大潮流流速的作用。但因底部密度梯度大而加大了底部流速，最大流速出现在底部某一深度。落潮流期间，密度梯度与水面坡度相反，有减小落潮流速的作用，因底部密度梯度大，故对底速起了阻碍作用，水流主要从表面排出，增大了表层流速。转流期间，水面坡降很小，密度梯度起控制作用，形成了表层与底层流向相反的交错流。

由于密度梯度的存在，使垂线流速的分布发生变化，从而导致河口区的水流情况发生变化。在没有密度梯度影响的河口上段，因为径流要向下排泄，在涨潮与落潮的时期内，从表层到底层水流都是净的向下游流动。在受密度梯度影响的河口下段，径流主要从表面排走，底部水流在密度梯度的影响下，总水量涨潮大于落潮，故产生了净的向上流。底部水流以上溯流为主转变为到以下泄流为主的区域，其间有个净水量为零的地点，该点即为“滞流点”。滞流点的位置随洪、枯水和大、小潮的变化而变化。

具体分析河口含盐度对水流的影响时，常引用“优势流”的概念。其计算方法是：根据河口沿程各垂线相应深度的测点流速，如表层、河底等，绘制该点的流速过程线，分别求出涨潮流落潮流曲线与时间坐标轴所包围的面积 A_F 和 A_E，如图 13-14 所示，再按下式计算参数 φ 值：

$$\varphi=\frac{A_E}{A_F+A_E}100\% \tag{13-30}$$

若 $\varphi>50\%$，则下泄流占优势；当 $\varphi<50\%$时，为上溯优势流；当 $\varphi=50\%$时，为滞流点。

根据各站各测点的实测资料的 φ 值，可以绘制优势流曲线，如图 13-15 所示，底部曲线给出了滞流点的位置。应用优势流方法可以分析河口水流特性和泥沙运动的基本规律。

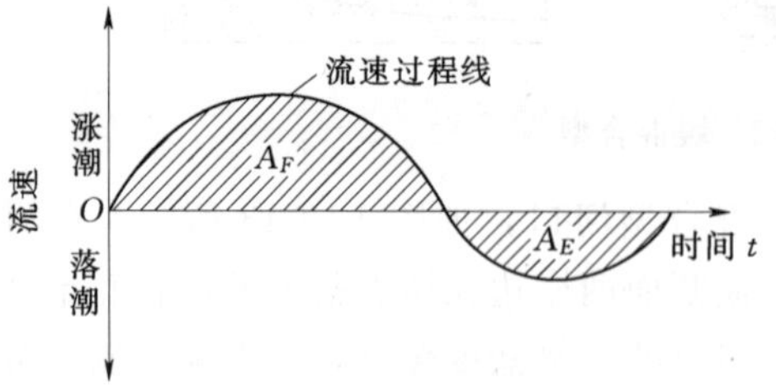

图 13-14 流速过程示意图

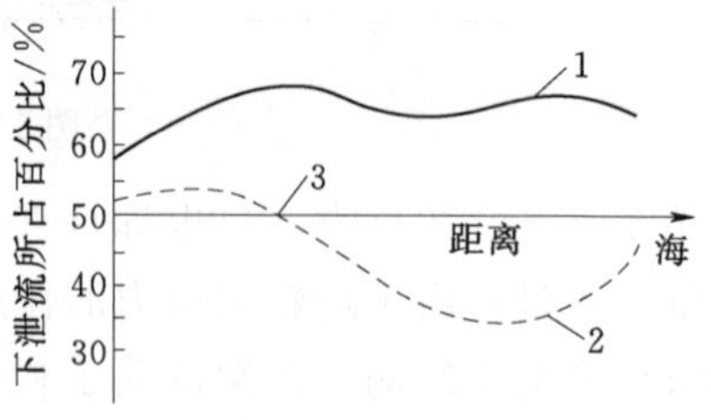

图 13-15 优势流曲线的绘制

1—表面；2—底部；3—滞留点

二、河口环流与河口锋

1. 河口环流

在河口区实测的综合流中，如果将周期性的潮流除去，则其余部分统称为余流，例如，风海流、密度流等。在河口地区由余流产生的环流，称为河口环流，它包括由咸淡水交会的密度流、风海流及岸线和河底形态变化引起的回流、涡流等。河口环流对河口地区及毗邻海域中小尺度的水体交换、悬移质的输移分布均有重要的影响。近数十年来已成为河口水文研究中的关键问题。

2. 河口锋

锋主要是指两种不同性质水团的界面。在界面附近，水体的物理性质（温度、盐度、浊度、速度、颜色等）、化学性质和生物性质的水平梯度达到最大值。河口地区水团界面形成的锋为河口锋。外海海洋锋的研究，早已引起学者们的重视，因海洋锋对天气、气候和海洋环境有很大的影响，在海上捕捞、海底管道布设及军事方面均有重要意义。河口锋是小尺度锋，它是 20 世纪 70 年代后期才开始研究的，由于沿海港口发展的需要，进展很快。河口锋类型很多，现就研究较多的羽状锋作简要介绍。河口咸淡水混合的地区，表层向海流的冲淡水常形成密度小的、上覆于周围沿海水体之上的羽状流，在这两个密度不同的水团之间的边界处就能形成羽状锋。

（1）尺度特征。由于河口的径流量及几何形态的不同，羽状锋可形成在河口，也可形成在口外海域；锋的空间和时间尺度主要取决于入海径流量的大小和变化类型。美国的密西西比河河口和哥伦比亚河河口羽状锋影响口外长度约 400km，而南美洲的亚马孙河河口由于径流特丰，故长达千余公里。羽状锋的时间尺度约为几个星期到几个月。

（2）形成机制。导致羽状锋发生的动力机制主要是浮力扩散。在淡水源连续供应的情况下，若没有来自下游水体的掺混和界面摩擦，羽状流将无限扩展，并逐渐变薄。实际上摩擦的存在会导致浮力扩散减速，使羽状锋前缘形成尖的界面。

（3）混合动力。羽状锋的混和动力与盐水楔环流的混合动力不同，在盐水楔内的掺混是向上的，而羽状锋带内表层水是向下掺混和混合的。

（4）化学性质。穿越羽状锋，常可见到不同水色，稍咸的河口水呈黄棕色，沿岸的海水呈绿色。这是由于悬浮的有机和无机颗粒物的不同而引起的。

(5) 生物性质。羽状锋具有重要的生物意义。锋域营养物质丰富，浮游生物繁盛，往往是渔场所在地。例如，在哥伦比亚河河口的羽状锋区，金枪鱼高度富集，捕获量很高。

三、河口的泥沙运动

1. 河口区泥沙的来源

河口区泥沙主要来自河流上游和外海两方面。

在河水下泄时，河水携带的大量泥沙，除了其中极细的悬沙在落潮时带出口外海滨外，大部分淤积在河口区附近，形成心滩、边滩、拦门沙等各种堆积地形。

从海洋来的泥沙，一部分是近岸带浅滩受风浪掀起后，被涨潮流带入河口区的海域泥沙；一部分是邻近河流输出的泥沙，经沿岸流和涨潮流带入的，例如，长江输出的一部分泥沙，可以绕过南汇嘴进入杭州湾。从海域带入的泥沙往往大部分又被落潮流带回海洋。

此外，有时也会从河口区河床上攫取部分泥沙，数量不多，但对河口区内局部地区的冲淤却有着很大的作用。

河口区输沙的总趋势是输向海洋。各河口的来沙组成不同，主要取决于河口径流、潮流对比及流域来沙的多寡。

2. 河口泥沙的絮凝

进入河口区的泥沙，一般颗粒很小，通常在 0.005mm 以下。对于细颗粒泥沙，除了力学作用外，化学作用是不可忽视的。细粒泥沙在淡水中发生电离现象，使颗粒带有负电，各颗粒负电荷的相互作用使其保持分散状态，呈胶体状。据有关资料，分散的细粒泥沙中，50％以上的沉降速度小于 10～4cm/s，但是水流内部紊动向上的分速可达 10～3cm/s，这些泥沙是很难在重力作用下沉降的。海水是含有电解质的液体，即海水中含有正负离子。表面带有负电荷的泥沙胶粒与海水中的离子发生离子代换，致使部分泥沙颗粒之间产生引力，颗粒相互聚合变大。当紊动垂直分速小于其沉降速度时，泥沙下沉。这种物理化学现象称絮凝作用，它如同淡豆浆（胶体）加入酱油后凝聚成豆腐花一样。泥沙的絮凝是河口泥沙的独特现象。

影响絮凝作用的主要因素是含沙浓度与含盐度；含沙浓度越大，泥沙颗粒越细，絮凝作用越强烈。水流的扰动，促使泥沙颗粒相互碰撞，也加剧絮凝。据实验资料，含盐度在 3‰～10‰时，絮凝作用最为强烈；当含盐度增大到 20‰以上后，絮凝作用就停止。絮凝体进入淡水后，还会发生絮散，重新分散为细小的单颗泥沙。

3. 河口泥沙的悬移

入海河口的各河段中，径流与潮流作用的强弱不同，而且涨落潮不断地转换着，因而部分细粒泥沙不断地经历着悬浮、落淤，再悬浮的运动，因此，河口水流的挟沙能力有着一定的变化规律。

径流的年际变化和年内变化，使河口区的含沙量也具有年内和年际变化的性质。潮流则使含沙量具有半月周期和半日周期的变化。河口区的潮流界以下，径流作用逐渐减弱，潮流作用逐渐增强。自潮流界至口门附近，含沙量的沿程变化是；季节变化逐渐不明显，大小潮和涨落潮引起的含沙量变化越趋明显。

河口水流在一个潮流周期中经历涨急、涨憩、落急、落憩等阶段，相应的含沙量过程线在一个潮流周期中也有两起两落。两个含沙量高峰分别出现在涨急落急后约1h；两次最小含沙量出现在转流之后。含沙量的变化滞后于流速的变化，其原因是河口区系细粒泥沙，其沉速小，而水流速度和方向的变化异常迅速，含沙量要适应水流的这种变化，需要一个过程。

河口的输沙能力主要取决于水动力条件，但因动力条件复杂，含沙量又受絮凝、风浪等作用的影响，故精确计算河口区输沙能力是困难的。目前尚没有一种理想的方法解决此问题。在实际工作中，多采用无潮河流的输沙概念来处理河口的输沙能力问题，其基本出发点是使涨（落）潮平均含沙量与涨（落）潮平均流速建立经验关系。考虑到潮流速度变化迅速，泥沙的掀起和沉降需要一个过程，采用“前期含沙量”作为参数，可使涨落潮平均流速与涨落潮平均含沙量的关系曲线得到一定的改进。

因为潮汐河口的流量是往复流，因此，河段的净输沙量应等于涨、落潮时，该河段总输进量和总输出量的差值。

鉴于河口区是径流和潮流的消能地带，因此，河口区的河床演变以堆积作用为主。从大量的实测资料中也发现，水流中悬浮的泥沙与河床表土的颗粒组成无显著差异，这说明组成河口的物质多为悬移质泥沙，同时也表明，河口泥沙的运动形式以悬移为主。

4. 河口最大浑浊带

细沙为主的河口区，往往是“两头清，中间浑”，即具有一个含沙浓度经常明显地高于上游河水和下游海水的高含沙量区，该区称为河口最大浑浊带。例如，长江口涨潮时，河口区上下段的含沙量一般为1～4kg/m^3，而最大浑浊带含沙量可高达40.1kg/m^3。

最大浑浊带的成因，除有足够的悬沙来源外，早期有的学者认为，主要是河口盐水楔前缘泥沙絮凝，及上下段絮散的结果。近来一些学者认为，絮凝与絮散有一定的作用，但更主要的是由于该区特殊的水动力条件造成的，即该区由净的非潮汐的重力环流形成和维持了高度浑浊的泥沙带。

浑浊带的浓度主要取决于河流与海水中悬沙的来量，其次为河口环流的强度，此外，沉降速度也起一定的作用。不同河流由于上述因素的差异，最大浑浊带的浓度也有很大差异；例如，圣劳伦斯河仅为10～40mg/L；泰晤士河为300～800mg/L，而德梅拉河可达1000～10000mg/L。

最大浑浊带的位置一般与盐度梯度区的上界相符，它亦因洪、枯径流及大小潮汛的变化而具有周期性的位移。在一个潮流周期中，盐水楔随潮位移的距离可达十几公里，甚至20km以上，最大浑浊带除了有相应的进退外，突出表现为含沙浓度的消长变化，它在全潮周期中经历着二次成长、二次衰减的过程。当底层涨落潮流速逐渐增大，潮流冲刷河槽，使落淤的泥沙再浮起，最大浑浊带成长；至涨、落急后1h许，其规模和量值达到峰值，当涨落潮流速不断减小时，部分悬沙逐渐沉降，涨落憩后，最大浑浊带明显衰减。长江口最大浑浊带的变化范围为25～46km之间，表层含沙浓度不高，仅0.1～0.7kg/m^3，底层往往高达8～10kg/m^3，其核心部分近底层含沙浓度特高，可出现0.2～1.2m厚的浮泥层运动，其含沙浓度甚至可达17～400kg/m^3。

试验研究表明，河口区最主要的沉积带是在最大浑浊带的向海侧。

第七节 河 流 泥 沙

河流泥沙是指组成河床和随水流运动的矿物、岩石固体颗粒。随水流运动的泥沙也称固体径流，它也是重要的水文现象之一。河流泥沙对于河流水情及河流的变迁有着重要的影响，防洪、航运、灌溉、发电、港口码头等水利工程的建设，都必须考虑河流泥沙问题。

河流泥沙主要是流域地表流水侵蚀作用的产物。流域地表冲蚀的泥沙数量，通常以侵蚀模数表示，即每平方公里面积上，每年侵蚀下来并汇入河流的泥沙吨数 [$t/(km^2 \cdot a)$]，河水中泥沙的多寡以含沙量表示，即单位体积浑水中所含泥沙的重量（kg/m^3）。流域的侵蚀模数和河流的含沙量主要取决于流域上暴雨集中的程度、土壤结构与组成、地表切割程度、地面坡度及植被覆盖的条件。例如，我国黄河中游的黄土高原地段，由于土质松散，多暴雨，地表切割破碎，植被覆盖又差，故侵蚀模数和河流含沙量均很高，其中无定河、延河等地区侵蚀模数可达 $10000t/(km^2 \cdot a)$ 以上，河流多年平均含沙量达 $300kg/m^3$，是全国水土流失最严重的地区。我国南方由于植被条件较好，侵蚀模数多在 $1000t/(km^2 \cdot a)$ 以下，河流含沙量一般不超过 $1kg/m^3$。

一、泥沙的水力特性

河流泥沙的运动不仅与水力条件、水流结构有关，而且也与泥沙特性有关。泥沙特性包括颗粒的大小、形状、容重及泥沙的水力特性。

泥沙颗粒在静水中下沉时，由于重力作用，开始具有一定的加速度，随着下沉速度的增加，下沉的阻力也渐渐增大，当下沉速度达某一极限值时，阻力与重力恰好相等，则泥沙以均匀速度下沉，这时泥沙的运动速度，称为泥沙的沉降速度。因为沉降速度的大小也可用来表达泥沙直径的大小，故沉降速度也称泥沙的水力粗度。沉降速度通常用符号 ω 表示，单位为 cm/s。影响天然河道泥沙沉降速度的主要因素有：泥沙颗粒直径 d，泥沙容重 r_s，水流的紊动强度等。根据泥沙颗粒在水中沉降时重力与阻力平衡的方程推算，得泥沙沉降速度的基本公式为

$$\omega=\sqrt{\frac{4}{3}\frac{(\rho_s-\rho)}{\rho}\frac{gd}{c_D}} \tag{13-31}$$

式中：ρ_s、ρ 分别为泥沙和水的密度；g 为重力加速度；c_D 为阻力系数，阻力系数与流态有关。

如处于层流状态，则

$$\omega=\frac{1}{18}\frac{(\rho_s-\rho)}{\rho}\frac{gd^2}{v} \tag{13-32}$$

式中：v 为运动黏滞系数。

如处于紊流状态，则

$$\omega=1.052\sqrt{\frac{\rho_s-\rho}{\rho}gd} \tag{13-33}$$

泥沙的沉降速度是反映泥沙水力特性的一个十分重要的指标。组成河床的泥沙，如果

其沉降速度越大，则抗冲性越强；随水运动的泥沙沉降速度越大，沉淀于河床的倾向性越大。

根据泥沙在水中的运动状态，可将其分为推移质（亦称底沙）和悬移质（亦称悬沙）两类。推移质粒径较粗，其沉降速度比垂向脉动流速要大得多，不能悬浮在水中，只能在离床面不远的范围内，在纵向水流的推动下，沿着河底跃移、滚动或滑动，故也称底沙。推移质在运动过程中能经常与组成河床的泥沙（称床沙）发生交换。悬移质粒径较小，其沉降速度比水流的垂向脉动流速小，在紊动扩散作用下，可以悬浮在水流中，也称悬沙。悬移质在运动过程中，其较粗的部分也常与推移质发生交换。总之，底沙、悬沙和床沙是可以相互转换的，同一组粒径的泥沙，在不同河段或同一河段的不同时间，可作推移运动，也可呈悬移状态下移，主要取决于流速的大小。

二、推移质运动

1. 单颗泥沙的推移运动

（1）泥沙的起动条件。在分析河槽的冲刷特性时，必须先弄清泥沙的起动条件。据观察，颗粒大的泥沙或砾石，在起动时，常常是单粒的滑动或滚动；颗粒较细的泥沙在起动时往往是成片滚动或跃动。

作用于河底泥沙颗粒的力，包括促成其起动的力和抗拒起动的力，如图 13-16 所示。促成泥沙起动的力主要有纵向水流的正面推力 P_x，泥沙上、下部不对称的绕流作用所产生的上举力 P_z，以及紊动水流的脉动压力（这种压力大小方向不变，对泥沙只施以摇撼作用），其中正面推力是最主要的，脉动压力通常忽略不计，而上举力计算时，往往也会被略去，促进起动的力是变数，取决于水流的平均速度。抗拒起动的力主要有泥沙在水中的有效重力 G，泥沙颗粒滑动时与河床的摩擦力（与摩擦系数 f 有关），泥沙颗粒之间的黏结力（如为粗粒单颗泥沙计算时，此力可略去）。颗粒给定后，抗拒起动的力就是常数了。

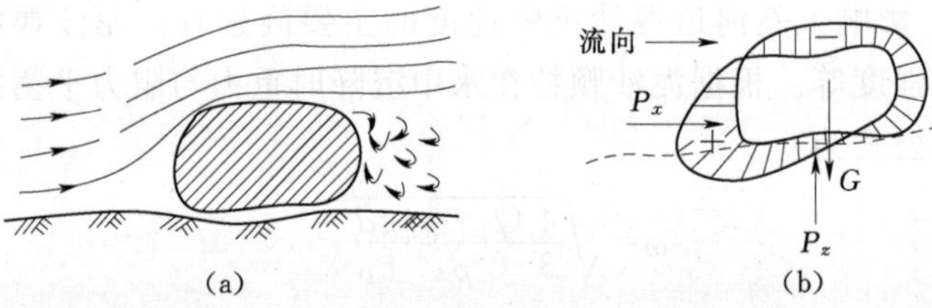

图 13-16 作用于河底沙粒的上举力和推移力

假设河床表面泥沙颗粒的形状为一个具有 d 边的立方体。正面推力 P_x 与泥沙压力面 d^2 及流速水头 $\frac{V^2}{2g}$ 成正比，即

$$P_x = rk\frac{d^2V^2}{2g} \tag{13-34}$$

式中：r 为单位体积水重；V 为作用于泥沙颗粒面上的流速；g 为重力加速度；k 为泥沙颗粒形状系数。

抗拒泥沙起动的力 W 与泥沙在水中的有效重力 G 和摩擦系数 f 成正比，即

$$W=Gf=d^3(r_s-r)f \tag{13-35}$$

式中：r_s 为泥沙的比重。

于是，泥沙在将动而又未动的临界状态下，其力的平衡方程应为

$$P=W \tag{13-36}$$

即

$$rkd^2\frac{V^2}{2g}=d^3(r_s-r)f \tag{13-37}$$

式中，没有考虑河床比降，因比降数值小，可忽略不计。整理式（13-37）得

$$d=\frac{rk}{2fg(r_s-r)}V^2 \tag{13-38}$$

令

$$A=\frac{rk}{2fg(r_s-r)} \tag{13-39}$$

则

$$d=AV^2 \tag{13-40}$$

式（13-40）表明在河床上移动的推移质的直径与水流速度的平方成正比，因为推移质的重量与直径三次方成比例，如将上式两侧立方并乘以 r_s 得

$$d^3r_s=r_s(AV^2)^3=r_sA^3V^6 \tag{13-41}$$

令

$$A'=r_sA^3 \tag{13-42}$$

则

$$d^3r_s=A'V^6 \tag{13-43}$$

上式说明推移质的重量与水流速度的六次方成正比。这就是著名的艾里定律。该定律阐明了泥沙冲刷及运动的许多现象。如果平原河流与山区河流流速之比为 1∶4，则被推移的泥沙颗粒的重量比将是 $1:4^6$，即 1∶4096。

从这个实例清楚地看出，为什么平原河流只能推移细粒泥沙，而山区河流往往可以推移巨砾。

（2）起动流速。泥沙原来在河床上是静止不动的，如果接近河底的水流速度增加到一定数值时，作用于泥沙颗粒的力开始失去平衡，泥沙便开始起动，这时的临界流速称为起动流速 V_c。泥沙的起动标志着河床冲刷的开始，即起动流速是河床不受冲刷的最大流速，又称允许流速。在河渠设计中，设计流速必须小于允许流速，故对其的研究具有重要意义。

起动流速与泥沙粒径 d，颗粒沉速 v，水深 h 等有密切关系。据实验表明，最小的起动流速发生在粒径 $d=0.2$mm 处（水深越大粒径略有增大），大于此粒径时，重力作用占主导地位，故粒径越大，起动流速越大；小于此粒径，黏结力占主导地位，故粒径越小，起动流速越大。根据作用于颗粒泥沙的正面推力、上举力及泥沙的有效重力等力学因素之间的极限平衡概念，推出泥沙起动公式的结构形式，再利用实验资料可以检验，获得公式中的各个参数，从而建立起动流速的半经验公式，由于对因素的考虑和处理的方法不同，就出现了各种不同形式的计算公式。

沙莫夫（T. N. Wl$_{aMOB}$）公式：

$$V_c=4.6h^{\frac{1}{6}}d^{\frac{1}{3}} \tag{13-44}$$

沙莫夫公式推导时，仅考虑重力，未考虑黏结力的影响，因此该式仅适用于 $d\geqslant$ 0.2mm 的粗沙。该式计算简便，广为采用。

张瑞瑾公式：

$$V_c=\left(\frac{h}{d}\right)^{0.14}\left(1.76\,\frac{r_s-r}{r}d+0.000000605\,\frac{10+h}{d^{0.72}}\right)^{\frac{1}{2}} \tag{13-45}$$

式中：h、d 分别为水深及粒径，m。

张瑞瑾公式兼顾了重力和黏结力的因素，故对粗细沙均适用。

（3）止动流速。起动流速是泥沙从静止到运动的临界值，当流速减小到某数值时，运动着的泥沙便停止在河床上不动了，此时的临界流速称为泥沙的止动流速。由于泥沙在起动时除了克服泥沙的重量外，还要克服河床的摩擦力及黏结力，而泥沙止动时没有这个阻力因素，故止动流速一般比起动流速小。泥沙颗粒越细，起动流速与止动流速的差值越大。据试验，泥沙的起动流速一般为止动流速的 1.2～1.4 倍。

（4）扬动流速。当流速超过起动流速时，河床泥沙开始滑动，流速增大，泥沙间歇性跃动，流速再增大，跃动的高度和距离随之增大。当流速增大到一定程度后，泥沙不再回到河床上，而悬浮在水中，随水流一起下移，这时的水流速度称为扬动流速，它是泥沙从推移到悬移运动的一个参数。泥沙悬浮以后，水流的脉动强度和泥沙的沉降速度就成为泥沙运动的主要力学因素了。

一般说，扬动流速应大于起动流速，但是对于细颗粒来说，却不完全如此。据试验，当 $d<0.08$mm 时，扬动流速却小于起动流速，它是由于细粒泥沙黏着在河床上，起动时所需的流速较大，起动后，因其沉降速度小，河床最小的脉动强度也可把它托浮起来，故一经起动，立即进入悬浮状态。扬动流速的经验公式为

$$V_{扬}=0.812d^{\frac{2}{5}}\omega^{\frac{1}{5}}h^{\frac{1}{5}} \tag{13-46}$$

2. 群体泥沙的推移运动

冲积河流推移质运动达到一定规模时，河床表面便逐渐形成外形与风成沙丘类似的起伏的水下沙波，称沙波运动。沙波运动是推移质群体运动的一种主要形式，也是构成河床地形的基本单位。

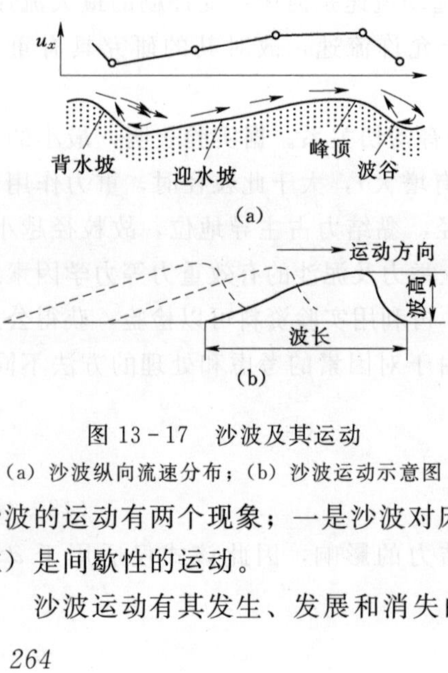

图 13-17　沙波及其运动

(a) 沙波纵向流速分布；(b) 沙波运动示意图

沙波表面的水流速度分布是不均匀的。如图 13-17（a）所示，迎水坡面流速逐渐增大，到波峰达最高值，水流越过波峰后，发生离解现象，在背水坡引起横轴环流性质的旋涡流，使谷底流速为负值。这样迎水坡为水流加速区，泥沙被推移的数量不断增加，坡面不断受冲刷，冲刷下来的泥沙越过波峰后，粗粒的跌入谷底，细粒的可随轴环流掀起，落到下一沙波迎水坡基部。因此，沙波的迎水坡不断被冲刷，背水坡不断淤积，整个沙波能大体维持固定的外形，缓慢地向下游移动，如图 13-17（b）所示。上述过程不难看出，沙波的运动有两个现象；一是沙波对床沙的分选作用；二是沙波内单颗泥沙运动（尤其粗粒）是间歇性的运动。

沙波运动有其发生、发展和消失的过程，这一过程与泥沙粒径、水深和水流速度有

关。流速小于泥沙的起动流速时，河床质不能转化为推移质，沙波不能形成；流速大于扬动流速时，河床失去推移质，沙波则消失。据长江汉口段的观测，当水位接近中水位、流速为0.88m/s时，沙波开始形成，在流速达1.4m/s时，波高达最大值，沙波充分发展，迅速下移；当水位继续上涨，流速增到1.51m/s时，由于输沙强度过大，沙峰逐渐削平，群沙层移，沙波就消失了。长江中下游沙波的规模一般是：波高0.3～0.9m，波长40～457m，沙波运动速度为3.45～52.7m/d。

沙波的消长对河流的阻力损失、水流结构及航道水深均有很大的影响。

3. 推移质输沙率

天然河道的推移质输沙能力用推移质输沙率表示。推移质输沙率是指单位时间内通过河槽单宽的推移质数量，其单位为kg/(m·s)或$m^3/(m \cdot s)$。如果上游推移质来量小于本河段推移质输沙率，就形成冲刷；反之，则发生淤积。研究输沙率的规律，就可以从水力泥沙条件来判断河槽的冲淤。

三、悬移质运动

悬移质是泥沙运动的主要方式之一。冲积平原河流所挟带的泥沙中，悬移质占绝大部分，有些山区河流，悬移质也可占很大比重。

紊动作用是泥沙悬浮的主要因素，而重力作用是泥沙不能悬移的主要因素。泥沙在悬浮过程中所遵循的运动规律，实质上即是这两种作用矛盾统一的关系。天然河道里的悬移质，常常是一部分处于下沉状态，另一部分处于上浮状态；某一瞬间上浮部分占优势，另一瞬间下沉部分占优势，全部悬沙绝对、恒定的呈悬浮状态是极少有的。

1. 悬移质的分布与变化

悬移质含沙量沿垂线的分布具有自水面向河底增加的趋势。泥沙的粒径也是近河底的较大，向上逐渐变小。这是由于河水的紊动能量由下向上逐渐减小所致。不同粒径的悬沙垂线上分布均匀性不同，颗粒越细，垂线分布越均匀，越粗则越不均匀。一般说，同一条河流，洪水期由于来自流域表面的细沙较多，故含沙量沿垂线分布较均匀；枯水期，流域来沙少，河中粗粒较多，分布就较不均匀。

悬移质含沙量在断面内的分布规律性较差，一般横向变化比垂向变化小，近主流和近局部冲刷处的含沙量一般比岸边大，顺直段、断面形状较规则处含沙量分布较均匀；弯道段，断面形状不规则处，含沙量分布往往不均匀。

含沙量沿河流纵向变化，主要决定于河段的比降、流量及河段产沙等自然条件，黄河中游流经水土流失严重的黄土高原，故中游龙门、陕县等站的含沙量比上游和下游都大。悬移质粒径沿河床分布总的趋势是向下游逐渐变小，例如，黄河悬移质泥沙的平均粒径，在龙门为0.02mm，潼关为0.019mm，陕县为0.0165mm，至泺口则为0.0105mm。

含沙量随时间的变化，主要取决于流量的大小和水流侵蚀作用的强烈程度。通常，随着流量的增加，含沙量也相对增加。但是，最大沙峰往往出现在每年初洪和最大洪峰之前，因为流域上前一年秋冬及当年春季堆积了大量风化物，被夏季初洪的流水冲进河槽，故含沙量较大，其后，虽然水量继续增大，流域来沙反尔减少。

2. 水流挟沙能力

单位水体积的饱和含沙量，称为水流挟沙能力。当上游来水中实际含沙量超过本河段水流挟沙能力时，河槽就会淤积，相反则发生冲刷，如果两者正好相适应，即处于输沙平衡状态，即河槽处于不冲不淤的稳定状态。水流挟沙能力的研究在河槽冲淤计算中是必不可少的。

影响水流挟沙能力的因素有流速、水深或水力半径、泥沙粒径或沉降速度。通过实测资料分析和整理，可以建立相应的水流挟沙能力经验公式。常用的公式如下：

（1）扎马林（E. A. 3амарИН）公式（适用于土质渠道）

$$S=0.002\frac{v}{\omega_0}\sqrt{\frac{Riv}{\omega}} \tag{13-47}$$

式中：S 为水流挟沙能力，kg/m^3；v 为断面平均流速，m/s；R 为水力半径，m；ω 为悬移质的加权平均沉降速度，m/s；ω_0 随 ω 而变，当 $\omega=0.002\sim0.008$m/s 时，$\omega_0=\omega$，当 $\omega=0.0004\sim0.002$m/s 时，$\omega_0=0.002$m/s；i 为水面比降。

（2）黄河干支流公式

$$S=1.07\frac{v^{2.26}}{R^{0.74}\omega_0^{0.77}} \tag{13-48}$$

式中：各符号意义同上。

（3）长办（长江流域规划办公室）公式

$$S=0.07\frac{v^3}{gH\omega} \tag{13-49}$$

式中：g 为重力加速度，m/s^2；H 为水深，m；其余同上。

3. 河流总输沙量

应为推移质与悬移质输沙量之总和。然而，由于推移质输沙量的实测较难，并缺乏完善的推算方法，而且推移质输沙量在总输沙量中所占比例很小（尤在平原河流中），故它往往被忽略不计。例如，长江宜昌段 1960～1964 年间年平均悬移质输沙量为 51700 万 t，而同时推移质输沙量仅 222 万 t，仅占悬移质的 0.43%。因此，除了山区河槽或水库坝上游等特定河段外，在平原河流冲淤计算中，通常多以悬移质输沙量代替总输沙量。

四、高含沙水流的群体泥沙运动

含沙量很高的河流，在汛期常出现一种特殊的高浓度输沙情况，一般当含沙量超过 $500kg/m^3$ 后，泥沙的悬浮不再是分散的单个颗粒悬移，而是组成絮凝结构体，即转化为流动的均质浆体，而进行群体运动。在黄河中游，特别是陕北地区的黄河干、支流，例如，皇甫川、窟野河、无定河等，其最大日平均含沙量分别可达 $1310kg/m^3$、$1240kg/m^3$ 及 $902kg/m^3$，这些河流汛期经常发生高含沙水流结构的群体运动。

高含沙水流的群体泥沙运动主要特点如下。

1. 运动模式

（1）以细粉砂以下的细颗粒为主的高含沙水流，随着含沙量的增大，泥沙颗粒之间很快形成结构，黏性急剧增加，颗粒在沉降过程中不因粒径不同而发生分选，而是作为一个整体，以清浑水交界面的形式缓慢下沉，其沉降速度比单颗泥沙的沉降速度可以小数百倍至上千倍，整个水流呈均质浆液状态。

（2）以细沙以上粗颗粒为主的高含沙水流，泥沙的沉降速度虽因含沙量增大而减小，但减小的程度要比前一种情况小，粗颗粒泥沙在沉降过程中存在分选，泥沙以推移、悬移的形式运动，随着含沙量的增加，紊动强度不断减弱，最后紊流转化为层流，含沙量的垂线分布变得十分均匀。由于水流的黏滞系数有显著的增加，流速转而减低，均匀分布的泥沙，在层流中运动前进，即呈层移运动。

（3）既有细颗粒物质作为骨架，又富含粗颗粒的高含沙水流，含沙量达一定程度后，细粒泥沙形成结构，和清水组成物质浆液，粗颗粒泥沙则在浆液中自由下沉，整个水流保持二相挟沙水流的特点，只不过组成液相的不是清水而是浆液。随着含沙量的继续增大，越来越多的粗颗粒参加絮凝，成为浆液的一部分，当含沙量超过某一临界值时，整个水流转化为均质浆液，物质组成越粗，临界含沙量也越大。

2. 悬移运动

二相紊流型高含沙水流的泥沙运动一般仍以悬移为主，垂线含沙量分布与一般水流遵循同一规律，随着含沙量的增加，沉降速度大大减小，故高含沙水流条件下含沙量垂线分布特别均匀，据观测，含沙量大于 900kg/ m^3 以后，垂线含沙量基本是均匀分布的，这时的水流可能正自紊流向层流过渡。

紊流中，泥沙的悬浮是水流紊动交换的结果，此时，紊动水流需要支付一部分能量来支持泥沙的悬浮，在单位时间内由此所付出的能量称为悬浮功。由于群体沉降速度因含沙量增大而减小，因而悬浮功并不总是随着含沙量的增大而增大。超过一定的含沙量后，增加泥沙并不增添水流的负担，这就是高含沙水流所以能高浓度输沙的主要原因。

3. 推移运动

二相紊流型高含沙水流中的推移运动问题，实质上也就是与清水性质不同的浆液挟带粗颗粒推移质的问题。清水与浆液体系的差别为

（1）浆液的单位容重比清水大，使前者沿流动方向的拖曳力大于后者，并使泥沙在运动中所承受的浮力也要大得多。

（2）浆液的黏性比清水大，泥沙颗粒一旦跳离床面后，其下沉速度要比在清水中为小。

（3）浆液的紊动强度比清水弱，使作用在河床表面泥沙颗粒上的有效作用力减小。但水流在河床表面阻力却有所减少。

这三重影响的综合效应将使浆液挟带推移质的能力较清水为大。据试验，细颗粒泥沙与清水组成的浆液所能推动泥沙的重量要比清水大几十倍，浆液的有效黏性系数愈大，流速愈小，这个比值也愈大。

4. 浆河现象

当含沙量超过某一极限后，在洪峰忽然退落、流速迅速减小的情况下，有时整个水流已不能保持流动状态，就地停滞不前。这种高含沙水流所造成的河槽堵塞现象，称为浆河。

浆河出现后，若上游又有大量浑水继续下行，使能量不断积蓄，则将重新转化为运动状态，有时浆河也并非全部停滞，而是具有间歇性阵流特征。如果上游没有浑水下行，则浆河也会持续下去，以致泥沙逐渐淤积密实。观测资料表明，泥沙组成越粗，出现浆河时的含沙量也越大。

5. 揭河底现象

在黄河干流龙门、渭河临潼一带，有时当通过高含沙大洪峰时，河床发生强烈的冲刷，可以看到厚达1m的成块河床淤积物被掀起露出水面，再塌落水中，或者把成片的河床淤积物像卷地毯一样卷起，一次洪峰可以将河床冲深几米乃至近10m，这种高含沙水流的强烈冲刷现象，称为揭河底。

大片河床淤积物被掀起，是由于高含沙水流加大了推移运动的机理所致。水流作用于床面上的拖曳力等于水深、坡降和容重的乘积，高含沙水流的容重比清水大得多，它所产生的拖曳力也就相应增大。一般河床淤积物的干容重为1.4t/ m^3 左右，相应的饱和容重约为1.87 t/ m^3，这意味着1400kg/m^3 左右的含沙量，就可以使这样的淤积物浮出水面了。

泥沙所以不是单颗粒形式被冲起，而是以大片淤积物整体掀起，说明淤积物中有相当细颗粒物质，具有一定的黏结性，已经沉积密实了。

总之，高含沙水流在水流性质、运动及输沙特性上，都和一般水流有本质差异。高含沙水流的研究，在河流含沙量居世界首位的我国的治河事业中，有着特殊重要的意义。

思　考　题

1. 湖泊有哪几种分类？湖水有哪几种运动类型？
2. 湖泊对水量是如何进行调蓄的？
3. 简述积雪与冰川的形成过程。
4. 简述湿地的含义与功能。
5. 简述入海河口的水文特性。
6. 什么是水流的挟沙能力？单颗泥沙和群体泥沙的推移运动有什么区别？
7. 森林的水文功能主要体现在哪几个方面？
8. 城市化的水文效应主要体现在哪几个方面？

附录　瞬时单位线 S 曲线查用表

t/K \ n	1.0	1.1	1.2	1.3	1.4	1.5	1.6	1.7	1.8	1.9	2.0	2.1	2.2	2.3	2.4	2.5	2.6	2.7	2.8	2.9	3.0
0	0	0	0	0	0	0	0	0	0	0	0	0	0	0	0	0	0	0	0	0	0
0.1	0.095	0.072	0.054	0.041	0.030	0.022	0.017	0.012	0.009	0.007	0.005	0.003	0.002	0.002	0.001	0.001	0.001	0	0	0	0
0.2	0.181	0.147	0.118	0.095	0.075	0.060	0.047	0.036	0.029	0.022	0.018	0.014	0.010	0.008	0.006	0.004	0.003	0.002	0.002	0.001	0.001
0.3	0.259	0.218	0.182	0.152	0.126	0.104	0.086	0.069	0.057	0.045	0.037	0.030	0.024	0.019	0.015	0.012	0.010	0.007	0.006	0.005	0.004
0.4	0.330	0.235	0.244	0.209	0.178	0.150	0.127	0.107	0.089	0.074	0.061	0.051	0.042	0.034	0.028	0.023	0.019	0.015	0.012	0.010	0.008
0.5	0.393	0.316	0.305	0.266	0.230	0.198	0.171	0.146	0.126	0.106	0.090	0.076	0.065	0.054	0.045	0.037	0.031	0.025	0.022	0.018	0.014
0.6	0.451	0.403	0.360	0.318	0.281	0.237	0.216	0.188	0.164	0.142	0.122	0.104	0.090	0.076	0.065	0.055	0.046	0.039	0.033	0.028	0.023
0.7	0.503	0.456	0.411	0.369	0.331	0.294	0.261	0.231	0.200	0.178	0.156	0.136	0.117	0.101	0.088	0.075	0.065	0.056	0.044	0.039	0.034
0.8	0.551	0.505	0.461	0.418	0.378	0.340	0.306	0.273	0.243	0.216	0.191	0.169	0.149	0.130	0.113	0.098	0.086	0.074	0.064	0.056	0.047
0.9	0.593	0.549	0.505	0.464	0.423	0.385	0.349	0.315	0.285	0.255	0.228	0.202	0.180	0.160	0.141	0.124	0.109	0.096	0.084	0.073	0.063
1.0	0.632	0.589	0.547	0.506	0.466	0.428	0.392	0.356	0.324	0.293	0.264	0.238	0.213	0.190	0.170	0.151	0.134	0.118	0.104	0.092	0.080
1.1	0.667	0.626	0.585	0.545	0.506	0.468	0.431	0.396	0.363	0.331	0.301	0.273	0.247	0.222	0.200	0.179	0.160	0.143	0.127	0.113	0.100
1.2	0.699	0.660	0.621	0.582	0.544	0.506	0.470	0.436	0.400	0.368	0.337	0.308	0.281	0.255	0.231	0.219	0.188	0.169	0.151	0.135	0.121
1.3	0.728	0.691	0.654	0.616	0.579	0.543	0.506	0.471	0.447	0.405	0.373	0.343	0.315	0.288	0.262	0.239	0.216	0.196	0.171	0.159	0.143
1.4	0.753	0.719	0.684	0.648	0.612	0.577	0.541	0.507	0.473	0.440	0.408	0.378	0.348	0.321	0.294	0.269	0.246	0.224	0.203	0.184	0.167
1.5	0.777	0.744	0.711	0.677	0.643	0.608	0.574	0.540	0.507	0.474	0.442	0.411	0.382	0.353	0.326	0.300	0.275	0.252	0.231	0.210	0.191
1.6	0.798	0.768	0.736	0.704	0.671	0.638	0.605	0.572	0.539	0.507	0.475	0.444	0.414	0.385	0.357	0.331	0.305	0.281	0.258	0.237	0.217
1.7	0.817	0.789	0.759	0.729	0.698	0.666	0.634	0.602	0.570	0.538	0.507	0.476	0.446	0.417	0.389	0.361	0.335	0.310	0.287	0.264	0.243
1.8	0.835	0.808	0.781	0.752	0.722	0.692	0.661	0.630	0.599	0.568	0.537	0.507	0.477	0.448	0.419	0.392	0.365	0.330	0.315	0.292	0.269
1.9	0.850	0.826	0.800	0.773	0.745	0.716	0.687	0.657	0.627	0.596	0.566	0.536	0.507	0.478	0.449	0.421	0.395	0.368	0.343	0.319	0.296
2.0	0.865	0.842	0.818	0.792	0.766	0.739	0.710	0.682	0.653	0.623	0.594	0.565	0.536	0.507	0.478	0.451	0.423	0.397	0.372	0.347	0.323
2.1	0.878	0.856	0.834	0.810	0.785	0.759	0.733	0.706	0.679	0.649	0.620	0.592	0.565	0.535	0.507	0.479	0.452	0.425	0.400	0.375	0.350
2.2	0.890	0.870	0.849	0.826	0.803	0.778	0.753	0.727	0.700	0.673	0.645	0.618	0.590	0.562	0.534	0.507	0.480	0.453	0.427	0.402	0.377
2.3	0.900	0.882	0.862	0.841	0.819	0.796	0.772	0.748	0.722	0.696	0.669	0.642	0.615	0.588	0.560	0.533	0.507	0.480	0.454	0.429	0.404
2.4	0.909	0.895	0.875	0.855	0.835	0.813	0.790	0.767	0.742	0.717	0.692	0.665	0.639	0.613	0.586	0.559	0.533	0.507	0.481	0.455	0.430

续表

t/K \ n	1.0	1.1	1.2	1.3	1.4	1.5	1.6	1.7	1.8	1.9	2.0	2.1	2.2	2.3	2.4	2.5	2.6	2.7	2.8	2.9	3.0
2.5	0.918	0.902	0.886	0.868	0.849	0.828	0.807	0.784	0.761	0.737	0.713	0.688	0.662	0.636	0.610	0.584	0.558	0.532	0.506	0.481	0.456
2.6	0.926	0.912	0.896	0.879	0.861	0.842	0.822	0.801	0.779	0.756	0.733	0.708	0.684	0.659	0.634	0.608	0.582	0.557	0.532	0.506	0.482
2.7	0.933	0.920	0.905	0.890	0.873	0.855	0.836	0.816	0.796	0.774	0.751	0.728	0.704	0.680	0.656	0.631	0.606	0.581	0.556	0.531	0.506
2.8	0.939	0.928	0.914	0.899	0.884	0.867	0.849	0.831	0.811	0.790	0.769	0.747	0.724	0.701	0.677	0.653	0.629	0.604	0.579	0.555	0.531
2.9	0.945	0.934	0.922	0.908	0.894	0.878	0.862	0.844	0.825	0.806	0.785	0.764	0.742	0.720	0.697	0.674	0.650	0.626	0.602	0.578	0.554
3.0	0.950	0.940	0.929	0.916	0.903	0.888	0.873	0.856	0.839	0.820	0.801	0.781	0.760	0.738	0.716	0.694	0.671	0.648	0.624	0.600	0.577
3.1	0.955	0.946	0.935	0.924	0.911	0.898	0.883	0.868	0.851	0.834	0.815	0.796	0.776	0.756	0.734	0.713	0.691	0.668	0.645	0.622	0.599
3.2	0.959	0.951	0.941	0.930	0.919	0.906	0.893	0.878	0.863	0.846	0.829	0.811	0.792	0.772	0.752	0.731	0.709	0.688	0.665	0.643	0.620
3.3	0.963	0.955	0.946	0.936	0.926	0.914	0.902	0.888	0.873	0.858	0.841	0.824	0.806	0.787	0.768	0.748	0.727	0.706	0.685	0.663	0.641
3.4	0.967	0.959	0.951	0.942	0.932	0.921	0.910	0.897	0.883	0.869	0.853	0.837	0.820	0.802	0.783	0.764	0.744	0.724	0.703	0.682	0.660
3.5	0.970	0.963	0.956	0.947	0.938	0.928	0.917	0.905	0.892	0.879	0.864	0.849	0.832	0.815	0.798	0.779	0.760	0.741	0.721	0.700	0.679
3.6	0.973	0.967	0.960	0.952	0.944	0.934	0.924	0.913	0.901	0.888	0.874	0.860	0.844	0.828	0.811	0.794	0.776	0.757	0.738	0.718	0.697
3.7	0.975	0.970	0.963	0.956	0.948	0.940	0.930	0.920	0.909	0.897	0.884	0.870	0.856	0.840	0.824	0.807	0.790	0.722	0.753	0.734	0.715
3.8	0.978	0.973	0.967	0.960	0.953	0.945	0.936	0.926	0.916	0.905	0.893	0.880	0.866	0.851	0.846	0.820	0.804	0.786	0.768	0.750	0.731
3.9	0.980	0.975	0.970	0.964	0.957	0.950	0.941	0.932	0.923	0.912	0.901	0.889	0.876	0.862	0.848	0.834	0.817	0.800	0.783	0.765	0.747
4.0	0.982	0.977	0.973	0.967	0.961	0.954	0.946	0.938	0.929	0.919	0.908	0.897	0.885	0.872	0.858	0.844	0.829	0.813	0.796	0.779	0.762
4.2	0.985	0.981	0.971	0.973	0.967	0.962	0.955	0.948	0.940	0.931	0.922	0.912	0.901	0.890	0.877	0.864	0.851	0.837	0.822	0.806	0.790
4.4	0.988	0.985	0.981	0.977	0.973	0.968	0.962	0.956	0.949	0.942	0.934	0.925	0.915	0.905	0.894	0.883	0.870	0.857	0.844	0.830	0.815
4.6	0.990	0.987	0.985	0.981	0.975	0.973	0.963	0.963	0.957	0.951	0.944	0.936	0.928	0.919	0.909	0.899	0.888	0.876	0.864	0.851	0.837
4.8	0.992	0.990	0.987	0.985	0.981	0.978	0.974	0.969	0.964	0.958	0.952	0.946	0.938	0.930	0.922	0.913	0.903	0.892	0.881	0.870	0.857
5.0	0.993	0.992	0.990	0.987	0.984	0.981	0.978	0.974	0.970	0.965	0.960	0.954	0.947	0.940	0.933	0.925	0.916	0.907	0.897	0.886	0.875
5.5	0.996	0.995	0.994	0.992	0.990	0.988	0.986	0.983	0.980	0.977	0.973	0.969	0.965	0.960	0.955	0.949	0.942	0.935	0.928	0.920	0.912
6.0	0.998	0.997	0.996	0.995	0.994	0.993	0.991	0.989	0.987	0.985	0.983	0.980	0.977	0.973	0.969	0.965	0.961	0.956	0.950	0.944	0.938
7.0	0.999	0.999	0.998	0.998	0.998	0.997	0.996	0.996	0.995	0.994	0.993	0.991	0.990	0.988	0.986	0.984	0.982	0.980	0.977	0.974	0.970
8.0			0.999	0.999	0.999	0.999	0.999	0.998	0.998	0.997	0.997	0.996	0.996	0.995	0.994	0.993	0.992	0.991	0.989	0.988	0.986
9.0								0.999	0.999	0.999	0.999	0.999	0.998	0.998	0.997	0.997	0.997	0.996	0.995	0.995	0.994

续表

t/K \ n	3.0	3.1	3.2	3.3	3.4	3.5	3.6	3.7	3.8	3.9	4.0	4.1	4.2	4.3	4.4	4.5	4.6	4.7	4.8	4.9	5.0
0	0	0	0	0	0	0	0	0	0	0	0	0	0	0	0	0	0	0	0	0	0
0.5	0.014	0.012	0.010	0.008	0.006	0.005	0.004	0.003	0.003	0.002	0.002	0.001	0.001	0.001	0.001	0.001	0	0	0	0	0
1.0	0.080	0.070	0.061	0.053	0.046	0.040	0.035	0.030	0.026	0.022	0.019	0.016	0.014	0.012	0.010	0.009	0.007	0.006	0.005	0.004	0.004
1.1	0.100	0.088	0.077	0.068	0.060	0.052	0.045	0.040	0.034	0.030	0.026	0.022	0.019	0.016	0.014	0.012	0.010	0.009	0.008	0.006	0.005
1.2	0.121	0.107	0.095	0.084	0.074	0.066	0.058	0.051	0.044	0.039	0.034	0.029	0.026	0.022	0.019	0.017	0.014	0.012	0.011	0.009	0.008
1.3	0.143	0.128	0.114	0.102	0.091	0.081	0.071	0.063	0.056	0.049	0.043	0.038	0.033	0.029	0.025	0.022	0.019	0.017	0.014	0.012	0.011
1.4	0.167	0.150	0.135	0.121	0.109	0.097	0.087	0.077	0.069	0.061	0.054	0.047	0.042	0.037	0.032	0.028	0.025	0.022	0.019	0.016	0.014
1.5	0.191	0.173	0.157	0.142	0.128	0.115	0.103	0.092	0.083	0.074	0.066	0.058	0.052	0.046	0.040	0.036	0.031	0.028	0.024	0.021	0.019
1.6	0.217	0.198	0.180	0.164	0.148	0.134	0.121	0.109	0.098	0.088	0.079	0.070	0.063	0.056	0.050	0.044	0.039	0.035	0.031	0.027	0.024
1.7	0.243	0.223	0.204	0.186	0.170	0.154	0.140	0.127	0.115	0.103	0.093	0.084	0.075	0.067	0.060	0.054	0.048	0.043	0.038	0.033	0.030
1.8	0.269	0.248	0.228	0.210	0.192	0.175	0.160	0.146	0.132	0.120	0.109	0.098	0.089	0.080	0.072	0.064	0.058	0.051	0.046	0.041	0.036
1.9	0.296	0.274	0.253	0.234	0.215	0.197	0.181	0.166	0.151	0.138	0.125	0.114	0.103	0.093	0.084	0.076	0.068	0.061	0.055	0.049	0.044
2.0	0.323	0.301	0.279	0.258	0.239	0.220	0.203	0.186	0.171	0.156	0.143	0.130	0.119	0.108	0.098	0.089	0.080	0.072	0.065	0.059	0.053
2.1	0.350	0.327	0.305	0.283	0.263	0.244	0.225	0.208	0.191	0.176	0.161	0.148	0.135	0.123	0.112	0.102	0.093	0.084	0.076	0.069	0.062
2.2	0.377	0.354	0.331	0.309	0.287	0.267	0.248	0.230	0.212	0.196	0.181	0.166	0.153	0.140	0.128	0.117	0.107	0.097	0.088	0.080	0.072
2.3	0.404	0.380	0.356	0.334	0.312	0.291	0.271	0.252	0.234	0.217	0.201	0.185	0.171	0.157	0.144	0.132	0.121	0.111	0.101	0.092	0.084
2.4	0.430	0.406	0.382	0.359	0.337	0.316	0.295	0.275	0.256	0.238	0.221	0.205	0.190	0.175	0.161	0.149	0.137	0.125	0.115	0.105	0.096
2.5	0.456	0.432	0.408	0.385	0.362	0.340	0.319	0.299	0.279	0.260	0.242	0.225	0.209	0.194	0.179	0.166	0.153	0.141	0.129	0.119	0.109
2.6	0.482	0.457	0.433	0.410	0.387	0.364	0.343	0.322	0.302	0.283	0.264	0.246	0.229	0.213	0.198	0.183	0.170	0.157	0.145	0.133	0.123
2.7	0.506	0.482	0.458	0.434	0.411	0.389	0.367	0.346	0.325	0.305	0.286	0.268	0.250	0.233	0.217	0.202	0.187	0.174	0.161	0.149	0.137
2.8	0.531	0.506	0.482	0.459	0.436	0.413	0.391	0.369	0.348	0.328	0.308	0.289	0.271	0.253	0.237	0.221	0.206	0.191	0.178	0.165	0.152
2.9	0.554	0.530	0.506	0.483	0.460	0.437	0.414	0.392	0.371	0.350	0.330	0.311	0.292	0.274	0.257	0.240	0.224	0.209	0.195	0.181	0.168
3.0	0.577	0.553	0.530	0.506	0.483	0.460	0.438	0.416	0.394	0.373	0.353	0.333	0.314	0.295	0.277	0.260	0.244	0.228	0.213	0.198	0.185
3.1	0.599	0.576	0.552	0.529	0.506	0.483	0.461	0.439	0.417	0.396	0.375	0.355	0.335	0.316	0.298	0.280	0.263	0.246	0.231	0.216	0.202
3.2	0.620	0.603	0.574	0.552	0.528	0.506	0.484	0.462	0.440	0.418	0.397	0.377	0.357	0.338	0.319	0.301	0.283	0.266	0.250	0.234	0.219

续表

t/K \ n	3.0	3.1	3.2	3.3	3.4	3.5	3.6	3.7	3.8	3.9	4.0	4.1	4.2	4.3	4.4	4.5	4.6	4.7	4.8	4.9	5.0
3.3	0.641	0.618	0.596	0.573	0.551	0.528	0.506	0.484	0.462	0.441	0.420	0.399	0.379	0.359	0.340	0.321	0.304	0.286	0.269	0.253	0.237
3.4	0.660	0.638	0.616	0.594	0.572	0.550	0.528	0.506	0.484	0.463	0.442	0.421	0.400	0.380	0.361	0.342	0.324	0.306	0.289	0.272	0.256
3.5	0.679	0.658	0.636	0.615	0.593	0.571	0.549	0.528	0.506	0.485	0.462	0.442	0.422	0.404	0.382	0.363	0.344	0.326	0.308	0.291	0.275
3.6	0.697	0.677	0.656	0.634	0.613	0.592	0.570	0.549	0.527	0.506	0.484	0.464	0.443	0.423	0.403	0.384	0.365	0.346	0.328	0.311	0.293
3.7	0.715	0.695	0.674	0.653	0.633	0.612	0.590	0.569	0.548	0.527	0.506	0.485	0.464	0.444	0.424	0.404	0.385	0.366	0.348	0.330	0.313
3.8	0.731	0.712	0.692	0.672	0.651	0.631	0.610	0.589	0.568	0.547	0.527	0.506	0.485	0.465	0.445	0.425	0.406	0.387	0.368	0.350	0.332
3.9	0.747	0.728	0.709	0.689	0.670	0.649	0.629	0.609	0.588	0.567	0.548	0.526	0.506	0.485	0.465	0.446	0.426	0.407	0.388	0.370	0.352
4.0	0.762	0.744	0.725	0.706	0.687	0.667	0.647	0.627	0.607	0.587	0.567	0.546	0.526	0.506	0.486	0.466	0.446	0.427	0.403	0.389	0.371
4.2	0.790	0.773	0.756	0.738	0.720	0.701	0.682	0.663	0.644	0.624	0.605	0.588	0.565	0.545	0.525	0.506	0.486	0.467	0.448	0.429	0.410
4.4	0.815	0.799	0.783	0.767	0.750	0.733	0.715	0.679	0.678	0.660	0.641	0.621	0.602	0.582	0.563	0.544	0.525	0.506	0.486	0.468	0.449
4.6	0.837	0.823	0.809	0.793	0.778	0.761	0.745	0.728	0.710	0.692	0.674	0.656	0.637	0.619	0.600	0.581	0.562	0.543	0.524	0.505	0.487
4.8	0.857	0.845	0.831	0.817	0.803	0.788	0.772	0.756	0.740	0.723	0.706	0.688	0.671	0.653	0.634	0.616	0.598	0.579	0.560	0.542	0.524
5.0	0.875	0.864	0.851	0.838	0.825	0.811	0.797	0.782	0.767	0.751	0.735	0.718	0.702	0.683	0.667	0.650	0.632	0.614	0.596	0.578	0.560
5.2	0.891	0.881	0.870	0.858	0.846	0.833	0.820	0.806	0.792	0.777	0.762	0.746	0.731	0.714	0.698	0.681	0.664	0.647	0.629	0.612	0.594
5.4	0.905	0.896	0.886	0.875	0.864	0.852	0.840	0.828	0.814	0.801	0.787	0.772	0.757	0.742	0.726	0.710	0.694	0.678	0.661	0.644	0.627
5.6	0.918	0.909	0.900	0.891	0.880	0.870	0.859	0.847	0.835	0.822	0.809	0.796	0.782	0.768	0.753	0.738	0.722	0.707	0.691	0.674	0.658
5.8	0.928	0.921	0.913	0.904	0.895	0.885	0.875	0.865	0.854	0.842	0.830	0.818	0.805	0.791	0.777	0.763	0.749	0.734	0.719	0.703	0.687
6.0	0.938	0.930	0.924	0.916	0.908	0.899	0.890	0.881	0.870	0.860	0.849	0.837	0.825	0.813	0.800	0.787	0.773	0.759	0.745	0.730	0.715
6.5	0.957	0.952	0.947	0.941	0.935	0.927	0.921	0.913	0.905	0.897	0.888	0.879	0.869	0.859	0.848	0.837	0.826	0.814	0.802	0.789	0.776
7.0	0.970	0.967	0.963	0.958	0.954	0.949	0.943	0.938	0.932	0.925	0.918	0.911	0.903	0.895	0.887	0.878	0.868	0.859	0.848	0.838	0.827
7.5	0.980	0.977	0.974	0.971	0.968	0.964	0.960	0.956	0.951	0.946	0.941	0.935	0.929	0.923	0.916	0.911	0.902	0.894	0.886	0.877	0.868
8.0	0.986	0.984	0.982	0.980	0.978	0.975	0.972	0.969	0.965	0.962	0.958	0.953	0.949	0.944	0.939	0.933	0.927	0.921	0.915	0.908	0.900
9.0	0.994	0.993	0.991	0.990	0.989	0.988	0.986	0.985	0.983	0.981	0.979	0.976	0.974	0.971	0.968	0.965	0.961	0.958	0.954	0.950	0.945
10.0	0.997	0.997	0.996	0.996	0.995	0.994	0.994	0.993	0.992	0.991	0.990	0.988	0.987	0.985	0.984	0.982	0.980	0.978	0.976	0.973	0.971
11.0	0.999	0.999	0.998	0.998	0.998	0.997	0.997	0.997	0.996	0.996	0.995	0.994	0.994	0.993	0.992	0.991	0.990	0.989	0.988	0.986	0.985
12.0			0.999	0.999	0.999	0.999	0.999	0.998	0.998	0.998	0.998	0.997	0.997	0.997	0.996	0.996	0.995	0.994	0.994	0.993	0.992

续表

n / t/K	5.0	5.1	5.2	5.3	5.4	5.5	5.6	5.7	5.8	5.9	6.0	6.1	6.2	6.3	6.4	6.5	6.6	6.7	6.8	6.9	7.0
0	0	0	0	0	0	0	0	0	0	0	0	0	0	0	0	0	0	0	0	0	0
0.5																					
1.0	0.004	0.003	0.003	0.002	0.002	0.002	0.001	0.001	0.001	0.001	0.001	0	0	0	0	0	0	0	0	0	0
1.5	0.019	0.016	0.014	0.012	0.011	0.009	0.008	0.007	0.006	0.005	0.004	0.004	0.003	0.003	0.002	0.002	0.002	0.001	0.001	0.001	0.001
2.0	0.053	0.047	0.042	0.038	0.034	0.030	0.027	0.024	0.021	0.019	0.017	0.015	0.013	0.011	0.010	0.009	0.008	0.007	0.006	0.005	0.004
2.5	0.109	0.100	0.091	0.083	0.076	0.069	0.063	0.057	0.051	0.047	0.042	0.038	0.034	0.031	0.028	0.025	0.022	0.020	0.018	0.016	0.014
3.0	0.185	0.172	0.160	0.148	0.137	0.127	0.117	0.108	0.099	0.091	0.084	0.077	0.071	0.065	0.059	0.054	0.049	0.045	0.041	0.037	0.034
3.2	0.219	0.205	0.192	0.179	0.166	0.155	0.144	0.133	0.123	0.114	0.105	0.098	0.090	0.083	0.076	0.070	0.064	0.059	0.053	0.049	0.045
3.4	0.256	0.240	0.226	0.211	0.198	0.185	0.173	0.161	0.150	0.139	0.129	0.120	0.111	0.103	0.095	0.088	0.081	0.075	0.069	0.063	0.058
3.6	0.294	0.277	0.261	0.246	0.231	0.217	0.204	0.191	0.179	0.167	0.156	0.146	0.135	0.126	0.117	0.109	0.100	0.093	0.086	0.080	0.073
3.8	0.332	0.315	0.298	0.282	0.266	0.251	0.237	0.223	0.210	0.197	0.184	0.173	0.162	0.151	0.141	0.132	0.122	0.114	0.106	0.098	0.091
4.0	0.371	0.353	0.336	0.319	0.303	0.287	0.271	0.256	0.242	0.228	0.215	0.202	0.190	0.178	0.167	0.157	0.146	0.137	0.128	0.119	0.111
4.1	0.391	0.373	0.355	0.338	0.321	0.305	0.289	0.274	0.259	0.244	0.231	0.218	0.205	0.193	0.181	0.170	0.159	0.149	0.139	0.130	0.121
4.2	0.410	0.392	0.374	0.357	0.340	0.323	0.307	0.291	0.276	0.261	0.247	0.233	0.220	0.208	0.195	0.184	0.172	0.162	0.151	0.142	0.133
4.3	0.430	0.411	0.393	0.375	0.358	0.341	0.325	0.309	0.293	0.278	0.263	0.249	0.236	0.223	0.210	0.198	0.183	0.175	0.164	0.154	0.144
4.4	0.449	0.430	0.412	0.394	0.377	0.360	0.343	0.327	0.311	0.295	0.280	0.266	0.251	0.238	0.225	0.212	0.200	0.189	0.177	0.167	0.156
4.5	0.468	0.449	0.431	0.413	0.395	0.378	0.361	0.345	0.328	0.312	0.297	0.282	0.268	0.254	0.240	0.227	0.214	0.203	0.191	0.180	0.169
4.6	0.487	0.459	0.450	0.432	0.414	0.397	0.379	0.363	0.346	0.330	0.314	0.299	0.284	0.270	0.256	0.243	0.229	0.217	0.205	0.193	0.182
4.7	0.505	0.437	0.469	0.451	0.433	0.415	0.398	0.381	0.364	0.348	0.332	0.316	0.301	0.286	0.272	0.258	0.244	0.232	0.219	0.207	0.195
4.8	0.524	0.505	0.487	0.469	0.451	0.433	0.416	0.399	0.382	0.365	0.349	0.333	0.318	0.303	0.288	0.274	0.260	0.247	0.234	0.221	0.209
4.9	0.542	0.524	0.505	0.487	0.469	0.452	0.434	0.417	0.400	0.383	0.366	0.350	0.335	0.320	0.304	0.290	0.276	0.262	0.249	0.236	0.223
5.0	0.560	0.541	0.523	0.505	0.487	0.470	0.452	0.435	0.418	0.401	0.384	0.368	0.352	0.336	0.321	0.306	0.292	0.278	0.264	0.251	0.238
5.1	0.577	0.559	0.541	0.523	0.505	0.488	0.470	0.453	0.435	0.418	0.402	0.385	0.369	0.353	0.338	0.323	0.308	0.294	0.279	0.266	0.253
5.2	0.594	0.576	0.558	0.541	0.523	0.505	0.488	0.470	0.453	0.436	0.419	0.403	0.386	0.370	0.354	0.339	0.324	0.310	0.295	0.281	0.268
5.3	0.610	0.593	0.575	0.558	0.540	0.523	0.505	0.488	0.471	0.453	0.437	0.420	0.403	0.387	0.371	0.356	0.340	0.326	0.311	0.297	0.283

续表

t/K \ n	5.0	5.1	5.2	5.3	5.4	5.5	5.6	5.7	5.8	5.9	6.0	6.1	6.2	6.3	6.4	6.5	6.6	6.7	6.8	6.9	7.0
5.4	0.627	0.609	0.592	0.575	0.557	0.540	0.522	0.505	0.488	0.471	0.454	0.437	0.421	0.404	0.388	0.373	0.357	0.342	0.327	0.313	0.298
5.5	0.642	0.626	0.608	0.591	0.574	0.557	0.539	0.522	0.505	0.488	0.471	0.454	0.438	0.421	0.405	0.389	0.374	0.358	0.343	0.328	0.314
5.6	0.658	0.641	0.624	0.607	0.590	0.573	0.556	0.539	0.522	0.505	0.488	0.471	0.455	0.438	0.422	0.406	0.390	0.375	0.359	0.345	0.330
5.7	0.673	0.656	0.640	0.623	0.606	0.590	0.573	0.556	0.539	0.522	0.505	0.488	0.472	0.455	0.439	0.423	0.407	0.391	0.376	0.361	0.346
5.8	0.687	0.671	0.655	0.639	0.622	0.606	0.589	0.572	0.555	0.538	0.522	0.505	0.488	0.472	0.456	0.439	0.423	0.408	0.392	0.377	0.362
5.9	0.701	0.686	0.670	0.654	0.638	0.621	0.605	0.588	0.571	0.555	0.538	0.522	0.505	0.489	0.472	0.456	0.440	0.424	0.408	0.393	0.378
6.0	0.715	0.700	0.684	0.668	0.652	0.636	0.620	0.604	0.587	0.571	0.554	0.538	0.521	0.505	0.489	0.472	0.456	0.440	0.425	0.409	0.394
6.2	0.741	0.726	0.712	0.696	0.681	0.666	0.650	0.634	0.618	0.602	0.586	0.570	0.553	0.537	0.521	0.505	0.489	0.473	0.457	0.441	0.426
6.4	0.765	0.751	0.737	0.723	0.708	0.693	0.678	0.663	0.648	0.632	0.616	0.600	0.585	0.568	0.553	0.537	0.521	0.505	0.489	0.473	0.458
6.6	0.787	0.774	0.761	0.748	0.734	0.720	0.705	0.690	0.676	0.661	0.645	0.630	0.614	0.597	0.583	0.568	0.552	0.536	0.520	0.505	0.489
6.8	0.808	0.796	0.783	0.771	0.758	0.744	0.730	0.716	0.702	0.688	0.673	0.658	0.643	0.628	0.613	0.597	0.582	0.566	0.551	0.536	0.520
7.0	0.827	0.816	0.804	0.792	0.780	0.767	0.754	0.741	0.727	0.713	0.699	0.685	0.671	0.656	0.641	0.626	0.611	0.596	0.581	0.566	0.550
7.2	0.844	0.834	0.823	0.812	0.800	0.788	0.776	0.764	0.751	0.738	0.724	0.710	0.697	0.682	0.668	0.654	0.639	0.624	0.610	0.595	0.580
7.4	0.860	0.851	0.841	0.830	0.819	0.808	0.797	0.785	0.773	0.760	0.747	0.734	0.721	0.708	0.694	0.680	0.666	0.652	0.637	0.623	0.608
7.6	0.875	0.866	0.857	0.845	0.837	0.826	0.816	0.805	0.793	0.781	0.769	0.757	0.744	0.732	0.718	0.705	0.691	0.678	0.664	0.650	0.635
7.8	0.888	0.880	0.871	0.862	0.853	0.843	0.833	0.823	0.812	0.801	0.790	0.778	0.766	0.754	0.741	0.729	0.716	0.702	0.689	0.675	0.662
8.0	0.900	0.893	0.885	0.877	0.868	0.859	0.850	0.840	0.830	0.819	0.809	0.798	0.786	0.775	0.763	0.751	0.738	0.725	0.713	0.700	0.687
8.5	0.926	0.920	0.913	0.907	0.899	0.892	0.884	0.876	0.868	0.859	0.850	0.841	0.831	0.821	0.811	0.800	0.790	0.778	0.767	0.755	0.744
9.0	0.945	0.940	0.935	0.930	0.924	0.918	0.912	0.906	0.899	0.892	0.884	0.876	0.869	0.860	0.851	0.842	0.833	0.823	0.814	0.804	0.793
9.5	0.960	0.956	0.952	0.948	0.943	0.938	0.933	0.928	0.923	0.917	0.911	0.905	0.898	0.891	0.884	0.877	0.869	0.861	0.853	0.844	0.835
10.0	0.971	0.968	0.965	0.962	0.958	0.955	0.951	0.946	0.942	0.938	0.933	0.928	0.922	0.917	0.911	0.905	0.898	0.892	0.885	0.877	0.870
11.0	0.985	0.983	0.982	0.979	0.978	0.975	0.973	0.971	0.968	0.965	0.962	0.959	0.956	0.952	0.949	0.945	0.940	0.936	0.931	0.926	0.921
12.0	0.992	0.992	0.991	0.990	0.988	0.981	0.986	0.985	0.983	0.981	0.980	0.978	0.976	0.974	0.971	0.969	0.966	0.963	0.961	0.957	0.954
13.0	0.996	0.995	0.995	0.995	0.994	0.993	0.993	0.992	0.991	0.990	0.989	0.988	0.987	0.986	0.984	0.983	0.981	0.980	0.978	0.976	0.974
14.0	0.998	0.998	0.998	0.997	0.997	0.997	0.996	0.996	0.996	0.995	0.994	0.994	0.993	0.993	0.992	0.991	0.990	0.989	0.988	0.987	0.986
15.0	0.999	0.999	0.999	0.999	0.999	0.998	0.998	0.998	0.998	0.997	0.997	0.997	0.997	0.996	0.996	0.995	0.995	0.994	0.994	0.993	0.992

参 考 文 献

[1] 胡方荣，侯宇光．水文学原理（一）[M]．北京：中国水利水电出版社，1998.

[2] 于维忠．水文学原理（二）[M]．北京：中国水利水电出版社，1998.

[3] 芮孝芳．水文学原理 [M]．北京：中国水利水电出版社，2004.

[4] 芮孝芳．径流形成原理 [M]．南京：河海大学出版社，1991.

[5] 梁学田．水文学原理 [M]．北京：水利水电出版社，1992.

[6] 黄锡荃．水文学．[M] 3 版．北京：高等教育出版社，1993.

[7] 詹道江，徐向阳，陈元芳．工程水文学（3 版）[M]．北京：中国水利水电出版社，2010.

[8] 雒文生．河流水文学 [M]．北京：水利电力出版社，1992.

[9] 范荣生，王大齐．水资源水文学 [M]．北京：中国水利水电出版社，1996.

[10] 缪韧．水文学原理 [M]．北京：中国水利水电出版社，2007.

[11] 邓先俊．陆地水文学 [M]．北京：水利水电出版社，1985.

[12] 邓绶林．普通水文学 [M]．北京：高等教育出版社，1979.

[13] 施成熙，梁瑞驹．陆地水文学原理 [M]．北京：中国工业出版社，1964.

[14] 南京大学地理系．普通水文学 [M]．北京：人民教育出版社，1978.

[15] 顾慰祖．水文学基础 [M]．北京：水利电力出版社，1984.

[16] 吴持恭．水力学．[M] 2 版．北京：高等教育出版社，1983.

[17] 梁忠民，钟平安，华家鹏．水文水利计算 [M]．(2 版) 北京：中国水利水电出版社，2008.

[18] 沈冰，黄红虎．水文学原理 [M]．北京：中国水利水电出版社，2008.

[19] 范世香，程银才，高雁．洪水设计与防治 [M]．北京：化学工业出版社，2008.

[20] 范世香，高雁，程银才．应用水文学 [M]．北京：中国环境科学出版社，2012.

[21] 范世香．工程水文与水利计算 [M]．北京：中国水利水电出版社，2013.

[22] 范世香，等．林冠对降雨截留能力的研究 [J]．地理科学，2007，27 (2)：200-204.

[23] 范世香，等．几种常用汇流曲线因次问题的分析 [J]．水电能源科学，2008，26 (3)：4-6.

[24] 范世香，等．汇流曲线的定义与因次 [J]．水电能源科学，2013，31 (8)：1-3.

[25] 范世香，等．特征河长的一种半经验新计算方法 [J]．水电能源科学，2007，25 (4)：50-53.

[26] 范世香，等．两种不同林分截留能力比较研究 [J]．应用生态学报，2000，11 (5)：671-674.

[27] 范世香，等．林内穿透雨量模型研究 [J]．生态学报，2003，23 (7)：1403-1407.

[28] 范世香，等．森林对地表径流影响的模拟实验初报 [J]．水科学进展 [J]．1993，4 (3)：179-182.

